Jahrbuch

der

Hafenbautechnischen Gesellschaft

Zweiunddreißigster Band

1969/71

Mit 3 Bildnissen

und 261, zum Teil farbigen Abbildungen

Springer-Verlag Berlin Heidelberg New York 1972

Schriftleitungsausschuß

Erster Baudirektor a. D. Prof. Dr.-Ing. A. Bolle, Hamburg
Baudirektor a. D. Dr.-Ing. H. Neumann, Hamburg
Ministerialdirigent a. D. Dipl.-Ing. H. Wegner, Bonn
Baudirektor Dipl.-Ing. C. Boe, Hamburg
Baudirektor Dipl.-Ing. H. Jung, Bremen

ISBN-13: 978-3-642-65351-3   e-ISBN-13: 978-3-642-65350-6
DOI: 10.1007/978-3-642-65350-6

Inhaltsverzeichnis

Register

Ehrenmitglied

Am 18. September 1969 wurde anläßlich der 33. Hauptversammlung in Nürnberg

Herr Generaldirektor a. D. ir. J. P. van Bruggen

in Ansehung seiner Verdienste um die Gesellschaft als langjähriges Mitglied ihres Ausschusses zur Vereinfachung und Vereinheitlichung der Berechnung und Gestaltung von Ufereinfassungen, in dessen Arbeiten er insbesondere die niederländischen Erkenntnisse, Erfahrungen und Konstruktionsmethoden auf dem Gebiet der Hafenbautechnik einbrachte,

in Anerkennung seiner hervorragenden Leistungen als Chef der Bauverwaltung der Stadt Rotterdam und später eines national und international arbeitenden Ingenieurbüros,

in Würdigung seiner wissenschaftlichen Arbeiten auf hafenbaulichem Gebiet, die von der Generallinie eines Entwurfes bis zur Durchbildung der Einzelheiten reicht,

zum Ehrenmitglied ernannt.

Ehrenmitglied

Am 18. September 1969 wurde anläßlich der 33. Hauptversammlung in Nürnberg

**Herr Hafendirektor Regierungsbaumeister a. D.
Dipl.-Ing. Hermann Bumm**

in Ansehung seiner Verdienste um die Gesellschaft als langjähriges Mitglied des Vorstandes, in welchem er insbesondere die Probleme der Binnenhäfen vertrat und in die fachliche Arbeit der Gesellschaft einzuordnen wußte,

in Anerkennung seiner hervorragenden Leistungen für die Duisburger Häfen, die er in jahrzehntelanger Tätigkeit als Vorstandsmitglied der Duisburger Häfen AG vollbrachte,

in Würdigung seiner wissenschaftlichen Arbeiten auf den Gebieten des Hafenbaues, der Umschlagtechnik und des Hafenverkehrs sowie seiner erfolgreichen Tätigkeit in zahlreichen Fachverbänden auf nationaler und internationaler Ebene,

zum Ehrenmitglied ernannt.

Ehrenmitglied

Am 18. September 1969 wurde anläßlich der 33. Hauptversammlung in Nürnberg

Herr Baudirektor a. D. Dr.-Ing. Hans Neumann

in Ansehung seiner Verdienste um die Gesellschaft als langjähriger Vorsitzender ihres Ausschusses für Hafenumschlagtechnik,

in Ansehung seiner Verdienste um die internationale Zusammenarbeit auf dem Felde der Hafenumschlagtechnik durch langjährige Tätigkeit als Sekretär der deutschen Gruppe in der International Cargo Handling Coordination Association (ICHCA),

in Anerkennung seiner hervorragenden Leistungen für den Wiederaufbau des Hamburger Hafens nach dem Zweiten Weltkriege sowie

in Würdigung seiner wissenschaftlichen Arbeiten auf dem Gebiete der Hafenumschlagtechnik

zum Ehrenmitglied ernannt.

Hans Neumann

Dr.-Ing. Erich Kemna †

Am 22. Oktober 1968 verstarb unerwartet unser langjähriges Vorstandsmitglied Dr.-Ing. Erich Kemna in Köln.

Von 1927 bis 1963 hat Dr. Kemna seine Arbeitskraft der DEMAG AG, Duisburg, in leitender Stellung gewidmet. Danach wurde er in die Geschäftsführung der Deutschen Gesellschaft für wirtschaftliche Zusammenarbeit berufen und hat Aufbau und Entwicklung dieser Gesellschaft mit großer Tatkraft betrieben. Aufgrund seiner Leistungen wurde ihm das Bundesverdienstkreuz erster Klasse verliehen.

Vorstand und Mitglieder der Hafenbautechnischen Gesellschaft trauern um eine hervorragende Persönlichkeit, die der Hafenbautechnischen Gesellschaft in langen Jahren treuer Mitgliedschaft — darunter neun Jahre als Vorstandsmitglied — wertvollen Rat und in selbstloser Weise Unterstützung gewährt hat. Die Hafenbautechnische Gesellschaft wird dem Verstorbenen ein ehrendes Gedenken bewahren.

Baudirektor i. R. Dipl.-Ing. Oskar Wundram †

Am 8. Mai 1970 verstarb unser Ehrenmitglied, Baudirektor i. R. Dipl.-Ing. Oskar Wundram im 91. Lebensjahr in Hamburg.

43 Jahre hat Herr Wundram im Dienste des Strom- und Hafenbau, Hamburg, der Hafenumschlagtechnik gewidmet und Hervorragendes geleistet. Am Wiederaufbau der Umschlaganlagen des Hamburger Hafens nach dem Zweiten Weltkriege hat er maßgeblichen Anteil.

Als Vorsitzender des Ausschusses für Hafenumschlagtechnik unserer Gesellschaft in über 25 Jahren gehört er zu denjenigen Mitgliedern, denen es zu verdanken ist, daß die Hafenbautechnische Gesellschaft in den Kreisen der See- und Binnenhafenwirtschaft während dieser Zeit ihren guten Namen erhalten und mehren konnte. Seine verdienstvolle Tätigkeit für die Gesellschaft wurde 1951 durch die Ernennung zum Ehrenmitglied in Anerkennung seiner großen Verdienste um die Gesellschaft sowie um die Entwicklung und die betrieblich-wirtschaftliche Verwendung der Hafenumschlaggeräte gewürdigt. Vorstand und Mitglieder werden die Erinnerung an Oskar Wundram in Dankbarkeit bewahren.

Die Hafenbautechnische Gesellschaft 1969/1971

Im folgenden wird über die Tätigkeit der HTG in der Zeit von der 32. Hauptversammlung in Bremen (Mai 1968) bis Ende 1971 berichtet.

Fachausschüsse:

Der **Schriftleitungsausschuß** sorgte durch die „Hafenbautechnischen Hefte" des Organs der Gesellschaft, der „Hansa", wie in den Vorjahren für die Unterrichtung über die Arbeitsergebnisse der Fachausschüsse und für die Veröffentlichung von Aufsätzen über vielerlei Hafenfragen. Ferner wurden zusammen mit dem Schiffahrtsverlag „Hansa" die Bände XIII bis XVI des „Handbuches für Hafenbau und Umschlagtechnik" herausgebracht und den Mitgliedern unentgeltlich überlassen. Vorstand und Schriftleitungsausschuß hoffen, daß auch der 32. Band des Jahrbuches bei den Mitgliedern und in der Öffentlichkeit des In- und Auslandes reges Interesse findet und den Hafenfachleuten von Nutzen ist.

Der **Ausschuß für Ufereinfassungen** hat wieder eine Reihe von Empfehlungen teils beschlossen, teils zur Diskussion gestellt. Die 4. Auflage der „Empfehlungen des Arbeitsausschusses Ufereinfassungen" sowie deren englische Übersetzung (2. Auflage) wurden im Jahre 1971 herausgebracht. Sie wurden — wie auch die Sonderdrucke der technischen Jahresberichte des Ausschusses — fachlich interessierten Mitgliedern zugestellt.

Der **Ausschuß für Hafenumschlaggeräte (Hebezeuge)** hat die „Empfehlungen für den Bau von Hafenkranen in See- und Binnenhäfen" überarbeitet und als 4. Auflage im Heft Nr. 21, 1971, der „Hansa" veröffentlicht. Der Ausschuß hofft, eine allen Ansprüchen gerecht werdende Fassung gefunden zu haben, die zur einheitlichen und möglichst wirtschaftlichen Gestaltung von Hafenkranen beitragen soll.

Da der Vorsitzende des Ausschusses für Hafenumschlagtechnik (Flurfördermittel), Direktor Dipl. Ing. K. S t r a c k e, Bremen, in den Ruhestand getreten ist, hat er den Vorsitz niedergelegt. Als Nachfolger wurde Baurat a. D. Dipl.-Ing. J. M ä v e r s, Hamburg, vom Vorstand eingesetzt.

Der Vorsitzende des **Ausschusses für Korrosionsfragen**, Hafenbaudirektor G. W o l l i n, Bremerhaven, wird in absehbarer Zeit in den Ruhestand treten und hat daher um Entlastung von der Tätigkeit als Vorsitzender gebeten. Zum Nachfolger hat der Vorstand Hafenbaudirektor Dr.-Ing. D. W i e g m a n n, Bremen, berufen. Der Ausschuß beabsichtigt, die während der Amtszeit von Herrn Wollin erarbeiteten Ergebnisse in Form von Empfehlungen für den Korrosionsschutz von Hafenbauwerken zu veröffentlichen.

Der Vorsitzende des **Ausschusses für Hafenbetrieb**, Erster Baudirektor Dr.-Ing. H. L a u c h t, hat den Vorstand darüber unterrichtet, daß sich nur wenige zur Bearbeitung durch den Ausschuß geeignete Aufgaben ergeben hätten; er hat deshalb den Vorstand gebeten, den Ausschuß aufzulösen. Nach Prüfung dieses Vorschlages durch den Vorsitzenden gemeinsam mit dem am Ausschuß beteiligten Verband der deutschen Seehafenbetriebe hat der Vorstand dem Vorschlag zugestimmt.

Die hier nicht genannten Fachausschüsse haben in mehreren Arbeitssitzungen interessante Ergebnisse erzielen können. Über ihre Tätigkeit wurde bei der 33. und 34. Hauptversammlung berichtet. Die Tätigkeitsberichte der Ausschüsse wurden in der „Hansa" veröffentlicht.

Hauptversammlungen und Exkursionen:

Aufgrund des Beschlusses der Mitgliederversammlung während der 32. Hauptversammlung in Bremen am 15. Mai 1968 fand die **33. Hauptversammlung** unserer Gesellschaft im üblichen $1^{1}/_{2}$jährigen Abstand — nachdem die 32. Hauptversammlung in einem Seehafen durchgeführt worden war — vom 17. bis 20. September 1969 in der zukünftigen Binnenhafenstadt **Nürnberg** statt. Der Grund für die Wahl Nürnbergs als Tagungsort war die Möglichkeit der Besichtigung der im Bau befindlichen Hafenanlagen, die seit 1968 als Gemeinschaftswerk des Freistaates Bayern und der Stadt Nürnberg auf einer südlichen der Stadt gelegen Fläche errichtet werden.

Die Mitgliederversammlung am 18. September 1969 beschloß, Herrn Generaldirektor für das Bauwesen a.D. J. P. v a n B r u g g e n, Rotterdam, Herrn Hafendirektor Dipl.-Ing. Hermann B u m m, Duisburg, und Baudirektor a. D. Dr.-Ing. Hans N e u m a n n, Hamburg, in Ansehung ihrer vielfachen Verdienste um die Gesellschaft und den Ausbau der See- bzw. Binnenhäfen (siehe vorhergehende Seiten) zu Ehrenmitgliedern zu ernennen.

Ende September 1969 endete die 5jährige Amtszeit des von der 29. Hauptversammlung in Hamburg gewählten Vorstandes. Die Vorstandswahl durch die Mitgliederversammlung ergab die Wiederwahl von 12 Vorstandsmitgliedern, die sich für eine weitere Vorstandstätigkeit zur Verfügung gestellt hatten. Die Herren Dipl.-Ing. G. Goedhart, Lübeck, und Direktor Dr.-Ing. Hans Huchzermeier, Bremen, baten um Entbindung von ihrem Amt. Für Herrn Dipl.-Ing. Goedhart wurde der vom Vorstand vorgeschlagene Herr Dr.-Ing. W. Schenck, Direktor der Philipp Holzmann AG, Niederlassung Hamburg, — seit vielen Jahren aktives Mitglied des Arbeitsausschusses Ufereinfassungen — von der Mitgliederversammlung in den Vorstand gewählt. Die Besetzung des zweiten freigewordenen Vorstandssitzes wurde aufgeschoben.

Nach Arbeitssitzungen der Fachausschüsse und des Vorstandes am 17. September wurde die Tagung mit der Festveranstaltung im Kleinen Saal der Meistersingerhalle am 18. September vom Vorsitzenden der Gesellschaft, Hafenbaudirektor Dr.-Ing. K.-E. Naumann, eröffnet[1]. Oberbürgermeister Dr. Urschlechter entbot namens des Rates der Stadt Nürnberg den Willkommensgruß. Darauf übermittelte Staatssekretär K. Wittrock die Grüße des Bundesverkehrsministers und betonte die große Bedeutung des Rhein-Main-Schiffahrtsweges für den internationalen Verkehr. Staatssekretär Fink vom bayerischen Staatsministerium des Innern gab dem Wunsche des Freistaates Bayern für einen guten Tagungsverlauf Ausdruck. Schließlich begrüßte Prof. Dr.-Ing. K. Illies, Hamburg, als Vorsitzender der Schiffbautechnischen Gesellschaft sowie in Vertretung von Prof. Dr.-Ing. S. Balke, dem Vorsitzenden des Deutschen Verbandes technisch-wissenschaftlicher Vereine, die Tagungsteilnehmer und wies auf die Notwendigkeit der Zusammenarbeit aller Wissensgebiete hin, wenn die kommenden Generationen die Zukunft „erleben" und nicht „erleiden" sollen. Die Festvorträge über **„Nürnberg als Kulturstadt"** und über **„Die städtebauliche Entwicklung Nürnbergs und ihre Beziehungen zur Wasserstraße"** wurden vom Oberkonservator des Germanischen Nationalmuseums Nürnberg, Dr. W. Schadendorf, und vom Stadtrat H. Schmeissner gehalten[2].

Neben den Arbeitsberichten der Fachausschüsse[3] behandelten die Fachvorträge folgende Themen

Oberregierungsbaudirektor A. Hugel, München: **„Die bayerische Landeshafenverwaltung"**[4]
Oberregierungsbaurat W. G. Lechner, Nürnberg: **„Der Ausbau des Hafens Nürnberg"**[5]
Dr. W. Bader, München: **„Die wirtschaftliche Bedeutung des Europakanals Rhein-Main-Donau"**[6]
Oberregierungsbaurat H. P. Seidel, Nürnberg: **„Die zu erwartende Verkehrsleistung auf dem Main-Donau-Kanal und sich daraus für die Planung ergebenden Gesichtspunkte"**[7]
Ministerialrat Dipl.-Ing. E. Turek, Wien: **„Die Probleme der Donauschiffahrt und der Ausbau der Donau im Gebiet der Republik Österreich"**[8]
Ltd. Regierungsbaudirektor J. Illiger, Hamburg: **„Der Elbe-Seitenkanal und seine Abstiegsbauwerke"**[9]

Eine Stadtrundfahrt bot die Gelegenheit, die schönen historischen Bauten Nürnbergs kennenzulernen. Höhepunkt des kulturellen Teils der Tagung war das zwanglose Beisammensein mit Imbiß bei Kerzenbeleuchtung im Kaiser- und Rittersaal der Nürnberger Kaiserburg. Der Gesellschaftsabend im Kleinen Foyer der Meistersingerhalle führte — wie üblich — die Familie der Hafenbauer zu unbeschwerter Geselligkeit zusammen.

Am 20. September fand schließlich die **Studienfahrt „Europa-Kanal Rhein-Main-Donau"** statt, bei der die Baustellen des Hafens Nürnberg und der Sperrschleuse Erlangen sowie Baustellen des Rhein-Main-Donau-Kanals besichtigt wurden und eine Schiffsfahrt über den Rhein-Main-Donau-Kanal nach Bamberg einen Einblick in den Betrieb verschiedener Schleusen des Kanals sowie des Staatshafens Bamberg bot.

Vom 11. bis 13. Juni 1970 wurde unter Beteiligung von 60 Mitgliedern der HTG eine **Holland-Exkursion** mit Besichtigung der Hafenanlagen in Rotterdam und Europoort sowie der Bauarbeiten auf der Maas-Ebene und von Baustellen des Deltaplan-Projektes duchgeführt. Die Teilnehmer wurden vom Generaldirektor des städtischen Hafenbetriebes Rotterdam, Dipl.-Ing. F. Posthuma, begrüßt und durch Vorträge von Mitgliedern der Rotterdamer Hafenverwaltung über die Bauarbeiten und Planungen des Hafens unterrichtet. Auf den Baustellen des Deltaplan-Projektes konnten die Fortschritte gegenüber der Holland-Exkursion des Jahres 1967 in Augenschein genommen und neue Baustellen besichtigt werden.

Vom 9. bis 16. September 1970 wurde eine **Rhein-Mosel-Studienfahrt** auf dem Hotelschiff „Europa" der Köln-Düsseldorfer Deutsche Dampfschiffahrts-Gesellschaft unter Beteiligung von Mitgliedern befreundeter Gesellschaften unternommen. Zweck dieser Bereisung war die Besichtigung

---

[1] Siehe Handbuch für Hafenbau und Umschlagtechnik, Band XV, 1970, S. 9ff.
[2] Siehe „Hansa" 1969, S. 1870 u. 1871.
[3] Siehe Handbuch für Hafenbau und Umschlagtechnik, Band XV, 1970, S. 16ff.
[4] S. 86, [5] S. 88, [6] S. 57, [7] S. 58, [8] S. 60, [9] S. 53.

von Hafenanlagen an Rhein und Mosel und der Ausbau-Arbeiten im Bereich der bereisten Stromstrecken; zusätzlich wurden die Teilnehmer durch Vorträge sachverständiger und ortskundiger Fachkollegen der örtlichen Verwaltungen über die gegenwärtigen und weiteren Planungen am mittleren Rhein und über den Ausbau der Mosel zur Großschiffahrtsstraße unterrichtet[10].

Beide Veranstaltungen haben — wie auch die Donau- und Holland-Studienfahrten des Jahres 1967 — ein gutes Echo bei den Teilnehmern gefunden. Deshalb beschloß 1971 die 34. Hauptversammlung, wiederum eine Donau-Studienfahrt durchzuführen, die von Passau nach Budapest, Bratislava (Preßburg) und zurück nach Wien führen wird.

Aufgrund des Beschlusses der Mitgliederversammlung in Nürnberg und einer Einladung der Stadt Kiel fand die 34. **Hauptversammlung** vom 26. bis 29. Mai 1971 in **Kiel,** verbunden mit einer Studienfahrt nach Göteborg, statt.

Die Fachvorträge der 34. Hauptversammlung behandelten folgende Themen:
Ministerialdirigent Dipl.-Ing. H. W e g n e r, Bonn: **„Tiefwasserhäfen in der Bundesrepublik"**[11]
Direktor Bauassessor E. F i n k, Stuttgart: **„Abwicklung von Wasserbauprojekten — Praktiken, Erfahrungen, Folgerungen"**[12]
Präsident Dr. Ing. H. G r a e w e, Freiburg: **„Der Ausbau des Oberrheins im Grenzabschnitt"**[13]
Präsident Dipl.-Ing. G. V o g e l, Kiel: **„Der Nord-Ostsee-Kanal — seine Sicherung und seine Anpassung an den modernen Schiffsverkehr"**[14]

Im Rahmen der Vortragsveranstaltung berichteten — wie üblich — die Vorsitzenden über die Tätigkeit ihrer Fachausschüsse[15].

Bei der Festveranstaltung am 27. Mai 1971 im Kieler Schloß begrüßte der Vorsitzende, Hafenbaudirektor Dr.-Ing. K.-E. N a u m a n n[16], die Vertreter der Bundesregierung, des Landes Schleswig-Holstein, der Stadt Kiel und andere prominente Gäste. Als Vertreter der Stadtverwaltung hieß Stadtrat E n g e r t die Gesellschaft willkommen. Ministerialdirektor Dipl.-Ing. B. R ü m e l i n überbrachte die Grüße und Wünsche des Bundesverkehrsministers.

Die Festvorträge wurden vom Minister für Wirtschaft und Verkehr des Landes Schleswig-Holstein, Dr. K. H. N a r j e s, über **„Neuere Entwicklungen in der Ostsee-Schiffahrt"**[17] und Direktor E. L e g i n d, Kopenhagen, über **„Maßnahmen Dänemarks für die Schiffahrt in den Ostsee-Zugängen"**[18] gehalten.

Eine Rundfahrt mit Autobussen führte zu den Baustellen der Autobahn-Hochbrücke bei Rade, der zweiten Holtenauer Hochbrücke, von Ausbaustrecken am Nord-Ostsee-Kanal sowie zur Schleusengruppe Holtenau. Während der anschließenden Förde-Rundfahrt wurden die Olympiabauten, die städtischen Kieler Häfen, die Seezeichen und Segelreviere sowie die Marinebauten an der Förde erläutert. Daneben war die Besichtigung der Werksanlagen der MaK Maschinenbau GmbH und der Firma Hagenuk möglich.

Der traditionelle Gesellschaftsabend — mit 400 Teilnehmern — und das gesellige Beisammensein fanden in den dafür besonders geeigneten, schön gelegenen Gaststätten „Bellevue" und „Kieler Jachtklub" statt.

An der **Studienfahrt nach Göteborg** nahmen über 200 Mitglieder teil. Begünstigt durch gutes Wetter wurde die Fahrt — trotz der kurzen in Göteborg zur Verfügung stehenden Zeit — auch in fachlicher Hinsicht ein voller Erfolg. Nach einer Hafen- und Stadtrundfahrt berichtete der Technische Direktor des Göteborger Hafens, Herr B. H u l t m a n n, über **„Die Anlagen und Planungen des Göteborger Hafens".**

Das Interesse der HTG an einer engeren **Zusammenarbeit mit der Schiffbautechnischen Gesellschaft** kam in der großen Beteiligung von Mitgliedern unserer Gesellschaft an dem im März 1970 in Bremerhaven durchgeführten Sprechtag der Schiffbautechnischen Gesellschaft zum Ausdruck, zu dem der Vorsitzende des HTG-Ausschusses für Containerfragen, Dr. G. B o l d t, ein Referat über **„Die Auswirkungen des Container-Verkehrs auf Hafenplanung und Hafenbau"**[19] beitrug. Der Ehrenvorsitzende unserer Gesellschaft, Prof. em. Dr.-Ing. E. h. Dr.-Ing. A. A g a t z, hat bei der Hauptversammlung der Schiffbautechnischen Gesellschaft im November 1970 in Berlin den Festvortrag über das Thema **„Schiff- und Hafenbau — Handel und Schiffahrt, ein unteilbares Ganzes"**[20] gehalten. Ein in der Schiffahrtszeitschrift „Hansa", erschienener ausführlicher Auszug ist den HTG-Mitgliedern als Sonderdruck übersandt worden.

---

[10] Siehe Handbuch für Hafenbau und Umschlagtechnik, Band XVI, 1971, S. 51ff., 54ff., 56ff.
[11] Siehe „Hansa" 1971, S. 1301,   [12] S. 1303,   [13] S. 1303,   [14] S. 1304.   [15] S. 1136ff.,   [16] S. 1299ff.,   [17] S. 1261,   [18] 1308.
[19] Siehe Schiff und Hafen 1970, S. 342.
[20] Siehe Handbuch für Hafenbau und Umschlagtechnik, Band XVI, 1971, S. 59ff.

1*

Das Ehren- und langjährige Vorstandsmitglied, Dipl.-Ing. Gerhard Goedhart, hat der Gesellschaft zur Förderung der wissenschaftlichen Arbeiten und des Nachwuchses eine großzügige Spende gemacht, die es jüngeren Kollegen und Jungmitgliedern finanziell erleichtern soll, sich an Veranstaltungen unserer Gesellschaft zu beteiligen. Die von einem Vorstandsausschuß erarbeiteten Richtlinien für die Beantragung von Zuschüssen für Veranstaltungen der HTG wurden den Mitgliedern in Form eines Merkblattes zugesandt.

Vorstand und Mitgliederbewegung:

Nach der Neuwahl des Vorstandes bei der Mitgliederversammlung in Nürnberg haben sich innerhalb des Vorstandes folgende Veränderungen ergeben:

Als Nachfolger für den stellvertretenden Vorsitzenden, Dipl.-Ing. G. Goedhart, der bei der 33. Hauptversammlung in Nürnberg ausgeschieden war, hat der Vorstand sein Mitglied, Dr.-Ing. Dr.-Ing. E. h. H. Bay, zum weiteren stellvertretenden Vorsitzenden gewählt.

Bei der Mitgliederversammlung in Kiel stellte Ministerialdirigent Dipl.-Ing. H. Wegner nach Eintritt in den Ruhestand seinen Vorstandssitz zur Verfügung. Er war seit Wiederaufnahme der Tätigkeit der HTG nach dem Krieg zunächst als Geschäftsführer und dann als Vorstandsmitglied ohne Unterbrechung für unsere Gesellschaft ehrenamtlich tätig. Zum Nachfolger wurde Ministerialdirektor Dipl.-.Ing. B. Rümelin, Leiter der Abteilung Wasserbau im Bundesverkehrsministerium, gewählt.

Am 23. August 1971 vollendete unser Ehrenvorsitzender, Prof. em. Dr.-Ing. E. h. Dr.-Ing. A. Agatz, sein 80. Lebensjahr. Auf Anregung des Vorsitzenden hat die HTG als Ehrung für ihren Ehrenvorsitzenden wissenschaftliche Arbeiten von 37 Autoren in fünf Fachzeitschriften gleichzeitig zur Veröffentlichung gebracht und diese zu einer Festschrift für den Jubilar zusammengefaßt[21].

Nach über 6jähriger Tätigkeit hat Oberbaurat Dipl.-Ing. R. Kühn die Geschäftsführung zum Ende des Jahres 1971 niedergelegt. Zum Nachfolger wurde Baudirektor Dipl.-Ing. H. Haacke, Strom- und Hafenbau, Hamburg, vom Vorstand bestellt.

Seit 1968 verstarben folgende, zum Teil langjährige Mitglieder der HTG:

Barz, Heinz, Dipl.Ing., Dortmund
Blum, Hermann, Dr.-Ing. habil., Stadt Allendorf
de Cavel, Julius, Dipl.-Ing., Antwerpen/Belgien
Ciesielski, Kurt, Dipl.-Ing., Lübeck
Dahme, Ludwig, Marine-Hafenbaudirektor, Hannover
Dettmers, Dode, Dr.-Ing., Bremen
Drenckhan, F., Dipl.-Ing., Marinebaudirektor a. D., Lübeck
Griesing, Bruno, Bremen
Hellmeyer, Otto, Hafendirektor, Düsseldorf-Oberkassel
Hinrichsen, Paul, Reg.-Baudirektor, Dipl.-Ing., Brunsbüttel
Hoppu, K. W., Hafendirektor, Helsinki/Finnland
Kemna, Erich, Dr.-Ing., Köln
Knopf, Walter, Dipl.-Ing., Brunsbüttelkoog
Lange, Heinrich, Ingenieur, Hamburg
van der Linde, Friedrich, Oldenburg
Nakonz, Walter, Dr.-Ing., Dr.-Ing. E. h., Garmisch-Partenkirchen
von Oswald, Kurt, Dipl.-Ing., Hamburg
Post, Theo, Oberingenieur i. R., Angermund
Press, H., Prof., Dr. h. c., Doct. h. c., Dott. ing. h. c., Dr. techn. h. c., Dr.-Ing E. h., Berlin
Reinert, Walter, Oberingenieur, Neuß (Rhein)
van Rijswijk, Cornelius, Nieuv Loodsrecht/Niederlande
Röhrs, Wilhelm (sen.), Reg.-Baurat a. D., Bremen
Shirdan, Leon, Dipl.-Ing., Direktor, Haifa/Israel
Siepmann, Kurt, Dipl.-Ing., Bremen
Springer, Julius, Dr.-Ing. E. h., Berlin
Tannhäuser, Rudolf, Oberingenieur, Erlangen
Teuschl, Hermann, Livorno/Italien
Weber, Ernst, Duisburg
Wiedenmann, Hans, Dipl.-Ing., Oberbaurat a. D., Hamburg
Wundrahm, Oskar, Baudirektor a. D., Hamburg

---

[21] Siehe „Hansa" 1971, S. 1477ff. (15 Beiträge) sowie Juli- und Augusthefte der Zeitschriften „Bautechnik" (8), „Zeitschrift für Binnenschiffahrt und Wasserstraßen" (7), „Baumaschine und Bautechnik" (5), „Der Bauingenieur" (2).

Die Mitgliederzahl erhöhte sich in der Berichtszeit von 791 auf 825. Sie setzte sich am 31. Dezember 1971 (Stichtag) wie folgt zusammen:

Ehrenmitglieder	8	Ordentliche Mitglieder	603	Gegenseitige Mitgliedschaften	17
Förderer	167	Jungmitglieder	18	Schriftenaustausch	12

Hierin sind 72 ausländische Mitglieder enthalten.

Ein neues Mitgliederverzeichnis befindet sich in Vorbereitung.

Kontakte zu anderen Verbänden und Institutionen:

Der Deutsche Verband technisch-wissenschaftlicher Vereine, dem die HTG angehört, unterrichtete Vorstand und Geschäftsführung laufend über seine Tätigkeit und Mitwirkung in deutschen und internationalen Organisationen der Wissenschaft und Forschung. Wichtige Empfehlungen des Verbandes wurden den Mitgliedern mit Rundschreiben mitgeteilt.

Aufgrund der Bitte des **Deutschen Normenausschusses** hat der Vorstand HTG-Mitglieder für die Überarbeitung der DIN 4050, „Fachausdrücke des Strom-, Fluß-, Kanal-, See- und Hafenbaues", benannt.

Ein HTG-Mitglied wurde für die Mitarbeit in der **Forschungsgruppe „Korrosionsschutz an Beton"** der „Arbeitsgemeinschaft Korrosion" benannt.

Die HTG hat sich an der Vorbereitung einer von der **„Arbeitsgemeinschaft Korrosion"** angeregten Tagung mit dem Titel „Korrosions- und Bewuchsprobleme der Metalle in Meer- und Brackwasser" beteiligt. Die Tagung wird im März 1972 in Travemünde durchgeführt.

Dipl.-Ing. R. Kühn

Probleme der Donauschiffahrt
und der Ausbau der Donau im Gebiet der Republik Österreich*

Von Ministerialrat Dipl.-Ing. **Egon Turek**, Wien

Noch zu keiner Zeit ist über Donaufragen soviel diskutiert und sowohl in der Fachpresse als auch in der Tagespresse geschrieben worden, wie in den letzten Jahren. Von den größeren Veranstaltungen, die sich in letzter Zeit in Österreich intensiv mit diesem Themenkreis befaßten, möchte ich nur die Wasserwirtschaftstagung des Österreichischen Wasserwirtschaftsverbandes in der Zeit vom 22. bis 26. Mai 1967 in Linz, die Internationale Hafentagung des Österreichischen Kanal- und Schiffahrtsvereines am 5. und 6. Oktober 1967 gleichfalls in Linz, das Donausymposium der Österreichischen Donaukraftwerke AG am 12. Feburar 1968 in Wien und die Vortragsreihe des Österreichischen Kanal- und Schiffahrtsvereines, die am 9. April 1969 mit einem Vortrag des Herrn Bundesministers Dr. Kotzina mit dem Thema ,,Österreichs Donaulage unter europäischen Aspekten'' eröffnet wurde, anführen. Es ist daher nicht ganz leicht, zu diesem Thema grundsätzlich Neues zu bringen, vielleicht aber gerade in Anbetracht der vielschichtigen Problematik wertvoll, einen zusammenfassenden Überblick unter Berücksichtigung des neuesten Standes zu gewinnen.

Zu seiner besonderen Aktualität gelangte der weitere Ausbau der Donau durch das Anwachsen des Donauverkehrs im Zusammenhang mit der zunehmenden Industrialisierung der östlichen Wirtschaftsräume, durch die Realität des Europakanals Rhein-Main-Donau, durch Planungen der CSSR für eine Donau-Oder-Elbe-Verbindung und durch das Streben nach einem erhöhten Schutz gegen die Hochwässer der Donau.

Die zunehmende Industrialisierung im Donauraum ist mit der Donauschiffahrt als billiges Massengüter-Transportmittel eng verbunden. Die Realisierung des Europakanals Rhein-Main-Donau, gegebenenfalls auch der Donau-Oder-Elbe-Verbindung eröffnet weitere Perspektiven für die Wirtschaft der Binnenländer des mitteleuropäischen Raumes, für welche die Relationen zu den Seehäfen von besonderer Bedeutung sind. Eng verknüpft mit dem Ausbau der Donau aus verkehrspolitischen Motiven ist der Ausbau des Donau-Hochwasserschutzes.

Ich brauche im Hinblick auf die Ausführungen von Herrn Dr. Bader in diesem Jahrbuch, ,,Die wirtschaftliche Bedeutung des Europakanals Rhein-Main-Donau'', nicht weiter auf die wirtschaftlichen Aspekte des Ausbaues der Donau einzugehen und kann mich gleich den Problemen der Donauschiffahrt zuwenden.

Die internationale Schiffahrt auf der Donau

Die Grundlage der internationalen Schiffahrt auf der Donau bildet derzeit die ,,Belgrader Konvention'', die bei der Belgrader Donaukonferenz vom Juli 1948 beschlossen wurde und für die gesamte schiffbare Donau von Ulm bis einschließlich der Sulina-Kanal-Mündung gültig ist.

Die internationale Stromverwaltung wird durch die ,,Donaukommission'' mit Sitz in Budapest besorgt. Der Donaukommission gehören die Uferstaaten mit Ausnahme der Bundesrepublik Deutschland an; Österreich war ebenso wie die Deutsche Bundesrepublik zunächst nur durch Beobachter vertreten, entschloß sich jedoch im Jahre 1959, der Donaukonvention beizutreten, um sich damit bei der Gestaltung der Rechtsverhältnisse auf der Donau und der Hauptbestimmungen für die Donauschiffahrt sowie der Regelung der Flußüberwachung jenes Mitspracherecht zu wahren, das ihm auf Grund seiner Stellung als Donaustaat zukommt. Österreich war gleichzeitig von dem Wunsche geleitet, hierbei auch seiner historischen Mission als ausgleichender Faktor gerecht werden und somit gesamteuropäischen Interessen dienen zu können. Die Bundesrepublik Deutschland nimmt vorerst noch durch Experten an den Arbeiten der Donaukommission teil.

Die Donaukommission befaßt sich mit allen Maßnahmen und internationalen Regelungen, die für die Erhaltung und Verbesserung der Schiffbarkeit sowie für die Erleichterung des internationalen Schiffsverkehrs auf der Donau wesentlich sind. Unter anderem hat sie sich gemäß Art. 8 lit. b)

---

* Wiedergabe eines auf der 33. Hauptversammlung der Hafenbautechnischen Gesellschaft 1969 in Nürnberg gehaltenen Vortrags.

der Konvention „die Aufstellung eines allgemeinen Planes für Arbeiten großen Umfanges im Interesse der Schiffahrt auf Grund der Vorschläge und Projekte der Donaustaaten und der Stromsonderverwaltungen" zur Aufgabe gemacht. Damit erscheint für einen weiteren Ausbau des Stromes eine einheitliche, nach bestimmten Gesichtspunkten ausgerichtete Behandlung des ganzen Stromes entsprechend den Interessen der internationalen Donauschiffahrt gewährleistet.

Die Donaukommission hat in ihrer mehr als 20jährigen Tätigkeit auch bereits umfangreiche und wertvolle Arbeiten im Interesse der Donauschiffahrt geleistet. So wurde hinsichtlich des weiteren Ausbaues der Donau im Jahre 1963 eine Empfehlung beschlossen, womit die Abmessungen der Schiffahrtsrinne und der sonstigen Verkehrswasserbauten an der Donau im Hinblick auf die zu erwartende Entwicklung des Donauverkehrs festgelegt wurden. Nach dieser Empfehlung soll der Ausbau der Donau zur Großschiffahrtsstraße in zwei Etappen erfolgen. Die Normen sind abschnittsweise, dem Flußregime entsprechend verschieden.

Im österreichischen Donaubereich soll nach Abschluß der ersten Ausbauetappe bei einer Mindestbreite der Schiffahrtsrinne von 100 bis 120 m, im Abschnitt stromaufwärts von Wien eine Fahrwassertiefe von 20 dm (in Felsstrecken 21 dm), im Abschnitt stromabwärts von Wien 25 dm erreicht werden. Mit den Abmessungen der ersten Ausbauetappe kann in der österreichischen Strecke stromaufwärts von Wien das heute hauptsächlich übliche 1000-t-Schiff bei Niederwasser mit etwa 75% gegenüber derzeit etwa 60% ausgelastet werden, stromabwärts von Wien wird die Vollauslastung des 1000-t-Schiffes sowie der neueren Typen mit 1250 t Tragkraft möglich.

In der zweiten Ausbauetappe wird empfohlen, diese Fahrwassertiefen bei einer Mindestbreite von 150 m auf 27 dm stromaufwärts von Wien, bemessen nach den Erfordernissen des sogenannten Europakahnes mit 1350 t Tragfähigkeit (Wasserstraßenklasse IV), zu erhöhen. Stromabwärts von Wien soll die Fahrwassertiefe auf 35 dm erhöht werden, wodurch Wien von hochseefähigen Schiffen von 3000 t Tragkraft erreicht werden könnte.

Die angegebenen Abmessungen beziehen sich auf das sogenannte Regulierungsniederwasser, das ist jener Wasserstand, der einem Abfluß mit einer Überschreitungsdauer von 94% entspricht, wobei für die Bestimmung der Abflußdauerlinie die Periode von 1924 bis 1963 herangezogen wird und Zeitabschnitte mit Eisführung nicht berücksichtigt werden.

Das Ausbauziel entsprechend der ersten Ausbauetappe ist im österreichischen Donauabschnitt stromaufwärts von Wien im wesentlichen erreicht, stromabwärts von Wien wird es voraussichtlich 1970/71 erreicht werden. Wie die Entwicklung in jüngster Zeit erkennen läßt, ist jedoch nicht damit zu rechnen, daß auch bei den übrigen Donaustaaten diese erste Ausbauetappe bis 1970/71 abgeschlossen sein wird. So wurde z. B. bei einer der letzten Tagungen der Donaukommission festgestellt, daß im tschechoslowakisch-ungarischen Grenzabschnitt Regulierungsarbeiten erforderlich sind, die nicht vor dem Jahr 1980 abgeschlossen werden können.

Bezüglich der zweiten Ausbauetappe sind bei der Donaukommission keine Termine vereinbart worden; da dieses Ziel in weiten Strecken nur mit dem Ausbau von Staustufen erreicht werden kann, wird diesbezüglich wohl jeder Donaustaat die Ausbaumöglichkeit im Zusammenwirken mit den an der Nutzung der Wasserkraft interessierten Kreisen zu beurteilen haben. Bekanntlich bestimmt der ungünstigste Stromabschnitt den Grad der wirtschaftlichen Ausnützung des vorhandenen Schiffsparkes, so daß vereinzelt ausgebaute Staustufen der Schiffahrt nicht den gewünschten Erfolg bringen. Vom Standpunkt der Schiffahrt wird daher jedenfalls der Ausbau entsprechend der zweiten Ausbauetappe nur dann wirlich vorteilhaft sein, wenn alle Donaustaaten sich zu einem solchen Ausbau entschließen und damit für die Schiffahrt eine durchgehende Großschiffahrtsstraße geschaffen wird, oder wenn zumindest einzelne größere, verkehrswirtschaftlich bedeutende Abschnitte durch geschlossene Stufenketten ausgebaut werden.

Die Schiffahrtsverhältnisse auf der österreichischen Donau
und ihre Probleme

Die österreichische Donaustrecke war vor Errichtung der ersten Donaukraftstufen auf ihre ganze Länge von 350 km ein frei fließender Gebirgsstrom mit dem beträchtlichen Gefälle von durchschnittlich etwa 45 cm pro km und lebhafter Geschiebeführung. Noch Mitte des vorigen Jahrhunderts führten in den Flachlandstrecken starke Verästelungen des Flußlaufes zu enormen Verheerungen durch Hochwässer bzw. Eisstöße und Taufluten, insbesondere auch im Bereich der Bundeshauptstadt Wien. Die Aufspaltung in viele Flußarme brachte auch für die sich entwickelnde Schiffahrt im zunehmenden Maße Erschwernisse; dazu kamen die gefürchteten Schiffahrtshindernisse in den Felsstrecken, vor allem die Schlögener Schlinge, das Aschacher und Brandstätter Kachlet, das Schwalleck und der Struden bei Grein.

Das Bedürfnis nach dem Schutz der Siedlungen gegen Hochwasser sowie die vielseitigen Schwierigkeiten der Schiffahrt im österreichischen Donaubereich waren dann nach manchen Versuchen in den vorangegangenen Jahrzehnten Anlaß zu der etwa um die Mitte des vorigen Jahrhunderts beginnenden umfassenden staatlichen Flußbautätigkeit.

Die bedeutendste, der systematischen Regulierung der gesamten österreichischen Donau zum Durchbruch verhelfende Maßnahme war die Donauregulierung bei Wien, welche gerade vor hundert Jahren, im Jahre 1869, in Angriff genommen wurde. Die Arbeiten wurden einer eigenen „Kommission für die Durchführung der Donauregulierung nächst Wien" (Donauregulierungskommission) übertragen. Es wurden im Bereich von Wien zwei große Durchstiche von zusammen 9,1 km Länge und gleichzeitig zum Schutz von Wien gegen Hochwasser entsprechende Dämme errichtet. Mit der feierlichen Eröffnung der Schiffahrt im Wiener Durchstich am 30. Mai 1875 war der wichtigste Abschnitt eines Bauvorhabens abgeschlossen, das vordem in Europa nicht seinesgleichen hatte. Abschließend übernahm die Donauregulierungskommission auch die Durchführung der gesamten Donauregulierungsarbeiten einschließlich der Hochwasserschutzbauten in Niederösterreich.

In Oberösterreich war man vor allem auf die Beseitigung der Schiffahrtshindernisse in den Felsstrecken bedacht; die Verbesserungsarbeiten im Greiner Struden brachten erträgliche Verhältnisse für die Schiffahrt.

Mit der Fertigstellung der wesentlichen Strecken des Mittelwasserbettes der österreichischen Donau war etwa um die Jahrhundertwende ein gewaltiger Fortschritt hinsichtlich der Hochwasser- und Eisabfuhr erreicht. Den Bedürfnissen der Schiffahrt genügte jedoch das neu geschaffene Mittelwasserbett noch nicht. In dem breiten Flußbett pendelte die Schiffahrtsrinne von einem Ufer zum anderen, und es bildeten sich Schotterbänke, die die Schiffahrt wesentlich behinderten. Man entschloß sich daher, eine Niederwasserregulierung einzubauen, um das Wasser in einer engeren Rinne zusammenzufassen.

Im Jahre 1928 übernahm der Bund die Instandhaltungs- und Regulierungsarbeiten für den gesamten österreichischen Donaubereich. Das zu diesem Zweck geschaffene Bundesstrombauamt — jetzt zum Bundesministerium für Bauten und Technik gehörig — setzt die Erhaltungsarbeiten und restliche notwendige Regulierungen im gesamten österreichischen Donaubereich im Rahmen der Empfehlungen der Donaukommission laufend fort, so daß ein relativ stabiler Zustand besteht und für die Schiffahrt optimale Bedingungen aufrecht erhalten werden.

Mit der Errichtung der ersten Donaukraftstufen, beginnend mit der Stufe Jochenstein im Jahre 1956, wurde das bisher weitgehend stabilisierte Flußregime der Donau grundsätzlich verändert und dabei in verschiedener Hinsicht auch nachteilig beeinflußt, und zwar durch Geschiebeablagerungen an den Stauwurzeln, Schwebstoffablagerungen im stromabwärtigen Teil der Stauräume, Eintiefungen im Unterwasser der Kraftstufen und Verschlechterung der Eisverhältnisse im Bereich der Stauräume. Bei einer mittleren Geschiebefracht der Donau von 400 000 bis 600 000 m³ und einer transportierten Schwebstoffmenge von 3 bis 4 Mio. t jährlich, ergeben sich daraus bedeutende Probleme. Die Nachteile der Geschiebeablagerungen und der Eintiefungen werden erst bei Errichtung einer geschlossenen Kraftwerkskette praktisch gänzlich eliminiert. Auch die Verschlechterung der Eisverhältnisse ist bei einer geschlossenen Kraftwerkskette jedenfalls leichter zu beherrschen als bei isolierten Einzelkraftwerken, weil Eisschoppungen im Bereich der Stauwurzeln vermieden werden und sich das Einfrierenlassen der Stauräume auf Grund der bisherigen Erfahrungen bewährt hat. Lediglich die Schwebstoffablagerungen treten auch bei einer geschlossenen Kraftwerkskette in jedem Stauraum auf, ihre Beseitigung wird wohl in Zukunft besondere Bedeutung haben. Derzeit bilden diese Ablagerungen jedoch noch kein Problem, weil wegen der vorhandenen großen Wassertiefen eine Behinderung des Hochwasserabflusses oder eine Störung des Schiffahrtsbetriebes vorderhand nicht gegeben ist. Untersuchungen über die künftige Entfernung der Schwebstoffablagerungen, ihren Transport und ihre Lagerung bzw. etwaige wirtschaftliche Verwendungsmöglichkeit sind bereits angelaufen.

Schon allein auf Grund dieser flußbautechnischen Gegebenheiten ist es selbstverständlich, daß vom Standpunkt der für die wasserbautechnischen Angelegenheiten der Donau zuständigen Bundeswasserbauverwaltung im Bundesministerium für Bauten und Technik im Interesse der Beherrschung der Geschiebefracht und der Eisverhältnisse die Schließung von Lücken in der Kraftwerkskette angestrebt wird.

Der von der Österreichischen Donaukraftwerke AG zuletzt ausgearbeitete Stufenplan für die Donau vom Jahre 1967 umfaßt 14 Staustufen, davon 2 Grenzkraftwerke am Anfang und am Ende, nämlich Jochenstein und Wolfsthal-Bratislava. Vier Stufen wurden bereits errichtet und stehen im Betrieb, und zwar Jochenstein (1956), Aschach (1964), Wallsee-Mitterkirchen (1968) und Ybbs-Persenbeug (1959). Hierdurch erscheint derzeit etwa ein Drittel der österreichischen Donaustrecke — allerdings nicht zusammenhängend — zu einer den Anforderungen der Großschiffahrt entsprechenden Kraftwasserstraße ausgebaut. Die zusammen rund 240 km langen Reststrecken bestehen aus einer etwa 50 km langen Lücke zwischen der Stufe Aschach und dem Stauende der Stufe Wallsee und einer etwa 190 km langen Strecke zwischen der Stufe Ybbs-Persenbeug und der österreichisch-tschechoslowakischen Staatsgrenze bei Wolfsthal.

Durch die bereits errichteten vier Kraftstufen sind die vorhin erwähnten schweren Schiffahrtshindernisse in den Felsstrecken mit Ausnahme des Aschacher und Brandstätter Kachlets überstaut und entschärft worden. Von der österreichischen Bundeswasserbauverwaltung werden seit jeher aus diesen Kachletstrecken laufend die großen, durch die Eintiefung der Stromsohle freigelegten Steinblöcke, sogenannte „Felskugeln", mit großem Kostenaufwand gehoben, um der Schiffahrt einigermaßen erträgliche Fahrwasserverhältnisse zu schaffen. Die Verhältnisse in diesen stromabwärts der Stufe Aschach liegenden Kachletstrecken haben sich jedoch seit dem Bau dieser Stufe durch die in ihrem Unterwasser verstärkt in Erscheinung tretende Eintiefungstendenz noch mehr verschlechtert. Eine endgültige Sanierung dieses derzeit größten Schiffahrtshindernisses der österreichischen Donaustrecke erfordert eine Überstauung dieses Strombereiches. Dieses Ziel wird durch die im oben erwähnten Rahmenplan enthaltene Donaukraftstufe bei Ottensheim erreicht, welche deshalb als nächste errichtet werden wird.

Die Probleme der mittleren und unteren Donau

Auf der mittleren und unteren Donau sind die Schiffahrtsverhältnisse infolge des kleineren Gefälles und des größeren Flußquerschnittes im allgemeinen günstiger.

Drei Abschnitte bieten der Schiffahrt jedoch besondere Schwierigkeiten, nämlich der Bereich Rajka — Gönyü, das Eiserne Tor und die Mündung ins Schwarze Meer. Die erstgenannte Strecke leidet infolge der dort auftretenden starken Gefälleverminderung der Donau an enormen Geschiebeablagerungen (etwa 600 000 m³ jährlich), deren laufende Entfernung den angrenzenden Uferstaaten Tschechoslowakei und Ungarn hohe Kosten verursacht. Über die von diesen Staaten hierfür angestrebte Einhebung von Schiffahrtsgebühren wird bei der Donaukommission noch verhandelt. Für die beiden letztgenannten Abschnitte bestehen seit langem Sonderstromverwaltungen, welche zur Bedeckung der außerordentlichen Kosten, die die Erhaltung der Schiffbarkeit verursacht, Schiffahrtsgebühren einheben. Im Eisernen Tor wird im Jahre 1971 durch Fertigstellung der im Bau befindlichen Kraftstufe mit 34,5 m Stauhöhe und einer Staulänge von 280 km eine völlige Überstauung aller in diesem Abschnitt bisher bestandenen Schiffahrtshindernisse eintreten.

Das tschechoslowakische Projekt einer Donau-Oder-Elbe-Verbindung

Ebenso wie der Rhein-Main-Donau-Kanal ist für den mitteleuropäischen Raum im allgemeinen und für das Binnenland Österreich im besonderen das Wasserstraßensystem Donau–Oder–Elbe mit direkten Zugängen einerseits zu den Ostseehäfen, andererseits zum Nordseehafen Hamburg von großem Interesse. Allerdings muß dabei vorausgesetzt werden, daß auch die Unterläufe der beiden Flüsse Oder und Elbe den gestellten Bedingungen einer modernen Großschiffahrt angepaßt werden und daß die erforderlichen Regulierungsarbeiten bzw. die Kanalisierungen dieser Flußbereiche ausgeführt werden.

Nach den tschechoslowakischen Berechnungen betragen die Kosten für das gesamte rund 440 km lange Wasserstraßensystem auf tschechoslowakischem Gebiet etwa 500 bis 600 Mio. US-Dollar. Dazu kommen noch die Kosten, die auf polnischem Staatsgebiet für rund 50 km Kanalstrecke anfallen und mit etwa 25 bis 30 Mio. US-Dollar geschätzt werden.

Die Finanzierung dieses großen Bauvorhabens ist nach den vorliegenden Mitteilungen bisher noch nicht geregelt. Die tschechoslowakischen Projektanten rechnen in Anbetracht der großen Bedeutung des Wasserstraßensystems Donau–Oder–Elbe mit einer direkten Beteiligung und Zusammenarbeit der betreffenden internationalen Organisationen und der einzelnen an seinem Bau interessierten Staaten.

Die Projektverfasser sind davon überzeugt, daß die beiden Wasserstraßenverbindungen Rhein–Main–Donau und Donau–Oder–Elbe nicht in Konkurrenz treten werden. Das Donau-Oder-Elbe-System wird nach seiner Fertigstellung die kürzeste Wasserstraßenverbindung der Donaustaaten zur Nord- und Ostsee, das heißt zu den Häfen Hamburg und Stettin darstellen, während der Hafen Rotterdam am kürzesten über die Rhein-Main-Donau-Verbindung erreicht werden wird. Beide Systeme sollen nach ihrer Fertigstellung das bisherige Wasserstraßennetz Europas vollkommen zur Geltung bringen, sich gegenseitig zweckmäßig ergänzen und gemeinsam den Grundring des europäischen Wasserstraßennetzes bilden.

Nach den letzten Informationen von tschechoslowakischer Seite wurde die Erstellung der generellen Lösung für den Donau-Oder-Elbe-Kanal im Jahr 1968 abgeschlossen und wird im Laufe des Jahres 1969 innerstaatlich behandelt werden.

Die Untersuchung der Wirtschaftlichkeit der Donau-Oder-Elbe-Verbindung wird derzeit, analog wie dies für die Rhein-Main-Donau-Verbindung geschah, von einer Berichtergruppe der ECE, die unter Vorsitz der CSSR steht, geführt.

Der Ausbau der Donau in Österreich

Seit dem Jahre 1945 hat Österreich durch die Baumaßnahmen der Bundeswasserbauverwaltung sowie durch die Errichtung von Donaukraftstufen seitens der österreichischen Elektrizitätswirtschaft bereits einen bedeutenden Teil für den Ausbau der österreichischen Donaustrecke zur Großschiffahrtsstraße geleistet. Wie schon erwähnt, wurde im Abschnitt stromaufwärts von Wien das Ziel der ersten Etappe des Ausbaues nach den Empfehlungen der Donaukommission erreicht; in den in dieser Strecke liegenden Stauräumen ist auch bereits das Ausbauziel der zweiten Etappe der Empfehlungen erreicht. Der Aufwand für diese Maßnahmen hat bisher gegen 12 Mrd. ö.S., also etwa 1,8 Mrd. DM, betragen.

Während das Ausbauziel der ersten Etappe der Empfehlungen der Donaukommission auf der österreichischen Donaustrecke mit den herkömmlichen Regulierungsbauten erreicht wird, haben eingehende Untersuchungen ergeben, daß das Ausbauziel der zweiten Etappe der Empfehlungen in der ganzen österreichischen Donaustrecke nur durch die Errichtung von Staustufen zu verwirklichen ist.

Der Energieausbau der Donau im Sinne der Errichtung echter Mehrzweckanlagen ist daher für die Ausgestaltung des Stromes zur Großschiffahrtsstraße von grundsätzlicher Bedeutung.

Aber nicht allein verkehrs- und handelspolitische Aspekte und die Frage des energiewirtschaftlichen Ausbaues sind beim weiteren Ausbau der Donau bestimmend, sondern in hervorragendem Maße auch die Probleme des Flußregimes und des Hochwasserschutzes einschließlich aller wasserwirtschaftlichen Zusammenhänge längs und quer zum Strom, wie Fragen der Gewässerverunreinigung, des Grundwasserhaushaltes, der Ent- und Bewässerungen usw., sowie die Probleme der Raumplanung insbesondere unter Berücksichtigung der Infrastruktur, unter anderem auch der Schaffung von Häfen und Industriezonen, Fragen des Naturschutzes, der Fischerei, des Fremdenverkehrs usw.

In der Erkenntnis, daß alle diese Probleme nicht von den an der Donau interessierten Faktoren nebeneinander, sondern nur miteinander gelöst werden können, hat der Herr Bundesminister für Bauten und Technik, Dr. Kotzina, mit dem Ziel, zu einem gemeinsamen Donaukonzept zu gelangen, im Jahre 1967 das „Kuratorium zum Ausbau der österreichischen Donau", kurz „Donaukuratorium" genannt, ins Leben gerufen.

Die Aufgabe des Donaukuratoriums ist es, die vielfältigen Probleme zu prüfen, die mit dem Ausbau der österreichischen Donau zur Großschiffahrtsstraße zusammenhängenden Interessen zu koordinieren und der Bundesregierung Empfehlungen bzw. Vorschläge zu erstatten. Eine derartige Kontaktstelle ist in Anbetracht der Bedeutung dieser vielschichtigen Probleme wichtiger denn je. Um die Tätigkeit des Kuratoriums, dem ja sehr viele Institutionen angehören, zu erleichtern, wurden zur Behandlung der einzelnen Fragenkomplexe Arbeitskreise gebildet. Außerdem wurde ein „Technischer Arbeitsausschuß" zur Behandlung grundsätzlicher technisch-wirtschaftlicher Probleme bestellt.

Der Technische Arbeitsausschuß des Donaukuratoriums hat die Kosten des Ausbaues für die zusammen 240 km langen, noch nicht durch Kraftstufen ausgebauten Strecken der österreichischen Donau zur Großschiffahrtsstraße im Sinne der zweiten Etappe der Empfehlungen der Donaukommission, bei gleichzeitiger Verbesserung des Hochwasserschutzes von Wien und Ausnutzung der Wasserkraft an den Staustufen zur Erzeugung von elektrischer Energie (das sind 10 Kraftwerke mit einem Regelarbeitsvermögen von zusammen rund 10 Mrd. kWh pro Jahr) auf insgesamt etwa 31 Mrd. ö. S., also etwa 4,8 Mrd. DM, veranschlagt. Davon wären von der Energiewirtschaft unter der Annahme, daß sie jene Aufwendungen übernimmt, die noch konkurrenzfähige Strompreise ergeben (das sind derzeit etwa 2,20 ö.S. pro ausgebaute Jahreskilowattstunde) etwa 21 bis 22 Mrd. ö.S. zu leisten, die restlichen 9 bis 10 Mrd. ö.S. wären von den übrigen Interessenten am Ausbau der Donau, jedenfalls vorwiegend aus öffentlichen Mitteln, aufzubringen. Die Kosten eines Stufenausbaues ohne Wasserkraftnutzung wurden vergleichsweise mit rund 18 Mrd. ö.S. veranschlagt. Die der Öffentlichen Hand entstehenden Kosten eines Ausbaues der Donau ohne Kraftnutzung wären also etwa doppelt so hoch wie der Kostenanteil, der bei Errichtung von Kraftstufen als Mehrzweckanlagen zu tragen wäre.

Auf Grund eingehender Überlegungen wurde vom Technischen Arbeitsausschuß des Donaukuratoriums auch versucht, einen ersten Vorschlag einer Dringlichkeitsreihung für die Fortführung des Donauausbaues zu machen. Dringlichkeit I wurde danach der Staustufe Ottensheim zuerkannt, durch deren Errichtung das bereits erwähnte derzeit schwerste Schiffahrtshindernis der österreichischen Donaustrecke, das Aschacher und Brandstätter Kachlet, endgültig beseitigt wird. Durch anschließende Errichtung der Staustufe Mauthausen wäre die Schließung der derzeit rund 50 km langen Lücke zwischen den Kraftstufen Aschach und Wallsee zu vollenden und damit der Ausbau der österreichischen Donaustrecke in ihrem Oberlauf bis Ybbs auf eine Strecke von rund 160 km Länge durchgehend für die Erfordernisse der Großschiffahrt erreicht. Hierdurch wäre vor allem der Anschluß des Industriezentrums Linz an die fertiggestellte Rhein-Main-Donau-Verbindung für den Verkehr des voll ausgelasteten Europakahnes auch bei Niederwasserständen zweibahnig sichergestellt.

Das Donaukuratorium hat in einer Empfehlung vom 6. Juni 1968 den weiteren Ausbau der österreichischen Donau zur Großschiffahrtsstraße im gesamtvolkswirtschaftlichen Interesse Österreichs als zweckmäßig und notwendig bezeichnet. Als erster Schritt wurde gleichzeitig empfohlen, die Errichtung der Donaukraftstufe Ottensheim vordringlich zu behandeln.

Im Sinne dieser Empfehlung des Donaukuratoriums wurde am 3. Juli 1969 von der Österreichischen Elektrizitätswirtschafts-AG der Baubeschluß für die etwa 10 km stromaufwärts von Linz situierte Donaukraftstufe Ottensheim gefaßt, nachdem sich die österreichische Bundesregierung bereit erklärt hatte, von den mit rund 2,8 Mrd. ö. S. veranschlagten Baukosten einen Beitrag von 560 Mio. ö. S. und zu der für die notwendige Eigenfinanzierung der Österreichischen Donaukraftwerke AG erforderlichen Kapitalaufstockung einen Betrag in Höhe von 350 Mio. ö.S. zu leisten.

Ottensheim kann natürlich nur ein weiteres Glied im Ausbau der österreichischen Donaustrecke sein.

Beim weiteren Ausbau der Donau zur Großschiffahrtsstraße geht es, wie die vorgenannten Zahlen erweisen, um gewaltige finanzielle Aufwendungen, die grundsätzlich nur bei Errichtung von Mehrzweckanlagen und dementsprechend gemeinsamer Finanzierung durch die Interessenten Aussicht auf Verwirklichung haben.

Das Kernproblem liegt jedoch neben der gemeinsamen Finanzierung im Bedarf der zusätzlich produzierten elektrischen Energie und in der Zukunftsfrage Wasserkraft- oder Kernenergie.

Das von der österreichischen Bundesregierung im Mai 1969 erstellte „Energiekonzept" ist in diesem Zusammenhang von wesentlichem Interesse. Das Energiekonzept baut auf einer mittelfristigen Bedarfsprognose der Elektrizitätswirtschaft bis zum Jahr 1980 auf. Den Überlegungen über die Entwicklung des Strombedarfs in diesen 10 Jahren wurde ein jährlicher Bedarfszuwachs von 6% zugrundegelegt, eine Variante für eine Bedarfssteigerung von 7,2% wurde vorsorglich ebenfalls in die Überlegung einbezogen. Das auf Grund dieser Bedarfssteigerung ausgearbeitete Kraftwerks-Bauprogramm enthält als bestimmende Faktoren die Großprojekte des Donaukraftwerkes Ottensheim (Vollbetrieb 1974/75 mit 1 017 GWh) und eines ersten Kernkraftwerkes. Im Falle einer Bedarfssteigerung von 7,2% wird die Errichtung eines weiteren Donaukraftwerkes erwogen.

Welche Möglichkeiten zur Deckung des Strombedarfes ergriffen werden, soll von einem Koordinierungsausschuß anläßlich der laufenden Überprüfung der Energiesituation ausgewählt werden. Ein zu großer Ausbau würde zu Fehlinvestitionen in der Elektrizitätswirtschaft führen und unnötigerweise große Kapitalien binden. Eine sehr sorgfältige und realistische Einschätzung des künftigen Stromverbrauches ist daher eine der Voraussetzungen für die wirtschaftliche Gestaltung der Elektrizitätswirtschaft.

Ich zitiere nun wörtlich eine wesentliche Feststellung des Energiekonzeptes. Sie lautet:

„Die Elektrizitätswirtschaft steht heute im Brennpunkt der Auseinandersetzung, ob aus Wirtschaftlichkeitsüberlegungen weiterhin noch Laufwasserkraftwerke oder Kernkraftwerke gebaut werden sollen. Das Ausbauprogramm läßt erkennen, daß weder der einen noch der anderen extremen Richtung rechtgegeben wurde, da sowohl das Donaukraftwerk Ottensheim als auch ein Kernkraftwerk in das Bauprogramm aufgenommen wurde.

Es steht außer Zweifel, daß die künftige zusätzlich notwendige thermische Erzeugung in Österreich keineswegs mehr auf Braunkohle, sondern immer mehr und mehr auf Kernenergie basieren wird.

Dessen ungeachtet ist jedoch der Ausbau der Donau, dessen Wirtschaftlichkeit sich zwischenzeitlich durch die Strukturänderungen bei den Primärenergieträgern und durch die Standortbedingungen der neuen Donaukraftwerke relativ verschlechterte, weiterhin zu beachten. Der

Umstand, daß Donaukraftwerke Mehrzweckanlagen sind, deren nichtelektrizitätswirtschaftliche Zwecke und Vorteile sehr groß sind, lassen die Bedeutung des Ausbaues der Donau nur von einer übergeordneten gesamtwirtschaftlichen Schau richtig erkennen."

Beachtung verdient auch die Betonung der regionalpolitischen Bedeutung der Elektrizitätswirtschaft, und zwar einerseits dadurch, daß eine ausreichende und preisgünstige Versorgung mit elektrischer Energie eine der Voraussetzungen für die wirtschaftliche Entwicklung eines Gebietes ist, und andererseits dadurch, daß der Bau von Kraftwerken, insbesondere von Wasserkraftwerken, ein beachtlicher temporärer wirtschaftlicher Faktor für ein ganzes Gebiet ist.

Es ist also verständlich, daß die einzelnen Bundesländer oder Gebiete an der Errichtung von Kraftwerken in ihrem Bereich interessiert sind. Dies könnte unter Umständen dazu führen, daß im weiteren Ausbau von Kraftstufen eine Reihenfolge angestrebt wird, die dem gesamtwirtschaftlichen Nutzen, z. B. durch Errichtung von Einzelkraftstufen statt Schließung einer Kette, entgegensteht. Die folgende im Energiekonzept getroffene Feststellung scheint jedoch geeignet, solchen Bestrebungen einen Riegel vorzuschieben:

„Die Frage des Donauausbaues geht über regionalpolitische Aspekte hinaus und kann nur von einer Gesamtschau aus unter Berücksichtigung des gesamtwirtschaftlichen Nutzens einer Lösung zugeführt werden."

Aus dem Energiekonzept der österreichischen Bundesregierung geht jedenfalls hervor, daß der weitere Ausbau von Donaukraftwerken weiterhin im Gespräch steht und nicht etwa ein einseitiger Weg zur Kernenergie vorgesehen ist.

Neben dem Energiekonzept ist auch das von der österreichischen Bundesregierung im September 1968 ausgearbeitete „Verkehrskonzept" für den weiteren Donauausbau von grundlegender Bedeutung. Mit diesem sollte ein Gesamtkonzept des Verkehrs erstellt werden, das den modernen Erfordernissen und Entwicklungen Rechnung trägt; dabei sollte insbesondere auf die heutigen Schwerpunkte des Verkehrs Rücksicht genommen und eine Abstimmung des Verkehrs auf Schiene, Straße, Flugzeug und Binnenschiffahrt erreicht werden. Das Konzept enthält eine „Diagnose und Prognose" der österreichischen Verkehrswirtschaft und einen Abschnitt über die „Erforderlichen Maßnahmen".

Es würde zu weit führen, auf diese umfangreiche Arbeit näher einzugehen; es sei nur kurz erwähnt, daß sich der Abschnitt „Diagnose und Prognose" im Schiffahrtsteil neben der Donau auch mit der Rhein-Main-Donau-Großschiffahrtsstraße und dem Donau-Oder-Elbe-Kanal befaßt und sowohl der Güterverkehr, die Personenschiffahrt, die Infrastruktur als auch die wirtschaftliche Lage der Donauschiffahrt behandelt wird.

Der Abschnitt „Erforderliche Maßnahmen" behandelt unter anderem die Modernisierung des gesamten österreichischen Binnenschiffahrtsrechtes, Fracht- und Poolvereinbarungen zwischen den österreichischen und ausländischen Schiffahrtsunternehmungen, betriebswirtschaftliche und organisatorische Fragen der österreichischen Schiffahrtsgesellschaften, die Intensivierung der Flottenmodernisierung nach Maßgabe der Wirtschaftlichkeitsberechnungen und die Verbesserung der österreichischen Position in der Frachtaufteilung durch Einbau dieser Abkommen in künftige Handelsverträge.

Hinsichtlich der Infrastruktur werden u. a. folgende Maßnahmen als erforderlich bezeichnet:

Durch schrittweise Regulierungsmaßnahmen ist im Sinne der von Österreich entsprechend den Empfehlungen der Donaukommission im Jahre 1960 eingegangenen Verpflichtung der Flußlauf der Donau weiterhin auszubauen, um eine Verbesserung der Schiffahrtsverhältnisse zu erreichen;

weiterer Ausbau der Donauhäfen unter Bedachtnahme auf die Ergebnisse der Bundesraumordnung;

weitere Prüfung der Auswirkungen des Baues der Rhein-Main-Donau-Großschiffahrtsstraße im Hinblick auf die damit verbundene Bedeutung für die österreichische Wirtschaft;

Prüfung des Projektes des Ausbaues des Donau-Oder-Elbe-Kanals;

vorsorgliche Ausarbeitung von Hafenkonzepten, insbesondere für Linz, den Wiener und den niederösterreichischen Raum.

Um die erforderliche Flexibilität des Gesamtverkehrskonzeptes sicherzustellen, wurde eine ständige Kommission eingesetzt. Nach Vorliegen der „Bundesraumordnung" und anderer Untersuchungen soll ein „Verkehrsinfrastrukturkonzept" (Generalverkehrsplan) ausgearbeitet werden.

Das Gesamtverkehrskonzept der österreichischen Bundesregierung stellt einen erstmaligen Versuch dar, alle Verkehrsträger aufeinander abzustimmen und damit Fehlinvestitionen, sowohl auf dem öffentlichen wie auf dem privaten Sektor, zu vermeiden.

Schließlich wird sich auch die in Ausarbeitung befindliche „Bundesraumordnung" im Abschnitt Verkehr mit dem weiteren Ausbau der Donau befassen.

Es ist selbstverständlich, daß ebenso wie die im Auftrage der Bundesregierung erarbeiteten Raumordnungsgutachten auch das Gesamtverkehrskonzept nicht mehr als eine erste Grundlage für ein konzeptives Vorgehen sein können, welche immer wieder neue Untersuchungen, Programme und Anpassungen erfordern. Das Entscheidende ist jedoch die Tatsache, daß überhaupt erstmals nach wissenschaftlichen Methoden erworbene Untersuchungsergebnisse zur Festlegung grundsätzlicher Leitgedanken herangezogen und die Basis für eine zielbewußte Raumordnungs- und Verkehrspolitik geschaffen wurde. Diese muß alle Verkehrsträger erfassen und schließt daher auch die Straße und Schiene in die Überlegungen bezüglich des Donauausbaues und einer donauverbundenen Standortpolitik mit ein.

Schluß

Mit meinen Ausführungen hoffe ich eine Übersicht über die wesentlichen Probleme der Donauschiffahrt und des Ausbaues der Donau zur Großschiffahrtsstraße in Österreich nach ihrem neuesten Stand gegeben und dabei gezeigt zu haben, um welch schwierige Fragenkomplexe es sich dabei handelt. Ich glaube aber auch deutlich gemacht zu haben, daß tatkräftige Bemühungen in Österreich im Gange sind, um diese Probleme eingehend zu studieren, in grundsätzlichen Konzepten zu berücksichtigen und im Rahmen der wirtschaftlichen Möglichkeiten schrittweise zu lösen, so daß einiger Optimismus hinsichtlich des weiteren Ausbaues der Donau in Österreich durchaus berechtigt erscheint.

Nachtrag

Die Probleme des Ausbaues der österreichischen Donau haben naturgemäß in der Zeitspanne, die zwischen der im September 1969 durchgeführten Vortragsveranstaltung und der Veröffentlichung meines Vortrages im Jahrbuch der Hafenbautechnischen Gesellschaft verstrichen ist, zum Teil neue, und zwar durchaus positive Aspekte erhalten. Ich bin der Einladung der Hafenbautechnischen Gesellschaft, einen diesbezüglichen Nachtrag zu meinem Vortrag zu liefern, im folgenden gerne nachgekommen.

Die Notwendigkeit, den Vollausbau der österreichischen Donaustrecke zur Großschiffahrts- und Kraftwasserstraße, und zwar in möglichst zeitlicher Koordinierung mit dem Ausbau des Rhein-Main-Donau-Kanals durchzuführen, wird in verstärktem Ausmaße von den zuständigen Stellen unterstrichen.

Der Aussicht auf eine Realisierung dieses Vorhabens kommt im besonderen Maße die Bedarfsentwicklung an elektrischer Energie zugute, welche die im „Energiekonzept" getroffenen Annahmen bereits wesentlich überschreitet und nach den Angaben der Energiewirtschaft auch für das nächste Jahrzehnt einen erheblichen Bedarfszuwachs erwarten läßt. Die österreichische Energiewirtschaft ist ferner zur Auffassung gelangt, daß die Erschließung und Verwertung der heimischen Wasserkräfte im Hinblick auf andere Energiequellen keineswegs überholt ist und wegen ihrer vielfachen Vorteile im Gegenteil beschleunigt und weiter betrieben werden müsse; auf den weiteren Ausbau der österreichischen Donau zu einer geschlossenen Kraftwerkskette müsse daher die österreichische Energiewirtschaft größten Wert legen.

Die Österreichische Donaukraftwerke AG hat ihren im Jahre 1967 ausgearbeiteten Stufenplan unter Berücksichtigung der Erfahrungen der bisherigen Baudurchführungen und bei voller Ausnutzung der zur Verfügung stehenden Energie revidiert, wodurch Kosten und Bauzeit eingespart werden können. Die Gesellschaft hält es für möglich, daß die noch fehlenden Staustufen in einem Rhythmus von 3 Jahren errichtet werden und daß der Vollausbau der österreichischen Donau den Wiener Raum etwa in den Jahren 1989/90, also etwa gleichzeitig mit der geplanten Fertigstellung des Rhein-Main-Donau-Kanals vom Westen her erreichen kann. Die Strecke von Wien bis zur östlichen Grenze Österreichs könnte nach diesem Konzept bis zum Jahre 1995 fertiggestellt werden.

Um der Öffentlichen Hand die Finanzierung jener Kostenanteile, die durch die Elektrizitätswirtschaft nicht gedeckt werden können, zu erleichtern, erscheint es erstrebenswert, bei der Reihenfolge der Kraftwerksbauten darauf zu achten, daß jeweils energiewirtschaftlich günstige und ungünstige Stufen gleichzeitig oder aufeinanderfolgend errichtet werden. Die Frage der Reihenfolge der Errichtung der Stufen tritt dabei in ihrer Bedeutung vom Standpunkt des Flußregimes und der Schiffahrt in den Hintergrund, wenn der Gesamtausbau der österreichischen Donau in geeigneter Weise sichergestellt ist, da dann die Gefahr einer „Verewigung" von Lücken in der Stufenkette gebannt erscheint. Die Möglichkeiten der Sicherstellung des zügigen und kontinuierlichen weiteren Ausbaues bzw. des Vollausbaues der österreichischen Donau — etwa durch eine gesetzliche Regelung — stehen derzeit im Gespräch.

Schließlich wird die Bedeutung der Fortsetzung des Donauausbaues für die Großschiffahrt als Vorbereitung für den Rhein-Main-Donau-Kanal und zur Wahrung der österreichischen Interessen beim Ausbau des Donau-Oder-Elbe-Kanales durch die von der österreichischen Bundesregierung zu Beginn der neuen Legislaturperiode abgegebene Regierungserklärung unterstrichen.

Schrifttum

1. Kotzina, V.: Stromausbau und Häfen an der österr. Donau. Vortrag, gehalten auf dem Internationalen Hafentag am 6. Oktober 1967 in Linz.
2. Kotzina, V.: Österreichs Donaulage unter europäischen Aspekten. Vortrag, gehalten in einer Veranstaltung des Österr. Kanal- und Schiffahrtsvereines am 10. April 1969 in Wien.
3. Gesamtverkehrskonzept der österr. Bundesregierung, Wien, September 1968.
4. Energiekonzept der österr. Bundesregierung, Wien, Mai 1969.
5. Technischer Arbeitsausschuß des Donaukuratoriums: Generelles Programm für den Ausbau der Donau zur transkontinentalen Großschiffahrtsstraße vom 29. August 1967.
6. Technischer Arbeitsausschuß des Donaukuratoriums: Vorläufige Kostenschätzung für die Vollendung des Ausbaues der österr. Donau vom 22. Jänner 1968.
7. Technischer Arbeitsausschuß des Donaukuratoriums: Denkschrift des Technischen Arbeitsausschusses zum wasserwirtschaftlichen Rahmenplan für die Donaustrecke Tulln–Wolfsthal vom 7. Februar 1969.
8. Österr. Institut für Wirtschaftsforschung: Die wirtschaftliche Bedeutung und Entwicklung der Donauschiffahrt. Monatsberichte des Österr. Institutes für Wirtschaftsforschung, Dezember 1962.
9. Österr. Institut für Raumplanung im Auftrag des Magistrates der Stadt Wien: Die Chancen an der Donau, Neue Möglichkeiten durch die Binnenschiffahrt, Notwendigkeit eines umfassenden Hafenkonzeptes. Wien 1967.
10. Österr. Donaukraftwerke AG: Donau-Symposium 1968. Sammlung der am 12. Februar 1968 in Wien im Rahmen des Donausymposiums gehaltenen Vorträge.
11. Österr. Verkehrswissenschaftliche Gesellschaft: Jahrestagung der österr. Verkehrswissenschaftlichen Gesellschaft vom 2.–7. Mai 1964, Generalthema: Die Donauschiffahrt, Vorträge und Abhandlungen. Mitteilungen der österr. verkehrswissenschaftl. Gesellschaft 1964, Heft 3/4.
12. Donaukommission: Recommandations relatives à l'établissement des gabarits du chenal, des ouvrages hydrotechniques et autres sur le Danube. Budapest 1963.
13. Donaukommission: Profil en long du Danube de Ulm (km 2586,3) à Sulina (km 0). Budapest 1968.
14. Müllner, H.: Die Donau im Rahmen des europäischen Wasserstraßennetzes. Österr. Wasserwirtschaft 1969, Heft 1/2.
15. Turek, E.: Vorhaben der österr. Bundesregierung bezüglich des weiteren Ausbaues der österr. Donaustrecke. Vortrag, gehalten in der Sitzung der Arbeitsgruppe Rhein–Main–Donau der Union der rheinischen Handelskammern am 27. September 1968 in Linz.
16. Pisecky, F.: Österreich und die Donau. Wien: Verlag für Geschichte und Politik 1965.
17. Pisecky, F.: Österreich und die Donau. Schiffahrt und Strom, Informationsdienst des Österreichischen Kanal- und Schiffahrtsvereines 1969, Folge 5/6.
18. Polaschek, W. E.: Österreichs Donauschiffe zwischen West und Ost. West-Ost-Journal 1969, Nr. 2.
19. Haeseler, P.: Wirtschaftliche Betrachtungen über die österr. Donauschiffahrt. Mitteilungen der österr. verkehrswissenschaftl. Gesellschaft 1963, Heft 2.
20. Dobmayer, F.: Der Ausbau der Donau im Rahmen der Bestrebungen der Donaukommission. Die Wasserwirtschaft 1968, Heft 4.
21. Schreiber, W.: Österreich und die Donaukommission. Österr. Osthefte 1968, Heft 4.
22. Vas, O.: Betrachtungen zum Ausbau der österr. Donau. Die Wasserwirtschaft 1967, Heft 4.
23. Fenz, R.: Der Donauausbau — eine wasserwirtschaftliche Planungsaufgabe. Österr. Wasserwirtschaft 1967, Heft 9/10.
24. Böck, H.: Planungskonzept für den Ausbau der Donau. Österr. Ingenieurzeitschrift 1967, Heft 10.
25. Tschochner, F.: Die Donauregulierung in Österreich. Österr. Wasserwirtschaft 1957, Heft 5/6.
26. Tschochner, F.: Die Donau als Schiffahrts- und Kraftwasserstraße. Wasser und Boden 1963, Heft 1.
27. Kandl, H.: Die Entwicklung der Donauregulierung in Österreich. Österr. Wasserwirtschaft 1969, Heft 1/2.
28. Schmutterer, J.: Die Regulierung der österr. Donau und ihre Voraussetzungen. Jahrbuch HTG 23/24 (1955/57).
29. Niesner, E.: Donauregulierung und Kraftwerksbau. Österr. Wasserwirtschaft 1969, Heft 1/2.
30. Michalke, K.: Regulierungsarbeiten und Schiffahrtsverhältnisse im Aschacher Kachlet. Österr. Wasserwirtschaft 1969, Heft 1/2.
31. Geitner, W.: Die Mittel- und Niederwasserregulierung der Donau in Österreich. Österr. Wasserwirtschaft 1969, Heft 1/2.
32. Hermann, F.: Der Ausbau der Donau im Hinblick auf den Rhein-Main-Donau-Kanal. West-Ost-Journal, 1970, Nr. 6.

Die wirtschaftliche Bedeutung
des Europakanals Rhein-Main-Donau*

Von Dr. **Wolfgang Bader**, München

Die Beförderung von Rohstoffen, Halb- und Fertigfabrikaten zwischen den einzelnen Produktionsstufen und den Orten des Konsums ist ein Wesenselement jeder entwickelten Volkswirtschaft. Namhafte Verkehrswissenschaftler stellen deshalb den Verkehr in seiner Bedeutung neben das Geldwesen; beiden ist gemeinsam, daß sie eine conditio sine qua non für die Funktion jeder arbeitsteiligen Volkswirtschaft sind.

Nun ist die Arbeitsteilung schlechterdings nicht eine Erfindung der Neuzeit. Schon Xenophon schildert sie für seine Zeit durchaus in dem Sinne, wie sie uns fast 2½ Jahrtausende später geläufig ist: „Der eine fertigt Männerschuhe an, der andere Frauenschuhe. Hier lebt der eine bloß vom Nähen der Schuhe, dort ein anderer vom Zuschneiden." Was jedoch unser industrielles Zeitalter von der Antike und auch vom Mittelalter unterscheidet, sind neben den technischen Gegebenheiten nicht zuletzt die ganz anderen Dimensionen des Wirtschaftens. Die aus der industriellen Arbeitsteilung mit ihrer starken horizontalen und vertikalen Differenzierung in Verbindung mit dem technischen Fortschritt resultierende Massenproduktion verlangt u. a. nach Verkehrsmitteln, die eine hohe Massenleistungsfähigkeit aufweisen, wegen der im weltweiten Rahmen wirksam werdenden Konkurrenz gleichzeitig aber auch möglichst kostengünstig sind. Hier bot sich der Binnenschiffahrt, die nach dem Erscheinen der Eisenbahn vorübergehend zurückgedrängt worden war, ein wachsendes Betätigungsfeld.

Es zeigte sich auch schon bald, daß die Entwicklungsbedingungen für die industrielle Entfaltung gerade dort am günstigsten waren, wo neben der Eisenbahn auch die Binnenschiffahrt Transportfunktionen übernehmen konnte. Vor allem die Industrie drängte deshalb darauf, daß die bereits vorhandenen Wasserwege besser ausgebaut und neue Verbindungen in Form kanalisierter Flüsse und Kanäle gebaut würden. In diesem Zusammenhang erhielt auch das alte, schon Karl dem Großen vorschwebende und von König Ludwig I. von Bayern erstmals, jedoch mit zu kleinen Abmessungen verwirklichte Projekt der Rhein-Main-Donau-Verbindung neue Aktualität. Zum Erfolg führten diese Bemühungen im Jahre 1921, als das Deutsche Reich und die Länder Bayern und Baden in einem Staatsvertrag den Bau der — wie es im Vertrag formuliert wurde — Großschiffahrtsstraße Rhein–Main–Donau vereinbarten und zu diesem Zweck die Rhein–Main–Donau AG (RMD) gründeten.

Seit diesem Beschluß ist ein halbes Jahrhundert verstrichen. Inflation, Weltwirtschaftskrise und vor allem der 2. Weltkrieg mit seinen Folgen haben den Fortgang der Bauarbeiten an dieser Wasserstraße erheblich beeinträchtigt bzw. vorübergehend zum Stillstand gebracht. Nach der Währungsreform wurden aber die Investitionen laufend verstärkt. Der weitaus größte Teil der von der RMD auszubauenden Strecke, nämlich 525 von insgesamt 677 km, ist inzwischen fertiggestellt (Abb. 1). Es ist dies die Mainkanalisierung von Aschaffenburg bis Bamberg, die Niederwasserregulierung der Donaustrecke Regensburg–Vilshofen, die Kanalisierung des Donauabschnittes Vilshofen–Bundesgrenze sowie die Strecke Bamberg–Erlangen des Main-Donau-Kanals. Im Bau befindet sich der 24 km lange Abschnitt westlich von Erlangen zum Staatshafen Nürnberg, der ab September 1972 betriebsbereit sein wird. Die Vollendung des dann noch fehlenden Reststückes Nürnberg–Regensburg ist abzusehen. Sie soll nach dem in der Öffentlichkeit unter dem Namen „Duisburger Vertrag" bekannten Ausbauvertrag zwischen dem Bund und Bayern vom 16. September 1966 bis zum Jahre 1981 erfolgen, so daß in rund 10 Jahren der durchgehende Schiffsverkehr vom Rhein über den Main zur Donau möglich sein wird. Bis zum Ende der achtziger Jahre wird dann zur Verbesserung des Fahrwassers auch die Kanalisierung der Donau oberhalb von Vilshofen auf Kosten des Bundes und des Landes Bayern vorgenommen werden, da auf weitere Sicht die Angleichung an die Verhältnisse der außerdeutschen Donau erforderlich ist.

---

* Erweiterte Fassung eines auf der 33. Hauptversammlung der Hafenbautechnischen Gesellschaft 1969 in Nürnberg gehaltenen Vortrags.

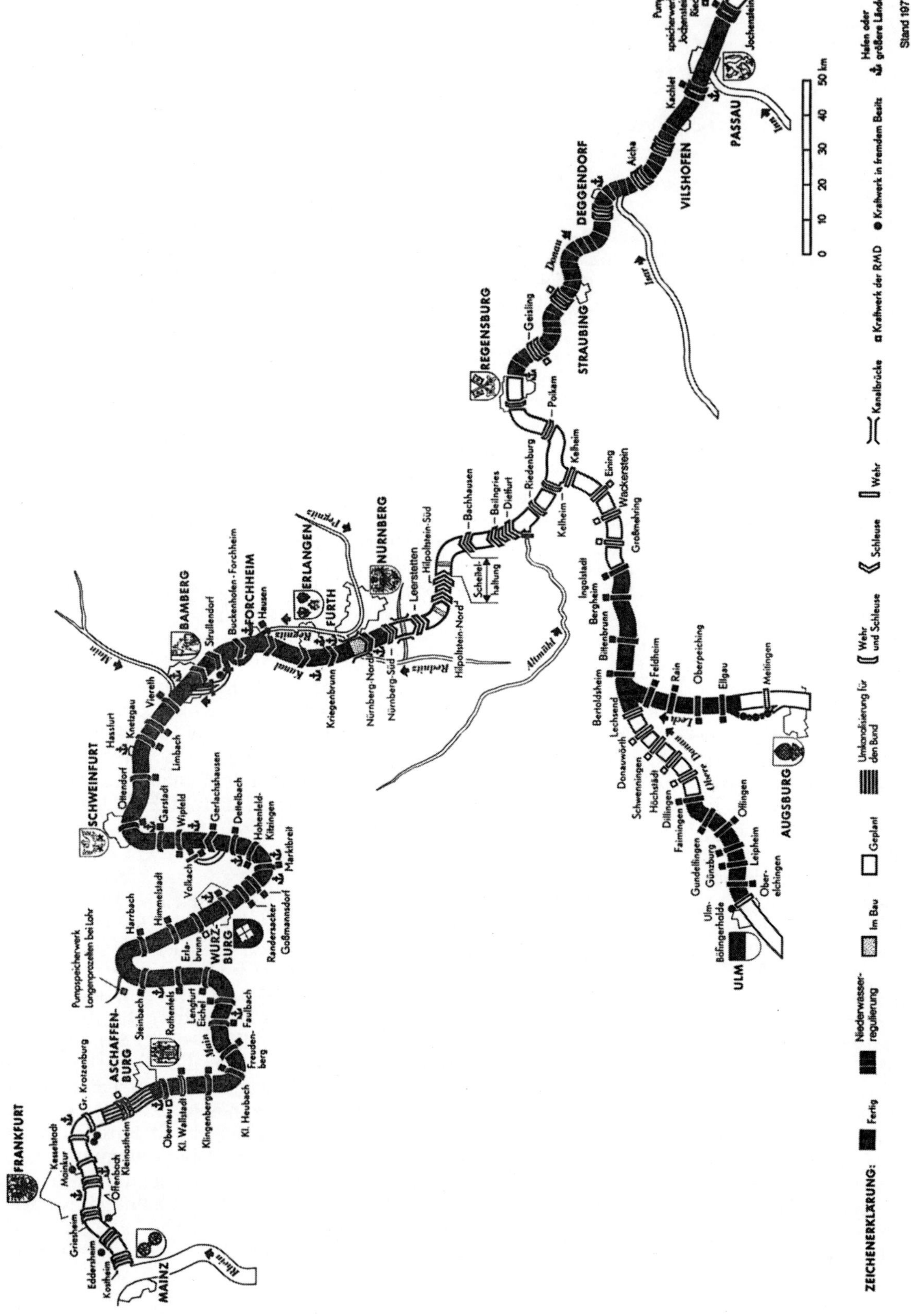

Abb. 1. Der Europakanal Rhein–Main–Donau.

Bisherige wirtschaftliche Auswirkungen

Hauptzweck der Rhein-Main-Donau-Wasserstraße war und ist es, den peripher gelegenen bayerischen Wirtschaftsraum an das Wasserstraßennetz Westeuropas anzuschließen und zugleich eine transkontinentale Verkehrsachse von der Nordsee zum Schwarzen Meer herzustellen. Aus diesem Grund stehen bei einer wirtschaftspolitischen Würdigung des Europakanals naturgemäß die verkehrswirtschaftlichen Aspekte im Vordergrund. Ein Blick auf die Verkehrsentwicklung zeigt, in welchem Maße sich die bisher fertiggestellten Abschnitte des Europakanals verkehrswirtschaftlich auswirken konnten:

Der Verkehr durch die Schleuse Kostheim, die Eingangsschleuse vom Rhein zum Main, stieg von 1,7 Mio. t im Jahre 1920 auf 4,3 Mio. t im Jahre 1936 und weiter auf 17,3 Mio. t im Jahre 1971. Der Güterumschlag am gesamten Main erhöhte sich von 1936 bis 1971 von 5,3 Mio. t auf 32,8 Mio. t, d. h. um fast das 6,2 fache. Am Main von Aschaffenburg aufwärts, wo im Jahre 1936 1,6 Mio. t Güter umgeschlagen worden waren, stieg der Umschlag bis 1971 auf rd. 17,1 Mio. t, das ist mehr als die 10 fache Menge des Jahres 1936 (Abb. 2) und entspricht einer Steigerungsrate von 25% gegenüber 1970.

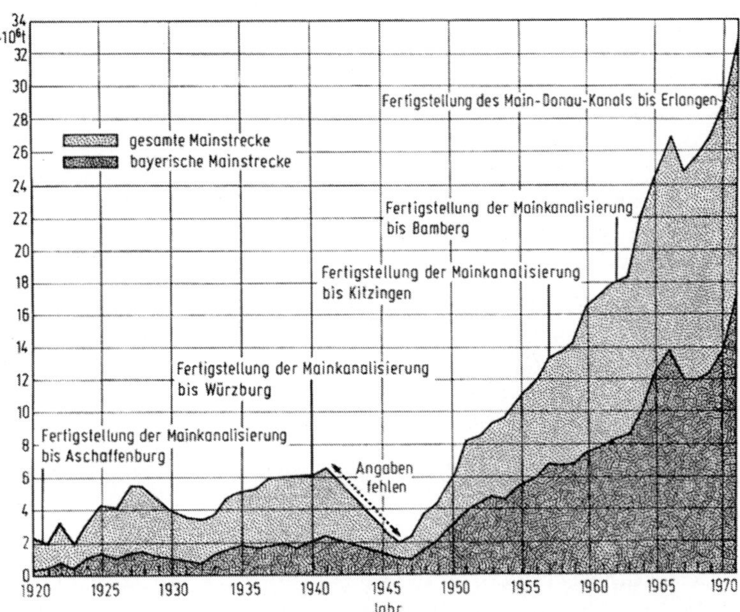

Abb. 2. Güterumschlag der Häfen und Länden am gesamten und am bayerischen Main einschließlich Main-Donau-Kanal ab 1968.

Die Häfen und Länden sind gleichsam die Knotenpunkte des Schiffsverkehrs, in denen die Transporte auf die Wasserstraße übergehen oder von dort gelöscht werden. Als ältester bayerischer Staatshafen am Main war Aschaffenburg in erster Linie als Kohlenumschlagshafen für die bayerischen Staatseisenbahnen gedacht und gleichzeitig in die Kohlenversorgung des süddeutschen Raums eingeschaltet. Im Zuge der Strukturwandlungen auf dem Energiesektor verlor Aschaffenburg als Kohlenumschlagshafen an Bedeutung. Der dabei bis auf 500 000 t gesunkene Güterumschlag ist bis 1971 jedoch wieder auf annähernd 680 000 t gestiegen. Der Hafen Würzburg hatte 1960 mit 1,8 Mio. t das bisherige Umschlagsmaximum erreicht. Im Zuge der Weiterführung der Mainkanalisierung trat anschließend ein Rückgang ein; im Jahre 1971 lag hier der Güterumschlag bei 1,2 Mio. t.

Die kleineren Häfen Ochsenfurt, Marktbreit und Kitzingen erreichten 1971 mit einem Umschlag von über 1,0 Mio. t mehr als das 7 fache ihrer Umschlagsmengen von 1950. In Schweinfurt wurden 1971 rd. 0,65 Mio. t — 4,5mal soviel wie 1950 — umgeschlagen.

Einen raschen Aufschwung hatte auch der Staatshafen Bamberg zu verzeichnen. Bevor die Mainkanalisierung hier im Jahre 1962 ihren Endpunkt erreicht hatte, wurden jährlich weniger als 200 000 t verschifft oder empfangen; 1971 wurden dagegen 1,3 Mio. t umgeschlagen. Die vollschiffige Wasserstraßenverbindung bis Bamberg hat somit dem durch seine Randlage benachteiligten oberfränkischen Wirtschaftsraum eine nicht zu übersehende Standortverbesserung gebracht. Der

Hafen Bamberg wurde dabei mit seinen Umschlags- und Verkehrseinrichtungen zu einem wichtigen Verkehrsknoten, der auch für ein weiteres Einzugsgebiet die Versorgungsbasis, ebenso aber auch das Ausgangstor für Massengüter bildet.

Neben den hier genannten Häfen kommt aber auch den kleineren Umschlagsstellen für die Schiffahrt auf dem Main eine erhebliche Bedeutung zu. Auf sie entfällt mehr als die Hälfte des Mainumschlags. Nicht weniger als 160 solcher kleinen Umschlagstellen befinden sich am Main zwischen Aschaffenburg und Bamberg und am Abschnitt Bamberg—Erlangen des Main-Donau-Kanals. Dabei handelt es sich überwiegend um private Länden, über die Industriebetriebe, Kieswerke und Handelsunternehmen Güter empfangen und versenden.

Auch auf der deutschen Donau stieg der Güterverkehr beachtlich an. Er erhöhte sich von 0,8 Mio. t im Jahre 1936 auf 4,0 Mio. t im Jahre 1970. Die ungenügende Wasserführung der Donau im vergangenen Jahr führte allerdings dazu, daß 1971 nur ein Verkehrsvolumen von 3,5 Mio. t erzielt werden konnte. Diese Transporte werden überwiegend im Hafen Regensburg umgeschlagen. Mit einem Wasserumschlag von 3,1 Mio. t im Jahre 1971 behielt Regensburg dennoch seine Stellung als größter bayerischer Hafen (Abb. 3).

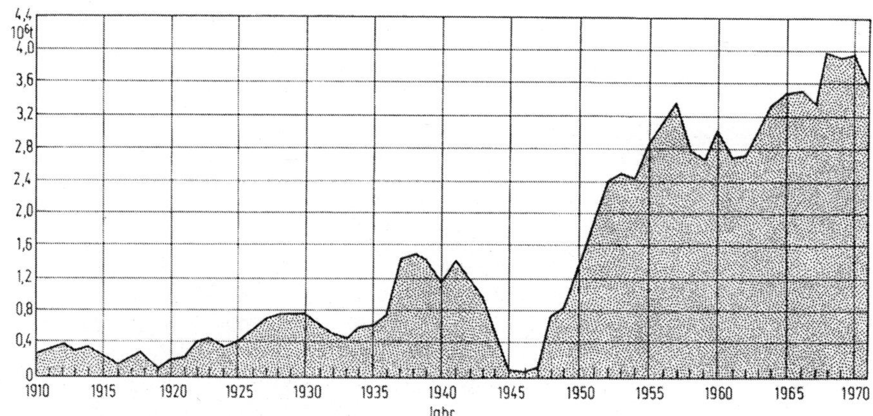

Abb. 3. Güterumschlag der Häfen und Länden an der deutschen Donaustrecke.

Die verkehrswirtschaftlichen Vorteile sind freilich nur ein, wenn auch wesentlicher Aspekt der Wasserstraßen. Der Industrialisierungsprozeß hat zur Folge, daß das Element Wasser — früher eine sogenannte Ubiquität — mehr und mehr zu einem knappen Gut geworden ist. Mit weiter steigender Produktion wird auch der Wasserbedarf zunehmen. Wenn wir hören, daß etwa zur Erzeugung von 1 t Schwefelsäure 83 m³ Wasser und zur Erzeugung von 1 t Polyäthylen sogar 231 m³ Wasser benötigt werden [1], so unterstreichen diese Beispiele, um welche Größenordnung es dabei zum Teil geht.

Der Standortfaktor Wasser gewinnt deshalb ständig an Bedeutung. Das gilt auch für die Industrie am Europakanal Rhein—Main—Donau. Eine Untersuchung der an der freien Mainstrecke liegenden Industrie -und Gewerbebetriebe hinsichtlich ihres Interesses am Element Wasser hat ergeben, daß von den 97 größeren Werken 56% an der Nutzung des Wassers interessiert sind. Allein dem Main von Aschaffenburg aufwärts werden jährlich rd. 350 Mio. m³ Wasser entnommen. Am gesamten Main beträgt die jährliche Wasserentnahme rd. 1,6 Mrd. m³ [2]. Diese ganz überwiegend zu Kühlzwecken benötigten und anschließend wieder in die Wasserstraße zurückgeleiteten Wassermengen können dem Main nur entnommen werden, weil mit den Stauhaltungen ein genügend großes Wasserdargebot bei gleichbleibendem Stauwasserspiegel geschaffen wurde. Am Untermain im Raum Frankfurt ist der Zusammenhang zwischen der Stauhaltung und der Wasserentnahme besonders offenkundig. Bei Niederwasser läuft dort der Main 1 ½mal durch die Industriebetriebe, ehe er dem Rhein zufließt.

Eine wichtige wirtschaftliche Komponente des Europakanals Rhein—Main—Donau war schließlich von Anfang an die Stromerzeugung, die in Verbindung mit dem Bau der Staustufen ermöglicht wurde. Im Konzessionsvertrag von 1921 erhielt die RMD das Recht, die Wasserkräfte des Mains, der bayerischen Donau, der Altmühl und der Regnitz sowie des Unteren Lechs bis zum Jahre 2050 auszunutzen mit der Auflage, die Reinerträge der Wasserkräfte für den Ausbau der Wasserstraße zu verwenden. Diese weitsichtige Konzeption hat entscheidend zur Verwirklichung des Rhein-

Main-Donau-Projektes beigetragen. Bis heute haben die RMD und ihre Tochtergesellschaften 47 Kraftwerke errichtet. Mit einer Regeljahreserzeugung von 2,34 Mrd. kWh im Jahre 1971 ist die RMD derzeit das zweitgrößte Wasserkraftunternehmen der Bundesrepublik.

Die Erträge aus dem Stromgeschäft haben es der RMD ermöglicht, von den seit ihrer Gründung bis Ende 1971 insgesamt in Schiffahrts- und Kraftwerksanlagen investierten 2,33 Mrd. RM bzw. DM rd. 68% selbst zu finanzieren. Die restlichen 32% stammen zwar aus öffentlichen Mitteln. Es handelt sich jedoch dabei nicht um verlorene Zuschüsse, sondern in der Hauptsache um unverzinsliche Darlehen zum Bau der Schiffahrtsanlagen. Die RMD erhält sie vom Bund und vom Land Bayern als Zwischenfinanzierung zur Beschleunigung des Bautempos; sie sind später voll aus den Erträgen der Gesellschaft zu tilgen, die dann im Jahre 2050 die Kraftwerke unentgeltlich und lastenfrei an den Bund bzw. an das Land Bayern zu übergeben hat (Abb. 4).

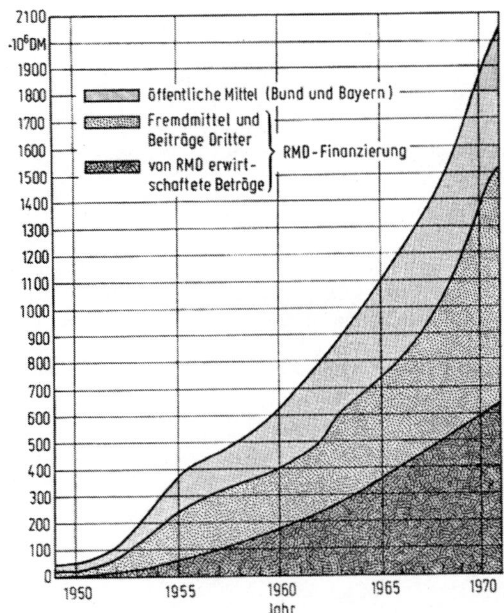

Abb. 4. Finanzierung der Investitionen im gesamten Rhein-Main-Donau-Bereich.

Von den Investitionen der RMD entfällt der überwiegende Teil auf die Wasserstraße: Von 1922 bis 1971 (einschließlich) sind für den Bau der Schiffahrtsstraße 185 Mio. RM und 1421 Mio. DM* aufgewendet worden. In den Bau der Kraftwerke der RMD und ihrer Tochtergesellschaften wurden außerdem noch 65 Mio. RM und rd. 660 Mio. DM* investiert. Für die Fertigstellung der Kanalstrecke Bamberg–Nürnberg sind ab 1972 noch Baukosten von rd. 70 Mio. DM veranschlagt. Die Baukosten der Reststrecke zwischen Nürnberg und Regensburg sind auf rd. 1,4 Mrd. DM geschätzt. Insgesamt sind also ab 1972 für die Fertigstellung des Europakanals Rhein–Main–Donau noch rd. 1,5 Mrd. DM aufzubringen.

Die Größenordnung dieser Investitionen ist keine quantité négligeable. In Anbetracht der energiewirtschaftlichen, verkehrswirtschaftlichen, wasserwirtschaftlichen und der weiteren volkswirtschaftlichen Auswirkungen des Europakanals Rhein–Main–Donau wäre es aber verfehlt, sie nach rein betriebswirtschaftlichen Maßstäben zu beurteilen. Für die Ermittlung des Nutzens von Infrastrukturanlagen — seien es nun Verkehrswege, Bildungseinrichtungen oder Krankenhäuser — ist vielmehr allein eine gesamtwirtschaftliche Betrachtungsweise angemessen. Bei dieser Gesamtbetrachtung dürfen den Baukosten nicht nur die direkt zurechenbaren Nutzenfaktoren — z. B. Frachtkostenersparnisse, Stromerträge und wasserwirtschaftlicher Nutzen — oder gar, wie dies die Wegekostenstudie aus dem Bundesverkehrsministerium tut, nur die Schiffahrtsabgaben gegenübergestellt werden. Besonders gewichtig ist nämlich das Zusammenwirken der erwähnten Faktoren, das bei Investitionsentscheidungen der Wirtschaft häufig zugunsten einer Ansiedlung oder Betriebserweiterung an der Wasserstraße den Ausschlag gibt. Dadurch werden wirtschaftliche

---

* einschließlich Bauzeitzinsen für Fremdmittel

2*

Wachstumsprozesse ausgelöst, die sich nicht nur auf die wasserbezogenen Sparten beschränken und die durch die Mobilisierung nicht oder nicht optimal genutzter Produktionsfaktoren zu einer Steigerung des Sozialproduktes führen.

Wie die Wasserstraßen als Katalysator auf das Wirtschaftsleben ihres Einzugsgebietes wirken und zur Mehrung des Sozialproduktes beitragen, zeigt nicht zuletzt die industrielle Verdichtung in diesem Bereich. Das Ifo-Institut für Wirtschaftsforschung hat nachgewiesen, daß im September 1967 in der Bundesrepublik Deutschland in den an Wasserstraßen gelegenen Kreisen pro km² in der Industrie 1,7mal soviel Personen beschäftigt waren wie in den nicht an Wasserstraßen gelegenen Kreisen. Die Industrieumsätze lagen an den Wasserstraßen pro km² ungefähr 2,4mal so hoch wie in den Kreisen ohne Wasserstraßenanschluß. Ein Vergleich der Jahre 1962 und 1967 zeigt ferner, daß auch die Zuwachsraten der Industrieumsätze an den Wasserstraßen höher waren als in den nicht an Wasserstraßen gelegenen Kreisen. Es ist sicher auch kein Zufall, daß mit Ausnahme von München, Augsburg sowie Wuppertal und bis 1972 noch Nürnberg alle Großstädte der Bundesrepublik mit mehr als 200 000 Einwohnern an Wasserstraßen liegen.

Abb. 5. Der im Jahre 1962 in Betrieb genommene neue Osthafen in Regensburg wird von der Wirtschaft bereits voll genutzt, so daß im Jahre 1970 eine Erweiterung dieses Hafenbeckens um 400 m notwendig wurde.

Naturgemäß haben die Wasserstraßen eine besondere Anziehungskraft auf Industriezweige, die Massengut beziehen oder versenden und/oder die einen hohen Brauchwasserbedarf haben. Die Wasserstraßen bieten deshalb bevorzugte Standorte für die Großchemie, thermische Kraftwerke, Werke der Nahrungs- und Genußmittelindustrie, der Futtermittelbranche, der Baustoffproduktion, der Eisen- und Stahlerzeugung und -verarbeitung u. a. m. Die Struktur der Binnenschiffstransporte spiegelt diese Rückwirkungen wider: Am Main sind z. B. Kies und Sand die Hauptumschlagsgüter. Fast die gleiche Bedeutung haben flüssige Brennstoffe. Es folgen feste Brennstoffe, Steine, Bimskies, chemische Erzeugnisse, Zement, Kalk, Gips, Düngemittel und schließlich eine Reihe anderer Güterarten. An der Donau stehen Erze einschließlich Bauxit, Steinkohle, Eisen- und Stahlerzeugnisse sowie Mineralölerzeugnisse im Vordergrund. Ein großer Teil dieser Güter, vor allem aus dem Bereich der Steine und Erden, würde gar nicht befördert und damit auch nicht im Einzugsgebiet der Wasserstraße gewonnen werden können, wenn nicht der billige Wasserweg den Transport übernehmen würde.

Am Main allein von Aschaffenburg aufwärts haben sich in der Nachkriegszeit 183 Industrie-, Handels- und Speditionsunternehmungen angesiedelt [3]. Auch wenn es sich dabei zum Teil um Kleinbetriebe handelt und nicht alle Firmen Güter über den Main umschlagen, schuf doch die Mainkanalisierung in der Regel die Voraussetzung bzw. gab den Anstoß zur Ansiedlung am Main.

Am Beispiel des älteren Hafens Regensburg zeigt sich, daß auch im südlichen Bereich des Europakanals eine deutliche Wirtschaftsbelebung zu beobachten ist. Dieser Hafen verzeichnet in den letzten Jahren gerade auch als Industriehafen eine sehr erfreuliche Entwicklung, obwohl der durchgehende Wasserweg zum Rheingebiet vorerst noch fehlt. Als zur Erweiterung des Regensburger Hafens im Jahre 1962 der Osthafen mit einem 400 m langen Becken in Betrieb genommen wurde, begegnete diese Maßnahme erheblicher Skepsis und wurde sogar als Fehlinvestition bezeichnet. Inzwischen kann festgestellt werden, daß selbst optimistische Erwartungen übertroffen wurden. Von den 20 Unternehmungen, die sich dort angesiedelt haben, sind mittlerweile Investitionen von über 50 Mio. DM vorgenommen worden. Weitere geplante Neuansiedlungen machten im Jahre 1970 eine Verlängerung des Hafenbeckens auf 800 m erforderlich (Abb. 5).

Zukunftsaspekte

Nach den bisherigen Erfahrungen kann sicher damit gerechnet werden, daß sich die Wirtschaftsbelebung, die der Europakanal Rhein–Main–Donau auslöst, zukünftig auch in dem noch wirtschaftsschwachen Raum zwischen Nürnberg und Regensburg, aber auch im deutschen Donauraum unterhalb von Regensburg einstellen wird. Von der frachtgünstigen Verkehrsverbindung dieser Gebiete zu den wirtschaftlichen Zentren in Süd-, West- und Norddeutschland und zu den Seehäfen, deren Fehlen die wirtschaftliche Entwicklung erheblich behindert hat, werden zweifellos neue Impulse ausgehen.

Allein schon der Bau des Abschnittes Nürnberg–Regensburg des Europakanals Rhein–Main–Donau ist für den dortigen wirtschaftsschwachen Raum von besonderer strukturpolitischer Bedeutung. Dieses in seiner wirtschaftlichen Entwicklung erheblich zurückgebliebene Gebiet wird zunächst durch die gerade hier wegen der Überwindung des fränkischen Jura hohen Kanalbau-Investitionen kräftige Kaufkraftimpulse erhalten. Ein nicht geringer Teil der für den Bau des Verbindungsabschnittes von Nürnberg zur Donau veranschlagten Mittel wird hier ausgegeben werden und die regionale Wirtschaft beleben. Längerfristig betrachtet werden die Entwicklungsbedingungen für alle Wirtschaftszweige, in erster Linie naturgemäß für die transportintensiven Branchen, günstiger.

Mit der Fertigstellung des Europakanals Rhein–Main–Donau und der dann bestehenden Verbindung zwischen der Donau und dem westeuropäischen Wasserstraßennetz verbessern sich aber auch die wirtschaftlichen Chancen des Donauraumes von Regensburg abwärts. Zur Frachtverbilligung kommt dabei als weiterer Standortfaktor hinzu, daß die bayerische Donau einer der wenigen größeren Flüsse der Bundesrepublik ist, der noch einer weitaus stärkeren wasserwirtschaftlichen Nutzung, als dies zur Zeit der Fall ist, zugeführt werden kann. Gerade dieser Gesichtspunkt dürfte für die Zukunft wachsende Bedeutung gewinnen. Da durch den verbesserten Hochwasserschutz im Zusammenhang mit der Kanalisierung der Donau auch neue Geländeflächen für eine gewerbliche Nutzung erschlossen werden — wie dies z. B. am Main besonders ausgedehnt in Schweinfurt der Fall war — bieten sich nach Abschluß des Donauausbaues auch unter dem Aspekt des Geländebedarfs neue Möglichkeiten.

Mit der regionalen Wirtschaftsförderung steht ein anderer Aspekt im Zusammenhang, nämlich die wasserwirtschaftliche Seite des Main-Donau-Kanals. Da der Kanal auf weite Strecken ein Stillwasserkanal ist, sah die ursprüngliche Konzeption vor, dem Lech Wasser unterhalb von Augsburg zu entnehmen und über die Donau und den Jura hinweg in die Scheitelhaltung des Main-Donau-Kanals zu leiten. Im Zuge der schrittweisen Realisierung des Rhein-Main-Donau-Projektes ergaben dann weitere Untersuchungen, daß es wirtschaftlicher ist, anstelle der Überleitung von Lechwasser das Gefälle des Lechs in einer Kraftwerkskette zur Stromerzeugung zu nutzen und später die Schleusen im Stillwasserbereich des Kanals durch Rückpumpwerke mit Wasser zu versorgen. Auf diese Weise wäre es technisch ohne weiteres möglich, die Schleusen unabhängig von der Überleitung von Altmühl- oder Donauwasser in die Nordrampe zu betreiben, so daß, von der erstmaligen Füllung abgesehen, weder der Altmühl noch der Donau Wasser entzogen werden müßte (vgl. [4]). Die verschwindend kleinen Wassermengen, die versickern oder verdunsten, könnten durch die kleinen natürlichen Zuflüsse ersetzt werden.

Gegenüber dieser Möglichkeit, die Scheitelhaltung sozusagen im geschlossenen Kreislauf mit Wasser zu versorgen, ist nun neuerdings eine viel umfassendere Lösung in das Blickfeld des öffentlichen Interesses gerückt. Bekanntlich ist Bayerns Süden verhältnismäßig wasserreich, während Bayerns Norden demgegenüber verhältnismäßig wasserarm ist. Die Wasserarmut Nordbayerns ist ein Hindernis für die Weiterentwicklung dieses Gebietes, weil es an Trinkwasser fehlt und weil der Main und vor allem die stark verschmutzte Regnitz samt ihren Nebenflüssen keine größeren Abwassermengen mehr aufzunehmen vermögen. Die bayerische Wasserwirtschaftsverwaltung plant deshalb, durch die Überleitung von Altmühlwasser in die Rednitz/Regnitz und die Anlage von Speicherbecken die wasserwirtschaftlichen Verhältnisse vor allem im Raum Nürnberg—Fürth zu verbessern [5]. Der Main-Donau-Kanal ist als großräumige Wasserleitung vom Donaubecken nach Nordbayern ein integrierender Bestandteil dieses Projektes; denn in dieser Wasserstraße lassen sich die zur Aufbesserung der Wasserführung der Regnitz zusätzlich benötigten 150 bis 200 Mio. m³ wirtschaftlich herbeischaffen (Abb. 6 und 7).

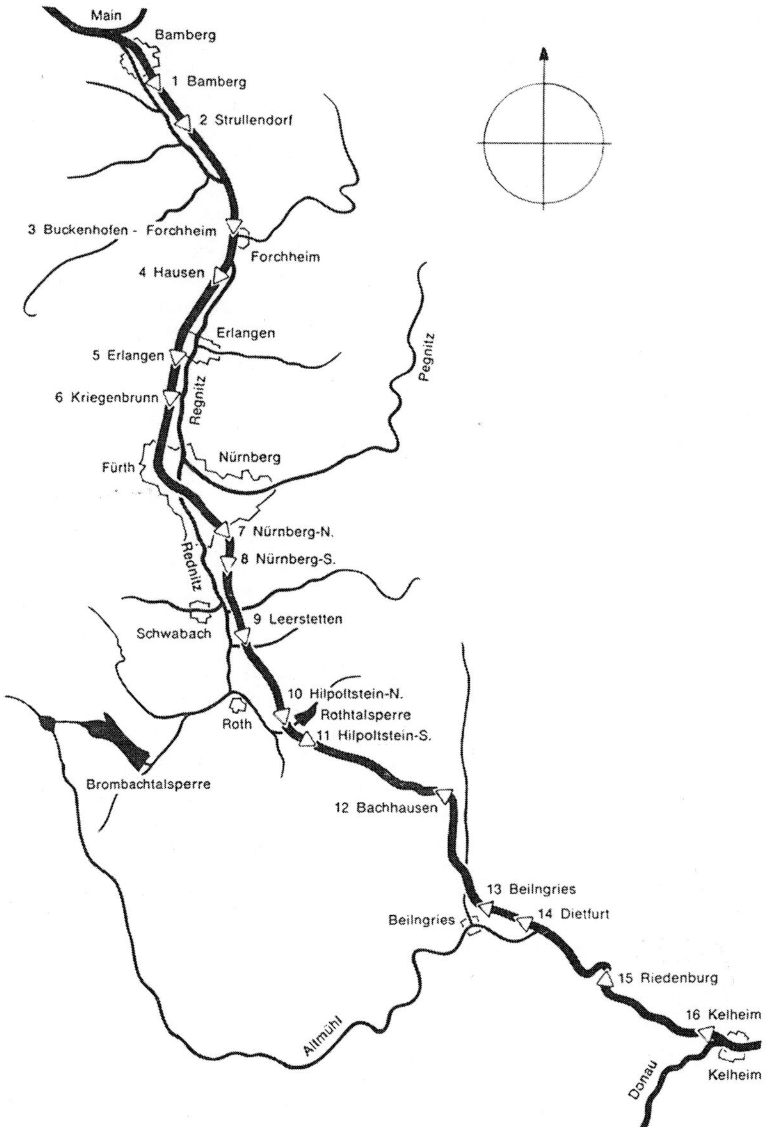

Abb. 6. Der Europakanal Rhein-Main-Donau als Wasserleitung; hier Lageplan mit Zwischenspeichern Rothtalsperre und Brombachtalsperre.

Der Main-Donau-Kanal erhält damit eine zusätzliche Funktion, die, wie schon erwähnt, die Stauhaltungen des Mains bereits haben und die bei den nordwestdeutschen Kanälen besonders ausgeprägt ist. Die wirtschaftlichen und siedlungspolitischen Entwicklungsvoraussetzungen in Nordbayern, insbesondere im Raum Nürnberg—Fürth—Erlangen, werden dadurch erheblich verbessert. Im Bereich der Scheitelhaltung des Main-Donau-Kanals werden in unmittelbarer Verbindung zum Kanal ein Speicher an der kleinen Roth von der Größe des Schliersees und weiter westlich im Zusammenhang mit diesem Überleitungssystem der sogenannte Brombachspeicher in der Größenordnung des Tegernsees angelegt. Beide Speicherseen dienen als Ausgleichbecken, aus denen die Wasserabgabe nach Nordbayern entsprechend dem dortigen Bedarf erfolgen kann. In Verbindung mit Rückhaltespeichern an den Donauzuflüssen kann damit erreicht werden, daß schädliche Hochwasserspitzen abgefangen und die Wasserentnahme aus der Donau im langjährigen Mittel weitgehend ohne Benachteiligung der Donauschiffahrt und der Wasserkraftnutzung erfolgen kann. Zugleich schaffen die Speicherbecken mit ihren Wasserflächen auch wertvolle Erholungsräume. Die Main-Donau-Wasserstraße und die Verbesserung der wasserwirtschaftlichen Verhältnisse des Landes Bayern sind also nicht nur miteinander verträglich; sie werden sich sogar so ergänzen, daß eine solche Gemeinschaftslösung für beide vorteilhaft ist und außerdem der Freizeitwert im Einzugsbereich des Ballungsraumes Nürnberg–Fürth–Erlangen erhöht wird.

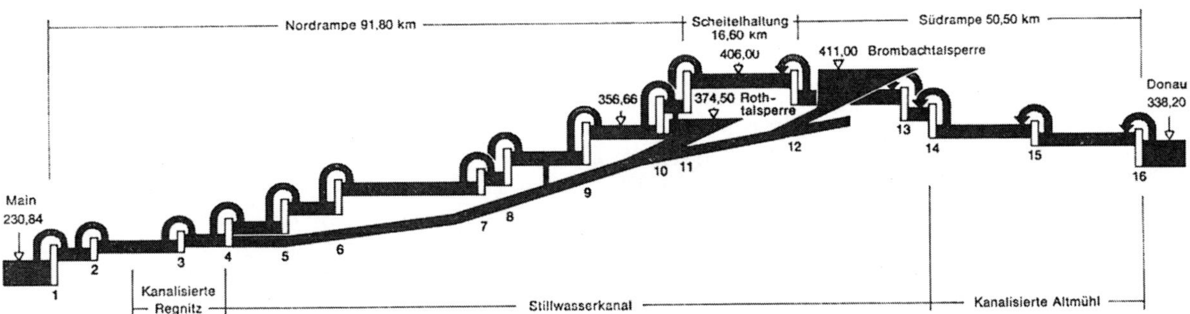

Abb. 7. Der Europakanal Rhein-Main-Donau als Wasserleitung; hier Höhenplan und Durchflußschema. Quelle: „Überleitung von Altmühl- und Donau-Wasser ins Regnitz-Maingebiet", Studie der Obersten Baubehörde im Bayer. Staatsministerium des Innern.

Als neue Verkehrsverbindung zwischen der Rheinregion und dem Donauraum eröffnet der Europakanal Rhein–Main–Donau nicht zuletzt auch günstigere Möglichkeiten für die Entwicklung des Handelsaustausches zwischen den Anliegerstaaten dieser Wasserstraße. Der Handelsaustausch wirkt sich zum Nutzen beider Vertragspartner aus. Bisher ist der Handelsverkehr der Bundesrepublik und der anderen EWG-Mitglieder mit den Ländern Südosteuropas — von Österreich abgesehen — zwar noch bescheiden. Immerhin ist das Handelsvolumen zwischen der Bundesrepublik Deutschland und den Donaustaaten wertmäßig von 1,8 Mrd. im Jahre 1953 auf 15,9 Mrd. DM im Jahre 1970, also auf das 8,8fache, gestiegen.

Die Voraussetzungen für die Zunahme dieses Handelsaustausches haben sich verbessert, weil die Länder des Südostraumes heute nicht mehr reine Agrarstaaten sind. Sie befinden sich vielmehr in einer Umstrukturierung zum Industrie-Agrarstaat und haben dadurch einen erheblich gestiegenen Bedarf an Investitionsgütern. Auf der anderen Seite werden sie damit zunehmend in die Lage versetzt, Erzeugnisse der Industrie bzw. bereits verarbeitete Erzeugnisse der Landwirtschaft anzubieten. Auch hier bestätigt sich die Erfahrung, daß die Möglichkeiten des Güteraustausches zwischen zwei Ländern um so günstiger sind, je weiter entwickelt diese Volkswirtschaften sind.

Dabei soll nicht übersehen werden, daß die politischen Verhältnisse, die die meisten Länder Südosteuropas zur Zusammenarbeit im Comecon und damit zur weitgehenden Ausrichtung ihres Handelsverkehrs nach Osten veranlaßt haben, einer starken Intensivierung des Handelsverkehrs mit westlichen Ländern zur Zeit noch entgegenstehen. Langfristig betrachtet darf aber doch wohl davon ausgegangen werden, daß trotz temporärer Rückschläge das Gewicht der wirtschaftlichen Gegebenheiten und Interessen so stark sein wird, daß der Handelsaustausch weiter zunimmt.

Wie schon die wirtschaftlichen Beziehungen innerhalb und zwischen den Donauanliegerstaaten in der Nachkriegszeit intensiviert wurden, veranschaulicht nicht zuletzt ein Blick auf die Entwicklung des Donauverkehrs. Er lag im Jahre 1952 bei 13,6 Mio. t und stieg bis 1970 auf über 50 Mio. t, also um rd. 270%. Diese Verkehrszunahme ist ein Beweis für den wachsenden Verkehrsbedarf der Donaustaaten. Die Planungen dieser Staaten zielen darauf ab, die Donau zukünftig noch stärker in die Verkehrsabwicklung einzubeziehen. Die Donauanliegerstaaten bauen deshalb den Strom planmäßig aus. Es sei hier vor allem hingewiesen auf die Anstrengungen Österreichs sowie auf die Großbaustelle am Eisernen Tor, wo Jugoslawien und Rumänien gemeinsam durch ein gewaltiges Stauwehr die Schiffahrtsverhältnisse entscheidend verbessern und in zwei Wasserkraftwerken nach der Fertigstellung im Jahre 1972 11,5 Mrd. kWh gewinnen werden. Den Baumaßnahmen im Donauraum steht im westlichen Zweig dieses Verkehrsweges, am Rhein, das Ausbauprogramm für die Bergstrecke zwischen Mannheim und St. Goar und neuerdings auch für den Oberrhein unterhalb Straßburg gegenüber.

Die wirtschaftsbelebenden Impulse nach der Vollendung des Europakanals Rhein–Main–Donau beschränken sich somit nicht auf den innerdeutschen Bereich. Sie strahlen vielmehr aus auf alle 13 Staaten, die zwischen der Nordsee und dem Schwarzen Meer an der Rhein-Main-Donau-Wasserstraße liegen, oder — wie etwa Frankreich und die Schweiz — eine leistungsfähige Wasserstraßenverbindung zu dieser Achse haben.

Kosten-Nutzen-Rechnung der ECE

Wegen der internationalen Bedeutung der Rhein-Main-Donau-Verbindung haben sich maßgebende europäische Gremien — z. B. die Europäische Verkehrsministerkonferenz (CEMT), die Kommission der Europäischen Wirtschaftsgemeinschaft, die Beratende Versammlung des Europarates, die Union der Handelskammern des Rheingebietes sowie das Inlandtransportkomitee der Wirtschaftskommission für Europa (ECE) — für die Verwirklichung des Projektes eingesetzt. Die Europäische Investitionsbank, ein Organ der EWG, gewährte im Oktober 1968 für den Bau des Main-Donau-Kanals einen Kredit im Gegenwert von 96 Mio. DM. Die ECE bildete im Jahre 1964 eine Berichtergruppe mit dem Auftrag, eine „Studie über die wirtschaftliche Bedeutung der Rhein-Main-Donau-Verbindung" auszuarbeiten. Dieser Berichtergruppe gehörten Vertreter der Bundesrepublik Deutschland, Österreichs, Ungarns und Jugoslawiens an. Die Tschechoslowakei, Rumänien und die Donau-Kommission nahmen als Beobachter an den Beratungen teil.

Die Studie wurde im Jahre 1969 fertiggestellt und der ECE in Genf zugeleitet, die sie inzwischen beraten und als ECE-Dokument verabschiedet hat. Für die Bewertung der zukünftigen wirtschaftlichen Bedeutung der Rhein-Main-Donau-Verbindung liegt damit eine von Fachleuten der Anliegerstaaten erarbeitete Untersuchung vor, an der die weitere Diskussion um die Rhein-Main-Donau-Verbindung nicht wird vorbeigehen können.

Nach sehr eingehenden Recherchen und Berechnungen kommt die Berichtergruppe zu dem Ergebnis, daß das Verkehrsvolumen auf der Strecke Nürnberg–Regensburg nach einer gewissen Anlaufzeit, also etwa 1989, bei 14 Mio. t liegen wird. Dieser Verkehr wird sich auf die beiden Verkehrsrichtungen etwa wie folgt aufteilen:

West–Ost	8 Mio. t,
Ost–West	6 Mio. t.

In Anbetracht des bereits vorhandenen Verkehrs auf dem Main und dem Main-Donau-Kanal, der bisher einer Sackgasse gleicht, ist dieses Verkehrsvolumen sicherlich nicht zu hoch gegriffen. Auf der Basis von 14 Mio. t wird ein Kosten-Nutzen-Vergleich angestellt, der wohl zurecht als das Kernstück der Studie bezeichnet werden darf. Die Studiengruppe hat dabei dem Grundsatz Rechnung getragen, daß eine Infrastrukturmaßnahme, wie sie die Vollendung des Rhein-Main-Donau-Kanals darstellt, nicht nach betriebswirtschaftlichen, sondern allein nach gesamtwirtschaftlichen Maßstäben beurteilt werden kann. Es wurden deshalb nicht nur die Wegekosten, sondern auch die volkswirtschaftlichen Kosten- und Nutzenkomponenten einbezogen.

Auf der Kostenseite handelt es sich dabei um

1. die Baukosten der Kanalstrecke Nürnberg–Regensburg,
2. die Baukosten der Häfen und Länden,
3. die Verluste anderer Verkehrsträger durch Verkehrsverlagerungen,
4. die laufenden Kosten für Verwaltung, Betrieb und Unterhaltung.

Auf der Nutzenseite wurden berücksichtigt

1. die Transportkostenersparnisse,
2. der Nutzen aus der Wasserüberleitung vom Donaugebiet nach Franken,
3. der Nutzen durch das zusätzliche Wachstum des Volkseinkommens,
4. der Restwert im Jahre 2000, in dem der Kanal ja noch nicht voll abgeschrieben ist.

Es würde hier zu weit führen, auf die Einzelheiten dieses Kosten-Nutzen-Vergleichs einzugehen. Die Studie liegt inzwischen in der Kurzfassung im Druck vor [6]. Es wird deshalb hier nur auf das Ergebnis der Untersuchung verwiesen. Danach beträgt die gesamtwirtschaftliche Rendite der Kanalbauinvestitionen zwischen Nürnberg und Regensburg für die deutsche Volkswirtschaft 4%. Dieser Rentabilitätsfaktor berücksichtigt nicht den Nutzen, der den anderen Anliegerstaaten aus der Vollendung der Rhein-Main-Donau-Verbindung zugute kommt. Dieser Nutzen ist naturgemäß höher; er läßt sich aber nicht genauer quantifizieren. Die Studiengruppe konnte deshalb nur die Frachtersparnisse der Anliegerstaaten in den Kosten-Nutzen-Vergleich einbeziehen. Bei dieser nicht auf die deutsche Volkswirtschaft beschränkten Rechnung ergibt sich eine Rendite von 6,3%.

Die Berichtergruppe kommt abschließend zu dem Ergebnis, daß für die Strecke Nürnberg–Regensburg eine für Infrastrukturmaßnahmen dieser Art angemessene gesamtwirtschaftliche Rendite gewährleistet ist. Sie bejaht deshalb die Frage nach der Wirtschaftlichkeit der Strecke Nürnberg–Regensburg uneingeschränkt.

Selbstverständlich wird man diese Rentabilitätsziffern nicht verabsolutieren dürfen. Die ECE-Berichtergruppe betont selbst, daß die ermittelten Zinssätze nicht als fixe Größen anzusehen sind; es handele sich vielmehr um Kennziffern, die sich letztlich nach oben oder unten noch in einem gewissen Rahmen verändern können.

Der Wert dieser Studie — die übrigens den ersten Versuch darstellt, eine deutsche Infrastruktur-maßnahme von internationaler Bedeutung gesamtwirtschaftlich zu bewerten — liegt aber darin, daß sie zu einem eindeutig positiven Urteil über die Wirtschaftlichkeit der zur Vollendung der transkontinentalen Rhein-Main-Donau-Wasserstraße noch notwendigen Investitionen kommt. Es verdient dabei vermerkt zu werden, daß die Berichtergruppe damit auch ein klares Bekenntnis zu den Zukunftschancen der Binnenschiffahrt abgegeben hat. Bekanntlich wird in dieser Hinsicht gelegentlich Skepsis geäußert mit dem Argument, der Massengutverkehr sei rückläufig. Diese Behauptung widerspricht allen Tatsachen: Während die auf den Wasserstraßen im Bundesgebiet beförderte Gütermenge von 72 Mio. t im Jahre 1950 auf 230 Mio. t im Jahre 1971 gestiegen ist, hat sich der Anteil der Massengüter in der Bundesrepublik nicht verändert [7]. Er liegt konstant über 90%. Auch im Zeitalter der Elektronik werden Massengüter benötigt werden. Der Verkehrs-bedarf wird deshalb weiter zunehmen. Eine Verkehrsprognose des Ifo-Instituts für Wirtschafts-forschung [8] kommt zu dem Ergebnis, daß die Binnenschiffahrt um 1975 ein Verkehrsvolumen von rd. 273 Mio. t und 1980 etwa 335 Mio. t haben wird (Abb. 8). Die bisherigen Erfahrungen haben sogar regelmäßig gezeigt, daß die höheren Verkehrsziffern schon eher als erwartet erreicht wurden.

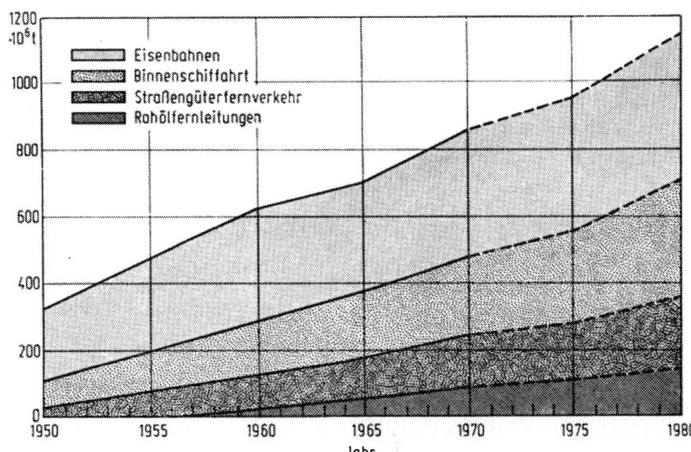

Abb. 8. Bisherige und künftige Entwicklung des Güterverkehrs der Binnenverkehrsträger. Quelle: Verkehrsbericht 1970 des Bundesministers für Verkehr.

Diese Schätzungen berücksichtigen zwar die allgemeinen Wachstumskräfte der deutschen Volks-wirtschaft. Daß aber zum Teil auch gänzlich neue Verkehrsbedürfnisse auftreten, zeigt sich am Beispiel der Elektrotechnik, die vielfach als verkehrsindifferent gilt. Als etwa von Bamberg aus empfindliche und dazu sperrige Hochspannungsgeräte mit sehr strenger Terminisierung nach Über-see zu verschicken waren, wurde für den Transport nach Rotterdam das Binnenschiff gewählt, weil dabei die geringsten Schäden durch Stoß und Erschütterung zu befürchten sind. Dieselben Erfah-rungen machen sich offenbar auch die amerikanischen Raumfahrtbehörden zunutze, die sich sehr stark auf die Zubringerdienste der Binnenschiffahrt eingestellt haben. So werden beispielsweise Saturn-Raketenteile vom Marshall Space Flight Center in Huntsville (Alabama) mit Spezial-Leichtern auf eine Entfernung von 3600 km über Tennessee, Ohio, Mississippi und schließlich den Golf von Mexiko nach Kap Kennedy gebracht [9].

Die Studie der internationalen Sachverständigengruppe entkräftet schließlich auch die Kritik, die von Zeit zu Zeit gegen das Rhein-Main-Donau-Projekt vorgebracht wird. Die Kanalgegner versuchen dabei, neben anderem regelmäßig die aus der Vollendung der Rhein-Main-Donau-Ver-bindung resultierenden Vorteile der Bundesrepublik einerseits und dem Ausland andererseits streng zuzurechnen. Daraus wird dann die Schlußfolgerung abgeleitet, die von der Bundesrepublik zu tragenden Kosten seien nicht gerechtfertigt. Eine solche Denkweise ist zu eng und zu schematisch, um dem wahrhaft europäischen Charakter dieses Projektes gerecht zu werden. Eine Wasserstraße von 3500 km quer durch Europa ist nicht nur ein wichtiger Handelsweg; sie kann die Anlieger-staaten über alle trennenden Grenzen hinweg zumindest auf weitere Sicht auch im politischen Bereich einander näher bringen. Mögen sich deshalb wirtschaftliches Kalkül und politische Ver-nunft zusammentun, um die Verbindung vom Rhein über den Main zur Donau zu einer völker-verbindenden und wirtschaftsfördernden Klammer zu machen in einem sich als größere Einheit verstehenden Europa.

Schrifttum

1. Ploetz, Th.: Wasser in der Industrie. Vortrag vor dem Kongreß „Wasser Berlin 1968". Herausg. vom Kongreß und Ausstellung Wasser Berlin e.V., Berlin 1969.
2. Renner, E.: Wasserwirtschaftliche Auswirkungen einer Wasserstraße am Beispiel der Rhein-Main-Donau-Verbindung. Wasser und Abwasser 1969, Nr. 2.
3. Renner, E.: Die Entwicklung des Mainverkehrs, des Güterumschlags in den Häfen und die Industrialisierung durch den Mainausbau. Zeitschrift für Binnenschiffahrt 1968, Nr. 5.
4. Fuchs, H.: Wasserwirtschaftliche Probleme des Main-Donau-Kanals. Vortrag vor der Deutschen Gewässerkundlichen Tagung am 10. Mai 1966 in Regensburg.
5. Überleitung von Altmühl- und Donau-Wasser ins Regnitz-Maingebiet. Studie der Obersten Baubehörde im Bayer. Staatsministerium des Innern, Mai 1970.
6. Die wirtschaftliche Bedeutung der Rhein-Main-Donau-Verbindung. Zu beziehen bei der Rhein–Main–Donau AG, München.
7. Deutsche Binnenschiffahrt 1968, Heft 1. Herausg. vom Bundesminister für Verkehr, Abt. Binnenschiffahrt.
8. Ifo-Institut für Wirtschaftsforschung: Die voraussichtliche Entwicklung der Nachfrage nach Gütertransporten in der Bundesrepublik Deutschland, München 1971.
9. Binnenschiffahrt in den USA. Zeitschrift für Binnenschiffahrt 1967, Heft 5, S. 136.

Die Teilstrecke Nürnberg—Kelheim des Main-Donau-Kanals*
Linienführung, Gestaltung der Stufen und Verkehrsleistung

Von Oberregierungsbaurat **Hans Peter Seidel**, Fürth

Die Verkehrsleistung einer Wasserstraße hängt von zwei Faktoren ab:

1. von der technischen Ausgestaltung des Verkehrsweges, durch die festgelegt wird, welche Abmessungen das größte verkehrende Schiff haben kann und in welchem Abstand und mit welcher Geschwindigkeit die Fahrzeuge die Wasserstraße befahren können, und

2. von der für die Wasserstraße typischen Flotte, von der Auslastung der Fahrzeuge und von einigen weiteren verkehrlichen Einflüssen.

Wenden wir uns zunächst der Ausgestaltung des Verkehrsweges, also den wasserbaulichen Anlagen zu:

Hier spielen neben der für die erreichbare Verkehrsgeschwindigkeit maßgebenden Querschnittsgröße vor allem die Linienführung der Wasserstraße und die Gestaltung der Stufen eine maßgebende Rolle.

Wie eng Linienführung, Gestaltung der Stufen und Verkehrsleistung zusammenhängen, zeigt sich mit besonderer Deutlichkeit am Beispiel des Main-Donau-Kanals, der den fränkischen Jura überwinden wird. Sein Scheitelpunkt liegt in einer Höhe von 406 m über dem Meeresspiegel, einer Höhe, die keine andere deutsche Wasserstraße erreicht.

Linienführung des Main-Donau-Kanals

Die Geschichte der Rhein-Main-Donau-Verbindung ist unter anderem durch eine Reihe von Wahllinien gekennzeichnet, die der im Jahre 1921 vom Deutschen Reich und vom Freistaat Bayern gegründeten Rhein–Main–Donau AG schon in die Wiege gelegt wurden.

Mit der vom Rhein zur Donau hin fortschreitenden Bauausführung stieß man immer wieder auf Punkte, an denen über mehrere Wahllinien und damit auch über Zahl und Gestaltung der Stufen entschieden werden mußte (Abb. 1).

Bei dem heutigen Stand der Baudurchführung haben natürlich die Trassenuntersuchungen nördlich von Nürnberg, denen — abgesehen von einigen kleineren örtlichen Varianten — ausschließlich das Bestreben nach einer Abkürzung des windungsreichen Laufes des Mains zugrunde lag, nur noch historische Bedeutung. Es fällt auf, daß mit Ausnahme der Tauber-Wörnitz-Linie aus dem Jahre 1688 alle Linien im Bereich der Städte Nürnberg, Fürth und Erlangen zusammentreffen. Sicherlich hat neben den für den Kanalbau günstigen orografischen Bedingungen vor allem die Bedeutung dieses Raumes am Schnittpunkt alter internationaler Handelsstraßen die Kanalplaner bei der Wahl ihrer Trassen beeinflußt.

Während die Untersuchungen für die Verbindung vom Main nach Nürnberg fast ausschließlich vom Gedanken einer Verkürzung des Weges getragen waren, waren es südlich von Nürnberg vor allem mit der Gestaltung der Stufen zusammenhängende technische Überlegungen, die eine Flut von Linienvorschlägen auslösten. In diesem vom Gelände her schwierigsten Abschnitt überwindet der Main-Donau-Kanal im Fränkischen Jura die Wasserscheide zwischen den Abflußgebieten des Rheins und der Donau.

Hier wurden vor allem drei Hauptlinien erörtert, und zwar:

1. Die „Steppberger Linie", die südlich Nürnbergs zunächst den Tälern der Rednitz und der schwäbischen Rezat folgte und die dann ganz in der Nähe der von Karl dem Großen im Jahre 793 in Angriff genommenen „fossa Carolina" die Hauptwasserscheide zwischen dem Rhein- und dem Donaustromgebiet überwand. Diese Linie verlief im anschließenden Abschnitt von Treuchtlingen bis Dollnstein im Altmühltal und erreichte über das als erdgeschichtliche Fundgrube bekannte „Wellheimer Trockental", ein Urstromtal der Donau, oberhalb der „Steppberger Enge" die Donau. Diese Trasse hätte entweder die Kanalisierung der oberen Donau von Kelheim über Ingolstadt und Neuburg oder den Bau eines Donau-Seitenkanals von Saal durch die „Thaldorfer Senke" über Abensberg bis zur Einmündung des Wellheimer Trockentales bei Rennertshofen vorausgesetzt. Sie scheiterte schließlich an den ungünstigen Verhältnissen im oberen Altmühltal.

* Wiedergabe eines auf der 22. Hauptversammlung der Hafenbautechnischen Gesellschaft 1969 in Nürnberg gehaltenen

2. Die „Amberger Linie", die deswegen sehr attraktiv war, weil sie die schon vorhandenen wirtschaftlichen Schwerpunkte der Oberpfalz um Sulzbach-Rosenberg, Amberg, Schwandorf und Maxhütte erschlossen hätte, die ein hohes Massengutaufkommen versprachen. Es ist interessant, daß diese Wahllinie bereits vor dem Bau des Ludwig-Donau-Main-Kanals, also vor etwa 150 Jahren, erstmals ernsthaft untersucht wurde und letztlich mit der gleichen Begründung wie heute, nämlich wegen der hohen Kosten abgelehnt werden mußte, die der ungünstige Juraübergang zwischen Hersbruck und Sulzbach erforderte.

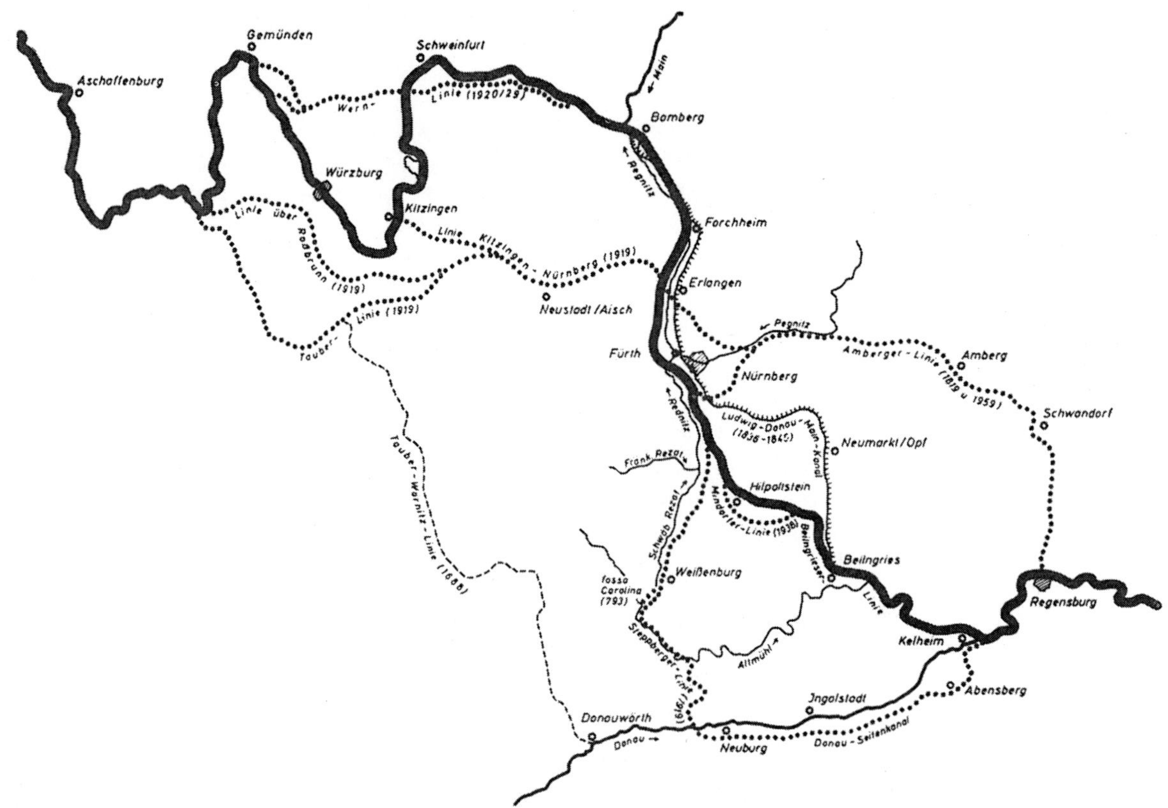

Abb. 1. Wahllinien der Rhein-Main-Donau-Verbindung.

3. Die „Beilgrieser Linie", die von der Orografie her von Anfang an die geringsten Schwierigkeiten erwarten ließ. Auf dieser Linie ist der Weg des Main-Donau-Kanals von Süden her, also von der Donau bei Kelheim aus, über die untere Altmühl bis Dietfurt, das Ottmaringer Trockental bis Beilngries und das Sulztal bis Wegscheid, einem kleinen Ort an der Sulz nördlich von Berching, durch tief in den Jura eingeschnittene Täler von der Natur vorgezeichnet. Daß Wegscheid seinen Namen auch aus der Sicht des Kanalbauers zu Recht trägt, ist daran zu erkennen, daß es von hier aus zwei annähernd gleich günstige Wege nach Nürnberg gibt:

Den östlichen dieser beiden Wege, der von Wegscheid aus der Sulz nach Neumarkt in der Oberpfalz folgt und dann längs des Schwarzachtales nach Nürnberg führt, hat der Erbauer des Ludwig-Kanals, Freiherr von Pechmann, beschritten.

Der westliche Weg, dem der Main-Donau-Kanal folgen wird, zeichnet sich dadurch aus, daß er die Hauptwasserscheide Rhein/Donau in einer weiten und flachen Senke des Juragebirges zwischen Wegscheid und Hilpoltstein überwindet. Von Hilpoltstein aus führt der Kanal am östlichen Rand des Rednitztales nach Nürnberg. Nur in dieser Trasse ist eine den Erfordernissen der modernen Binnenschiffahrt angemessene Linienführung mit großen Kurvenhalbmessern und mit wenigen hohen Stufen möglich.

Doch auch hier gab es noch verschiedene kleinere Wahllinien, von denen besonders eine, die „Mindorfer Linie", eine gewisse Aktualität hatte. Diese Variante sollte von Nürnberg aus in einer mäßig geneigten Trasse mit 6 Schleusen von je rd. 16 m Hubhöhe den Scheitelpunkt des Kanals erreichen. Noch kurz vor dem 2. Weltkrieg waren hier die ersten Bauarbeiten angelaufen. Als Reste dieser Bautätigkeit sind heute noch einige Brückenwiderlager in der Nähe der Gemeinde Pyras südöstlich von Hilpoltstein zu sehen.

Nach dem 2. Weltkrieg wurden im Bereich Wegscheid–Nürnberg noch weitere Möglichkeiten, die sich in diesem Abschnitt in reichem Maße anboten, untersucht. Ziel dieser Überlegungen war die Verminderung der Stufenzahl.

Letztlich blieb als die günstigste Trasse die sogenannte Hebewerkslinie bei Heuberg übrig, bei der der Höhenunterschied von 93,50 m zwischen Nürnberg und der Scheitelhaltung in nur 3 Stufen nämlich in einer Schleuse (Eibach, $h = 19,50$ m) und zwei Hebewerken (Rednitzhembach, $h = 28,00$ m, und Heuberg, $h = 46,00$ m) aufgeteilt wurde (Abb. 2, Tabelle 1a).

Die Tatsache, daß der Anschluß Nürnbergs an das westdeutsche Wasserstraßennetz und damit der Bau des Schlußstückes der Wasserstraße, der Verbindung von Nürnberg nach Regensburg, in greifbare Nähe gerückt ist, gab den Anstoß, das Projekt der Kanalstrecke Nürnberg–Kelheim erneut aufzugreifen. In den Jahren 1963 bis 1966 wurde zunächst die Linienführung dieser Kanalstrecke einem Raumordnungsverfahren nach dem Bayerischen Landesplanungsgesetz vom Jahre 1957 unterworfen.

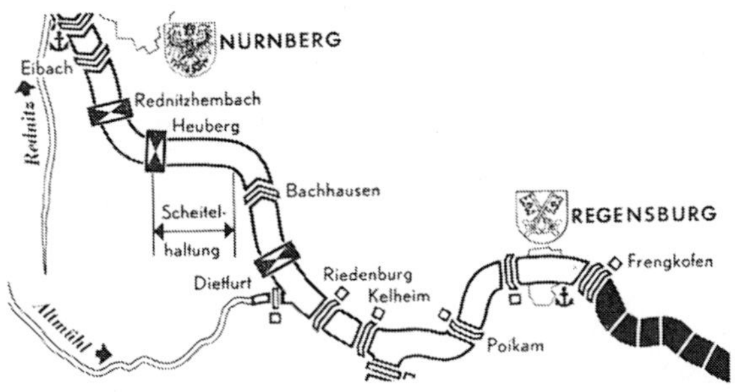

Abb. 2. Übersichtplan, Stand 1952.

Im Februar 1968 wurde dann die Linienführung der Teilstrecke Nürnberg–Kelheim des Main-Donau-Kanals vom Bundesministerium für Verkehr als Grundlage für die weitere Planung festgestellt. Schon vorher, nämlich im Staatsvertrag zwischen dem Bund und Bayern vom 16. September 1966, dem „Duisburger Vertrag", war die Entscheidung darüber gefallen, daß die Verbindung Nürnberg–Regensburg bis zum Jahre 1981 ausgebaut wird.

Neuere Untersuchungen im Bereich der hohen Stufen Rednitzhembach, Heuberg und Dietfurt

Auf der Grundlage dieser Entscheidungen wurden vom Jahre 1966 an die technisch schwierigeren Probleme geprüft, die in dieser Teilstrecke noch zu lösen waren. Dazu gehörten in erster Linie die Speisung des Kanals mit Betriebswasser und damit zusammenhängende wasserwirtschaftliche Überlegungen, und die Frage der technisch, betrieblich und wirtschaftlich zweckmäßigsten Ausgestaltung der hohen Stufen bei Rednitzhembach, Heuberg und Dietfurt. Der Untersuchung der hohen Stufen kam schon deswegen große Bedeutung zu, weil ihr Ergebnis, wie sich bald zeigte, nicht ohne Einfluß auf die Leistungsfähigkeit der Gesamtstrecke und auf die Linienführung im engeren Stufenbereich war.

Die technischen Möglichkeiten dieser hohen Stufen mußten auch deswegen neu untersucht werden, weil in den letzten Jahren neben die in Deutschland schon mehrmals verwirklichten und für die drei genannten Stufen des Main-Donau-Kanals vorgesehenen senkrechten Hebewerke mit Gegengewichten oder Schwimmern nun auch Hebewerkssysteme mit geneigten Fahrbahnen in Längs- oder Querrichtung zur Kanalachse getreten waren, die wert erschienen, in die Überlegungen einbezogen zu werden.

Da aber auch die Schleusen inzwischen in Höhenbereiche vorgestoßen waren, die früher ausschließlich den Hebewerken vorbehalten waren, lag es nahe, auch Kuppelschleusen und Schleusentreppen mit zu berücksichtigen. Dabei traten in Heuberg und Dietfurt an die Stelle eines Hebewerkes je zwei Schleusen gleicher Hubhöhe (= halber Hubhöhe des Hebewerkes), in Rednitzhembach wurde wegen der im Vergleich zu Heuberg und Dietfurt geringeren Hubhöhe anstelle des Hebewerkes Rednitzhembach mit einer Hubhöhe von 28,00 m eine Sparschleuse Leerstetten mit 25,00 m Hubhöhe vorgesehen. Die dabei eingesparten 3,00 m Hubhöhe wurden der Stufe Heuberg zugeschlagen, deren Höhe sich damit von bisher 46,00 m auf nunmehr 49,00 m erhöhte (Abb. 3, Tabelle 1b).

Tabelle 1. Hubhöhen der Stufen und Höhenlage der Haltungen des Main-Donau-Kanals

a) Stand 1952 (Abb. 2)			b) Stand 1966 (Abb. 3)			c) Stand 1969 (Abb. 7)		
Stufe/Haltung	Hubhöhe der Stufe (m)	Höhenlage der Haltung über NN (m)	Stufe/Haltung	Hubhöhe der Stufe (m)	Höhenlage der Haltung über NN (m)	Stufe/Haltung	Hubhöhe der Stufe (m)	Höhenlage der Haltung über NN (m)
Haltung Nürnberg		312,50	Haltung Nürnberg		312,50	Haltung Nürnberg-Nord		312,50
Sparschleuse Eibach	19,50		Sparschleuse Eibach	19,50		Sparschleuse Nürnberg-Süd	19,49	
Haltung Eibach		332,00	Haltung Eibach		332,00	Haltung Nürnberg-Süd		331,99
Hebewerk Rednitzhembach	28,00		Sparschleuse Leerstetten	25,00		Sparschleuse Leerstetten	24,67	
Haltung Rednitzhembach		360,00	Haltung Leerstetten		357,00	Haltung Leerstetten		356,66
						Sparschl. Hilpoltstein-Nord	24,67	
						Haltung Hilpoltstein-Nord		381,33
Hebewerk Heuberg	46,00		Hebewerk Heuberg	49,00		Sparschl. Hilpoltstein-Süd	24,67	
Scheitelhaltung		406,00	Scheitelhaltung		406,00	Scheitelhaltung		406,00
Sparschleuse Bachhausen	16,00		Sparschleuse Bachhausen	17,00*		Sparschleuse Bachhausen	17,00	
						Haltung Beilngries		389,00
						Sparschleuse Beilngries	17,00	
Haltung Dietfurt		390,00	Haltung Dietfurt		389,00*	Haltung Dietfurt		372,00
Hebewerk Dietfurt	35,00		Hebewerk Dietfurt	34,00*		Sparschleuse Dietfurt	17,00	
Haltung Riedenburg		355,00	Haltung Riedenburg		355,00	Haltung Riedenburg		355,00
Stufe Riedenburg	8,90		Stufe Riedenburg	8,90		Stufe Riedenburg	8,40	
Haltung Kelheim		346,10	Haltung Kelheim		346,10	Haltung Kelheim		346,60
Stufe Kelheim	7,90		Stufe Kelheim	7,90		Stufe Kelheim	8,40	
Haltung Poikam		338,20	Haltung Poikam		338,20	Haltung Poikam		338,20

* Tieferlegung der Haltung Dietfurt im Raumordnungsverfahren.

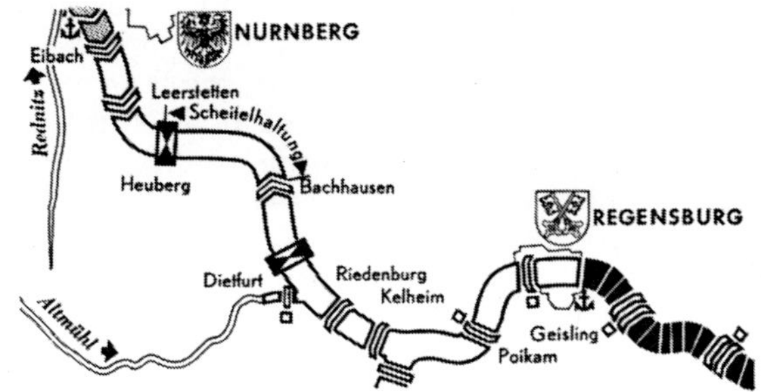

Abb. 3. Übersichtsplan, Stand 1966.

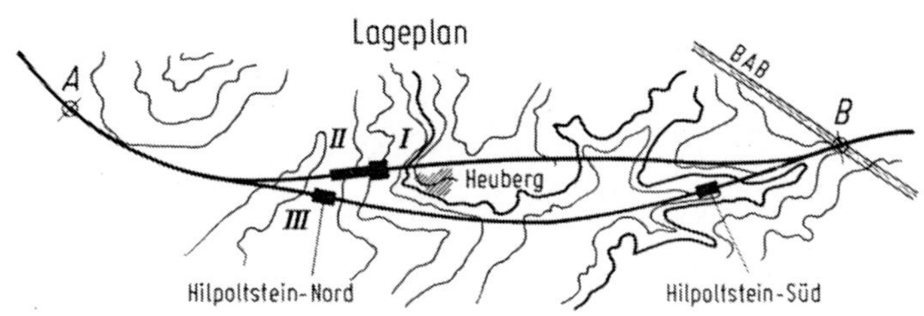

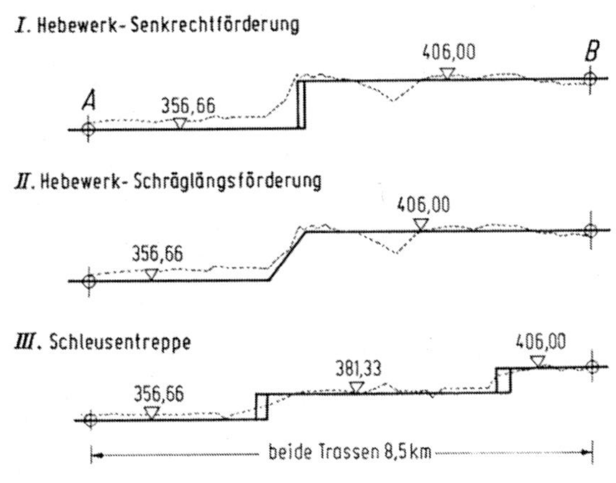

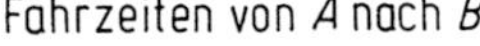

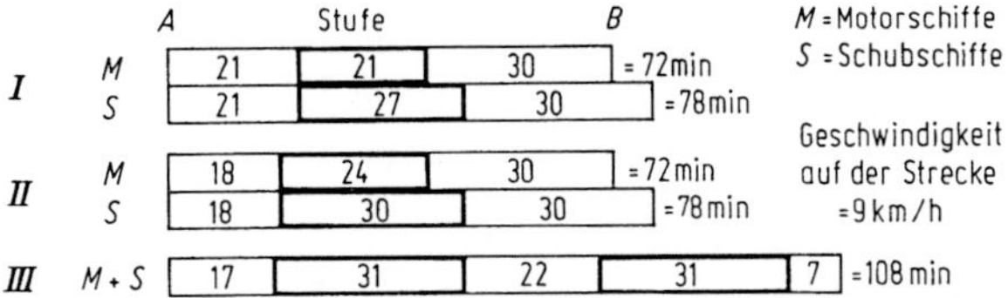

Abb. 4. Drei Varianten der Stufe Heuberg.

Aufgrund der hervorragenden praktischen Erfahrungen mit dem vom Theodor-Rehbock-Institut der Technischen Hochschule Karlsruhe entwickelten Sparschleusensystem schien der Übergang von der bisher höchsten Sparschleuse Erlangen mit 18,30 m Hubhöhe auf die 25-m-Schleuse Leerstetten nur ein kleiner Schritt zu sein, den man noch wagen konnte. Die im Jahre 1970 abgeschlossenen Modellversuche für die 25-m-Schleuse haben diese Vermutung bestätigt.

Für die zu untersuchenden Wahllösungen der Stufen Heuberg und Dietfurt wurden nun jeweils die dem Geländeverlauf am besten entsprechenden Trassen gesucht. Die Linie des senkrechten Hebewerkes erwies sich auch für den Schrägaufzug in Längsrichtung und für die Kuppelschleuse als die günstigste Trasse, für die quergeneigte Ebene stand leider in beiden Fällen kein Hang mit einer diesem System angemessenen steilen Neigung zur Verfügung, so daß die Investitionskosten für den Schrägaufzug in Querrichtung zur Kanalachse durch lange und tiefe Einschnitte im Unterwasser und hohe Dämme im Oberwasser belastet wurden. Für die Schleusentreppe stand sowohl in Heuberg als auch in Dietfurt eine der Hebewerkslinie unmittelbar benachbarte, flacher aufsteigende Trasse zur Verfügung, die eine ausreichend lange Zwischenhaltung von etwa 4 km Länge gestattet (Abb. 4).

Der Wettbewerb zwischen Hebewerk und Schleuse erhielt eine besondere Note dadurch, daß einem Hebewerk mit 2 Trögen von je 100 m Länge zwei — bei der Schleusentreppe im Abstand von 4 km, bei der Kuppelschleuse unmittelbar aufeinanderfolgende — Schleusen mit 190 m Nutzlänge gegenüberstanden.

Um nun einen objektiven Vergleichsmaßstab einzuführen, an dem die miteinander konkurrierenden Hubsysteme gemessen werden konnten, wurden für alle zur Wahl stehenden Lösungen grafische Fahrpläne für die Strecke Nürnberg–Kelheim mit Verkehr in beiden Richtungen aufgestellt (Abb. 5).

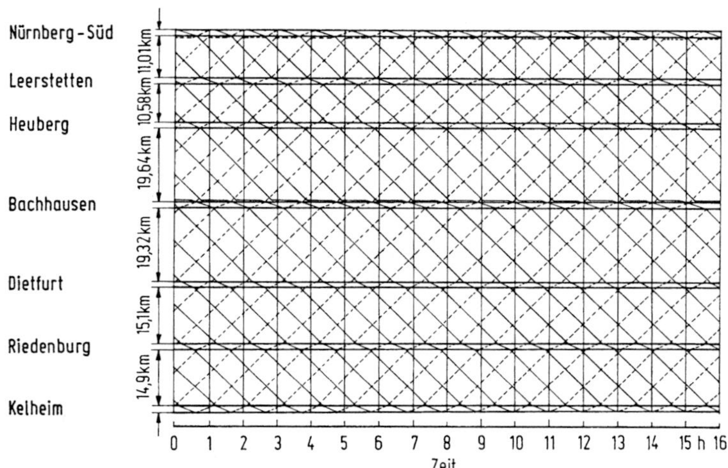

Abb. 5. Fahrplan für Senkrecht-Hebewerk und Verkehr mit Motorschiffen.

Diese Fahrpläne arbeiten mit idealen und optimalen Bedingungen. So wird z. B. unterstellt, daß stets genügend Schiffe vom größten auf der Wasserstraße verkehrenden Typ an den Eingangsschleusen bereitliegen, daß diese Schiffe stets voll beladen sind, daß sie eine konstante Geschwindigkeit einhalten usw. Deswegen führen die Fahrpläne auch zu Ergebnissen, die praktisch nicht erreicht werden können.

Andererseits bildet aber der grafische Fahrplan gerade durch die Eliminierung schwierig zu bewertender Einschränkungen einen Maßstab, der für den Vergleich verschiedener Lösungsmöglichkeiten sehr brauchbar und zuverlässig ist. Einige Erkenntnisse allgemeiner Art, die aus den Fahrplänen gewonnen werden konnten, verdienen es, erwähnt zu werden:

1. Die Auffassung, daß der Schiffahrtsverkehr ein Individualverkehr ist, gilt auf einem kanalisierten Fluß oder einem Kanal mit einer Kette von Schleusen nur bedingt. In Wahrheit haben wir es hier mit einem Verkehrsweg zu tun, der in seiner Systematik mit der „Grünen Welle" im Straßenverkehr vergleichbar ist, wobei die Schleusen eine ähnliche Wirkung haben wie die Straßenkreuzungen.

Das bedeutet nicht, daß ein individuelles Verhalten innerhalb einer Schleusenkette völlig ausgeschlossen ist, doch haben diejenigen Fahrzeuge, die sich nicht an die für die Schleusenkette typische Regelgeschwindigkeit halten, mit längeren Wartezeiten vor den Schleusen zu rechnen.

Andererseits kann aber der Schiffahrt der Vorteil einer „Grünen Welle" nur dann geboten werden, wenn die Wasserstraße von vornherein eine sehr wesentliche Bedingung erfüllt: Die bei gegebener Regelgeschwindigkeit von der Haltungslänge abhängige Fahrzeit in der Haltung muß jeweils einem ganzzahligen Vielfachen der Schleusungszeit der langsamsten Schleuse entsprechen. Wenn diese Bedingung nicht eingehalten werden kann, sind Wartezeiten vor den Schleusen bei starkem Verkehr auch bei Einhaltung der Regelgeschwindigkeit unvermeidlich.

Es lohnt sich also, im Falle des Auftretens von Wartezeiten vor Schleusen zu untersuchen, ob nicht durch eine andere Haltungseinteilung Wartezeiten eingespart oder ganz vermieden werden können.

2. Ein weiteres Ergebnis war, daß bei Stufen unterschiedlicher Schleusungszeit die langsamste Schleuse die Dauer der Stillstandszeiten aller schnelleren Schleusen innerhalb der Schleusenkette bestimmt. Während dieser Stillstandszeiten liegt die Kapazität der schnelleren Schleusen brach, ihre Leistungsfähigkeit ist also durch den Rhythmus der langsamsten Schleuse eingeschränkt. Unterstellt man, daß der Unterschied der Schleusungszeit zweier in einer Schleusenkette liegenden Schleusen nur 10% beträgt, so kann die schneller arbeitende Schleuse bei voller Auslastung der Wasserstraße bei einer geschätzten Lebensdauer von 100 Jahren 10 Jahre lang nicht ausgenützt werden.

Aufgrund dieser Erkenntnis wurden die Schleusungszeiten der Schleusen der Strecke Nürnberg–Kelheim, die wegen ihrer größeren Hubhöhe eine längere Schleusungszeit als die Schleusen der Nordstrecke Bamberg–Nürnberg hatten, durch die Verbesserung der Füll- und Entleerungseinrichtungen soweit vermindert, daß sie im gleichen Takt arbeiten wie die Schleusen der Nordstrecke. Die Mehrkosten eines leistungsfähigeren Füllsystems sind — gemessen an der volkswirtschaftlichen Bedeutung der Einsparung von Stillstandszeiten — minimal. Durch diese Leistungssteigerung der hohen Schleusen, die die Verkehrsleistung der gesamten Strecke erhöht, kann auch der Zeitpunkt des Baues der zweiten Schleusen hinausgeschoben werden.

3. Der Fahrplan zeigt weiter, daß Wettrennen zwischen Schiffen bei den gegebenen Haltungslängen von maximal 20 km nicht lohnen: Die Schleusen arbeiten in einem Takt von 62 Minuten. In dieser Zeit hat ein mit einer mittleren Geschwindigkeit von 9 km/h vorausfahrendes Schiff bereits eine Strecke von 9,3 km zurückgelegt. Um gleichzeitig mit diesem vorausfahrenden Schiff die nächste Schleuse in einer z. B. 19,64 km langen Haltung zu erreichen, müßte ein bei der nachfolgenden Schleusung gefördertes Schiff eine mittlere Geschwindigkeit von 17,1 km/h und damit eine Durchschnittsgeschwindigkeit fahren, die — wie sich bei den im Jahre 1967 in der Haltung Bamberg des Main-Donau-Kanals durchgeführten Propulsionsversuchen zeigte — nicht erreicht werden kann (Abb. 6).

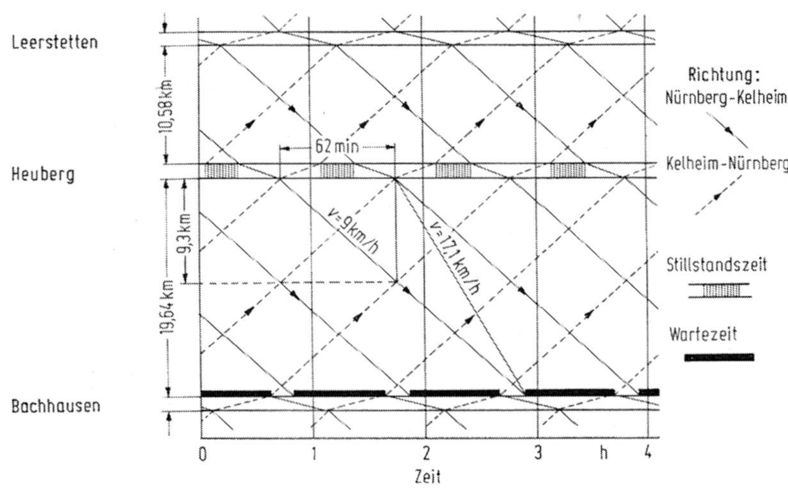

Abb. 6. Fahrplan-Ausschnitt.

4. Ferner ist noch festzustellen, daß die Kanalhaltungen beim Ausbau von nur einer Schleuse über eine erhebliche Leistungsreserve verfügen. Bei dem vom Schleusenrhythmus bestimmten Takt folgen bei dichtestem Verkehr jeweils 2 Schiffe den beiden vorausfahrenden Schiffen im Abstand von 62 Minuten oder 9,3 km. Selbst wenn an jeder Stufe 4 Schleusen mit je 190 m Nutzlänge nebeneinander gebaut und wenn diese Schleusen zeitlich versetzt arbeiten würden, wäre der Abstand zwischen den jeweils in einer Schleusung geförderten, hintereinander fahrenden Schiffen mit 15,5 Minuten oder rd. 2,3 km noch nicht beängstigend.

Für die Entscheidung zwischen den zur Wahl stehenden Hubsystemen gaben natürlich die absoluten Ergebnisse der Fahrplanuntersuchung (hier bezogen auf den 16stündigen Betriebstag) den Ausschlag (Tabelle 2).

Es zeigt sich, daß mit Ausnahme der Wahllösung mit Kuppelschleusen alle untersuchten Systeme eine theoretisch annähernd gleiche Leistungsfähigkeit haben. Die Leistung der Kuppelschleuse erwies sich deswegen als sehr gering, weil stets die Kapazität einer Schleusenkammer brachliegt, solange die andere Kammer mit Schiffen belegt ist. Um die Kapazität der Kuppelschleuse der Leistung der übrigen im Zuge des Main-Donau-Kanals liegenden Schleusen anzupassen, müßten schon im ersten Ausbau zwei Kuppelschleusen nebeneinander errichtet werden, während an allen übrigen Stufen eine Schleusenkammer zunächst den Anforderungen des Verkehrs genügt.

Die Leistungsfähigkeit aller anderen untersuchten Hubsysteme ist hinsichtlich der Zahl der Schiffe, die den Kanal an einem beliebigen Querschnitt innerhalb einer bestimmten Zeit passieren können, absolut gleich. Geringe Unterschiede ergeben sich lediglich bei den Fahrzeiten zwischen den beiden Endpunkten Nürnberg und Kelheim der untersuchten Strecke. Dabei ist die Fahrzeit für die Lösung mit Schleusentreppen in Heuberg und Dietfurt etwas länger als die Fahrzeiten der Hebewerkssysteme der verschiedenen Bauarten, weil hier ja zwei Stufen mehr zu durchfahren sind.

Tabelle 2. Ergebnis der grafischen Fahrpläne

	Wahllösung			
	A. Kuppelschleuse	B. Schleusentreppe	C. senkrechtes Hebewerk	D. Längsförderung
Für die Verkehrsleistung maßgebende Stufe	Kuppelschleuse Heuberg	Sparschleusen Nürnberg-Süd, Leerstetten, Hilpoltstein-Nord, Hilpoltstein-Süd	Sparschleusen Nürnberg-Süd, Leerstetten	Sparschleusen Nürnberg-Süd, Leerstetten
Takt der maßgebenden Stufe (Min.)	130	62	62	62
Zahl der Schiffe, die den Kanal an einem beliebigen Querschnitt innerhalb einer Betriebszeit von 16 Std./Tag in beiden Richtungen passieren können	24	60	60	60
Mittlere Fahrzeit (Std.) für die Strecke Nürnberg–Kelheim bei $v_m = 9$ km/h	15,5	16,0	14,9	14,5

Daß trotz dieses Nachteils die Lösung mit Schleusentreppen ausgeführt werden wird, liegt darin begründet, daß alle übrigen baulichen, betrieblichen und wirtschaftlichen Gesichtspunkte so eindeutig für diese Lösung sprechen, daß sie den kleinen Nachteil etwas längerer Fahrzeiten bei weitem überwiegen. Die relativ geringe Leistungssteigerung, die das Hebewerk gegenüber der Schleusenlösung bewirken würde, müßte mit einem hohen Mehraufwand an Bau-, Betriebs- und Unterhaltungskosten erkauft werden. Im Vergleich zur gewählten Lösung mit Schleusentreppen waren die Wahllösungen senkrechtes Hebewerk um 40 bis 47% und Schrägaufzug in Längsrichtung um 55 bis 62% teurer. Ähnliche Werte erbrachte ein Vergleich der Betriebs- und Unterhaltungskosten.

Außerdem wäre das Hebewerk in der langen Kette der Schleusen der Rhein-Main-Donau-Verbindung ein Fremdkörper, der sich in der Nutzlänge der Tröge und in seiner Fördergeschwindigkeit erheblich von den übrigen Stufen unterscheidet. Es sei hier nur an den Vorteil gleicher Schleusenabmessungen der gewählten Lösung erinnert: Während bei den nur 100 m langen Hebewerktrögen ein Trennen von Schubverbänden notwendig würde, können bei der nun vorgesehenen Lösung mit Schleusentreppen diese Verbände ungeteilt den gesamten Main-Donau-Kanal durchfahren.

An dieser Stelle muß allerdings darauf hingewiesen werden, daß dieses Untersuchungsergebnis natürlich nicht allgemein gültig ist. Es ist vielmehr eine Folge der örtlichen, für den Main-Donau-Kanal typischen Verhältnisse.

Das Aussehen des Übersichtsplanes des Main-Donau-Kanals hat sich also aufgrund dieser Überlegung im Bereich Heuberg und Dietfurt etwas geändert: An die Stelle des Hebewerkes Heuberg treten nun die Sparschleusen Hilpoltstein-Nord und Hilpoltstein-Süd, an die Stelle des Hebewerks Dietfurt die Sparschleusen Beilngries und Dietfurt (Abb. 7, Tabelle 1c).

Die Entscheidung zugunsten der Wahllösung mit Schleusentreppen gestattete auch, die Hubhöhen der Stufen soweit zu vereinheitlichen, daß nur drei verschiedene Typen von Sparschleusen und ein Typ der Flußschleuse im Altmühltal ausgeführt werden.

Diese weitgehende Typisierung erleichtert nicht nur Planung und Baudurchführung, sondern wird auch erhebliche betriebliche Vereinfachungen (z. B. bei der Vorhaltung von Ersatzteilen und Arbeitsgeräten) bringen.

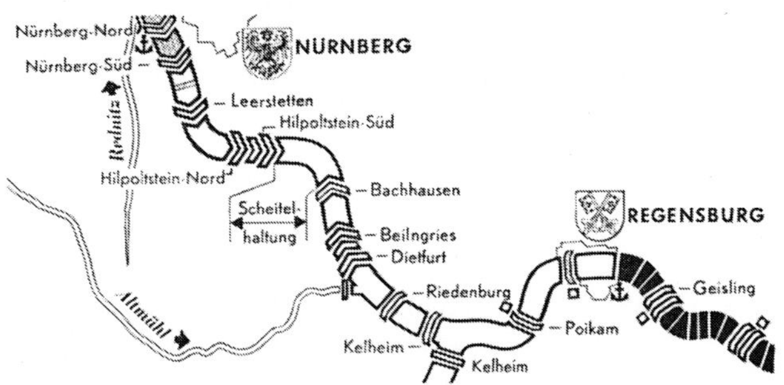

Abb. 7. Übersichtsplan, Stand 1969.

Die theoretische Verkehrsleistung der Kanalstrecke Nürnberg—Kelheim (—Regensburg)

Mit der Festlegung der technischen Parameter der Kanalstrecke Nürnberg–Kelheim, insbesondere mit der Entscheidung über die Gestaltung der beiden hohen Stufen dieser Strecke, stand auch die unter den idealen und optimalen Annahmen des grafischen Fahrplanes erreichbare theoretische Verkehrsleistung dieses Kanalabschnittes fest:

Der Zeitbedarf für eine Kreuzungsschleusung (Berg- und Talschleusung) beträgt an den für den Takt der Gesamtstrecke maßgebenden Sparschleusen Leerstetten, Hilpoltstein-Nord und Hilpoltstein-Süd 62 Minuten. Da bei jeder Kreuzungsschleusung in den 190,00 m langen und 12,00 m breiten Schleusen des Main-Donau-Kanals $2 \cdot 2 = 4$ Schiffe des Regeltyps („Johann Welker", mit 80,00 m Länge, 9,50 m Breite, 2,50 m Tauchtiefe und 1350 t Tragfähigkeit) gefördert werden können, beträgt die **jährliche theoretische Verkehrsleistung (in beiden Verkehrsrichtungen zusammen)**:

$$K_t = \frac{24 \cdot 60}{62} \cdot 365 \cdot 4 \cdot 1350 = 45,8 \text{ Mio. t.}$$

(Die theoretische Verkehrsleistung der anschließenden Donaustrecke Kelheim–Regensburg liegt etwas über diesem Wert, weil die Donauschleusen Bad Abbach und Regensburg bei gleicher Kammerfläche eine geringere Hubhöhe und damit eine kürzere Schleusungszeit als die maßgebenden Kanalschleusen erhalten werden. Die Leistungsreserve der beiden Donauschleusen könnte einem dem Durchgangsverkehr Nürnberg–Regensburg überlagerten lokalen Verkehr Regensburg-Kelheim zugute kommen.)

Die praktische Verkehrsleistung der Kanalstrecke Nürnberg — Kelheim

Um die praktische Verkehrsleistung der Kanalstrecke Nürnberg–Kelheim zu erhalten, wurden nun einige vermindernde Faktoren eingeführt, die die in der Praxis auftretenden Unzulänglichkeiten erfassen. Diese Faktoren berücksichtigen, daß die Betriebszeit der Wasserstraße durch Eis in den Stillwasserkanalabschnitten, Hochwasser in den Flußstrecken und Betriebsstörungen an den Schleusen eingeschränkt wird. Sie berücksichtigen ferner, daß die mittlere Tragfähigkeit der Schiffe — bei mäßig steigender Tendenz — kleiner ist als die Tragfähigkeit des Regelfahrzeugs, daß die Schiffe z. T. mangelhaft ausgelastet sind, daß die Güterschiffahrt unter gewissen Umständen durch den Verkehr von Kleinfahrzeugen behindert wird und daß Ungleichmäßigkeiten im täglichen und jährlichen Verkehrsablauf (tägliche und jährliche Verkehrsspitzen) auftreten. Diese vermindernden Faktoren, die bei der Beurteilung der verschiedenen Wahllösungen an den hohen Stufen des Main-Donau-Kanals vernachlässigt worden waren, können aus statistischen Unterlagen und Verkehrsbeobachtungen an den fertigen Abschnitten der Wasserstraße abgeleitet werden. Die Ergebnisse dieser Untersuchung sind in Tabelle 3 zusammengefaßt.

Tabelle 3. Vermindernde Faktoren zur Verkehrsleistung

Einschränkung der theoretischen Verkehrsleistung durch	Faktor	Art der Einschränkung
Eis und Hochwasser	$W_1 = 0,92$	Einschränkung der Betriebszeit der Wasserstraße
Betriebsstörungen an Schleusen	$W_2 = 0,98$	
Mangelhafte Tragfähigkeit der Schiffe (mittlere Tragfähigkeit der Schiffe: Tragfähigkeit des Regelschiffes)	$W_3 = 0,71$ (1981) ... 0,767 (2000)	
Mangelhafte Auslastung der Schiffe	$W_4 = 0,744$	
Verkehr von Kleinfahrzeugen (Fahrgastschiffe, Sportboote, Fahrzeuge der WSV und Wasserschutzpolizei)	$W_5 = 1,0$	verkehrliche Einschränkungen
Jährliche Ungleichmäßigkeiten (Stoßverkehr)	$W_6 = 0,874$	
Tägliche Ungleichmäßigkeiten (Stoßverkehr)	$W_7 = 0,90$	

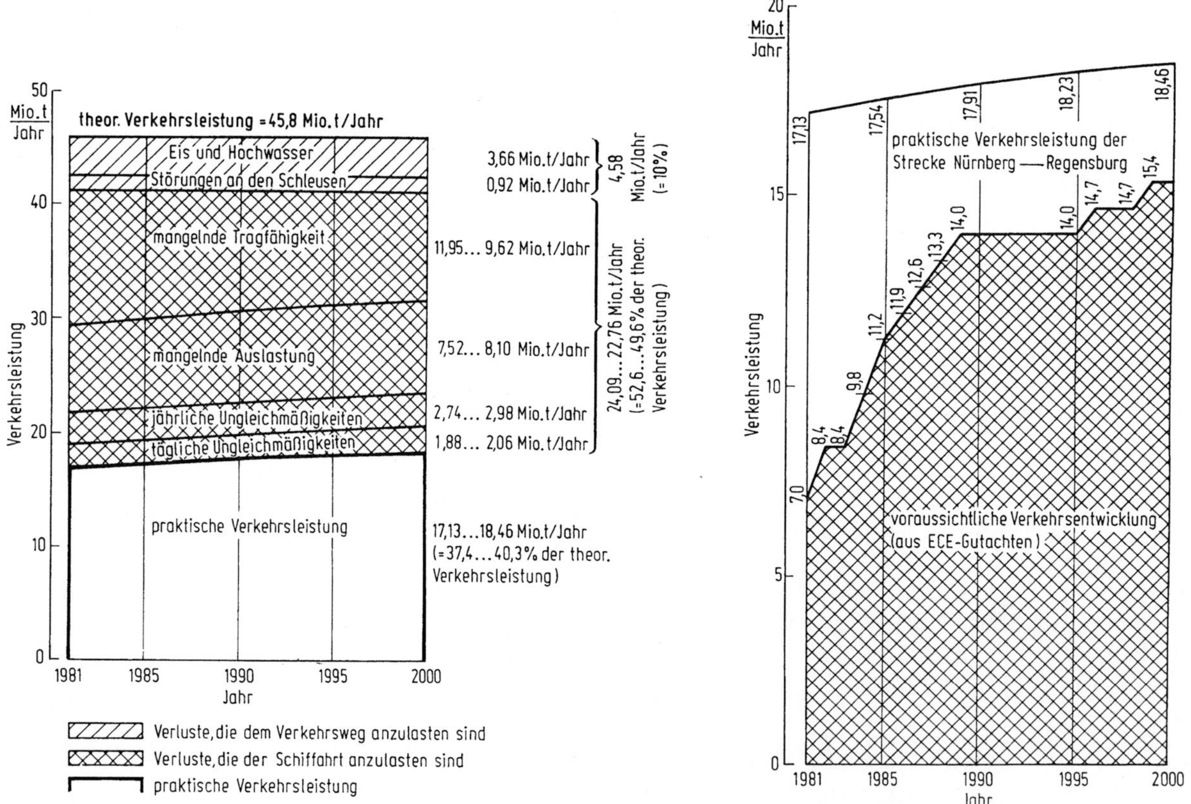

Abb. 8. Theoretische Verkehrsleistung, Verluste durch einschränkende Faktoren, praktische Verkehrsleistung.
Abb. 9. Vergleich zwischen der praktischen Verkehrsleistung der Strecke Nürnberg–Regensburg und dem zu erwartenden Verkehr (ECE-Gutachten).

Die erreichbare praktische Verkehrsleistung erhält man durch Multiplikation der theoretischen Verkehrsleistung mit dem Produkt aller vermindernden Faktoren W_1 bis W_7. Sie beträgt — in Abhängigkeit von der heute voraussehbaren Entwicklung der Schiffsgrößen — 37,4 bis 40,3% der theoretischen Verkehrsleistung und liegt damit bei 17,1 Mio. t/Jahr bei Betriebsaufnahme im Jahre 1981 bzw. bei 18,5 Mio. t/Jahr im Jahre 2000 (Abb. 8).

Es ist zunächst sicherlich überraschend, daß die erzielbare praktische Verkehrsleistung so gering ist. Vergleicht man jedoch mit den Resultaten ähnlicher Untersuchungen für andere Wasserstraßen, so erkennt man, daß dieses Ergebnis noch verhältnismäßig günstig ist:

Eine amerikanische Untersuchung für die Illinois-Wasserstraße, den Ohio, den oberen Mississippi und für die Tennessee-Wasserstraße führt z. B. zu praktisch erzielbaren Verkehrsleistungen, die zwischen 23,1% und 27,7% der theoretischen Verkehrsleistungen betragen. Zu diesen sehr ungünstigen Werten kam es bei dieser Untersuchung in erster Linie durch die sehr unterschiedliche Auslastung der Fahrzeuge in der Berg- und in der Talfahrt.

Zusammenfassend läßt sich folgendes feststellen:

1. Einschränkungen durch Hochwasser und Eis sind leider unabänderlich, sie müssen hingenommen werden.

2. Die Störanfälligkeit der Schleusen ist durch bauliche und betriebliche Maßnahmen bereits auf ein Minimum vermindert worden, so daß dieser Faktor wohl kaum noch spürbar verbessert werden kann.

3. Die Einschränkungen, die sich aus der ungleichmäßigen Verkehrsbelastung innerhalb des Jahresablaufes ergeben, sind verhältnismäßig gering. Hier kommt zum Ausdruck, daß der Faktor Zeit bei dem von der Schiffahrt überwiegend beförderten Massengut nicht so entscheidend ist, d. h. Massengut verträgt im allgemeinen eine gewisse Lagerhaltung sowohl am Ausgangs- als auch am Zielpunkt. Dieser Umstand wirkt sich ausgleichend auf die Verkehrsbelastung der Wasserstraße aus. Eine weitere Verbesserung dieses Faktors dürfte kaum zu erreichen sein, sie würde auch das Gesamtbild nur unwesentlich verbessern.

4. Dasselbe gilt auch bei den täglichen Ungleichmäßigkeiten. Wollte man diese noch weiter einschränken, so müßten z. B. die Abfahrtszeiten der Schiffe in den Häfen je nach Verkehrslage auf der Wasserstraße festgelegt werden. Eine Verbesserung ließe sich hier also nur durch einen Eingriff in das individuelle Verhalten der Schiffahrt erreichen. Es muß bezweifelt werden, daß die dazu notwenigen organisatorischen Aufwendungen durch die dann erreichbare Verbesserung der Verkehrsleistung aufgewogen werden können.

5. Dagegen dürften in den beiden übrigen Faktoren Tragfähigkeit und Auslastung der Fahrzeuge noch erhebliche Verbesserungsmöglichkeiten stecken, die auch zu einer spürbaren Leistungssteigerung führen könnten, weil diese beiden Faktoren ja die größte Einschränkung der theoretischen Verkehrsleistung bewirken. Es erscheint also lohnend, zu kleine Fahrzeuge durch Schiffe zu ersetzen, die das Regelmaß der Wasserstraße optimal ausnützen. Man sollte ferner überlegen, ob nicht durch einen vertretbar geringen organisatorischen Mehraufwand eine bessere Auslastung der Fahrzeuge erreicht werden könnte. Dies läge nicht nur im Interesse der Schiffahrt, sondern es würde auch dazu führen, daß die Verkehrsleistung der Wasserstraße ohne bauliche Veränderungen angehoben würde, was wiederum der Schiffahrt zugute käme. Mit anderen Worten: Wenn es gelänge, diese beiden Faktoren zu verbessern, dann könnte die praktische Verkehrsleistung der Wasserstraße ohne zusätzliche bauliche Investitionen zum Nutzen der Schiffahrt noch beträchtlich gesteigert werden. Es wäre also von erheblicher gesamtwirtschaftlicher Bedeutung, wenn es möglich wäre, die auf der Schiffahrtsseite noch vorhandenen Leistungsreserven auszunützen, bevor die Kapazität der Wasserstraße durch teuere Investitionen erhöht wird. Vergleicht man nun dieses Ergebnis mit der Verkehrsprognose für die Strecke Nürnberg–Regensburg, so erkennt man, daß diese Strecke entsprechend ihrer voraussichtlichen Belastung richtig dimensioniert ist (Abb. 9).

Wir werden darüber hinaus die Verkehrsentwicklung genauestens beachten müssen, um rechtzeitig den Betriebsablauf der Schleusen zu verbessern, die für die Leistungsfähigkeit der Gesamtstrecke bestimmend sind. Erst wenn die maximale Betriebszeit mit Tag- und Nachtschleusungen nicht mehr ausreicht, dann wird man an die Erweiterung der Anlagen herangehen müssen. Für diesen Fall ist bereits bei der Planung Vorsorge getroffen: an allen Stufen ist der Platz für eine zweite Schleuse freigehalten worden.

Es könnte nun eingewendet werden, daß vielleicht die Schätzung des Verkehrsaufkommens für diese Strecke etwas zu optimistisch ist. Ein Vergleich mit den Verhältnissen am Main zeigt jedoch, daß dies nicht der Fall ist: Wenn man bedenkt, daß der Güterumschlag der bayerisch-badischen Mainstrecke einschließlich der ersten Teilstrecke des Main-Donau-Kanals bis Forchheim, einer Strecke, die mit einer Sackgasse vergleichbar ist, heute schon in der Größenordnung von 12 Mio. t/ Jahr liegt, dann erscheint die Prognose für die Strecke Nürnberg – Kelheim – Regensburg mit 14 Mio. t/Jahr im Jahre 1989 nicht übertrieben. Wird doch mit der Fertigstellung dieses Schlußstückes der Rhein-Main-Donau-Verbindung nicht nur der Verkehr auf einer 130 km langen neuen Teilstrecke eröffnet, sondern gleichzeitig ein Einzugsgebiet erschlossen, das aus der Sicht der Rhein-Anlieger von Nürnberg über Regensburg hinaus bis zum Schwarzen Meer, aus der Sicht der Donau-Anlieger von Regensburg über Nürnberg hinaus bis an den Atlantik reicht.

Der Elbe-Seitenkanal und seine Abstiegsbauwerke*

Von Ltd. Regierungsbaudirektor a. D. Dipl.-Ing. **Johannes Illiger**, Hamburg

Der Ausbau vorhandener Wasserwege und der Bau neuer Kanäle zur Schaffung von leistungsfähigen Verbindungen zwischen der Küste und Industriegebieten sowie unter Industriegebieten zur Beförderung von Massengütern, wie er in Deutschland um die Jahrhundertwende unter anderem durch den Bau des Dortmund-Ems-Kanals und des Rhein-Herne-Kanals eingeleitet und dann später durch den Bau des Mittellandkanals, den Ausbau der Wasserstraßen in Mitteldeutschland, die Kanalisierung von Main, Neckar, Weser und Mosel und schließlich die Planung für den Main-Donau-Kanal fortgesetzt wurde, konnte auf Bemühungen zur Verbesserung der Wasserwege vom Hafen Hamburg ins Binnenland nicht ohne Auswirkung bleiben.

Als die ersten Anzeichen dafür zu erkennen waren, daß die geplanten Wasserstraßen nach ihrem Bau zu einem zusammenhängenden Binnenwasserstraßennetz führen, setzten die Bestrebungen verstärkt ein, einen Anschluß der Seehäfen Hamburg und Lübeck an das Binnenwasserstraßennetz zu erhalten. So wurde schon um 1910 ein Plan für den Bau eines Nord-Süd-Kanals vorgelegt, der in Lübeck beginnend eine Verbindung zu den Kanälen und Flüssen südlich der Elbe, gegebenenfalls bis zum Main, herstellen sollte. Dieser Kanal hätte nicht nur einen Anschluß der Ostsee, sondern gleichzeitig auch Hamburgs an das Wasserstraßennetz hergestellt.

Die Sorge Hamburgs um einen leistungsfähigen Anschluß an die Binnenwasserstraßen mußte weiter wachsen, als zwischen den beiden Weltkriegen infolge der ungünstigen Fahrwasserverhältnisse auf der Elbe mit Abladetiefen in Niedrigwasserzeiten unter einem Meter das Verhältnis der ausnutzbaren Tragfähigkeit der Schiffe auf der Elbe zu der voll ausnutzbaren Tragfähigkeit der stetig größer werdenden Kanalschiffe sich laufend zum Nachteil der Elbeschiffahrt verschlechterte.

Die zwischen den beiden Weltkriegen eingeleiteten Schritte zur Verbesserung der Fahrwasserverhältnisse auf der Elbe und zum Bau eines Kanals, des Hansa-Kanals, der, von Hamburg in südwestlicher Richtung verlaufend, die Weser oberhalb Bremens kreuzen und die Verbindung zum westdeutschen Industriegebiet herstellen sollte, kamen infolge des Ausbruchs des zweiten Weltkrieges zum Erliegen. Es sollte über ein halbes Jahrhundert dauern, bis nach Vorlage des ersten Planes für einen Nord-Süd-Kanal die Voraussetzungen für den Bau eines Kanals zur Verbesserung des Anschlusses von Hamburg und zu gegebener Zeit auch von Lübeck an das deutsche Binnenwasserstraßennetz erfüllt wurden und entsprechende Bauarbeiten begannen.

Der Elbe-Seitenkanal

In Verbindung mit dem Ausbau der bestehenden nordwestdeutschen Wasserstraßen, über den zwischen der Bundesrepublik Deutschland und den an dem Ausbau interessierten Ländern Nordrhein-Westfalen, Niedersachsen und Bremen am 14. September 1965 mehrere Regierungsabkommen geschlossen wurden, wurde gleichzeitig ein Regierungsabkommen zwischen der Bundesrepublik Deutschland, der Freien und Hansestadt Hamburg, dem Land Niedersachsen und dem Land Schleswig-Holstein geschlossen für den Bau eines neuen Kanals, des Elbe-Seitenkanals.

Durch den Elbe-Seitenkanal erhält der Hafen Hamburg einen vollschiffigen Anschluß an die deutschen Binnenwasserstraßen, einen Anschluß an das westdeutsche Industriegebiet, an die Industrie in den Räumen Peine, Salzgitter und Hannover für Schiffe der Europaklasse mit einer Tragfähigkeit von 1350 t. Als Elbe-Seitenkanal verbessert er zugleich die Verbindung mit Mitteldeutschland, Berlin und der CSSR durch Umgehung der Elbe mit ihren ungünstigen Fahrwasserverhältnissen zwischen der Staustufe Geesthacht und Magdeburg.

Ein Anschluß des Hafens Lübeck an den neuen Kanal für Schiffe der Europaklasse durch Ausbau des Elbe-Lübeck-Kanals kann zu gegebener Zeit aufgrund eines Zusatzabkommens erfolgen.

Der Elbe-Seitenkanal (Abb. 1) zweigt rd. 35 km ostwärts von Hamburg oberhalb der Elbe-Staustufe Geesthacht bei dem Ort Artlenburg aus der Elbe ab. Der Kanal durchquert den Regie-

---

* Wiedergabe eines auf der 33. Hauptversammlung der Hafenbautechnischen Gesellschaft 1969 in Nürnberg gehaltenen Vortrags.

rungsbezirk Lüneburg in seiner ganzen Länge von rd. 115 km und mündet rd. 15 km nördlich von Braunschweig westlich der Schleuse Sülfeld in die Scheitelhaltung des Mittellandkanals zwischen der Schleuse Sülfeld und der Schachtschleuse Anderten ein.

Die Linienführung des Kanals wird durch die beiden Flüsse Ilmenau und Ise, deren Lauf er auf langen Strecken folgt, maßgeblich bestimmt. Nach seinem Abzweig aus der Elbe durchquert er auf einer Länge von rd. 9 km die Elbemarsch, um nördlich von Lüneburg einen Geesthang zu erreichen, er verläuft dann ostwärts von Lüneburg und der Kreisstadt Uelzen und paßt sich im wesentlichen dem Lauf der Ilmenau an.

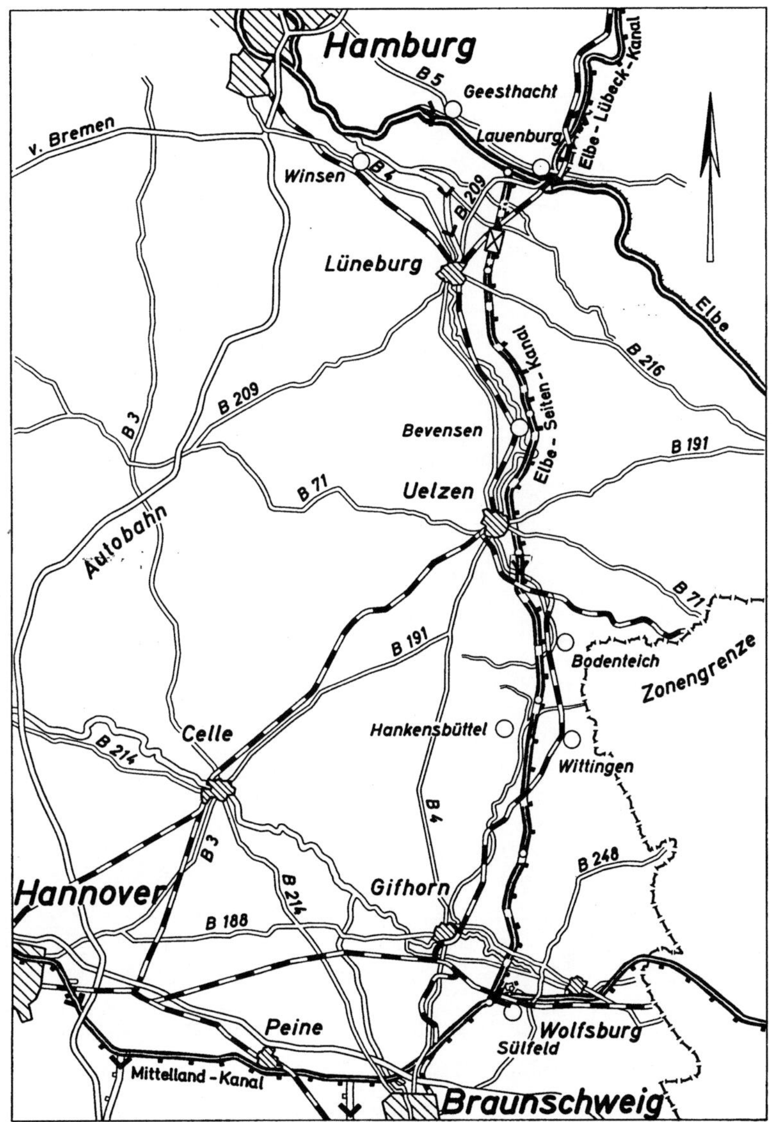

Abb. 1. Lageplan des Elbe-Seitenkanals zwischen der Elbe und dem Mittelland-Kanal.

Südlich von Uelzen verläßt der Kanal das Einzugsgebiet der Ilmenau und durchkreuzt die Wasserscheide zwischen Elbe und Weser. Seine Führung wird dann beeinflußt durch den Lauf der Ise, die ihr Wasser über die Aller zur Weser abführt, bis er den Anschluß an den Mittellandkanal findet.

Bei der Trassierung des Kanals, der durch ein dünn besiedeltes Gebiet, die Lüneburger Heide, führt, war es möglich, eine schlanke Linienführung mit Krümmungsradien über 2500 m zu wählen und damit die Voraussetzungen für einen zügigen und übersichtlichen Verkehr, für Überholungen und Kreuzungen zu schaffen.

3 A*

Der Höhenunterschied zwischen dem Normalstau der Staustufe Geesthacht im Lauf der Elbe und der Scheitelhaltung des Mittellandkanals beträgt 61 m, er kann sich bei Hochwasser der Elbe um 4 m bis auf 57 m verringern (Abb. 2). Die Geländegestalt ermöglicht es, einen von der Schiffahrt immer wieder geäußerten Wunsch zu erfüllen, die Zahl der Bauwerke zur Überwindung von Höhenunterschieden im Interesse eines schnellen Verkehrs möglichst einzuschränken. Im Zuge des Elbe-Seitenkanals werden für die Überwindung der Höhenunterschiede nur zwei Bauwerke ausgeführt. Am Geesthang nördlich Lüneburg wird ein Höhenunterschied von 38 m überwunden, der sich bei Hochwasser der Elbe auf 34 m verringern kann, südlich von Uelzen ein solcher von 23 m. Zum Vergleich sei erwähnt, daß der mittlere Höhenunterschied, der an den entsprechenden Bauwerken überwunden wird, im Zuge der Rhein-Main-Donau-Wasserstraße etwa 7,3 m, bei der Moselkanalisierung rd. 6,4 m und bei dem kanalisierten Neckar nur rd. 5,9 m beträgt.

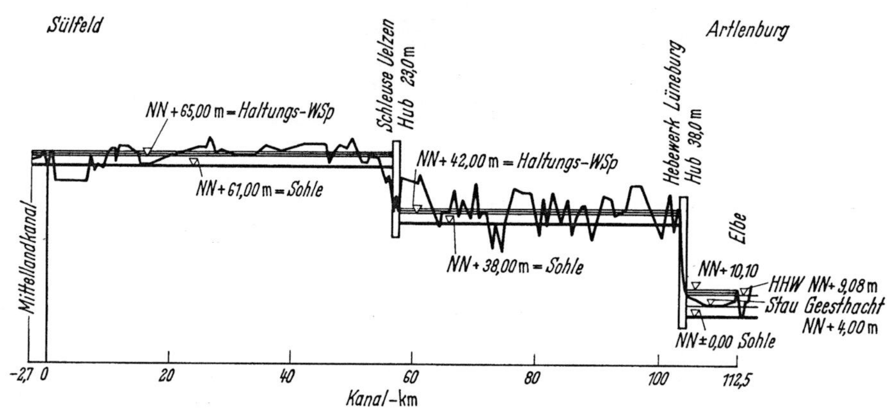

Abb. 2. Längsschnitt des Elbe-Seitenkanals.

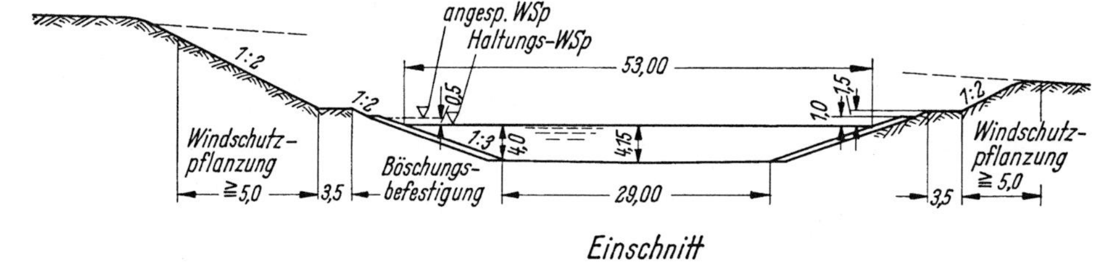

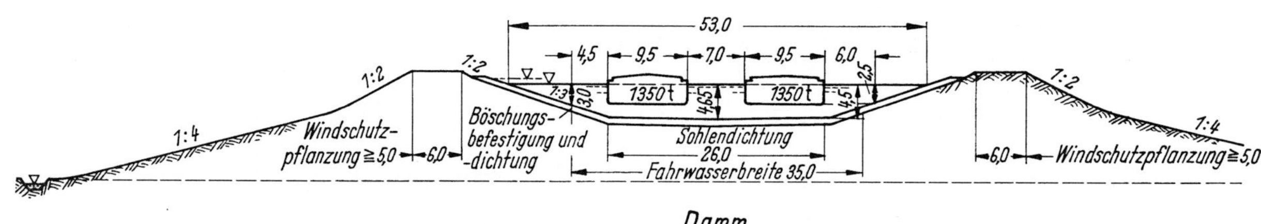

Abb. 3. Querschnitt des Elbe-Seitenkanals im Einschnitt und Auftrag.

Beim Elbe-Seitenkanal ergeben sich relativ große Haltungslängen, und zwar zwischen der Schleuse Geesthacht und dem Bauwerk bei Lüneburg rd. 22 km, den Bauwerken bei Lüneburg und Uelzen rd. 44 km und schließlich zwischen dem Bauwerk bei Uelzen und den benachbarten Schleusen Anderten bzw. Sülfeld im Zuge des Mittellandkanals rd. 122 km bzw. 66 km. Demgegenüber betragen die mittleren Haltungslängen bei der kanalisierten Mosel rd. 19 km, bei der Rhein-Main-Donau-Wasserstraße rd. 13 km und beim Neckar sogar nur rd. 7 km.

Der Querschnitt des Kanals (Abb. 3) mit 166 m² ist ein Trapezquerschnitt mit einer Wasserspiegelbreite von 53,00 m. Er wurde in Zusammenarbeit mit der Hamburgischen Schiffsbau-Versuchsanstalt unter Berücksichtigung einer Fahrgeschwindigkeit des auf 2,5 m voll abgeladenen Europaschiffes von 11 km/h entwickelt. Die über ihre ganze Länge gegen einen Wellenangriff befestigten Kanalböschungen reichen mit einer Neigung 1:3 bis auf die Kanalsohle in 4—4,5 m Tiefe unter dem Wasserspiegel. Das Verhältnis Schiffsquerschnitt zu Kanalquerschnitt beträgt für das 9,5 m breite und mit 2,5 m abgeladene Europaschiff 1:7. Die lichte Durchfahrtshöhe unter den über den Kanal führenden Brücken ist mindestens 5,75 m. Der Kanalquerschnitt wird an den Brücken ohne jede Einengung durchgeführt.

Zur Kreuzung von Verkehrswegen einschließlich Bahnen sind 65 Bauwerke, von denen rd. 80% Brücken sind, und zur Kreuzung von Wasserläufen 43 Bauwerke in Form von Dükern, Durchlässen oder Kanalbrücken erforderlich. Weiter werden 5 Sperrtore gebaut.

Die Gesamtkosten für den Bau des Kanals, von denen zwei Drittel vom Bund zu tragen sind, wurden nach dem Preisstand und dem Stand der Planungen im Jahre 1964 mit rd. 763 Mio. DM veranschlagt. Das entsprechend dem Regierungsabkommen für den Ausbau der nordwestdeutschen Wasserstraßen von den interessierenden Ländern zu tragende Drittel der Kosten wird beim Bau des Elbe-Seitenkanals, obwohl er ausschließlich über niedersächsisches Gebiet führt, von der Freien und Hansestadt Hamburg aufgebracht.

Nach Abschluß des Regierungsabkommens wurden die Bearbeitung von Einzelheiten für den Bau, die Durchführung der notwendigen Verwaltungsverfahren, wie Landesplanerisches Verfahren und Planfeststellung, sowie der Grunderwerb sofort eingeleitet. Im Rahmen dieser Arbeiten war auch zu klären, welche Bauwerksarten zur Überwindung der Höhenunterschiede zwischen den verschiedenen Haltungen zu wählen sind.

Die Bauwerke zur Überwindung der Höhenunterschiede

Die Überwindung größerer Höhenunterschiede bei kanalisierten Flüssen und Kanälen ist seit je eine der interessantesten Aufgaben beim Ausbau oder Bau von Wasserstraßen. Die Ausgestaltung der hierfür erforderlichen Bauwerke hängt nicht nur ab von den Gelände- und Untergrundverhältnissen, sondern auch von den sehr unterschiedlichen Anforderungen an die jeweilige Wasserstraße sowie der Frage, ob und inwieweit für den Betrieb des Bauwerkes Wasser unter günstigen Bedingungen zur Verfügung steht. Für die zweckmäßigste Form der Bauwerke läßt sich keine allgemeine Norm aufstellen, die für jeden Fall eine eindeutige Lösung aufzeichnet.

Mit den uns heute zur Verfügung stehenden technischen Hilfsmitteln lassen sich Höhenunterschiede überwinden, deren Überwindung noch vor wenigen Jahrzehnten kaum durchführbar erschien. In diesem Zusammenhang sei verwiesen auf die Schleuse Bollène an der Rhone für einen Höhenunterschied von 26 m, verschiedene Flußschleusen in Amerika für Höhenunterschiede von 20—34 m, die Schleuse Ust-Kamonogorsk am Irtisch in der Sowjetunion für 42 m, das Gegengewichtshebewerk Niederfinow für 36 m im Verlauf der Wasserstraße Berlin—Stettin, die Schwimmerhebewerke in Henrichenburg im Zuge des Dortmund-Ems-Kanals und Magdeburg-Rothensee im Zuge des Mittellandkanals, weiter die quergeneigte Ebene bei Arzviller in Frankreich für 45 m und schließlich die längsgeneigten Ebenen bei Ronquières in Belgien für 68 m sowie bei Krasnojarsk in der Sowjetunion für 101 m Höhenunterschied.

Bei den Bauwerken zur Überwindung der Höhenunterschiede im Zuge des Elbe-Seitenkanals sind unter anderem nachstehende Gesichtspunkte zu beachten.

Der Elbe-Seitenkanal besitzt keinerlei natürliches Wasserdargebot zur Abdeckung von Sicker- und Verdunstungsverlusten und vor allem für den Betrieb der Bauwerke. Sämtliches Betriebswasser, das zum Beispiel bei einer Schleusung von der oberen Haltung in die untere Haltung fließt, muß in die obere Haltung zurückgepumpt werden. Bei einer Schleuse mit den Abmessungen von 185×12 m und einem Höhenunterschied von 38 m werden beim Fehlen von Spareinrichtungen für den Wasserverbrauch je Schleusung rd. 84 000 m³ Wasser benötigt. Selbst bei der Ausführung von Sparbecken zur Verringerung des Wasserverbrauchs, die eine Wassereinsparung von 70% ermöglichen, sind noch 26 000 m³ für jede Schleusung zurückzupumpen. Unter Berücksichtigung der für den Elbe-Seitenkanal anzusetzenden Verkehrsleistung sind für das Bauwerk bei Lüneburg bis 30 Schleusungen je Tag anzusetzen, also eine Rückpumpwassermenge bis rd. 780 000 m³. Hieraus ergibt sich eine wesentlich veränderte Situation gegenüber anderen Kanälen, wie zum Beispiel auch dem Main-Donau-Kanal, bei dem im Rahmen von wasserwirtschaftlichen Planungen des Landes Bayern das Schleusungswasser in erheblichem Umfange kostenlos zur Verfügung steht.

Zur Abführung von Hochwasserspitzen in Katastrophenfällen (die, wenn überhaupt, dann nur an einzelnen Tagen in Abständen von vielen Jahren auftreten) aus Wasserläufen, die unter normalen Verhältnissen kein Wasser an den Kanal abgeben, so daß ihre Ausnutzung für den Betrieb des Kanals nicht möglich ist, muß eine Abführung von 25 m³/s Wasser über die Bauwerke zur Elbe möglich sein.

Für die Bemessung der Leistungsfähigkeit der Bauwerke ist von einer Jahresleistung im Bergverkehr von 8,4 Mio. Gütertonnen auszugehen. Diese Jahresmenge ergibt unter der Annahme von 310 Betriebstagen eine mittlere Tagesmenge von rd. 27 000 Gütertonnen. Mit Rücksicht auf die monatlichen und täglichen Schwankungen im Verkehr, die in Verbindung mit dem ungleichmäßigen stoßweisen Gütereingang und den Tideverhältnissen bei einem Seehafen wesentlich größer sind als bei einem Kanal weit ab von der Küste, ist mit einer erforderlichen Tagesspitze von rd. 43 000 Gütertonnen zu rechnen.

Die Untergrund- und Grundwasserverhältnisse verlangen bei den verschiedenen möglichen Bauwerksarten sowohl für die Planung als auch für die Baudurchführung recht unterschiedliche Maßnahmen.

Der Wettbewerb

Da die rein ingenieurmäßige Behandlung der verschiedenen Lösungsmöglichkeiten ohne gleichzeitige kalkulatorische Ermittlung der Baukosten und Erfassung der zu erwartenden Betriebs- und Unterhaltungskosten kein einwandfreies Bild für den Wirtschaftlichkeitsgrad der verschiedenen Bauwerksarten gibt, eine verbindliche Kalkulation der Baukosten aber allein von an der Bauausführung interessierten Firmen zu erwarten ist, wurde unter in- und ausländischen Firmen, die sich zu vier Gruppen zusammengeschlossen hatten, ein Wettbewerb für das größere Bauwerk bei Lüneburg mit dem Höhenunterschied von 38 m veranstaltet. Im Rahmen dieses Wettbewerbs war von jeder der beteiligten Gruppen gegen Vergütung ein Pflichtentwurf für eine von ihr für zweckmäßig angesehene Bauwerksart aufzustellen und für dessen Ausführung ein verbindliches Kostenangebot abzugeben. Neben dem Pflichtentwurf konnten weitere Entwürfe und Angebote ohne besondere Vergütung eingereicht werden.

Zur Bearbeitung der Entwürfe, für die 14 Monate zur Verfügung standen, wurden den Firmen eingehende Unterlagen über die örtlich vorliegenden Verhältnisse, die an das Bauwerk zu stellenden Forderungen und die Form der Bearbeitung übergeben. Die Unterlagen enthielten auch umfangreiche Angaben über den Baugrund und seine bodenphysikalischen Werte.

Ende 1968 wurden von den verschiedenen Firmengruppen 9 Entwürfe für Schleusen mit geschlossenen und offenen Sparbecken, 2 Entwürfe für längsgeneigte Ebenen und je 1 Entwurf für eine quergeneigte Ebene, einen Wasserkeil und ein Gegengewichtshebewerk abgegeben.

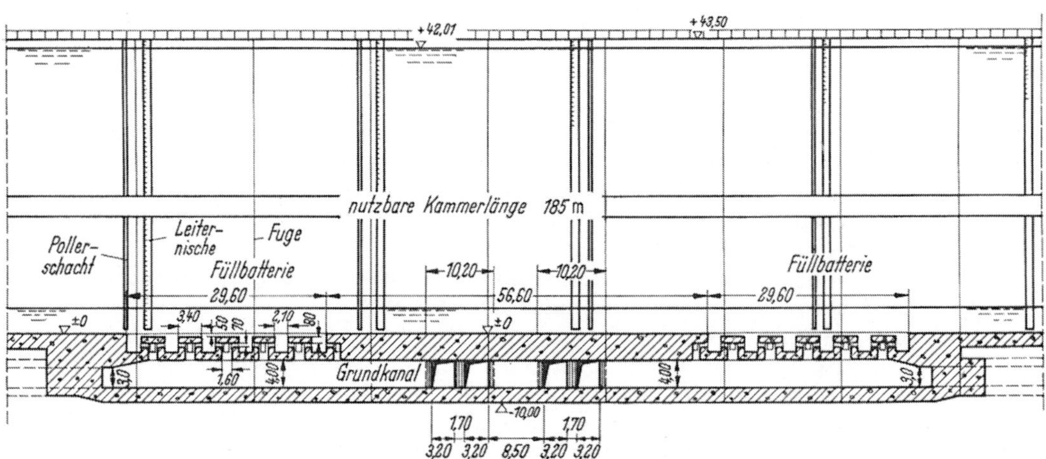

Abb. 4. Füll- und Entleersystem in der Sohle einer Schleuse.

Für die Schleusenentwürfe war eine nutzbare Schleusenlänge von 185 m und eine Schleusenbreite von 12 m vorgeschrieben worden. Im Interesse einer einheitlichen Ausrichtung des hydraulischen Teils der Entwürfe waren den Firmen die Abmessungen für die hydraulisch erforderlichen Querschnitte zur Verfügung gestellt worden, die durch Untersuchungen der Bundesanstalt für Wasserbau in Karlsruhe an einem Modell für eine Schleuse mit 38 m Gefälle ermittelt waren. Bei den Untersuchungen wurde angestrebt, im Interesse einer Erhöhung der Leistungsfähigkeit der Schleuse eine möglichst hohe Füll- und Entleerungsgeschwindigkeit zu erreichen, ohne daß dabei auf das in der Schleuse liegende Schiff nicht vertretbare Kräfte einwirken. Die Versuche befaßten sich weiterhin mit der Ermittlung der zweckmäßigsten Sparbeckenzahl sowie mit den Auswirkungen der Entnahme bzw. Einleitung von Restwassermengen für den Schleusenbetrieb auf die anschließenden Kanalstrecken.

Die Ausbildung des Füll- und Entleerungssystems in der Kammersohle erfolgte in Anlehnung an die Ausführung für die Ice Harbor-Schleuse in Amerika. Die durch die Versuche gefundene Lösung (Abb. 4) ergab, daß bei einer mittleren Steig- bzw. Fallgeschwindigkeit von rd. 2,4 m/min und Maximalwerten über 4 m/min die größten gemessenen Schiffskräfte zwischen 1:2200 und 1:2700 des Schiffsgewichtes betrugen. Die Werte liegen weit unter dem im allgemeinen noch als zulässig angesehenen Wert von 1:600 des Schiffsgewichtes.

Für die Modellversuche war eine Schleuse mit geschlossenen Sparbecken gewählt worden, ähnlich der Schleuse Anderten im Zuge des Mittellandkanals. Neben 5 Sparbecken, die zu einer Wasserersparnis von rd. 70% erforderlich waren, wurden bei den Versuchen noch 2 zusätzliche Becken als Beschleunigungsbecken für die Restfüllung bzw. Restleerung der Schleuse gefahren (Abb. 5). Durch die zusätzlichen Becken ist es möglich, für die Restfüllung und Restentleerung Wassermengen von rd. 170 m³/s ohne weiteres in die Schleuse einzuleiten oder abzuziehen und damit eine wesentliche Verkürzung des Zeitaufwandes für diese Vorgänge zu erreichen. Bei einer Restfüllung aus dem Oberwasser oder einer Restentleerung ins Unterwasser können zur Vermeidung von nicht vertretbaren Strömungen in den Vorhäfen oder anschließenden Haltungen maximal 75 m³/s entnommen oder eingeleitet werden. Die Zeitersparnis bedingt jedoch einen zusätzlichen Pumpbetrieb zum Auffüllen bzw. Entleeren der Becken, die höhenmäßig teilweise über dem Normalwasserstand im Oberwasser bzw. unter dem Unterwasserstand liegen.

Aufgrund der den Firmen zur Verfügung gestellten Unterlagen über die hydraulischen Vorgänge und Abmessungen bei einer Sparschleuse für einen Höhenunterschied von 38 m lag der Schwerpunkt der Bearbeitung im Rahmen des Wettbewerbs bei der konstruktiven Ausgestaltung der Kammerwände und Sparbecken sowie der Ausbildung der verschiedenen Betriebsorgane.

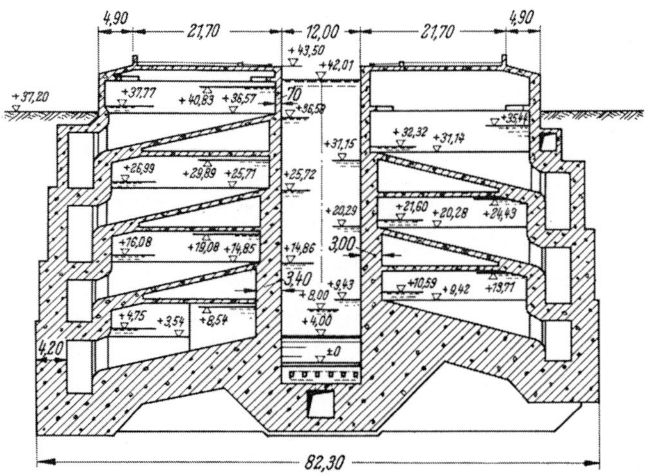

Abb. 5. Vorschlag für den Querschnitt einer Schleuse mit geschlossenen Sparbecken für einen Höhenunterschied von 38 m.

Die verschiedenen Entwürfe

Bei den eingereichten Schleusenentwürfen ergab sich, daß die Gründungssohlen mindestens 14 m unter dem normalen Wasserspiegel des unteren Vorhafens liegen. Die stockwerkartige Anordnung der Sparbecken seitlich der Kammerwände führt zu vielfach statisch unbestimmten Konstruktionen. Die weitgespannten geschlossenen Sparbecken erfordern das Einziehen von schweren Zwischendecken und Versteifungsrippen sowie zusätzlicher Stützen in den Sparbecken.

Das Ergebnis des Wettbewerbs hat gezeigt, daß unter den hier vorliegenden Verhältnissen eine Schleuse mit geschlossenen Sparbecken sowohl hinsichtlich der Baukosten als auch der technischen Lösungsmöglichkeiten nicht sinnvoll ist.

Zwei Entwürfe sehen daher offene Sparbecken vor (Abb. 6), bei denen für die Kammerwände eine Ausführung gewählt wird, die relativ geringe Schalungsarbeit durch die Verwendung einer Gleitschalung erfordert. Bei der Anordnung der offenen Sparbecken bis zu 240 m von der Schleusenachse sind aus hydraulischen Gründen keine Nachteile gegenüber einer Schleuse mit geschlossenen Sparbecken neben der Kammerwand zu erwarten, da bei einer Schleuse mit offenen Sparbecken die hydraulisch ungünstigen scharfen Krümmungen in den Kanälen geschlossener Sparbecken entfallen.

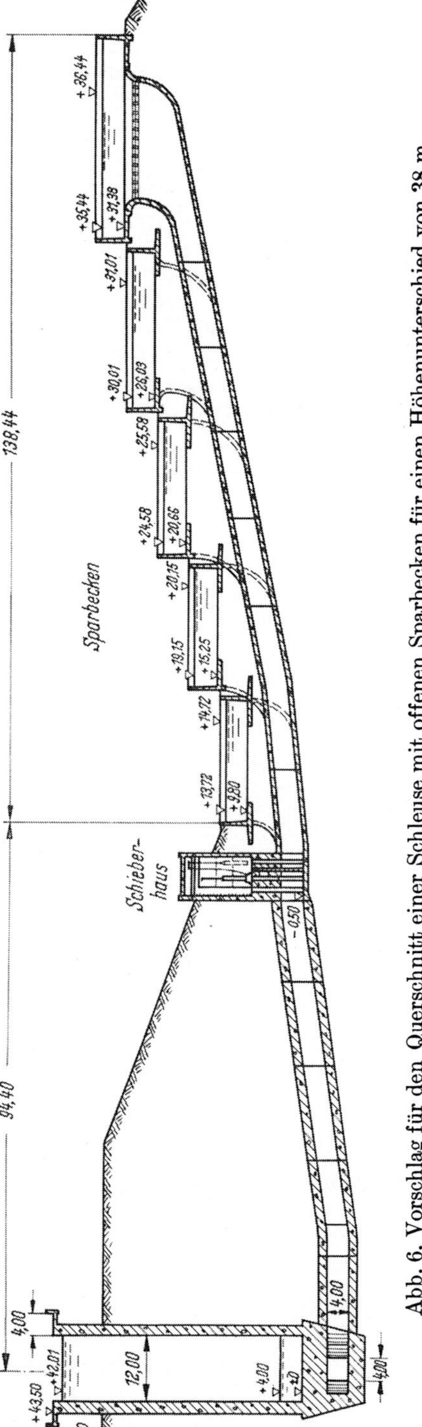

Abb. 6. Vorschlag für den Querschnitt einer Schleuse mit offenen Sparbecken für einen Höhenunterschied von 38 m.

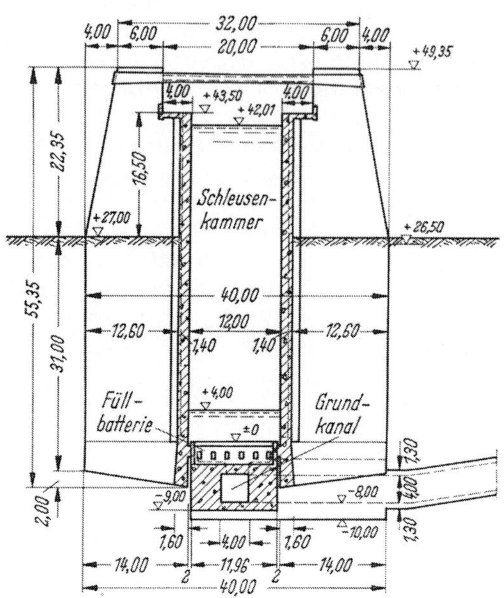

Abb. 7. Vorschlag für den Querschnitt einer Schleuse mit Riegeln über der Kammer zur Aufnahme von Zug- und Druckkräften aus den Kammerwänden für einen Höhenunterschied von 38 m.

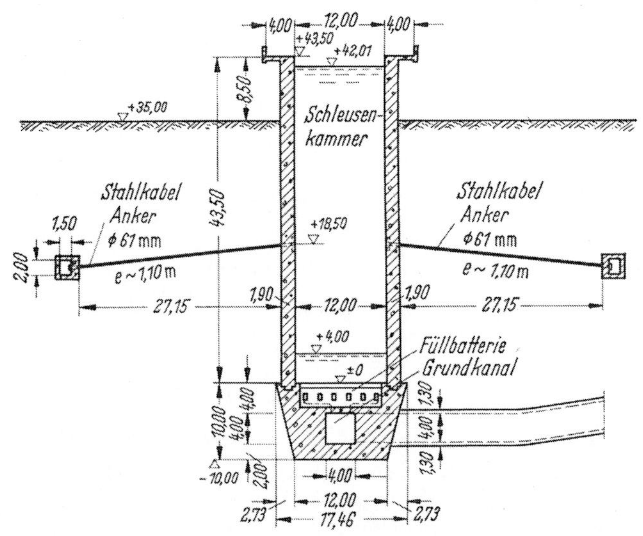

Abb. 8. Vorschlag für den Querschnitt einer Schleuse mit verankerten Kammerwänden für einen Höhenunterschied von 38 m.

Die Kammerwände bestehen in dem einen Fall (Abb. 7) aus 1,4 m dicken über 2 Rippen gespannten 14 m breiten und 50 m hohen Tafeln mit einem Mittelfeld und 2 Kragarmen. Die Tafeln liegen in der Sohle mit einer Kontaktfuge, die sich beim Betrieb etwa 2 cm öffnet, lose an der Sohle an. Über dem Oberwasser ist als zweiter Lagerpunkt je Rippe ein Stahlriegel, der auf Zug und Druck beansprucht werden kann, angeordnet. Die ähnlich einem Viergelenkrahmen wirkende Konstruktion setzt voraus, daß die von beiden Seiten auf die Schleusenwand wirkenden Kräfte gleich sind, was nicht ohne weiteres unterstellt werden kann.

Die zweite Lösung (Abb. 8) für eine Schleuse mit offenen Sparbecken sieht eine 1,9 m starke Wandplatte vor, die mit einem Köcherfundament in die Sohle eingelassen ist. In 18,50 m Höhe der 43,50 m hohen Wand ist eine einfache Lage vorgespannter Anker vorgesehen. Die Schleusenkammerwand kragt über die Ankerlage rd. 25 m aus. Beim Füllen und Entleeren der Schleuse wird in der als Membrane angesehenen Wand mit Bewegungen von 2 cm gerechnet.

Bei den längs- und quergeneigten Ebenen bereitet die Bewältigung der Wasserspiegelschwankungen um 4 m im Unterwasser, die durch die unterschiedlichen Wasserstände der Elbe hervorgerufen werden, große Schwierigkeiten und führt zu recht komplizierten Konstruktionen und damit auch zu hohen Angebotssummen. Die Gründungstiefe der geneigten Ebenen liegt rd. 29 m unter dem normalen Unterwasserstand, obwohl bei den geneigten Ebenen nur Trogabmessungen von 100×12 m vorgesehen sind. Bei dem hohen Grundwasserstand im Bereich des Bauwerkes sind umfangreiche Maßnahmen zur Sicherung der im Grundwasser liegenden Wannen gegen Auftrieb notwendig.

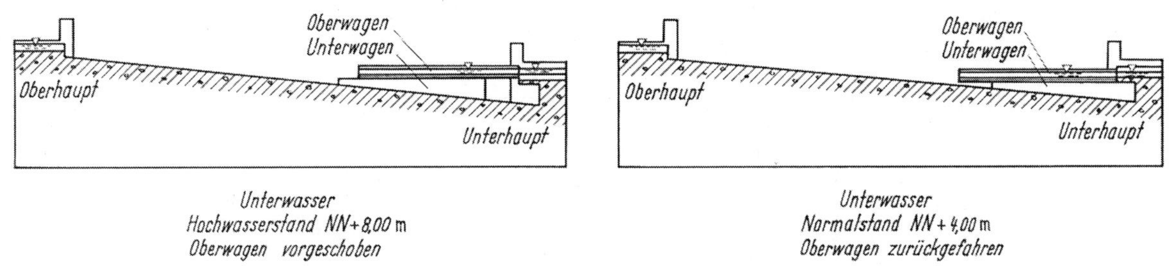

Abb. 9. Vorschlag für eine längsgeneigte Ebene mit einem auf einem Unterwagen verschiebbaren Oberwagen zur Anpassung an Wasserspiegelschwankungen im Unterwasser bis zu 4 m.

Die Anpassung der Trogstellung an den jeweiligen Unterwasserstand wurde bei den längsgeneigten Ebenen unterschiedlich gelöst. Es sei hier zunächst eine Lösung angesprochen, die aus einer zweiteiligen Wagenkonstruktion besteht, und zwar aus einem oberen Trogwagen, der auf einem keilförmigen Unterwagen mit einer Länge von rd. 61 m verschiebbar ruht (Abb. 9). Der Oberwagen kann um 35 m verschoben werden. Bei Niedrigwasserständen im Unterwasser wird zur höhengerechten Anfahrt an den unteren Haltungsabschluß der Oberwagen auf dem Unterwagen soweit erforderlich über dem Unterwagen auskragend nach Oberwasser verschoben. Der Unterwagen fährt in diesem Fall soweit auf der geneigten Ebene abwärts, bis der Oberwagen an den unteren Haltungsabschluß anschließen kann. Hierbei fahren die Seitenscheiben des Unterwagens, soweit sie vorstehen, in Seitennischen am unteren Haltungsabschluß ein. Bei hohen Unterwasserständen wird der Oberwagen über den Unterwagen zum Unterwasser verschoben, er kragt nach der Unterwasserseite über den Unterwagen hinaus. Der Unterwagen wird dann auf der geneigten Ebene höher angehalten, so daß der Wasserspiegel des Oberwagens beim Anschluß an den unteren Haltungsabschluß höhengleich mit dem Unterwasser ist. Da der Oberwasserstand konstant ist, müssen die erforderlichen Verschiebungen des Oberwagens zur Anpassung an das Unterwasser bei der Trogtalfahrt durchgeführt bzw. bei der Bergfahrt wieder rückgängig gemacht werden. Die ganzen Bewegungsvorgänge werden elektronisch gesteuert.

Die andere Lösung für eine längsgeneigte Ebene arbeitet mit einem Teleskoptrog, der am unteren Haltungsabschluß auf einer der Trogbahnneigung angepaßten Laufbahn verstellbar eingehängt ist und bei höheren Wasserständen ausgefahren wird, um die Strecke zwischen dem massiven unteren Haltungsabschluß und dem auf der geneigten Ebene entsprechend dem Unterwasserstand höher angehaltenen Trog zu überbrücken.

Der Entwurf für die quergeneigte Ebene (Abb. 10) sieht 2 Tröge mit den Abmessungen 100×12 m vor, die unabhängig voneinander betrieben werden, aber auch, da sie auf getrennten Fahrbahnen angeordnet sind, als Koppeltrog fahren können, der dann eine Länge von rd. 200 m hat. Zur Erleichterung des Betriebsvorganges bei getrennter Fahrt der Tröge sind die Häupter für die einzelnen Tröge versetzt worden. An den Unterhäuptern sind Schildschütze vorgesehen, die entsprechend dem schwankenden Wasserspiegel im Unterwasser eingestellt werden können. Als ein Vorteil des Koppeltroges mit einer Länge von 200 m in gekoppeltem Zustand ist anzusehen, daß bei ihm, ebenso wie bei einer 185 m langen Schleuse, größere Verbandseinheiten ungetrennt durchgenommen werden können als bei 100 m langen Trögen.

Bei dem beweglichen Teil der vorgeschlagenen quergeneigten Ebene sind zwei Teile zu unterscheiden, und zwar ein Fahrgestell mit einer Rahmenkonstruktion und der Trog, der in die Rahmenkonstruktion verstellbar eingehängt ist (Abb. 11). Zur Anpassung an den jeweiligen Unterwasserstand kann der Trog mit ölhydraulischen Zylindern gehoben oder gesenkt werden. Kleinere Höhenveränderungen können während der Fahrt auf der 1 : 6 geneigten Ebene vorgenommen werden. Bei größeren Höhenveränderungen ist ein Stillsetzen des Troges erforderlich. Für die Kuppelung der Tröge ist eine Automatik vorgeschlagen.

Abb. 10. Modell einer quergeneigten Ebene mit zwei Trögen, die getrennt und auch zusammen als Koppeltrog betrieben werden können.

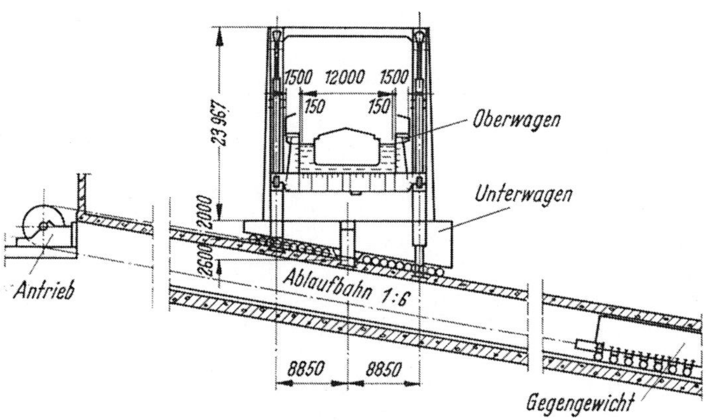

Abb. 11. Vorschlag für den Querschnitt des beweglichen Teiles einer quergeneigten Ebene für den Fall starker Wasserspiegelschwankungen im Unterwasser.

Als Sonderkonstruktion wurde ein Wasserkeil angeboten, der in der Literatur auch unter der Bezeichnung geneigte Schleuse, Wasserecke oder Pent d'eau erscheint. Diese Konstruktion, die schon zu Beginn dieses Jahrhundert diskutiert wurde, hat neuerdings in Verbindung mit Ausbauplänen für die französischen Wasserstraßen wieder Interesse gefunden. Für die Konstruktion sind eingehende Versuche in Vernissieux bei Lyon an einem Modell 1 : 10 durchgeführt worden.

Der Gedanke des Wasserkeils ist zunächst bestechend (Abb. 12). Die beiden Haltungen werden mit einer etwa in der Neigung 1 : 50 als U-förmigen Betonrahmen ausgebildeten Rinne verbunden, die in die untere Haltung hineinreicht und gegen die obere Haltung durch ein Tor abgeschlossen ist. Bei der Fahrt zum Oberwasser wird hinter dem Schiff, das auf dem in die Rinne hineinragenden Wasserkeil schwimmt, von einem Schubwagen aus, der auf einer besonderen Bahn fährt, ein Schild eingesetzt, mit dessen Hilfe der Wasserkeil einschließlich Schiff zur oberen Haltung verschoben wird. Der Vorteil des Wasserkeils ist unter den hiesigen Verhältnissen, daß die Wasserspiegelschwankungen im Unterwasser keine Schwierigkeiten bereiten. Eine entscheidende Rolle spielt bei dem Wasserkeil die Ausbildung der Dichtung zwischen dem Schubschild und der Rinne, die besonders im Winter bei Eisbildung erhöhten Beanspruchungen ausgesetzt ist.

Die Länge der vorgesehenen Rinne, für deren Seitenwandungen eine Meßgenauigkeit von ± 1 cm verlangt wird, beträgt im vorliegenden Falle 2100 m, die Höhe des Schubschildes rd. 8 m bei einer Länge des Wasserkeiles von rd. 320 m, die eine durch Schiffe mit einer Abladetiefe von 2,50 m ausnutzbare Länge von rd. 180 m ergibt.

Der Entwurf für ein Senkrechthebewerk wurde von einer Gruppe bearbeitet, deren Stahl- und Maschinenbaufirmen schon an den Hebewerken Niederfinow, Magdeburg-Rothensee und Henrichenburg mitgewirkt hatten. Nach Voruntersuchungen, in denen die verschiedensten Arten von Schwimmer- und Gegengewichtshebewerken hinsichtlich ihrer Wirtschaftlichkeit für die hier vorliegenden Verhältnisse überprüft wurden, entschied sich die Gruppe für die Bearbeitung eines Entwurfes für ein Gegengewichtshebewerk.

Dem tiefbaulichen Teil eines Gegengewichtshebewerkes kommt zustatten, daß dieses Bauwerk von allen Entwürfen, abgesehen vom Wasserkeil, die geringste Gründungstiefe mit rd. 9 m unter dem unteren Wasserspiegel erfordert.

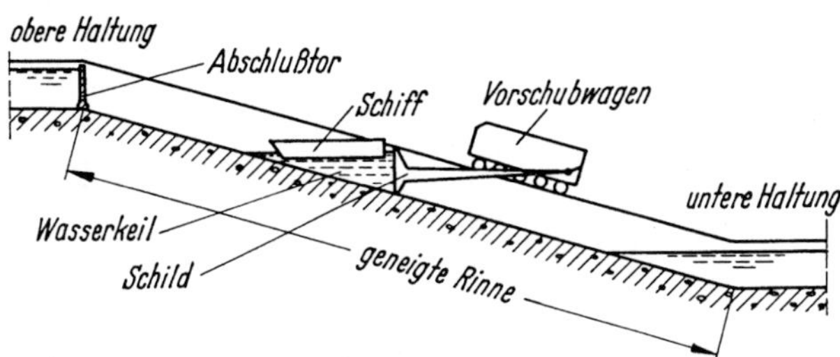

Abb. 12. Prinzipskizze für einen Wasserkeil.

Bei dem Entwurf sind zwei nebeneinander angeordnete Tröge mit den Abmessungen 100×12 m vorgesehen, die unabhängig voneinander betrieben werden können (Abb. 13).

Die Tröge sind an je 4 Punkten im Bereich der aus Stahlbeton erstellten Führungs- und Gegengewichtstürme aufgehängt. An jedem Aufhängepunkt sind 56 Stück 54 mm dicke Seile angeordnet. Die Summe der Gegengewichte je Trog mit rd. 5700 t entspricht dem Gewicht des mit Wasser gefüllten Troges, so daß das Gesamtgewicht der bewegten Teile eines Troges 11 400 t beträgt (Abb. 14).

Der Trog hat eine normale Wassertiefe von 3,5 m. Gegenüber der Wassertiefe der Tröge von Henrichenburg (neu) und Ronquières wurde die Wassertiefe um 0,5 m vergrößert, um überbreiten Schiffen bis 11,4 m die Einfahrt durch das im Trog zurückströmende Wasser nicht zu erschweren (Abb. 15).

Die Abschlußtore an der oberen und unteren Haltung sind ebenso wie die Trogtore als Hubtore ausgebildet. Die Trogtore haben keinen eigenen Antrieb, sie werden beim Bewegen der Haltungstore jeweils in diese eingeklinkt und zusammen mit dem Stoßschutz für die Trogtore angehoben bzw. gleichzeitig abgesenkt. Der Spalt zwischen dem Trog und dem Haltungsabschluß wird durch einen teleskopartigen Dichtungsrahmen geschlossen, wenn der Wasserspiegel im Trog sich in gleicher Höhe befindet wie der Wasserspiegel in der anzuschließenden Haltung.

Ein über Wasserstandspegel gesteuertes Schildschütz im Unterwasser mit eingehängtem Haltungtor paßt sich in seiner Stellung dem jeweiligen Wasserstand im Unterwasser an.

Der Trogantrieb, der aus vier Antriebsmotoren mit einer Leistung von je 150 kW besteht, die auf dem beweglichen Teil der Anlage untergebracht sind, hat bei dem labilen Gleichgewichtszustand nur Reibungskräfte und Differenzkräfte durch eine Wasserspiegeltoleranz von $\pm 0,1$ m in einer Größenordnung bis 200 t zu überwinden, von denen auf jedes Antriebselement rd. 50 t entfallen. Die Bewegung des Troges erfolgt über von den Antriebsmotoren angetriebene Ritzel, die in Zahnstangen an den Türmen eingreifen.

Die vier Antriebe sind durch eine Gleichlaufwelle untereinander verbunden, sie sind so bemessen, daß beim Ausfall eines Motors die verbleibenden Antriebe den ausgefallenen mit durchziehen. Synchron mit den vier Motoren des Trogantriebes laufen vier Spindelmuttern. Die Gewinde dieser Muttern drehen sich um eine in jedem Turm untergebrachte feststehende Spindel. Sie haben gegenüber dem Gewinde der feststehenden Spindeln nach oben und unten 30 mm Spiel. Beim Auftreten von Katastrophenlasten werden die Antriebsritzel überbelastet. Hierbei werden die Antriebsmotore ausgeschaltet, die Ritzel geben nach, so daß sich der Trog entsprechend der Richtung der Katastrophenlast bewegt. Die Spindelmuttern kommen zum Anliegen, und der Trog hängt sich in den Spindeln, die auf Zug beansprucht werden, fest.

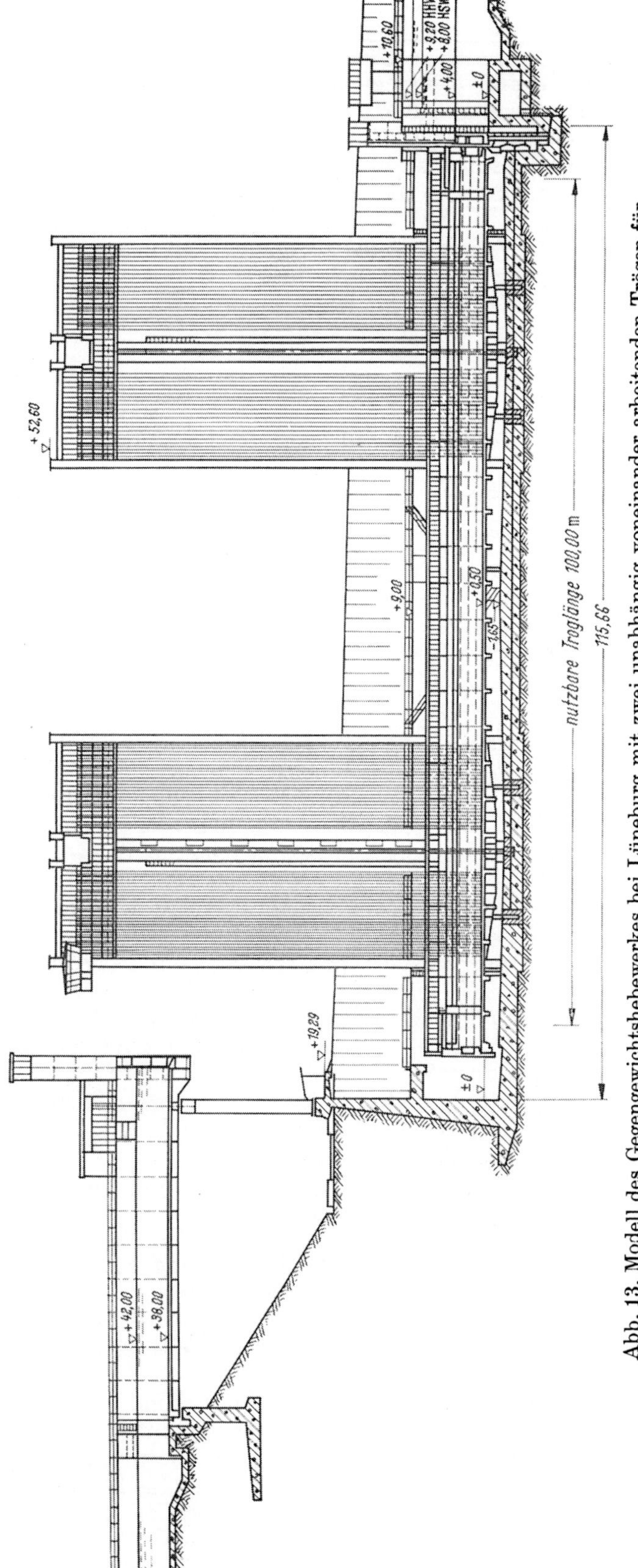

Abb. 13. Modell des Gegengewichtshebewerkes bei Lüneburg mit zwei unabhängig voneinander arbeitenden Trögen für einen Höhenunterschied von 38 m.

Abb. 14. Längsschnitt durch das Gegengewichtshebewerk bei Lüneburg.

Die verschiedenen Vorgänge für eine Trogfahrt, einschließlich Schließen oder Öffnen der Tore, laufen vollautomatisch ab. Die Hubgeschwindigkeit beträgt im Mittel 0,21 m/s, d. h. 12,6 m/min, und ist damit über 5mal so groß wie die Steiggeschwindigkeit einer Schleuse mit im Mittel 2,4 m/min. Die maximale Geschwindigkeit mit 0,24 m/s ergibt je Minute einen Hub von 14,4 m. Die Dauer für die Durchfahrt durch das Hebewerk und zwar den Hub- bzw. Senkvorgang einschließlich Schließen und Öffnen der Tore und Ein- und Ausfahrt ist mit 15 min anzusetzen.

Die Anordnung von 2 Trögen hintereinander sowie der Bau eines 185 m langen Troges, der in 6 Türmen hängt, wurden überprüft. Die Anordnung von Trögen hintereinander oder eines überlangen Troges bringt für Schubverbände gewisse Vorteile, denen aber Nachteile für den Selbstfahrerverkehr gegenüberstehen. Hinzu kommen bei diesen Lösungen konstruktive Schwierigkeiten, die bei sorgfältiger Planung eines überlangen Troges jedoch kaum unüberwindbar sein dürften, sowie eine Beeinträchtigung der Betriebssicherheit. Die Beeinträchtigung der Betriebssicherheit des Kanals bei nur einer Anlage muß als sehr bedenklich angesehen werden.

Theoretisch besteht natürlich die Möglichkeit, ein Doppelhebewerk mit einem kurzen und einem überlangen Trog zu bauen. Eine derartige Anlage würde die anzusetzende maximale Verkehrsleistung weit übertreffen und erheblich höhere Baukosten erfordern, die nicht mehr als vertretbar anzusehen sein dürften.

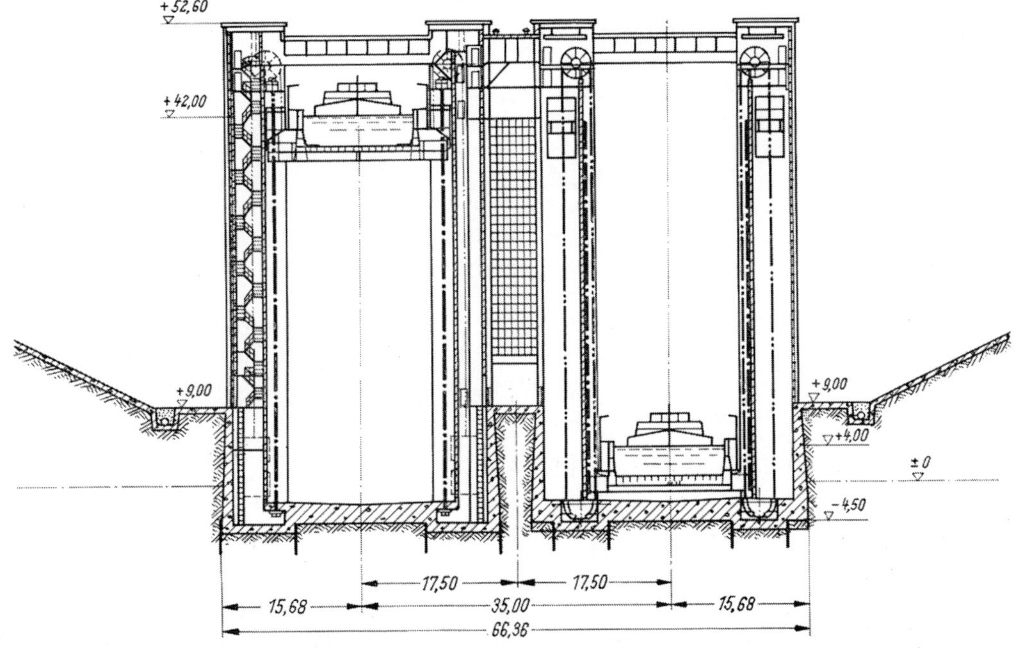

Abb. 15. Querschnitt durch das Gegengewichtshebewerk mit zwei Trögen bei Lüneburg.

Der Vorteil eines überlangen Troges für eine Schubschiffahrt mit Leichtern von 70—76 m Länge dürfte die Einschränkung der Betriebssicherheit bei einer einfachen Anlage oder die Mehrkosten bei einer Doppelanlage mit einem kurzen und einem überlangen Trog kaum rechtfertigen, wenn berücksichtigt wird, daß die Trennung eines Schubverbandes bei einer Doppelanlage mit 100 m Trögen gegenüber der Fahrt des ungeteilten Verbandes durch eine Schleuse mit einer nutzbaren Kammerlänge von 185 m im Verkehrsablauf keinen Zeitverlust mit sich bringt, da der Zeitmehrbedarf für das Auflösen und Koppeln des Schubverbandes durch den Zeitgewinn beim Heben oder Senken des Troges gegenüber der wesentlich längeren Schleusungszeit eingespart wird.

Bei den nordwestdeutschen Wasserstraßen sind weitgehend Doppelanlagen ausgeführt oder, sofern Einzelanlagen vorhanden, Umleitungen möglich. Eine derartige Umleitung ist im Verkehr von Hamburg zum Mittellandkanal praktisch nicht möglich. Eine Umleitung der Schiffahrt zu den für das Europaschiff ausgebauten Wasserstraßen über die Elbe, Magdeburg-Rothensee und die Oststrecke des Mittellandkanals ist nur mit auf eine Tauchtiefe von mindestens 2,0 m geleichterten Schiffen möglich, wenn die Niedrigwasserstände der Elbe nicht sogar eine Leichterung auf 1,0 m erfordern. Neben der Leichterung ergibt sich eine um über 200 km verlängerte Fahrstrecke. Beim Ausfall der einzigen vorhandenen Anlage kommt der Kanalverkehr somit praktisch zum Erliegen. Seitens der Schiffahrtskreise wurde daher dem Bau einer Doppelanlage besondere Bedeutung zugemessen.

Kostenvergleich der verschiedenen Entwürfe

Die Baukosten für die verschiedenen Lösungen weisen erhebliche Unterschiede auf. Wird der niedrigste Preis für eine Schleuse mit geschlossenen Sparbecken mit 100% angesetzt, so ergeben sich etwa nachstehende Verhältniszahlen.

Die Kosten einer Schleuse mit den Abmessungen 185 × 12 m und offenen Sparbecken betragen dann etwa 76%,

die einer längsgeneigten Ebene mit 2 Trögen in den Abmessungen 100 × 12 m etwa 96%,

die einer quergeneigten Ebene mit 2 Trögen in den Abmessungen 100 × 12 m etwa 108%,

die eines Wasserkeiles mit einer nutzbaren Länge von 180 m etwa 68%

und schließlich die eines Gegengewichtshebewerkes mit 2 Trögen in den Abmessungen 100 × 12 m etwa 79%.

Sehr unterschiedlich ist weiterhin die Leistungsfähigkeit der verschiedenen Bauwerksarten. Wird hier wieder die Schleuse mit 185 × 12 m mit 100% angesetzt, so ergeben sich

für die längsgeneigte Ebene mit 2 Trögen in den Abmessungen 100 × 12 m 144%,

für die quergeneigte Ebene mit 2 Trögen in den Abmessungen 100 × 12 m 130%,

für den Wasserkeil mit einer nutzbaren Länge von 180 m 90%

und für ein Gegengewichtshebewerk mit 2 Trögen in den Abmessungen 100 × 12 m 184%.

Die erforderlichen Tagesspitzenleistungen von 43 000 Gütertonnen zu Berg bei ausgeglichenem Berg- und Talverkehr nach Tragfähigkeitstonnen wird unter Berücksichtigung der derzeitigen mittleren Schiffsgröße der deutschen Binnenflotte und der zu beachtenden Wirkungsgrade infolge Mischung der Schiffsgrößen, Ungleichzeitigkeit des Berg- und Talverkehrs, Wartezeit im Schleusenbetrieb, nicht ausnutzbare Tragfähigkeit der Schleusen- bzw. Trogflächen bei der Höhe von 38 m nur von einem Gegengewichtshebewerk mit 2 Trögen erreicht. Selbst für den theoretischen Fall, daß nur 1350 t-Schiffe verkehren, ist bei einer Schleuse und den geneigten Ebenen die Tagessoll-Leistung nicht gesichert.

Bei den eingehenden Untersuchungen über die Verkehrsleistungen der verschiedenen Bauwerksarten blieb eine theoretisch mögliche, aber hinsichtlich ihrer Größe sehr verschieden beurteilte Verbesserung der Wirkungsgrade in den nächsten Jahrzehnten außer Betracht mit Rücksicht auf die nicht erfaßte, aber zu erwartende Steigerung des Verkehrsaufkommens gegenüber den Schätzungen zu Beginn der sechziger Jahre.

Bei der Wahl einer Schleusenlösung müßten zwei Schleusen mit einer nutzbaren Länge von 185 m ausgeführt werden, deren Baukosten die Kosten eines Doppelhebewerkes in Höhe von rd. 80 Mio. DM nach dem Preisstand von 1968 um etwa 100% übersteigen dürften, ohne daß dadurch für die Schubschiffahrt eine schnellere Abfertigung gesichert wäre.

Die Betriebs- und Unterhaltungskosten schwanken, wenn die unterschiedliche Leistungsfähigkeit unberücksichtigt bleibt, zwischen 100—180%, sie sind am höchsten beim Wasserkeil durch die hohen Stromkosten für den Betrieb des Schubwagens in den Spitzenstunden. Am niedrigsten sind die Kosten bei der längsgeneigten Ebene und einem Gegengewichtshebewerk mit 2 Trögen.

Die Schleuse mit relativ geringen Unterhaltungskosten schneidet hinsichtlich der Betriebs- und Unterhaltungskosten gegenüber einem Hebewerk infolge der bei dem anzunehmenden Verkehr hohen Kosten für den Pumpbetrieb sehr ungünstig ab.

Werden die Gesamtkosten für Bau, Betrieb und Unterhaltung auf die Jahresleistung der verschiedenen Bauwerksarten umgelegt, so ergibt sich aus der Kostensicht für Lüneburg eine eindeutige Überlegenheit des Gegengewichtshebewerkes mit 2 Trögen gegenüber allen anderen Lösungen.

Wenn die Kosten für das Gegengewichtshebewerk mit 2 Trögen mit 100% angesetzt werden, so betragen die entsprechenden Kosten bei den geneigten Ebenen 148—190% und bei den Schleusen 186—230%.

Hierbei wird sogar davon ausgegangen, daß die erforderliche Verkehrsleistung von dem jeweiligen Bauwerk bewältigt werden kann. Wenn bei einem Vergleich Doppelhebewerk und Schleuse davon ausgegangen wird, daß zur Bewältigung der Leistung des Doppelhebewerkes zwei Schleusen erforderlich sind, so verschlechtern sich die vorgenannten Werte sogar noch zum Nachteil einer Schleusenlösung.

Die angegebenen Zahlen können nur sehr bedingt für gleichwertige Bauwerke an anderer Stelle benutzt werden, da, wie bereits ausgeführt, sowohl die örtlich vorliegenden Verhältnisse als auch das örtliche Preisgefüge ganz andere Werte ergeben können.

Nach Abwägung aller bei der Wahl der Bauwerksform zu berücksichtigenden Gesichtspunkte und Erörterung derselben mit Schiffahrtskreisen mußte die Entscheidung zugunsten eines Gegengewichtshebewerkes mit zwei unabhängig voneinander arbeitenden Trögen mit der Abmessung 100×12 m fallen. Die Arbeiten für dieses Bauwerk sind begonnen.

Mit dem Auftrag für das Bauwerk bei Lüneburg ist noch keine Entscheidung für das bei Uelzen zu errichtende Bauwerk getroffen. Die Entscheidung für Uelzen ist nach eingehenden Überprüfungen aller für Uelzen maßgebenden Gesichtspunkte zu Beginn des Jahres 1970 zu erwarten.

Im Sommer 1969 sind die Arbeiten zahlreicher Kunstbauten und Streckenabschnitte angelaufen, nachdem der Herr Bundesminister für Verkehr am 6. Mai 1968 mit einem ersten Rammschlag den Bau für den Elbe-Seitenkanal freigegeben hat.

Nachtrag

Für den Zeitraum zwischen Vortrag und Veröffentlichung im Jahrbuch der Hafenbautechnischen Gesellschaft ist folgendes nachzutragen:

Der Auftrag für das Bauwerk bei Uelzen zur Überwindung eines Höhenunterschiedes von 23 m wurde im Sommer 1970 erteilt.

Vor der Auftragserteilung wurde nochmals ein Wettbewerb unter einem kleinen Kreis von Firmen durchgeführt. Im Rahmen dieses Wettbewerbs wurden Angebote für ein Doppelhebewerk oder eine Doppelschleuse gefordert. Der Wettbewerb ergab, daß auch für einen Höhenunterschied von

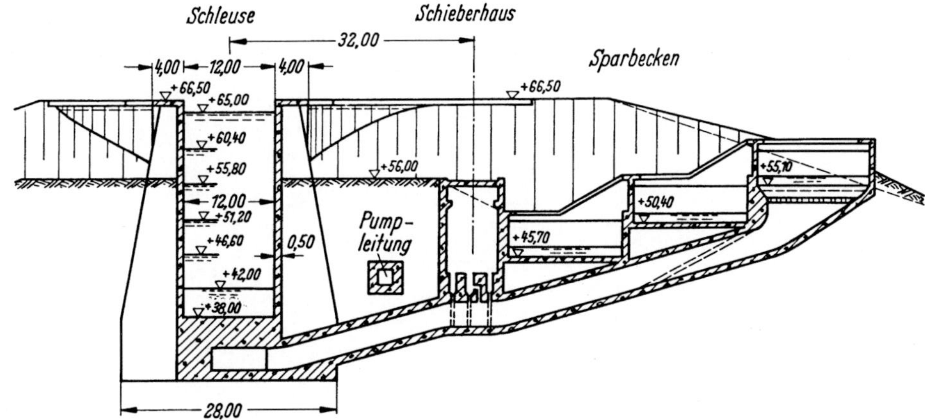

Abb. 16. Querschnitt einer Schleuse mit offenen Sparbecken für einen Höhenunterschied von 23 m. Vorschlag für die Schleuse bei Uelzen.

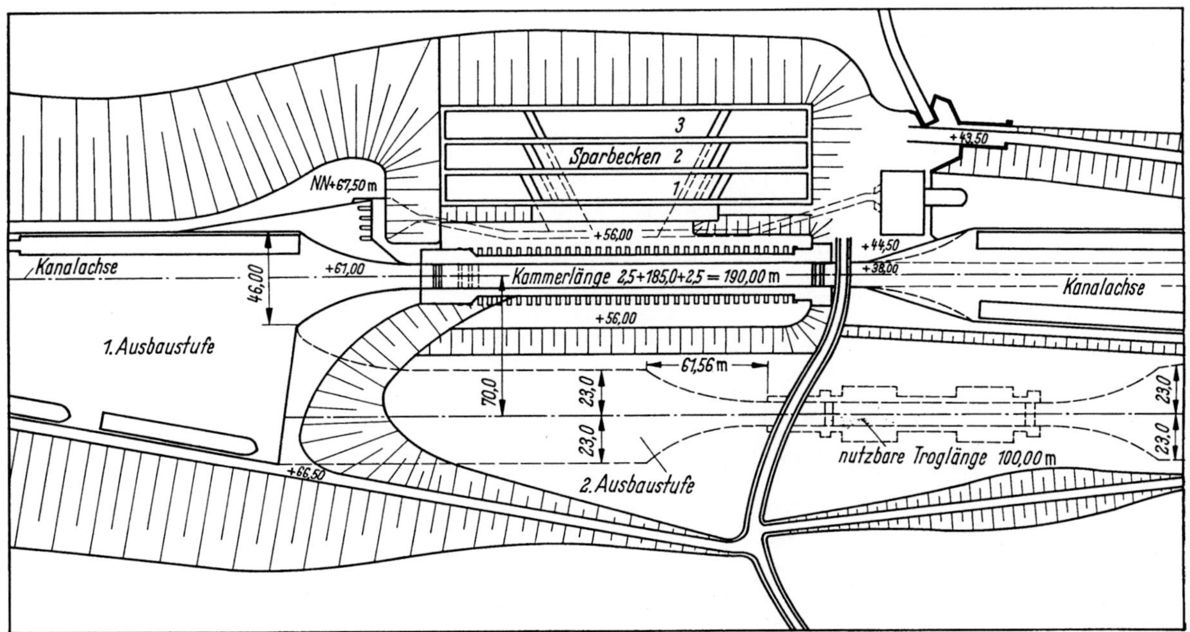

Abb. 17. Lageplan einer Einzelschleuse bei Uelzen mit Erweiterungsmöglichkeit durch ein zweites Bauwerk.

23 m unter den zu berücksichtigenden örtlichen Gegebenheiten ein Doppelhebewerk einer Schleusenlösung mit etwa gleicher Leistungsfähigkeit sowohl hinsichtlich der Baukosten als auch der Betriebs- und Unterhaltungskosten eindeutig überlegen ist. Eine Schleusenlösung mit etwa gleicher Leistungsfähigkeit wie das Bauwerk bei Lüneburg und ein Doppelhebewerk bei Uelzen macht den Bau von zwei Schleusenkammern mit nutzbaren Längen von 185 m erforderlich.

Als Sonderlösung wurde bei dem Wettbewerb noch eine Einzelschleuse angeboten, deren Leistungsfähigkeit etwa 53% der des Bauwerkes bei Lüneburg und eines Doppelhebewerkes bei Uelzen beträgt. Die geforderten Baukosten für die Einzelschleuse mit der geringen Leistungsfähigkeit betrugen 75% der eines Doppelhebewerkes.

In Verbindung mit einer möglichen augenblicklichen Einsparung wurde für Uelzen zunächst nur eine Einzelschleuse mit einer nutzbaren Kammerlänge von 185 m in Auftrag gegeben.

Zur Erreichung der nach den verkehrswissenschaftlichen Untersuchungen für den Elbe-Seitenkanal anzusetzenden Leistung und der gleichen Verkehrssicherheit für den Betrieb des Kanals, wie sie durch Doppelbauwerke bei den nordwestdeutschen Wasserstraßen in der Bundesrepublik vorhanden ist, bei denen eine Umleitung des Verkehrs nicht möglich ist, ist zu gegebener Zeit ein weiteres Bauwerk zu erstellen. Für das zweite Bauwerk kann auch ein einfaches Hebewerk in Frage kommen.

Einen Querschnitt der angebotenen Schleuse zeigt Abb. 16. Dieser Querschnitt ist bei der konstruktiven Ausarbeitung des Entwurfes teilweise abgeändert worden; einen Lageplan der Schleuse mit Erweiterungsmöglichkeit durch ein zweites Bauwerk zeigt Abb. 17.

Im Rahmen dieses Nachtrages ist es weder angebracht noch möglich, auf die Gründe näher einzugehen, die zu der Teillösung führten, und technische Einzelheiten der Schleusenlösung zu behandeln.

Abwicklung von Wasserbauprojekten*

Praktiken — Erfahrungen — Folgerungen

Von Bauassessor Dipl.-Ing. **Eugen Fink**, Stuttgart

Der Bericht befaßt sich mit praktischen Erfahrungen bei der Ausführung von Wasserbauprojekten, die im Inland und Ausland gesammelt wurden, wobei jene Vorhaben mehr angesprochen werden, an denen der Verfasser selbst mitarbeiten konnte. Im gleichen Zeitraum der vergangenen Jahre kam man bei der praktischen Abwicklung anderer Projekte aber zu gleichen oder ähnlichen Ergebnissen, so daß wohl von allgemeingültigen Erfahrungen gesprochen werden kann.

Der ausführende Unternehmer sollte zweimal eine grundsätzlich gute Idee zur Bewältigung einer diffizilen Bauarbeit haben: eine während der Angebotsbearbeitung, die andere nach Erteilung des Auftrages. Zum ersten Zeitpunkt soll sie die Chance sichern, ein preisgünstiges Angebot vorzulegen, und später, ist einmal der Kampf um den Auftrag gewonnen, soll sie den Versuch erleichtern, einen Gewinn zu erzielen.

Unter diesem Eindruck setzt unmittelbar nach Auftragserteilung eine sehr harte Durcharbeitung des Projektes ein. Studien, Vorbereitungen, Einrichtungen, Detailerkundungen, Käufe, Bankverbindungen, Personalverpflichtungen, Verhandlungen und Abschlüsse nehmen etwa einen Zeitraum von 3 Monaten in Anspruch.

Beginnen auch bereits um diese Zeit einige Bauarbeiten, so vergehen doch weitere 3—7 Monate, bevor man von gleichbleibendem Leistungsablauf sprechen kann Es ist dies die kritische Phase der Abwicklung überhaupt; gelingt die Umstellung vom Anlaufen zum gleichmäßigen Verlauf der Arbeit nicht deutlich und abrupt, so werden sich immer ungünstige Folgen für die Wirtschaftlichkeit der weiteren Abwicklung ergeben. Es ist die Kunst des Bauleiters, diesen Zeitpunkt dem gesamten Baugeschehen, dem Personal und der Bauaufsicht so früh wie möglich aufzuzwingen.

Auch eine hohe Bewertung der Eigeninitiative und der Verwirklichung eigener Ideen und Intuitionen bei der Abwicklung der Projekte darf nicht davon ableiten, den Verfahrenstechniken anderer Industriezweige mehr als bisher Eingang in das Baugeschehen zu verschaffen. Bereits die Begriffe „Produzieren" und „Verkaufen" sollten zu unserem Sprachgebrauch gehören. Sie sollten sich mit Praktiken verbinden, die wie das Kontroll- und Checksystem zum Fertigungsablauf gehören.

Derartige nüchterne Überlegungen dürften den Vorstellungen des Ingenieurnachwuchses entsprechen. Der Status des „begeisterungsfähigen Ingenieurs" mag bald der Baugeschichte angehören, wenn auch gerade eine Wasserbauaufgabe ohne volle Hingabe an die Sache und ohne den vollen persönlichen Einsatz in Zukunft nicht zu bewältigen sein wird. Diese Erkenntnis ist auch jüngeren Ingenieuren nicht fremd.

Es bleibt das gemeinsame Bemühen aller am Bau Beteiligten, Arbeitsmethoden zu erleichtern, zu vereinheitlichen und zu schematisieren. Dieser Bericht möchte auch ein Versuch sein, in diese Richtung zu arbeiten.

Taucher

Solange im und am Wasser gebaut wird, sind Verrichtungen unter Wasser notwendig. Verweilen wir beim Taucher, seinen Möglichkeiten und Grenzen.

Es ist üblich, bei einem Tauchereinsatz an den schwerfälligen Helmtaucher (Abb. 1) zu denken, der in geringeren Wassertiefen seine Arbeit in Behäbigkeit und völlig selbständig, in der von ihm erreichbaren Genauigkeit und Sorgfalt erledigt. Dieses Bild paßt jedoch keineswegs in das moderne Baugeschehen, wo Schnelligkeit und große Genauigkeit verlangt werden und wo bei größeren Bauvorhaben Häufungen von Gerät und Personal üblich sind, wodurch einem unbeweglichen Taucher Gefahr erwächst.

---

* Wiedergabe eines auf der 34. Hauptversammlung der Hafenbautechnischen Gesellschaft 1971 in Kiel gehaltenen Vortrags.

Der Gerätetaucher (Abb. 2) dagegen ist auf diese Forderungen seit einigen Jahren eingestellt und hat alle ihm gestellten Aufgaben bisher mit großem Erfolg erledigt. Der Taucher lebt von der Luft, die ihm aus Flaschen auf seinem Rücken über den sogenannten Lungenautomaten zugeführt wird. Er ist vollkommen frei beweglich und hält sich bei normalen Tiefen 1—2 Stunden unter Wasser auf. Er kann schnell und in kurzen Abständen tauchen und wieder an die Wasseroberfläche zurückkehren.

Der Taucher soll in der Hauptsache Beobachtungen übermitteln, und zwar

durch das Tauchertelefon,

durch besonders vorgefertigte Lehren

oder mit Hilfe von Schiefertafeln und Ölkreide für Aufzeichnungen unter Wasser.

Dem Taucher kann durchaus nicht die Entscheidung über eine Maßnahme abverlangt werden, diese hat immer der Aufsichtsführende zu treffen, wobei es dessen Aufgabe ist, die empfangenen Nachrichten durch den Filter seiner Erfahrungen und aus seiner Übersicht der Situation zu einer klaren Anweisung zu formulieren. Der Taucher kann oft kaum sehen, sondern nur fühlen. Die Orientierung nach Richtung und Entfernung gelingt nur einem geübten und erfahrenen Taucher einigermaßen. Der Mann unter Wasser erkennt die ihn umgebenden Gefahren wegen seines begrenzten Beobachtungskreises selten rechtzeitig und ist daher ständig auf die kameradschaftliche Hilfe einer anderen Person angewiesen.

Abb. 1. Helmtaucher.

Abb. 2. Gerätetaucher.

Neben den Aufgaben als Beobachter sollten dem Taucher nur leichte Arbeiten unter Wasser zugemutet werden; zu diesen Arbeiten kann man rechnen:

Schneiden von Stahlkonstruktionen,

Anbringen von Sprengladungen,

Ein- und Aushängen von Lasten,

Schraub- und Bolzenverbindungen,

Rohrverbindungen und ähnliches.

Die erschwerenden Druckverhältnisse unter 11 m Wassertiefe und die körperliche Konstitution des Tauchers bestimmen weitgehend seine Leistungen.

Ein sehr hoher Tauchereinsatz wurde beim Bau einer Blockmauer im waagerechten Schichtverband 1968/69 im Hafen von Karachi mit Blockgrößen von 10—25 t auf Bruchsteinschüttung und Unterwasserbeton-Fundament gefordert.

Eingesetzt waren:

1 Tauchermeister,

5 deutsche Taucher,

10 pakistanische Taucher, alle als Gerätetaucher.

Es wurden insgesamt 40 500 Einsatzstunden bezahlt, bei einer Leistung von 16 900 getauchten Stunden, d. h. 42% der bezahlten Arbeitszeit. Der Wert der getauchten Stunde ist 55,— DM. Bei einer Gesamtlänge der Blockmauer von 140 m gab es 120 getauchte Stunden je lfd. m Pier.

Beim Bau des Hafens Sheiba in Kuwait 1965/66 im Persischen Golf wurden übrigens erstmals für Hafenbauaufgaben ausschließlich Gerätetaucher eingesetzt.

Von neuesten Arbeiten sei das Beispiel eines Tauchereinsatzes genannt, wo im Oslo-Fjord eine Vertiefung der Hafensohle auf 21 m, verbunden mit Felsausbruch, notwendig wurde. Starker Verkehr machte den Einsatz schwimmender Bohreinheiten unmöglich. Es wurde statt dessen ein Atlas-Copco-Bohrgerät auf Raupen unter Wasser eingesetzt, dessen Arbeit vom Taucher überwacht und gelenkt wurde. In einigen Fällen wurden Bohrleistungen von 40 cm/min erreicht; ein Wert, der unter normalen Verhältnissen auch über Wasser als gut bezeichnet wird.

Es wird auch in Zukunft notwendig bleiben, für bestimmte Einsätze Taucher bereitzuhalten. Jedoch ist es durchaus denkbar, die Fernsehkamera mit oder ohne Taucherführung stärker als bisher für Unterwasserinspektionen und auch für Beobachtungen von Arbeiten, die von der Wasseroberfläche gelenkt werden, einzusetzen. Die Vorteile liegen auf der Hand:

der Aufsichtsführende übersieht direkt und ständig den Hauptabschnitt seines Arbeitsbereiches und spart Zeit, seine Entscheidungen zu treffen;

auch im trüben Wasser, wo selbst ein Taucher nur noch fühlt und seine Aussagen daher begrenzt sind, ist die Bildübertragung durchführbar bei Benutzung einer Klarsichtwasserblase, die in Form eines Plastikballons oder eines Glaszylinders vor die Linse der Kamera gebracht wird, um die Bildweite zu vergrößern.

Fundamente unter Wasser

Die Anfertigung von Fundamenten unter Wasser ist eine Arbeit im Dunkeln. Nach dem gezeichneten Bild des mühevollen Tauchereinsatzes, auch des sehr beweglichen Gerätetauchers, sollte man möglichst immer mit Werkzeugen von oberhalb der Wasseroberfläche arbeiten. Falls ein besonders

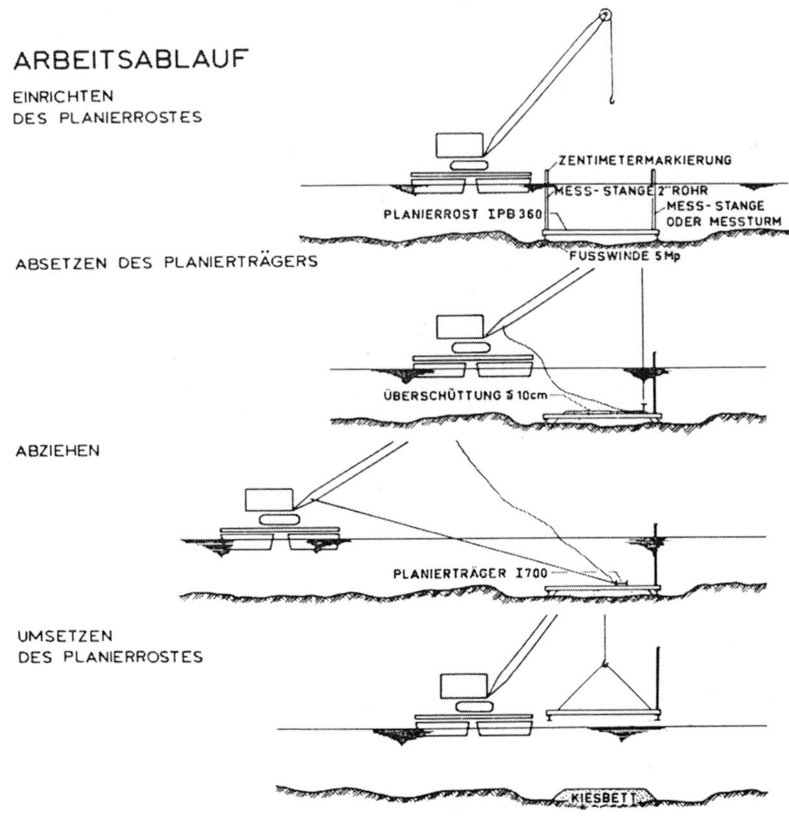

Abb. 3. Planieren von Kiesbetten als Fundament für schwimmende Kästen.

hoher Genauigkeitsgrad gefordert oder eine besondere Ausbildung der Fundamentfläche verlangt ist, wird ein kostspieliger Aufwand notwendig, z. B. der Einsatz einer Taucherglocke. Sie erlaubt jedem für die Abwicklung des Bauvorhabens Mitverantwortlichen den visuellen und tastbaren Eindruck an Ort und Stelle.

4 A*

Gründungen dienen der Lastverteilung und Lastabtragung in größere Tiefen, sie dienen in der Funktion eines Filters dazu, Unterspülungen oder Auswaschungen unter dem Bauwerk zu verhindern, oder sie dienen einfach der Einebnung von Grundflächen.

In den meisten Fällen werden Stein-, Kies- oder Grobsandschüttungen verwendet. Bei Schüttungen, die durch Taucher abgeglichen werden, ist es trotz sorgfältiger Arbeit nie möglich, eine vollkommen ebene Fläche herzustellen. Wenn daher z. B. Schwimmkästen auf derartigen Flächen abgesetzt werden, entstehen erhebliche zusätzliche Beanspruchungen der Kästen. Auch schon aus diesem Grund sollte man bestrebt sein, die manuelle, auf kleinen Umkreis begrenzte Taucherarbeit durch weitflächige mechanische Planierarbeit zu ersetzen. Wenn man dazu durch geschickte Kornwahl im Aufbau der Schüttung unterschiedliche oder größere Setzungen zu vermeiden sucht, dann kommen zu Einsparungen hoher Taucherkosten Materialeinsparungen bei der Bemessung von Schwimmkästen.

Eine Lösung fand man z. B. beim Bau von Molen im Hafen Sheiba in Kuwait. Dort wurde ein durch Klappschuten eingebrachter Kies 0/60 mm auf einem Stützgerüst aus Grobkies 30/150 mm in Flächen von 70 bis 100 qm quer zur Molenachse mit mechanischen Hilfsmitteln einwandfrei planiert (Abb. 3). Die Leistungen lagen bei 2000 m² planierter Fläche je Monat.

Beim Tunnelbau in Rendsburg, wo sehr wenig Zeit für die Vorbereitung des Auflagerbettes und das Absenken der Tunnelröhre innerhalb der Schiffahrtsrinne des Nord-Ostsee-Kanals zur Verfügung stand, benutzte man den Tunnelkörper selbst als Führung zum Einebnen eines verklappten Kiesbettes der Körnung 7/15 mm. Dabei wurde ein Planierpflug kurz vor dem Absetzen des Tunnelkörpers unter seiner Sohle durch schwere Winden hin- und hergezogen (Abb. 4). Eine elegante, allerdings kostspielige Methode.

Abb. 4. Montage des Planierpfluges am Tunnelstück im Baudock.

Abb. 5. 2,5-m³-Kübel für Unterwasserbeton.

Unter einer horizontal geschichteten Blockmauer in Karachi war ein 60 cm starkes Unterwasserbeton-Fundament vorgesehen. Man verwendete einen Spezialkübel mit 2,5 m³ Inhalt, kubisch geformt (Abb. 5). Die ganze Bodenfläche des Kübels, unterteilt in vier Klappen, konnte nach dem Aufsetzen auf Grund von einem Taucher mit einem einfachen Handgriff geöffnet werden. Die Oberfläche mußte durch Taucher, innerhalb sehr kleiner Toleranzen, abgeglichen werden; eine harte und kaum echt zu realisierende Forderung. Verwendet man dagegen den Unterwasserbeton mit seinen guten Fließeigenschaften zur Auffüllung von Zwischenräumen unter sorgfältig gestellten oder abgehängten, vorgefertigten, unten offenen Betonkappen, dann wird man einen durchgehenden harten, satt gegründeten und wirklich ebenen Fundamentkörper gewinnen.

In dieser Art wurde auch Unterwasserbeton für die Auffüllung einer 70 cm hohen Bodenfuge von Senkkästen beim Bau der Westmole in Helgoland mit bestem Erfolg verwendet (Abb. 6). Der Aufwand lag bei 9 Stunden je m³ eingebautem Beton. Eine Taucherleistung gab es nicht.

Der Unterwasserbeton wird im Wasserbau immer wieder zur Anwendung kommen (Abb. 7 und 8). Er eignet sich besonders auch für geringe Betonierhöhen. Seine Verarbeitung ist über die eingebaute Menge und durch Lotungen zuverlässig zu kontrollieren. Tode sagte bereits in einer Veröffentlichung 1946, „daß jeder Baufachmann das Verfahren anwenden kann, ohne daß er ein Mißlingen zu befürchten braucht". Allerdings ist jeweils eine sehr sorgfältige Vorbereitung notwendig, und während des Betoniervorganges sind auch die scheinbar geringsten Kleinigkeiten zu beachten.

In la Coruna (Spanien) hat man kürzlich unter großem Zeitdruck eine elegante und offensichtlich auch preislich interessante Lösung für die Gründung eines 480 m langen Molenbaus bei einem Geländesprung von 12 m ausgeführt. Der fangedammartige Bau wird als Skelett aus vorgefertigten und vorgespannten Betonträgern zusammengesetzt, und die verbleibenden Hohlräume werden mit Schüttsteinen gefüllt. Man gründete die Mole auf etwa 80 cm hohe und 6 m breite Steinschüttungen, jeweils unter der vorderen und hinteren Bauwerkskante. Die Oberfläche wurde durch

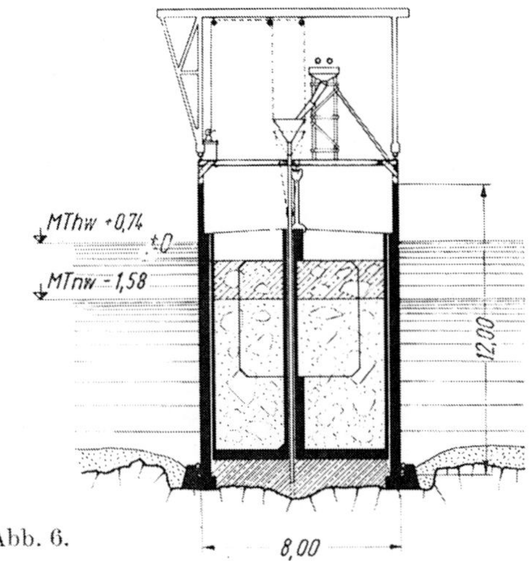

Abb. 6.

Abb. 7.

Abb. 6. Einrichtung zum Einbau des Unterwasserbetons mit ortsfesten Trichtern.

Abb. 7. Unterwasser-Kübel 3 m³ (Amsterdam, Ij-Tunnel, 1964). Schüttung einer Sohle bei 12 m Wassertiefe 5 m stark, innerhalb eines Spundwandkastens 25 × 25 m, Beton mit 350 kg Zement je m³, insgesamt 3000 m³ Beton, Leistung etwa 20 m³/Stunde.

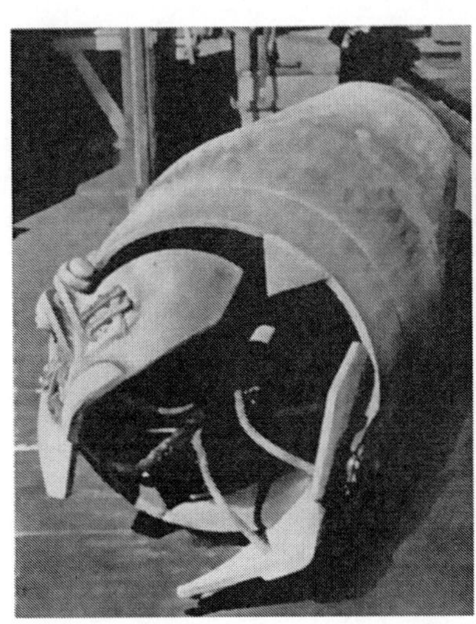

Abb. 8. Unterwasser-Kübel 1,5 m³ (Amsterdam, Ij-Tunnel, 1962/65). Ortbeton in Bohrpfählen bis 90 m tief, Pfahl-Durchmesser 1,00 m, Kübel-Durchmesser 0,80 m, Beton mit 400 kg Zement je m³ und Tricosal als Verzögerer und Verflüssiger.

Sackbeton ausgeglichen. Das untere Trägerskelett mit Einzelfundamenten wurde provisorisch miteinander verbunden, durch einen 100-t-Schwimmkran auf den Steinschüttungen abgesetzt und die Verbindungen durch Taucher wieder gelöst. Das System konnte sich nun in allen Knotenpunkten frei drehen, bei Anpassung an Bodenunebenheiten und mögliche Setzungen, und gleichzeitig konnten die weiteren Träger zum aufgehenden Skelett auf diesen Grundrahmen passend aufgesetzt werden.

Von früheren Bauwerken auf Steinbetten sind Setzungen zwischen 5 und 10 cm bekannt. Beim Hafenbau in Kuwait wurden mittlere Eindrückungen in das Kiesbett in der Größe von insgesamt 4—6 cm beobachtet. Beim Absetzen drückt der Schwimmkasten das Kiesbett um 1—2 cm zusammen und rüttelt sich durch Wellenschlag um weitere 0—2 cm ein. Beim Füllen mit Sand und beim Hinterfüllen auf der Landseite setzt der Kasten sich schließlich um 2—4 cm. Die Setzungen klingen sehr schnell ab.

Meßmethoden

Die Meßmethoden, die bei der Durchführung von Unterwasserarbeiten notwendig sind, um die vorgegebenen Abmessungen und Toleranzbereiche abzutasten und dabei noch einen wirtschaftlichen Arbeitsablauf zuzulassen, müssen

systematisch, schematisch und baustellengerecht

sein. Derartige Messungen haben nichts zu tun mit einem Aufmaß zur Abrechnung oder für die Bestandsaufnahme, mit Setzungs- oder Versuchsmessungen. Sie dienen allein der Durchführung der Arbeiten; sie sind damit das, was dem Maurer Senkel und Richtschnur und dem Zimmerer Winkel und Lot bedeuten.

Als Geräte werden verwendet: Das Nivelliergerät in Verbindung mit Meßstangen, Lotleinen und starren Lotstangen und Meßgerüsten für Höhenmessungen sowie Fluchtstangen, Baken, Lichtzeichen, Überdeckungsmarkierungen (Kimme und Korn) für die Richtungs-, Flucht- und Standortsuche.

Echolotungen geben selten ausreichende Aufschlüsse oder feste Werte. Sie sind Hilfsmittel bei horizontalen oder lotrechten Bewegungen unter Wasser und Annäherungen mit begrenztem Abstand oder um ein schnelles Bild über Sohlenveränderungen bei starken Strömungen oder Schüttungen unter Wasser zu finden. Das Handlot mit großem Teller und festen Marken am dünnen Drahtseil liefert allein das zuverlässige Maß, eine periodische Kontrolle der Marken vorausgesetzt. Die Kommunikation zwischen Messenden und Aufsichtführenden geht über Sprechfunk.

Alle Meßoperationen laufen nach einem Programm, das bereits mit Kontrollen nach dem Ausschalen eines vorgefertigten Bauelementes beginnt. Es wird eine — meist theoretische — Ebene im Bauwerk geschaffen (Null-Ebene), auf die alle Messungen direkt und in absoluten Zahlen bezogen werden. Sofortige und figürliche Auftragungen der gefundenen Werte erleichtern die Lesbarkeit für jeden.

In Karachi verwendete man starre Lotstangen, die so schwer waren, daß sie nur mit einem Kran bewegt werden konnten, weil hier bei Wassertiefen bis zu 20 m Millimetertoleranzen im Planum vorgegeben waren.

In Kuwait setzte man auf die 4 Ecken des Planierrahmens Meßstäbe und bei größeren Tiefen einfache Gerüste, die von Land aus angepeilt wurden.

In Amsterdam verwendete man für den Einbau der Tunnellager auf den Pfahlkopfplatten in großer Wassertiefe ein ausgeklügeltes Verfahren, das den Hafenwasserspiegel in Form einer Wasserwaage in das Meßsystem einbezog. Für den Anschluß der Tunnelstücke untereinander mußten, um den Gummirahmen an den Stirnflächen zur vollen Dichtungswirkung zu bringen, Einbautoleranzen der korrespondierenden Randstreifen der Stirnflächen (25 m × 8,50 m) von ±2 mm eingehalten werden. Man erreichte das durch ein Lichtlot, das durch die Tunnelstücklänge von 90 m auf ein Pentagonprisma gerichtet und dort stets rechtwinklig gebrochen wurde. Das Prisma drehte man durch einen Elektromotor, so daß der umgelenkte Strahl eine Ebene vor der Stirnfläche abtastete, die der Einbauebene parallel lag.

Herstellung von Ufermauern und Molen aus Beton

Die auf Gründungen unter Wasser abgestellten Bauwerke werden mit dem Kran abgesetzt oder schwimmend abgesenkt.

Bei allen angewandten Verfahren gilt es, die Maßnahmen für den Einbau von vornherein so dürftig wie möglich zu halten. Bei meist großen Eigengewichten oder bei Körpern mit hoher Wasserverdrängung kann der Aufwand für Vorhaltung und Betrieb entsprechender Gerätegruppen schnell sehr große Dimensionen annehmen.

Betonblöcke oder besonders geformte Elemente für Böschungssicherungen, Wellenbrecher oder Dämme haben Eigengewichte zwischen 1 und 30 t. Sie werden stets in großen Mengen benötigt. Bereits ihre Herstellung muß, exzellent organisiert, serienmäßig erfolgen, wobei es zu hohen Schalungseinsätzen kommen kann. Wichtiger ist jedoch, daß ihr Einbau rasch, mühelos und exakt erfolgt, da sowohl jahreszeitliche als auch plötzliche Witterungseinflüsse sowie örtliche Verhältnisse die verfügbare Einbauzeit stark einschränken können.

Ein Wellenbrecher vor der Hafeneinfahrt von Karachi, der vor fast 100 Jahren als Blockmauer aus 27-t-Blöcken auf Steinschüttung errichtet worden war, sollte durch beiderseitige Anschüttung von Betonblöcken gesichert und verstärkt werden. Setzungen und Unterspülungen hatten der einfachen lotrechten Mauer erhebliche Beschädigungen zugefügt. Innerhalb von 3 Monaten waren bei ruhigem Wasser 18 000 Blöcke von 1 t Gewicht als Teppich sowie im „Pell Mell" mit schweren Blöcken vermischt einzubringen. Dazu bediente man sich einer 200-t-Schute mit um 8 Grad dachförmig geneigter Abdeckung, auf der die 1-t-Blöcke dicht an dicht gestellt wurden (Abb. 9, links). Über dem Einbauort wurden sie dann reihenweise abwechselnd über Steuerbord und Backbord von Hand mit Brecheisen abgekippt (Abb. 9, rechts). Ein elegantes Verfahren, wobei allein die langen Ladezeiten hinderlich waren. Für den Einbau der 2600 28-t- und 11-t-Blöcke mit einem als Kran ausgerüsteten schweren Raupenbagger, der auf der Krone des Wellenbrechers lief, bediente man sich eines sinnvoll konstruierten Abwurfgerätes (Abb. 10), mit dem die schweren Blöcke schnell und sicher placiert werden konnten und das weder direkte und gefahrvolle Handreichungen noch Aufhänger am Betonblock notwendig machte. Die tägliche Leistung betrug etwa 300 Blöcke.

Zur Absperrung der Restdurchflußöffnung am Haringvliet in den Niederlanden verwendete man ebenfalls kubische Betonblöcke von 2,5 t Eigengewicht, die von Kabelkränen nach einem sinnreichen Schema befördert und abgeworfen wurden. Die Tagesleistung betrug hier 1800 Blöcke Als Aufhänger waren in die Blöcke Rundeisen einbetoniert mit einem Materialaufwand von etwa 5,— DM je Stück; für eine Einbaumenge von fast 100 000 Blöcken ein recht ansehnlicher Betrag.

Über das schwimmende Absenken vorgefertigter Betonkörper ist verschiedentlich berichtet worden. Es seien hier nur 2 Momente aus der Zeit der Vorbereitungen und aus dem spektakulären Geschehen des Einschwimmens und Absenkens erwähnt.

Abb. 9. Schute für Transport und Einbau von 1-t-Blöcken als Teppich.

Für den Bau eines Tunnels im Absenkverfahren müssen wasserdichte Schwimmkörper hergestellt werden, was durch sogenannte Kopfschotte (Abb. 11) an den Enden der einzelnen Tunnelstücke erreicht wird. Diese müssen schnell und billig herstellbar und abbrechbar sein. Sie müssen stark und elastisch sein, da sie außerordentlichen Wasserdrücken und Stößen beim Zusammenfahren der Tunnelstücke ausgesetzt sind; und sie sollten schließlich leicht sein, um die Schwimmfähigkeit und das negative Moment in Tunnelstückmitte wenig zu beeinflussen. Man hat Kopfschotte in Ortbeton monolithisch als Plattenbalken oder in Stahl fabrikmäßig hergestellt und im ganzen im Dock eingebaut; man hat sie in Stahl in aufgelöster Konstruktion an Ort und Stelle eingebaut und miteinander verbunden; und man hat sie schließlich als Stahlbetonplatte in Ortbeton hergestellt, die mit oder ohne Verbund durch lotrechte Stahlträger unterstützt wird. Für alle Verfahren waren differenzierte Dichtungsmaßnahmen der umlaufenden Fuge gegen die Tunnelwandungen entwickelt worden. Nach den Erfahrungen hat sich die zuletzt genannte Konstruktion als die optimale erwiesen. Mag auch der Kostenanteil dieser Hilfsmaßnahme zum Absenken nach überschlägigen Schätzungen nur etwa 1,5% der Gesamtkosten des Unterwassertunnels ausmachen, so kann man doch aus der Vielzahl der Ausführungsarten die Beachtung erkennen, die die Ingenieure folgerichtig auf dieses Detail verwendet haben.

Das andere Moment ist ein psychologisch-physisches. Die Situation des verantwortlichen Mannes beim Einschwimm- und Absenkmanöver, und es gibt dabei nur einen einzigen Mann, von Schwimmkörpern von 5—20 000 t Wasserverdrängung und mehr ist von eigenartigem Reiz. Die Welle der Erregung ebbt ab, wenn der massive unbewegliche Klotz nach den Schwimmoperationen durch enge Zufahrtkanäle wieder in festen Seilen hängt, alle Personen an den zugewiesenen Positionen stehen und die Order zum Öffnen der Flutventile gegeben werden kann. Sie steigt wieder an, wenn die wenigen Zentimeter vor der Grundberührung durchfahren und die letzten Positionskorrekturen versucht werden, um schließlich wieder auf Null zu gehen, wenn die Vermesser die Meldung durchgeben, daß die Positionsabweichungen des nun stehenden Kastens innerhalb der vorgegebenen Toleranzen liegen.

Das Einschwimmen und Absetzen im Seewasserbau ist im allgemeinen ein Wettrennen mit der Tide.

Abb. 10. Abwurfgeräte für schwere Betonblöcke.

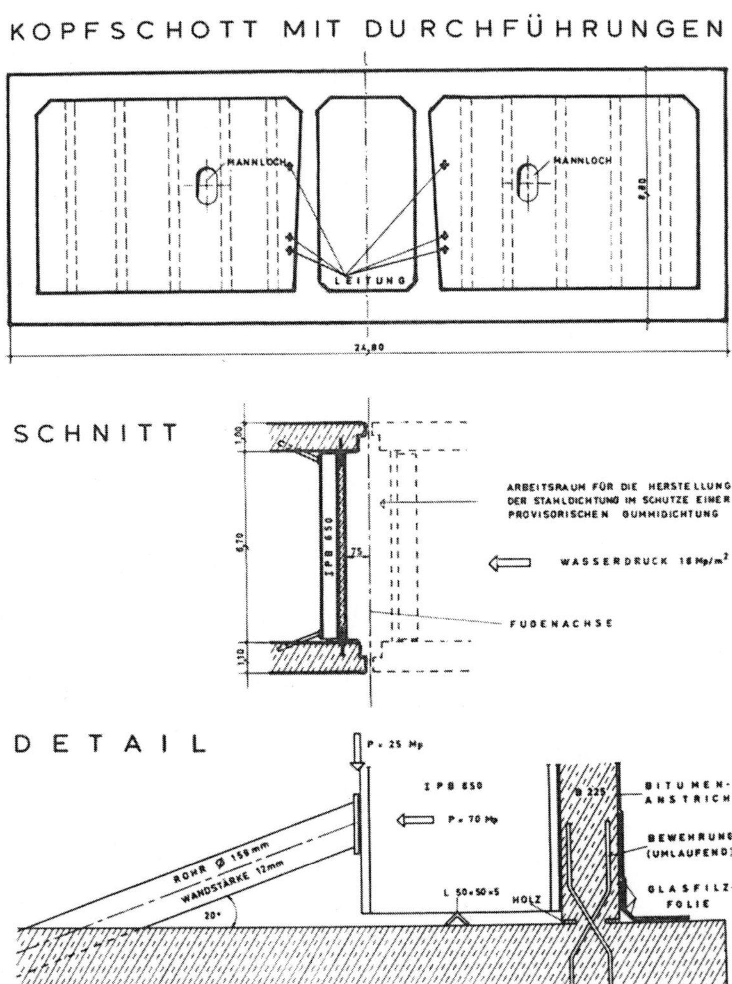

Abb. 11. Kopfschotte an Tunnelstücken.

Schluß

Es wurde von Betonbauwerken berichtet. Aus eigener Anschauung hat der Verfasser mehrfach erlebt, daß gut durchgearbeitete und preislich sehr günstige Angebote in Stahl, weit unter dem Preisniveau der übrigen Eingaben, vom Consulting Engineer oder vom Bauherrn nicht akzeptiert wurden. Wer zudem den Korrosionsfortschritt unter Einfluß tropischen Klimas, d. h. unter extremen Bedingungen, kennengelernt hat, ist Wasserbaukonstruktionen in Stahl weniger zugeneigt.

Zur Bewältigung hoher Ufersprünge für große Schiffseinheiten sind unbewehrte Betonteile wahrscheinlich zu schwer oder zu plump. Ein Ersatz durch bewehrte oder vorgespannte Fertigteile kann zu billigen und zeitsparenden Bauverfahren führen. Im übrigen findet die Verwendung lotrechter Pfähle mit großem Durchmesser, zur Abtragung schwerer Lasten und horizontaler Kräfte, Eingang und Anerkennung bei Wasserbauprojekten. Hier handelt es sich um ein Gründungsverfahren, das von kleinen Spezialkolonnen auf kostspieligen Gerätegruppen unter Einhaltung eines Produktionsschemas und eines Kontrollsystems mit besten Erfolgen angewandt wurde. Für die Baudurchführung ist die Hubinsel ein sehr attraktives Hilfsmittel.

Überblickt man die großen und vielseitigen Wasserbauprojekte, die im letzten Jahrzehnt, wie auch von Herrn Professor Dr. Lackner auf der Jahrestagung der Hafenbautechnischen Gesellschaft in Bremen im Mai 1968 geschildert, in der ganzen Welt von der deutschen Bauindustrie durchgeführt worden sind, dann kann festgestellt werden, daß die ausführenden Bauunternehmer erhebliche Anstrengungen bei der Suche und Einführung von Bauverfahren und zur Verbilligung derartiger, stets umfangreicher Projektabwicklungen aus eigenen Kräften beigetragen haben. Selbstverständlich wird das auch in Zukunft der Fall sein müssen. Es ist zu hoffen, daß die Bauherren diesen Anstrengungen mit Verständnis folgen und sie entsprechend honorieren.

Die optimale Abwicklung der einzelnen Projekte wird entscheidend beeinflußt durch zielsichere und verantwortungsfreudige Handlungen der Ingenieure und durch konsequenten und unerschrokkenen Einsatz der Meister und Facharbeiter. Dabei besteht gerade im Wasserbau bei vielfältigem Risiko die Notwendigkeit für eine enge und vorurteilslose Zusammenarbeit des Ingenieurs auf der Baustelle und des Ingenieurs im Konstruktionsbüro. Keinem von beiden gebührt mehr Ruhm als dem anderen, beide müssen ausgesprochene Partner sein; wobei der Konstrukteur die Erfahrungen des Bauleiters kritisch, aber bewußt zur Kenntnis nehmen soll und umgekehrt der Bauleiter den zur Zeichnung gewordenen Gedanken und Überlegungen des Konstrukteurs mit Sturheit und Durchschlagskraft zum praktischen Erfolg verhelfen muß. Beide werden, sind sie einmal mit den Problemen in engere Berührung gekommen, für einen harten persönlichen Einsatz durch die Erkenntnis entschädigt, daß die Wasserbaukunst ein hervorragendes Ingenieurerlebnis ist.

Der Ausbau des Oberrheins im Grenzabschnitt*

Von Präsident Dr.-Ing. **Heinz Graewe**, Freiburg i. Br.

Am 2. Oktober 1970 ist durch Austausch der Ratifikationsurkunden ein für den Oberrheinausbau entscheidend wichtiger Vertrag in Kraft getreten, nämlich der am 4. Juli 1969 von den Außenministern der Bundesrepublik Deutschland und der Französischen Republik unterzeichnete Vertrag über den Ausbau des Rheins zwischen Kehl/Straßburg und Neuburgweier/Lauterburg. Das Gesetz zu diesem Vertrage war in Deutschland nach Billigung durch die gesetzgebenden Körperschaften am 10. Juli 1970 verkündet worden. Damit wurden die Grundlagen für ein bedeutsames deutsch-französisches Gemeinschaftswerk am Rhein geschaffen, das zunächst den Bau zweier Staustufen unterhalb Straßburgs, weiter aber zusätzliche Maßnahmen, vor allem zur Verhinderung der fortschreitenden Erosion und zur Verminderung der Hochwassergefahren, vorsieht (Abb. 1).

Die Bedeutung dieses Vertrages läßt sich in ihrem gesamten Umfange nur gebührend ermessen, wenn man sich die Entwicklung des Oberrheinausbaues von ihren Anfängen an, auch unter politischen Aspekten, vergegenwärtigt und dabei die Vorteile und die nachteiligen Auswirkungen der technischen Maßnahmen berücksichtigt. Diese Entwicklung ist in folgende Hauptabschnitte zu gliedern:

1. die Rheinkorrektion durch Oberst Tulla im 19. Jahrhundert,

2. die Rheinregulierungen zwischen Sondernheim/Mannheim und Kehl/Straßburg sowie zwischen Kehl/Straßburg und Istein in der ersten Hälfte des 20. Jahrhunderts,

3. der Bau des Rheinseitenkanals zwischen Basel und Breisach,

4. der Rheinausbau Breisach—Straßburg mittels der sogenannten „Schlingenlösung",

5. die vorgesehene Stauregelung des Rheins unterhalb Straßburgs.

Die Rheinkorrektion durch Oberst Tulla im 19. Jahrhundert

Vor der Korrektion hatte der Rhein zwischen Basel und etwa der Mündung der Murg unterhalb von Rastatt den Charakter eines ausgesprochenen Wildstromes (Abb. 2). Der Fluß war in ungezählte Arme gespalten, die ständigen Veränderungen unterworfen waren. Im Jahre 1825 wurden in diesem Abschnitt 2155 Inseln verschiedenster Größe gezählt. Unterhalb der Murgmündung durchfloß der Rhein etwa bis Mannheim die Talaue in teilweise sehr scharf ausgeprägten Mäandern, die ihre Form im Verlaufe größerer Hochwässer mehr oder weniger umgestalteten. Dieser ungebändigte Strom mußte die Entwicklung des Landes hemmen und als Feind der Bewohner der Ufergemeinden angesehen werden. So ist bekannt, daß viele Ufergemeinden durch Hochwässer weitgehend zerstört oder völlig vernichtet wurden, so daß sie von den Bewohnern verlassen und zum Teil an anderen Stellen wieder aufgebaut werden mußten. Als Folge der Überflutungen und des Charakters dieser Rheinlandschaft mit ausgedehnten Sumpfgebieten traten des öfteren Krankheiten in Seuchenform auf, die die Bewohnerzahl dezimierten. Natürlich waren der Schiffs- und der Fährverkehr auf dem Rhein unter diesen Verhältnissen stark behindert. Die staatliche Zersplitterung des deutschen Gebietes am Oberrhein stand einer Verbesserung dieses Zustandes entgegen, bis die Bildung des Landes Baden 1803—1806 das rechtsrheinische Gebiet zwischen Basel und Mannheim unter eine einheitliche staatliche Hoheit brachte. Die Leitung des gesamten Wasser- und Straßenbaues in diesem Lande wurde dem badischen Ingenieur und Obersten Johann Gottfried Tulla übertragen. Diesem gelang es, allen Widerständen zum Trotz, die beteiligten Staaten für sein Projekt einer umfassenden Korrektion zwischen Basel und der hessischen Grenze zu gewinnen. Die Arbeiten wurden im wesentlichen nach den Plänen Tullas in der Zeit von 1817 bis 1874 durchgeführt (Abb. 3 und 4). Durch die Korrektion des Wildstromabschnittes, d. h. die Zusammenfassung des weit verzweigten Gewässers in ein geschlossenes Flußbett und die starke Einschränkung des oft einige Kilometer breiten Hochwasserabflußgebietes durch Hochwasserdämme, wurden

---

* Wiedergabe eines auf der 34. Hauptversammlung der Hafenbautechnischen Gesellschaft 1971 in Kiel gehaltenen Vortrags.

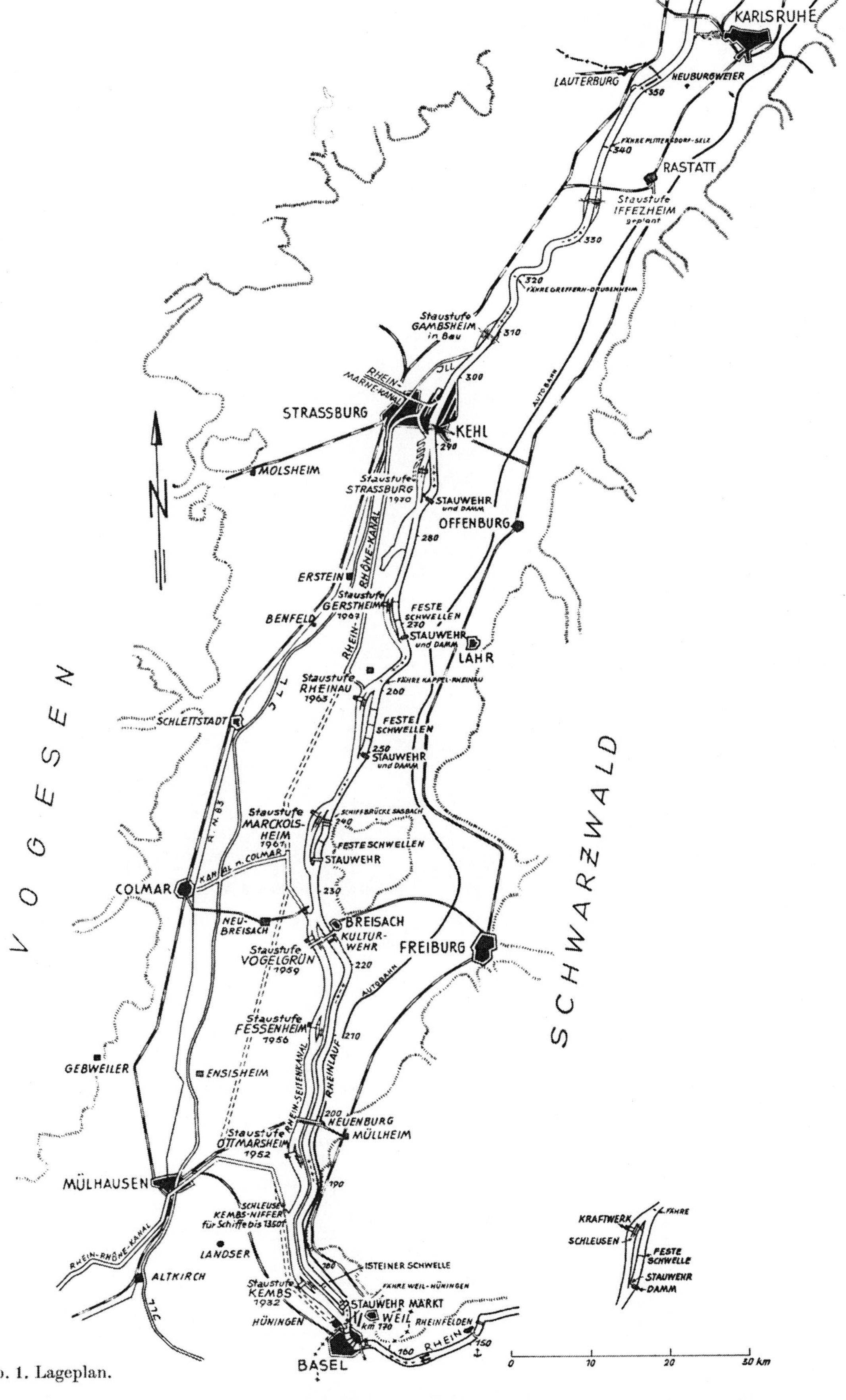

Abb. 1. Lageplan.

die Abflußverhältnisse wesentlich verbessert. Allerdings bewirkte hier die Verkürzung des Rheinlaufes um 14% ein erhöhtes Wasserspiegelgefälle, eine Verringerung der Reibungsverluste zwischen dem Wasser und dem Flußbett und eine Vergrößerung des sogenannten hydraulischen Radius und damit eine Erhöhung der Fließgeschwindigkeiten, die wiederum eine Vergrößerung der Schleppkraft des Wassers zur Folge hatte. Da die Retentionsgebiete durch die Hochwasserdämme weitgehend abgeschnitten wurden, mußten sich die Hochwasserstände im neuen Abflußquerschnitt erhöhen, wodurch die Schleppkraft zusätzlich vergrößert wurde. Hierdurch wurde die Tiefenerosion erheblich verstärkt. So kam es zu einer erosionsbedingten Eintiefung der Rheinsohle und damit zur Absenkung der Wasserstände, die zwischen Kembs und Rheinweiler 6 bis 7 m im Maximum erreicht und anschließend stromabwärts stetig abnimmt. Auf dem 47 km langen Abschnitt zwischen der Isteiner Schwelle, einer Felsstrecke etwa 10 km nördlich von Basel, und Breisach sind daher durch die entsprechenden Absenkungen der Grundwasserstände in der Rheinniederung Vegetationsschäden aufgetreten.

Abb. 2. Rheinlandschaft bei Istein im 18. Jahrhundert (Gemälde von Peter Birmann, 1758—1844).

  Auf der Mäanderstrecke zwischen der Murgmündung und Mannheim verursachte die Korrektion infolge des Abschneidens zahlreicher Flußkrümmungen eine Laufverkürzung um rund 37%. Hier fiel aber die Veränderung der Abflußverhältnisse nicht so entscheidend ins Gewicht, da schon vor dem Ausbau ein geschlossenes Flußbett vorhanden gewesen war. So blieb trotz der erheblichen Gefällserhöhungen in diesem Abschnitt die Tiefenerosion verhältnismäßig gering.

  Die Tulla'sche Rheinkorrektion ist wegen ihrer Erosionswirkung im südlichen Abschnitt des öfteren auf Kritik gestoßen. Es muß jedoch festgestellt werden, daß die geschilderten unhaltbaren Zustände vor dem Beginn der Arbeiten nur durch eine Korrektion zu beseitigen waren, die in jedem Falle, auch bei weniger ausgeprägten Maßnahmen, zu einer Tiefenerosion im Abschnitt südlich Breisachs führen mußte. Die Korrektion erlaubte eine gesunde, zunehmende Besiedlung; Handel und Gewerbe blühten auf. Die Schiffahrt konnte einen bedeutenden Aufschwung nehmen; Mannheim entwickelte sich zum bedeutendsten Hafen am Oberrhein.

  Tulla selbst konnte die Vollendung seines Werkes nicht erleben, da er im Alter von 58 Jahren starb. Seine Verdienste sind unbestritten, und im Jahre 1970 wurde der Wiederkehr seines 200. Geburtstages in Karlsruhe feierlich gedacht. Alle folgenden Maßnahmen zur Verbesserung der Schiffahrtsbedingungen und zur Kraftnutzung sind ohne sein Werk undenkbar.

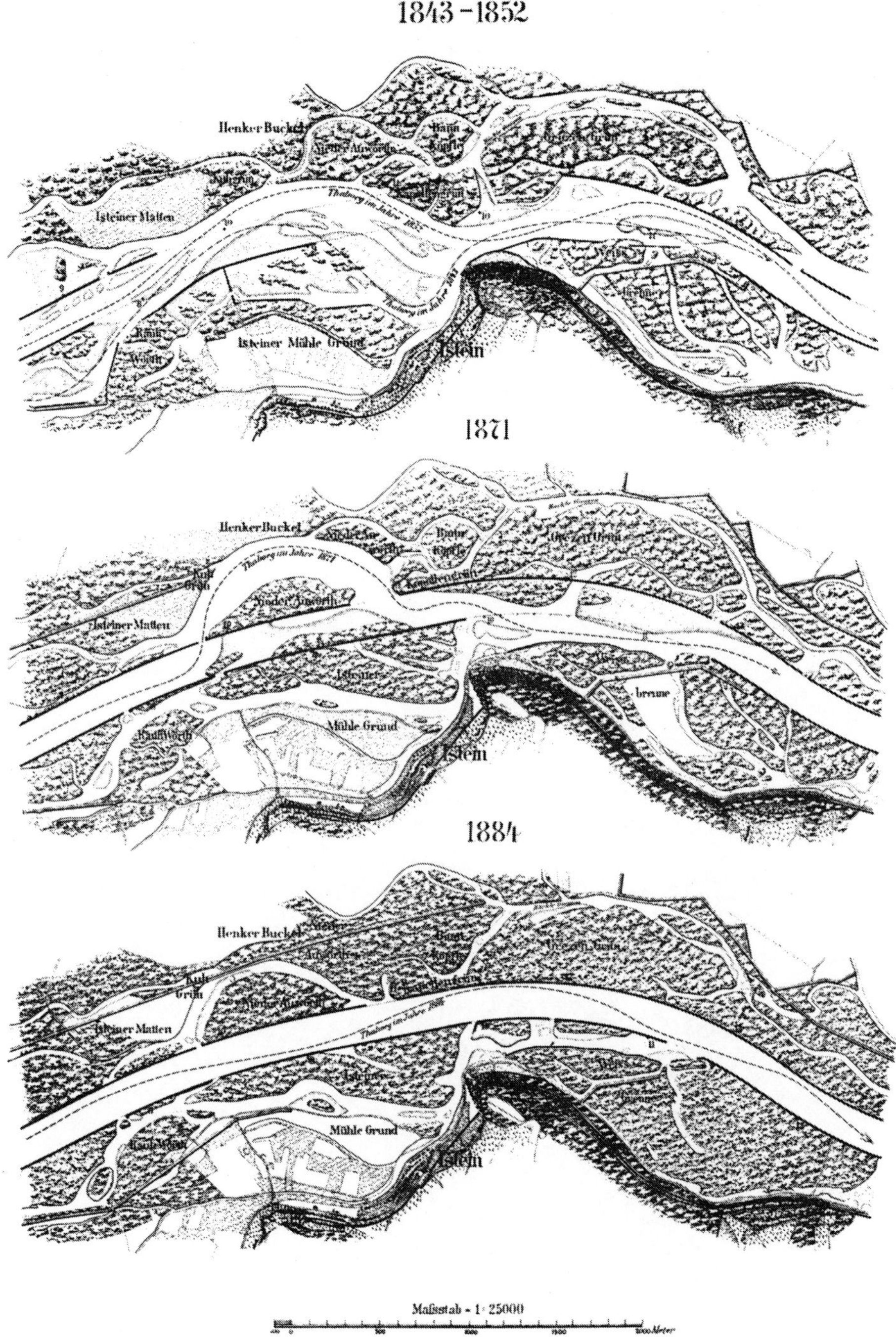

Abb. 3. Rheinkorrektion bei Istein.

Die Rheinregulierung zwischen Sondernheim/Mannheim und Kehl/Straßburg sowie zwischen Kehl/Straßburg und Istein in der ersten Hälfte des 20. Jahrhunderts

Mit dem Aufkommen der Dampfschiffahrt war die Voraussetzung zur Entwicklung der Groß-schiffahrt gegeben, und es ist verständlich, daß auch die Länder am Oberrhein einen leistungs-fähigen Wasserstraßenanschluß zum Meer erstrebten. Dies bedingte jedoch eine weitere Verbesse-rung des Rheins als Wasserstraße, da die Schiffahrt auch nach der Rheinkorrektion wegen der unsicheren Lage und Tiefe der Schiffahrtsrinne mit Schwierigkeiten zu kämpfen hatte, so daß große Rheinschiffe auf dem Oberrhein südlich von Mannheim nicht verkehren konnten. So entschied sich um die Wende des 19. und 20. Jahrhunderts der badische Oberbaudirektor H o n s e l l — einer der Nachfolger Tullas — gegen die Ausführung von Seitenkanalplänen und zur Regulierung des Abschnittes Sondernheim—Kehl/Straßburg. Durch Einbau von Buhnen wurde

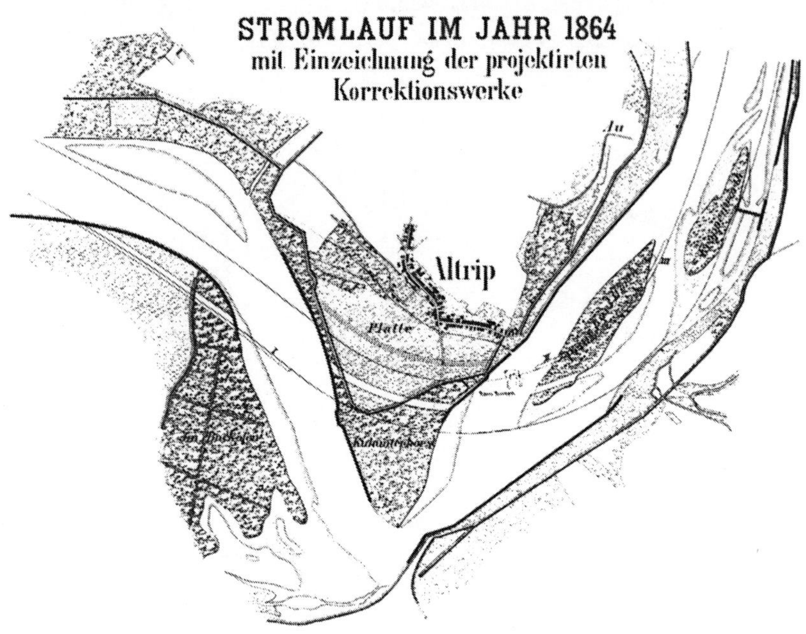

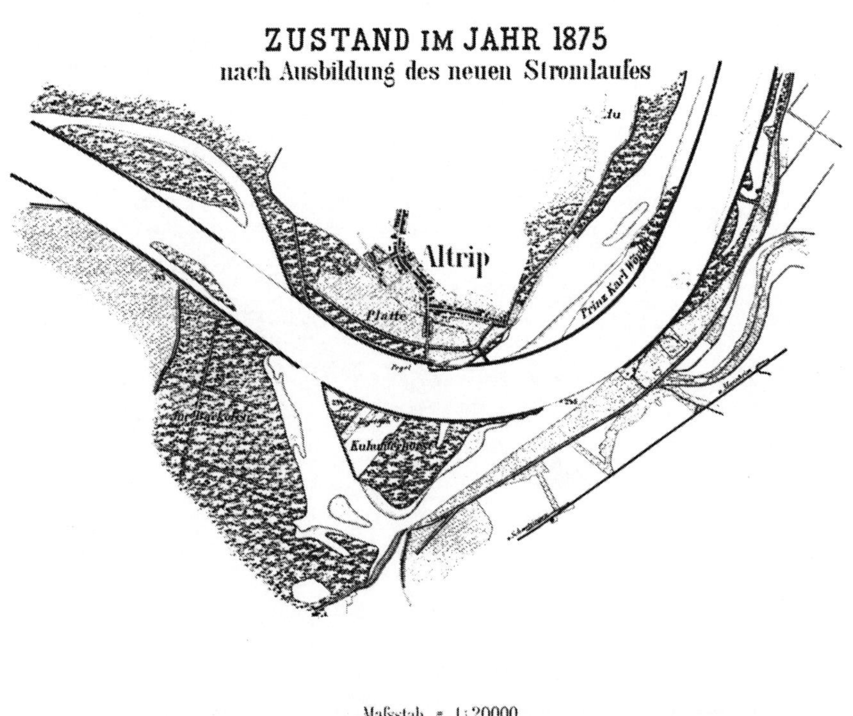

Abb. 4. Rheinkorrektion bei Altrip.

die Schaffung und Erhaltung einer Niederwasserrinne angestrebt, die der Schiffahrt an 318 Tagen im Jahr eine Wassertiefe von 2,0 m und eine Fahrwasserbreite von 98 m bis zur Murgmündung und von 88 m Breite zwischen der Murgmündung und Straßburg gewährleisten sollte. Bevor es möglich war, mit den Bauarbeiten zu beginnen, fanden schwierige Verhandlungen zwischen den Regierungen der Länder Baden, Bayern und Elsaß-Lothringen statt, die schließlich im Jahre 1901 zum Abschluß der „Übereinkunft über die Regulierung des Rheins zwischen Sondernheim und Straßburg" führten. Mit den Bauarbeiten wurde im Jahre 1907 begonnen. Durch die Kriegsereignisse und Folgen des 1. Weltkrieges zog sich der Abschluß der Arbeiten hinaus; im Jahre 1924 aber wurden schließlich die letzten Bauwerke den Uferstaaten übergeben. Zwischen 1924 und 1930 folgte die notwendig gewordene Regulierung des Abschnittes Sondernheim—Mannheim.

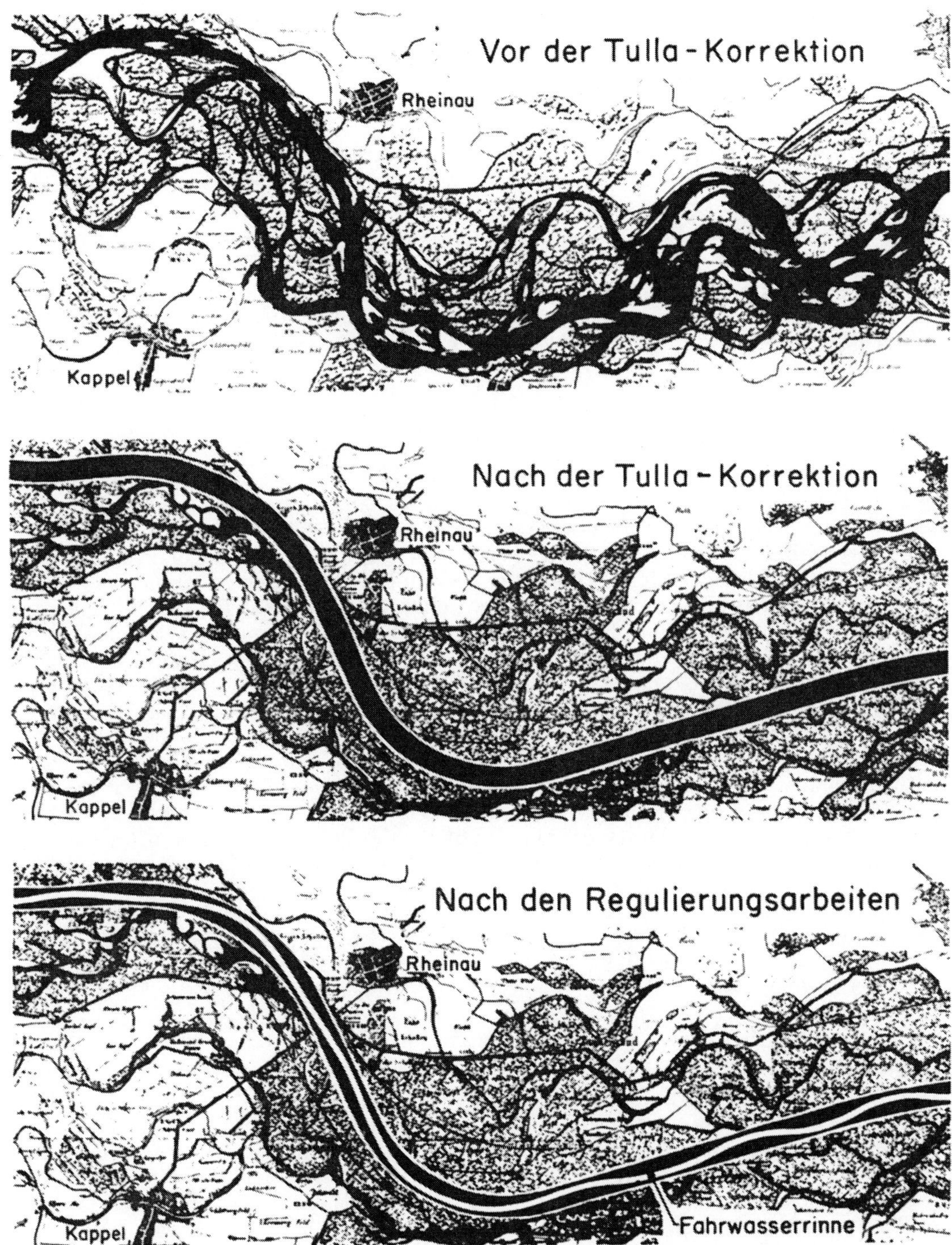

Abb. 5. Rheinlauf bei Kappel vor und nach der Korrektion und nach der Regulierung.

Der Güterverkehr auf dem Rhein zwischen Basel und Straßburg, der maximal etwa 2500 t/Jahr betragen hatte, kam um die Mitte des 19. Jahrhunderts zum Erliegen. Erst um die Jahrhundertwende wurden Pläne ernsthaft diskutiert, die zu einer Wiederaufnahme des Schiffsverkehrs auf diesem Abschnitt führen sollten. Erst nach dem Erfolg der Regulierung auf dem Abschnitt Sondernheim—Straßburg jedoch befreundete man sich in der Schweiz mit dem Gedanken einer Regulierung zwischen Straßburg und Basel, während Baden damals einer Kanalisierung, Elsaß-Lothringen einer Seitenkanallösung zur Kraftgewinnung den Vorzug gab. Der Ausgang des 1. Weltkrieges und die diesbezüglichen Bestimmungen des Versailler Vertrages veränderten die Situation am Oberrhein in mancher Hinsicht. Durch einen Beschluß der Zentralkommission für die Rheinschiffahrt vom Jahre 1925 erhielt die Schweiz die Genehmigung zur beantragten Ausführung der Rheinregulierung zwischen Straßburg/Kehl und Istein. Gleichzeitig genehmigte jedoch die Zentralkommission einen französischen Entwurf für einen Seitenkanal von Kembs bis Straßburg.

Im Jahre 1929 wurde zwischen der Schweiz und Deutschland ein Staatsvertrag über die Regulierung des Rheins zwischen Straßburg/Kehl und Istein abgeschlossen. Die Bauarbeiten liefen im Spätjahr 1930 an. An den Kosten beteiligte sich die Schweiz zu 60%; die Restsumme entfiel auf Deutschland. In dem genannten Staatsvertrag bekundeten die beiden Regierungen auch ihren Willen, im Zusammenhang mit der Regulierung Straßburg/Kehl—Istein die Ausführung des Großschiffahrtsweges von Basel bis zum Bodensee anzustreben.

Die Regulierungsarbeiten, die durch den 2. Weltkrieg gehemmt und schließlich unterbrochen wurden, fanden erst im Jahre 1956 ihren Abschluß (Abb. 5).

Die Regulierungen gaben der Großschiffahrt die Möglichkeit, zunächst bis Straßburg/Kehl und anschließend bis Basel ganzjährig zu verkehren. Die Rheinschiffahrt nahm auf diesem Abschnitt einen erheblichen Aufschwung; die Voraussetzungen für die Entwicklung der hier gelegenen Häfen waren geschaffen.

Der Rheinseitenkanal

Durch den Artikel 358 des Versailler Friedensvertrages erhielt Frankreich das Recht, Wasser zur Speisung von Schiffahrts- und Bewässerungskanälen oder für andere Zwecke dem Rhein im Grenzabschnitt zu entnehmen. Frankreich legte daher der Zentralkommission für die Rheinschiffahrt den Entwurf eines Seitenkanals zwischen Hüningen, nördlich von Basel, und Straßburg vor. Dieser Grand Canal d'Alsace sollte 8 Stufen erhalten und der Energieerzeugung dienen. Im Jahre 1922 genehmigte die Zentralkommission das erste Teilstück dieses Kanals, die 6 km lange Kanalhaltung Kembs. Deutschland stimmte diesem Beschluß zu, da die Umgehung der Isteiner Schwelle aus schiffahrtstechnischen Gründen berechtigt erschien. Durch die Stufe Kembs, 5 km unterhalb der deutsch-schweizerischen Grenze, wurde die Ableitung von bis zu 1200 m³/s Wasser aus dem Rhein bewirkt. Der Kanal, der das Kraftwerk speist, hat mit 80 m Sohlenbreite, 12 m Wassertiefe und 152 m Wasserspiegelbreite einen beachtlichen Querschnitt (Abb. 6). Neben dem Kraftwerk wurden zwei Schiffahrtsschleusen von 100 bzw. 185 m Länge gebaut. Die Stufe Kembs wurde 1932 in Betrieb genommen. Das Kraftwerk vermag eine Jahresarbeit von 840 Mio. kWh zu liefern. Da der Energieabsatz Anfang der dreißiger Jahre schwierig war, setzte Frankreich die Arbeiten am Seitenkanal, trotz der vorliegenden Genehmigung durch die Zentralkommission, nicht fort. Dafür kamen jedoch die schon geschilderten Regulierungsarbeiten Straßburg/Kehl—Istein, an das Unterwasser der Stauhaltung Kembs anschließend, in Gang. Erst der wachsende Energiebedarf nach dem 2. Weltkriege veranlaßte Frankreich zum Weiterbau des Rheinseitenkanals. Die Stufen Ottmarsheim, Fessenheim und Vogelgrün (Abb. 7 u. 8) wurden in den Jahren 1952, 1957 bzw. 1959 in Betrieb genommen. Jede Stufe ist mit zwei Schiffahrtsschleusen von je 185 m Länge ausgestattet. Die vier Kraftwerke des Seitenkanals — einschließlich Kembs — erzeugen im Jahr 3,5 Mrd. kWh.

Da die Wasserführung im Rhein an bis zu 250 Tagen im Jahr kleiner als die zulässige Wasserentnahme in den Seitenkanal (1200 m³/s) ist, verbliebe dem Rhein an diesen Tagen theoretisch kein Wasser. Allerdings beließ Frankreich 30 bis 50 m³/s, bei niedriger Wasserführung etwa 10 m³/s im alten Rheinbett, eine sehr geringe Wassermenge, die das Absinken der Wasserstände im Rhein um im Mittel 2 bis 3 m nicht verhindern konnte. Die Grundwasserstände sanken in diesem Gebiet entsprechend. Da zwischen Istein und Breisach eine bereits erwähnte Grundwasserspiegelsenkung infolge der Erosion im Zusammenhang mit der Tulla'schen Korrektion stattgefunden hatte, wirkte sich die erneute Grundwassersenkung nicht so einschneidend aus, wie sie sich im Raum Breisach—Straßburg hätte auswirken müssen, wo der Zusammenhang zwischen Grundwasser und Vegetation noch nicht zerstört worden war. Die geplante Weiterführung des Kanals bis Straßburg hätte unermeßliche Folgen für die gesamte Wasser- und Forstwirtschaft sowie für die Fischerei in der Rheinebene bis zum Fuße des Schwarzwaldes gehabt. Die verkehrswirtschaftlichen Nachteile des Seitenkanals durch das Abziehen der Schiffahrt vom deutschen Rheinufer weg hätten sich bis Straßburg/Kehl fortgesetzt, wodurch das Schicksal des Hafens Breisach und der zahlreichen Verladestellen örtlicher Bedeutung besiegelt und die industrielle Entwicklung dieses Raumes durch Entzug des Vorfluters unmöglich gemacht worden wäre. Es ist daher verständlich, daß die Öffentlichkeit wegen

der zu erwartenden erheblichen negativen Auswirkungen des Kanalweiterbaues auf die Wirtschaftsstruktur des Landes schwer beunruhigt war. Der Deutsche Bundestag ersuchte daher im Juli des
Jahres 1954 die Bundesregierung, sich bei den Verhandlungen mit der französischen Regierung
für folgende Lösung einzusetzen:

1. Auf der Strecke zwischen Breisach und Straßburg werden die Kraftwerke im bisherigen Lauf
des Rheins errichtet; von der Anlegung eines Seitenkanals wird abgesehen.

2. Das Verbleiben einer angemessenen Mindestwassermenge im Rheinbett wird festgelegt.

3. Die Wasserentnahme aus dem Rhein zum Zwecke der Bewässerung der Oberrheinlandschaft
wird ermöglicht.

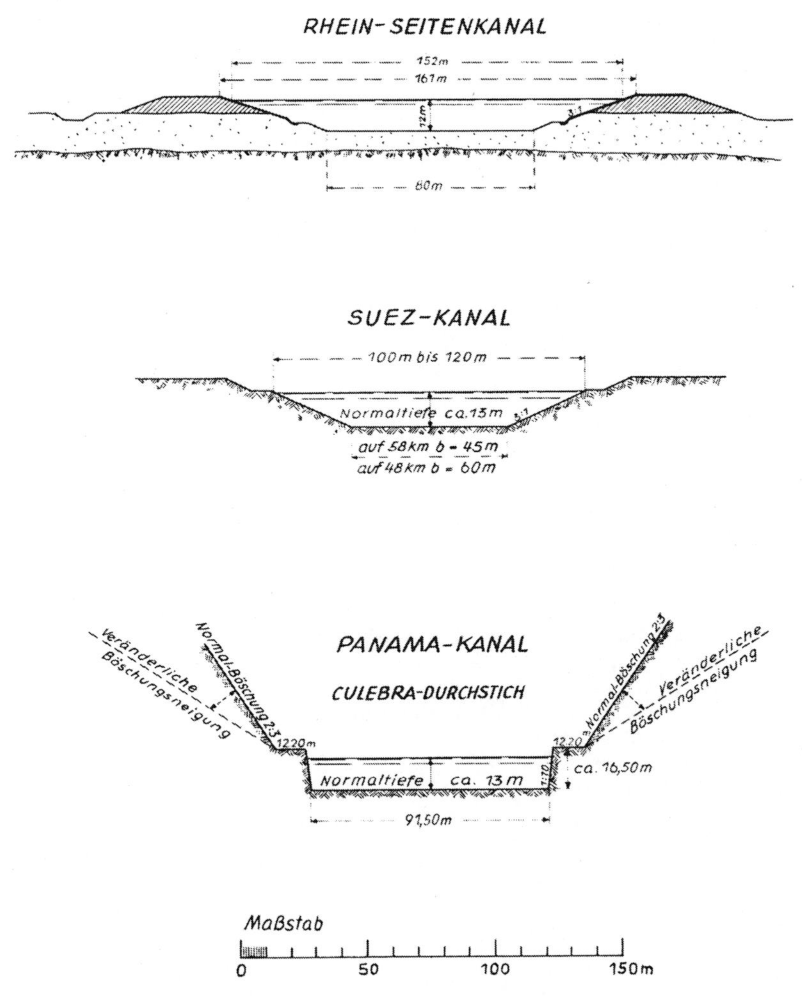

Abb. 6. Querschnitt des Rheinseitenkanals, Vergleich mit Suez- und Panamakanal.

Aber schon im Frühjahr 1954 hatte die französische Delegation in der Zentralkommission für die
Rheinschiffahrt einen Abänderungsentwurf zum Seitenkanalplan eingereicht, der anstelle von fünf
Haltungen zwischen Fessenheim und Straßburg nur vier von entsprechend größerer Länge vorsah.
Die geschilderten Folgen des Seitenkanals wären dadurch nicht vermieden worden.

Eingehende Untersuchungen der Landesbehörden über die Auswirkungen des Seitenkanals und
ein Gutachten von Professor Dr. Wittmann, Karlsruhe, über die Möglichkeiten eines konstruktiven Gegenvorschlages zum Seitenkanal lagen vor, als die Bundesregierung auf der Pariser Kon-
ferenz im Oktober 1954 Gelegenheit hatte, ihren Befürchtungen Ausdruck zu verleihen. Deutsch-
französische Sachverständigenbesprechungen und weitere Verhandlungen zwischen den Regierungsvertretern folgten. Die französische Delegation bei der Zentralkommission für die Rheinschiffahrt zog zu dieser Zeit ihren Abänderungsvorschlag zum Seitenkanalplan zurück. Ab Novem-

Abb. 7. Luftaufnahme des Kraftwerks und der Schleuse Vogelgrün sowie des Kulturwehres Breisach
(Freigegeben durch das Innenministerium Nordrhein-Westfalen Nr. 18/28/470 und 18/28/471).

Abb. 8. Luftaufnahme des Rheinseitenkanals.

ber 1955 befaßte sich eine deutsch-französische Studienkommission mit den anstehenden Problemen. Die deutsche Delegation dieser Kommission strebte eine Lösung an, die das Rheinwasser kurzen Teilkanalstücken zuleitet, aber jeweils dem Rheinbett wieder zuführt und im Laufe der Verhandlungen die Bezeichnung „Schlingenlösung" erhielt. Die französische Delegation dagegen sprach sich weiterhin für die Seitenkanallösung aus, gestand jedoch den Bau von Einrichtungen zur Wasserstandshebung im alten Rheinbett zu.

Die Schlingenlösung

Im Juni 1956 kam in Luxemburg schließlich im Zusammenhang mit der Rückgliederung des Saarlandes und der Moselkanalisierung eine Vereinbarung der Regierungschefs über die Wahl der Schlingenlösung im Abschnitt Breisach–Straßburg unter bestimmten Bedingungen zustande. Am 27. Oktober 1956 unterzeichneten in Luxemburg die beiden Außenminister den diesbezüglichen Vertrag über den Ausbau des Oberrheins zwischen Basel und Straßburg. Damit verzichtete Frankreich auf die Durchführung seines ursprünglichen Planes, und von der geplanten Gesamtlänge

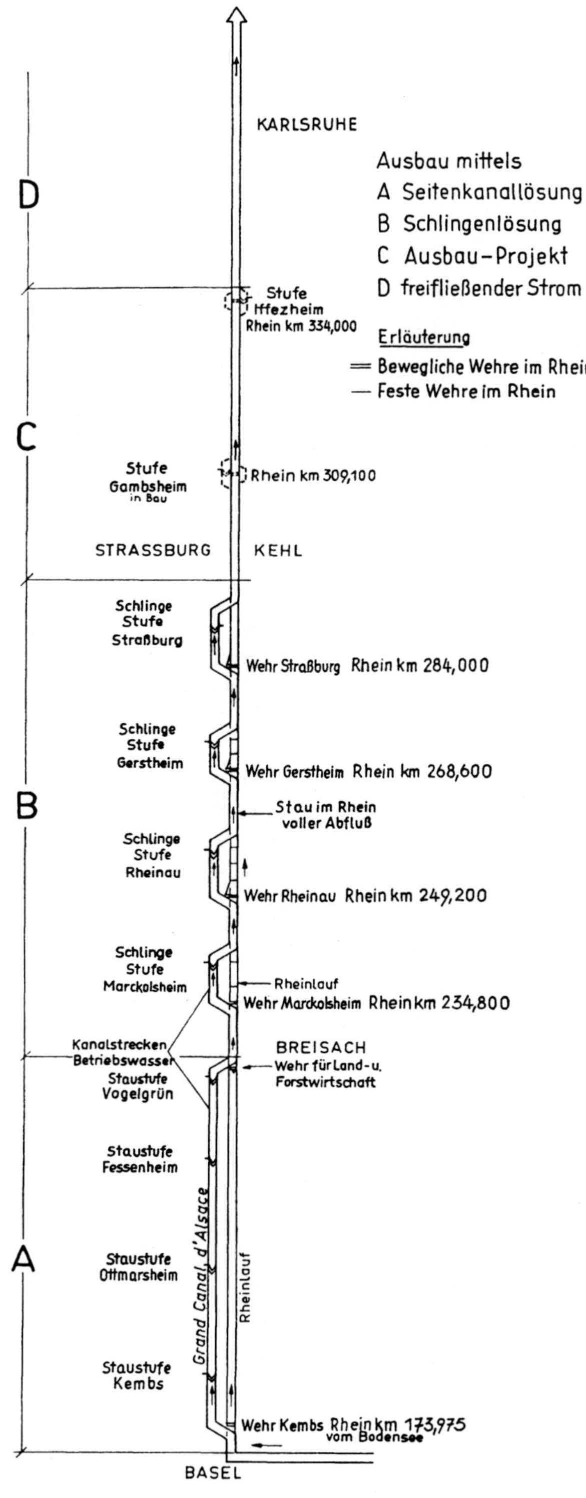

Abb. 9. Übersichtsschema zum Ausbau des Oberrheins.

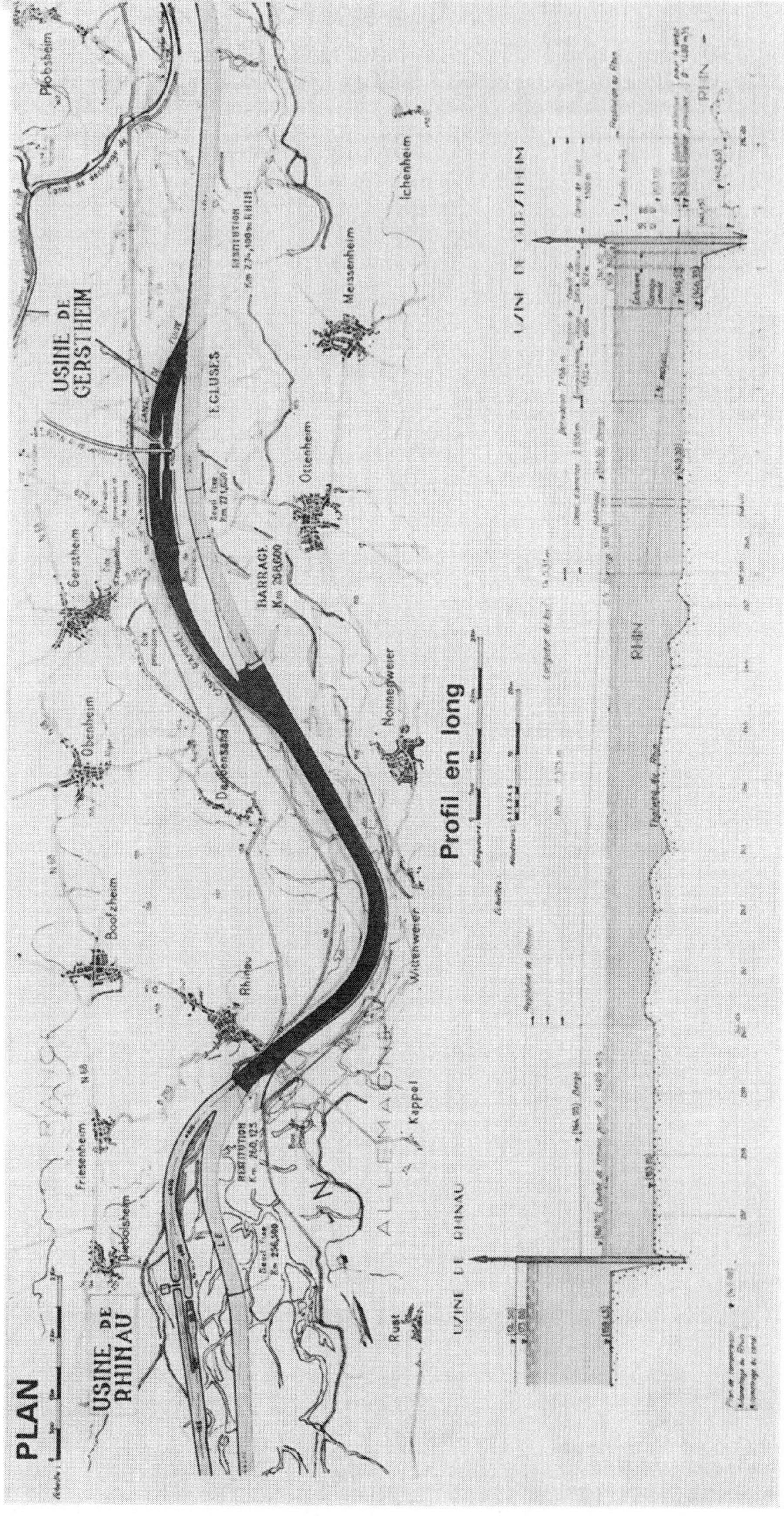

Abb. 10. Lageplan und Längsschnitt der Stauhaltung Gerstheim.

eines 118 km langen Seitenkanals zwischen Kembs und Straßburg entfallen jetzt 65 km auf die Teilkanallösung in einem Abschnitt, für den besonders starke Nachteile zu erwarten gewesen wären (Abb. 9). In diesem Abschnitt wurden vertragsgemäß von Frankreich die vier Staustufen Marckolsheim, Rheinau, Gerstheim und Straßburg gebaut; die letzte konnte im vorigen Jahre in Betrieb genommen werden (Abb. 10 und 11). Anstelle der Fortsetzung des durchgehenden Seitenkanals wurden im Rheinbett Stauwehre und in kurzen Seitenkanälen, die jeweils oberhalb des Wehres abzweigen und in den Rhein zurückgeführt werden, Kraftwerke und Schleusen gebaut. Unterhalb jedes Wehres verblieben Reststrecken des alten Rheines, denen je nach Wasserführung bis zu 1400 m³/s zur Speisung der Kraftwerke entzogen wird. Der Artikel 8 des Vertrages bestimmt daher, daß nach Inbetriebnahme jeder Ableitung im Rheinbett unterhalb des Hauptwehres feste Schwel-

Abb. 11. Luftaufnahme der Schlingen Marckolsheim und Rheinau.

len gebaut werden, um den Wasserstand im Mittel im Längsschnitt zwischen zwei aufeinanderfolgenden Schwellen auf seiner früheren Höhe zu halten. Soweit feste Schwellen ihren Zweck nicht erfüllen, können auch andere geeignete Bauwerke, z. B. bewegliche Wehre, errichtet werden. Im Bereich der Stufe Straßburg steht der Bau der Schwellen noch aus. Hier wird zur Zeit die Möglichkeit untersucht, mit Hilfe eines zu errichtenden beweglichen Wehres Hochwasserrückhalteraum zu schaffen.

In Artikel 9 des Vertrages werden Mindestwassermengen sowohl im Flußbett zwischen Wehr Kembs und Breisach, also längs des Seitenkanals, als auch in den Rheinstrecken längs der Teilseitenkanäle festgesetzt. Die Bundesrepublik hat das Recht, bestimmte Wassermengen zu Bewässerungszwecken und zur industriellen Nutzung zu entnehmen.

Es ist erfreulich, festzustellen, daß der Vertrag den Forderungen des Deutschen Bundestages vom Jahre 1954 weitgehend gerecht wird. Als Vorteile der sogenannten „Schlingenlösung" sind herauszuheben:

1. Gegen eine schädliche Grundwasserabsenkung wird Vorsorge getroffen.

2. Der gewerblichen Wirtschaft werden die Rheinufer zur Ansiedlung erhalten.

3. Der Rheinschiffahrt steht weiterhin auch das deutsche Ufer zur Verfügung; der Hafen Breisach kann angelaufen werden.

Frankreich trägt die Kosten für den gesamten Rheinausbau einschließlich der durch die Schlingenlösung verursachten Mehrkosten; dafür hat es das ausschließliche Recht auf die erzeugte Energie. Der Bundesrepublik obliegt jedoch der Bau von einem oder von zwei Landeskulturwehren im Rhein oberhalb von Breisach.

Mit dem eigentlichen Rheinausbau sind wasserwirtschaftliche Folgemaßnahmen großen Ausmaßes verbunden. Die Vertragsstaaten haben deren Bau und Finanzierung jeweils auf ihrem Hoheitsgebiet übernommen. So wurde im Juni 1965 das Landeskulturwehr Breisach in Betrieb genommen. Seine Wirkung auf die Grundwasserstände wird laufend untersucht. Neben dem Wehr wurde eine Schiffsschleuse für 1000-t-Schiffe errichtet. Außer der Aufgabe, den Grundwasservorrat anzureichern, schafft das Wehr auch die Möglichkeit der Hochwasserrückhaltung im Rhein. Über den Bau eines zweiten Wehres soll in nächster Zeit entschieden werden. Aber auch zwischen Breisach und Kehl sind auf dem deutschen Ufer umfangreiche wasserbauliche Ergänzungsmaßnahmen erforderlich, um landeskulturelle Schäden zu vermeiden, die die Kanalisierung mit sich bringen kann. Der Anstau des Rheines bewirkt nämlich, daß sich wegen des Schwebstoffreichstums des Rheinwassers das Flußbett abdichtet, so daß auf großen Strecken die Verbindung zum Grundwasser und damit ein Ausgleich zwischen Fluß- und Grundwasser verloren geht. Ferner bewirkt die Eindämmung eine weitgehende Minderung der Überflutungsflächen in der Rheinniederung, so daß auch hierdurch die Grundwasseranreicherung vom Fluß her verringert wird. Es ist daher zu befürchten, daß trotz der Teilkanallösung das Grundwasser unter den Wurzelbereich absinken würde. Damit wäre auch der ausgedehnte Auwald gefährdet, dessen Bestand unbedingt erhalten werden muß. Als geeignete Gegenmaßnahme bot sich die Erhaltung und Verbindung der zahlreichen Altrheine längs der Stauhaltungen zu durchgehenden Wasserläufen an, die die Funktion der Grundwasserspeisung übernehmen. Zur Speisung dieses weitverzweigten Systems von Wasserläufen muß auch die Möglichkeit der Entnahme von Rheinwasser gegeben sein. Durch Regeliereinrichtungen und mit Hilfe eines Betriebsplanes ist das zur Verfügung stehende Wasser sinnvoll zu verteilen. Abwässer dürfen in diese Wasserläufe nicht eingeleitet werden. Die Arbeiten an den Ergänzungsmaßnahmen sind noch im Gange. So ist alles getan und wird noch alles getan werden, um die nachteiligen Folgen der Stauregelung des Rheins zu beseitigen, den Charakter der Rheinlandschaft zu erhalten und die Interessen der Landeskultur zu wahren.

Der Rheinausbau Gambsheim/Iffezheim

Die Stauregelung des Rheins bis Straßburg macht leider zwingend weitere wasserbauliche Maßnahmen unterhalb Straßburgs erforderlich (Abb. 12). Binnen kurzer Zeit vertieft sich nämlich jeweils unterhalb der letzten Staustufe das Rheinbett in erheblichem Ausmaß. Diese Sohlenerosion ist bedingt durch das Ausbleiben des Geschiebes aus dem Oberlauf; sie hätte mit dem Absinken des Rheinwasserstandes auf immer größer werdende Länge und Tiefe auch eine Absenkung des Grundwasserhorizontes zur Folge. Unterhalb der bisher letzten Staustufe Straßburg ist die Wirkung der Erosion derzeit eindrücklich zu beobachten. Die französische Regierung schlug daher bereits im Jahre 1962 der Bundesregierung vor, einen Ausbau des Rheins zwischen Straßburg und Lauterburg zu erörtern. Die Arbeiten einer deutsch-französischen Kommission führten schließlich zum Abschluß des eingangs genannten Vertrages über den gemeinsamen deutsch-französischen Ausbau des Rheins zwischen Kehl/Straßburg und Neuburgweier/Lauterburg. Dieser Vertrag sieht vor, daß Frankreich eine Staustufe bei Gambsheim, Deutschland eine weitere bei Iffezheim errichtet. Die Bauarbeiten werden gegenseitig weitestgehend abgestimmt. Die Kosten, mit Ausnahme derjenigen für die Kraftwerke und ihre Nebenanlagen, werden für beide Staustufen je zur Hälfte von Frankreich und Deutschland getragen. Die Kosten für Einrichtungen zum Schutz und zur Anpassung des Hafens Kehl trägt die Bundesrepublik, die des Hafens Straßburg die Französische Republik. Jede Vertragspartei trägt ferner die Kosten der schadenverhütenden Einrichtungen in ihrem Hoheitsgebiet. Die Zentralkommission für die Rheinschiffahrt hatte bereits in ihrer Aprilsitzung des Jahres 1969 das Projekt unter bestimmten Bedingungen gebilligt.

Mit dem Bau der beiden genannten Staustufen wird die Kanal- und Teilkanallösung endgültig aufgegeben. Jede Stufe besteht aus einem Querdamm im Strombett, einem beweglichen Wehr neben diesem Damm, einer Schleuse mit zwei Kammern von je 270 m Nutzlänge und 24 m Breite und einem Kraftwerk. Bei Gambsheim werden Schleuse und Kraftwerk auf französischem, bei Iffezheim auf deutschem Ufer liegen. Das Wehr Gambsheim wird 7200 m³/s, das Wehr Iffezheim unter Berücksichtigung der Kinzig-Einmündung 7500 m³/s abführen können. Jedes der beiden Kraftwerke erhält Rohrturbinen mit einer Schluckfähigkeit von insgesamt 1000 bis 1100 m³/s. Die durchschnittliche jährliche Nettostromerzeugung wird im Kraftwerk Gambsheim 595 Mio. kWh, im Kraftwerk Iffezheim 685 Mio. kWh betragen. Während Frankreich den Bau der Staustufe Gambsheim der Electricité de France übertragen hat, wird die Staustufe Iffezheim unter der Lei-

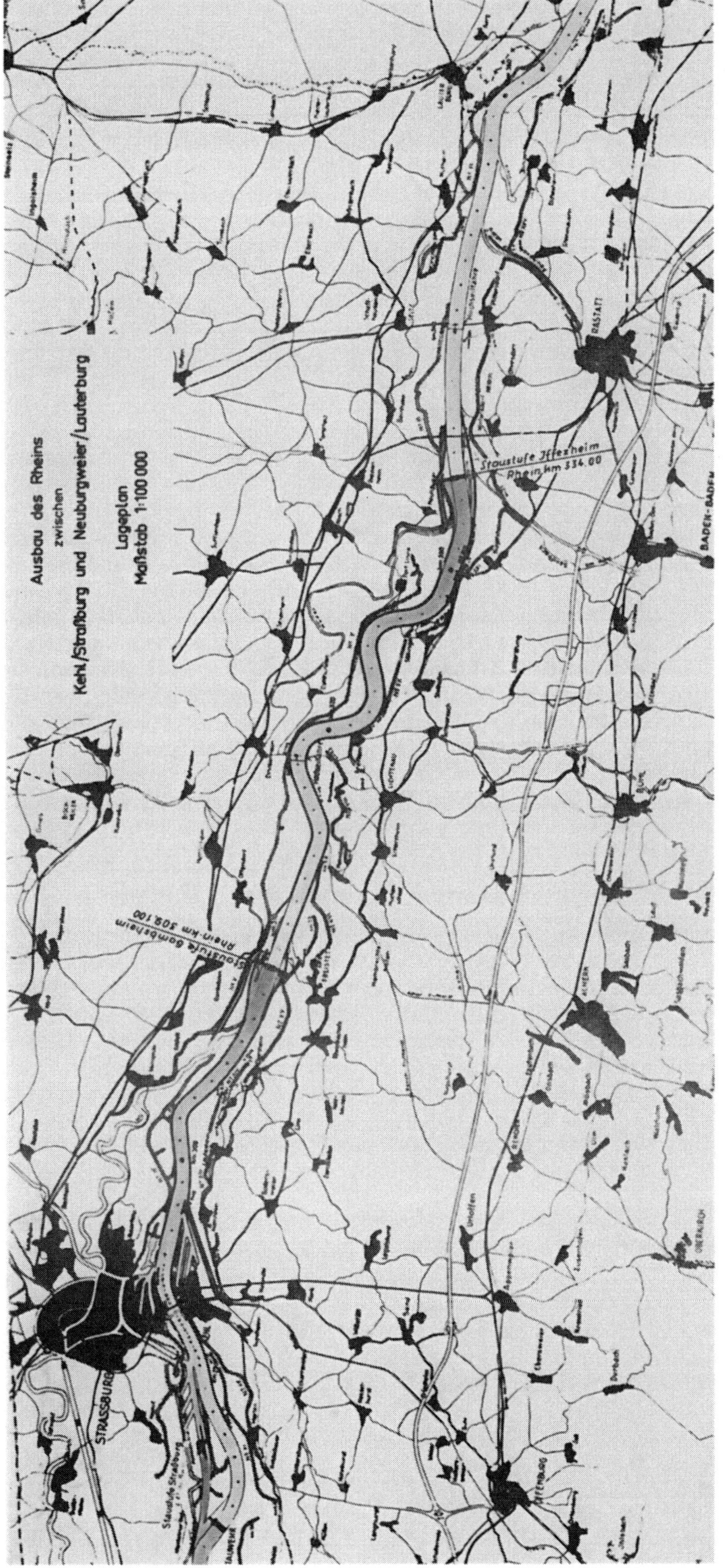

Abb. 12. Lageplan zum Ausbau des Oberrheins unterhalb Straßburgs.

tung der Wasser- und Schiffahrtsdirektion Freiburg und ihres Neubauamtes Oberrhein in Rastatt gebaut werden. Der Bau der Kraftwerke wird zwei neu zu gründenden Gesellschaften übertragen.

Frankreich verzichtet mit dem Vertrage auf das ihm nach dem Versailler Vertrag zustehende Recht, im Grenzabschnitt das Wasser für seine Zwecke allein zu nutzen; statt dessen wird eine hälftige Verfügungsgewalt Deutschlands und Frankreichs über den Wasserschatz und über die zu erzeugende elektrische Energie vereinbart. Die Vertragsparteien werden sich ferner darüber abstimmen, bevor sie Entnahmen von Wasser aus dem Rhein im Bereich der beiden Staustufen gestatten.

Die beiden Vertragspartner haben sich ferner verpflichtet, den Rhein unterhalb der Stufe Iffezheim auszubauen, um der Erosion des Rheinbettes und dem zwangsläufig damit verbundenen Absinken der Wasserstände im Rhein entgegenzutreten und dabei gleichzeitig Fahrwasserverhältnisse zu schaffen, die denen auf dem Rheinabschnitt zwischen Neuburgweier/Lauterburg und St. Goar nach Ausbau dieser Strecke entsprechen. Um dieses Ziel zu erreichen, ist eine Panzerung des Rheinbettes, allgemein mit Sohlenpanzerung bezeichnet, in Erwägung gezogen. Modell- und Großversuche sowie sonstige Untersuchungen sollen die technischen Merkmale einer Panzerschicht, die aus Kiesmaterial bestimmter Korngröße bestehen muß, klären. Diese Schicht muß sowohl den maximalen Schleppkräften des Wassers als auch den Angriffen der Schiffsschrauben standhalten. Zu diesem Zweck sind insbesondere Umfang, Tiefenlage, Stärke und Konsistenz der Panzerschicht zu ermitteln; ferner müssen die Einbaumöglichkeiten und Fragen, die im Zusammenhang mit der Erhaltung der Panzerschicht stehen, geklärt werden. Sollten die von den beiden Vertragspartnern gemeinsam durchgeführten Untersuchungen zeigen, daß das gewünschte Ziel durch eine Sohlenpanzerung nicht erreicht werden kann, so müssen andere geeignete Maßnahmen vereinbart werden.

Die Kosten für eine Sohlenpanzerung unterhalb von Iffezheim hatten die Vertragsparteien auf 90 Mio. DM geschätzt. Leider läßt der Stand der bisher durchgeführten Untersuchungen befürchten, daß 90 Mio. DM für die Einbringung einer zweckmäßigen Panzerschicht nicht ausreichen.

Für die Staustufe Gambsheim sind auf beiden Seiten die Planfeststellungsverfahren sowie Vorarbeiten im Gange. Für die Staustufe Iffezheim werden zur Zeit die Planunterlagen gefertigt.

Zur Durchführung des Vertrages vom 4. Juli 1969 ist vertragsgemäß eine Ständige Kommission aus Delegierten und Sachverständigen der Vertragsparteien gebildet worden. Die Kommission und ihre Ausschüsse haben in ihrer seitherigen Tätigkeit die Grundlagen für eine vertrauensvolle Zusammenarbeit beider Seiten und für ein Gelingen des großen deutsch-französischen Gemeinschaftswerkes geschaffen. Den Umfang dieses Werkes kann man ermessen, wenn man bedenkt, daß die Gesamtbaukosten der im Vertrage vorgesehenen Maßnahmen etwa 1 Mrd. DM betragen werden.

Hochwasserschutzmaßnahmen am Oberrhein

Abschließend ist hinsichtlich der Arbeiten, die einen wirksamen Hochwasserschutz am Oberrhein herbeiführen sollen, folgendes zu sagen: Es ist dargelegt worden, welche Maßnahmen den Oberrhein in den beiden letzten Jahrhunderten vom Wildstrom in einen gebändigten und in einen ausgebauten Fluß gewandelt haben. Bei den Maßnahmen war nicht zu verhindern, daß die natürlichen Überschwemmungsflächen in erheblichem Umfange verringert wurden. Es steht daher heute nur noch ein Teil dieser Flächen der Hochwasserrückhaltung zur Verfügung.

Aus diesem Grunde wurde von Regierungsvertretern Deutschlands, Frankreichs, Österreichs und der Schweiz im Jahre 1968 die Bildung einer „Hochwasser-Studienkommission für den Rhein" beschlossen. Die Kommission, die sich aus technischen Experten der vier Länder zusammensetzt, hat u. a. die Aufgabe, Empfehlungen für Maßnahmen zur Verringerung der Hochwassergefahr zu erarbeiten.

Nach Abschluß der Untersuchungen dieser Kommission sind die Französische Republik und die Bundesrepublik Deutschland gehalten, entsprechend Artikel 9 des deutsch-französischen Vertrages vom 4. Juli 1969 auf der Grundlage der Arbeitsergebnisse der Kommission eine Übereinkunft über die zu treffenden Hochwasserschutzmaßnahmen und über die Aufteilung der hierdurch entstehenden Kosten abzuschließen. Unabhängig davon haben jedoch Frankreich und Deutschland sofort alle Vorkehrungen zu treffen, um durch Maßnahmen betrieblicher Art an den bestehenden Wehren und Kraftwerken des Oberrheins die Hochwasserspitzen abzuflachen.

Zusammenfassung

Der bevorstehende Bau der beiden Rheinstaustufen Gambsheim und Iffezheim ist als zwingende Folge des Oberrheinausbaues zwischen Basel und Straßburg anzusehen. Er dient dem Zweck,

1. die Tiefenerosion unterhalb von Straßburg und Kehl im Interesse der Landeskultur und der Schiffahrt zu verhindern,

2. die oberhalb Straßburgs geschaffenen günstigen Fahrwasserverhältnisse der Schiffahrt auch unterhalb Straßburgs bis Iffezheim zu bieten,

3. das Gefälle des Rheins der Energieerzeugung nutzbar zu machen.

So steht zu hoffen, daß die Verwirklichung dieses großen deutsch-französischen Gemeinschaftsprojektes im Sinne des Vertrages vom 4. Juli 1969 beiden Partnern, insbesondere aber der Bevölkerung auf beiden Seiten des Rheins, zum dauerhaften Segen gereicht.

Schrifttum

1. Bensing, W.: Gewässerkundliche Probleme beim Ausbau des Oberrheins. Gewässerkundliche Mitteilungen 1966, Heft 4.
2. Felkel, K.: Die Erosion des Oberrheins zwischen Basel und Karlsruhe. Wasser—Abwasser 1969, Heft 30.
3. Knäble, K.: Der Ausbau des Rheins zwischen Kehl/Straßburg und Neuburgweier/Lauterburg und der Abschluß des Kraftausbaues zwischen Basel und Kehl. Zeitschrift für Binnenschiffahrt 1969, Heft 10.
4. Knäble, K.: Das Ausbauprojekt Kehl/Straßburg–Neuburgweier/Lauterburg. Strom und See 1970, Heft 7/8.
5. Meistermann, C.: La Convention entre la République Française et la République Fédérale d'Allemagne. Strom und See 1970, Heft 7/8.
6. Raabe, W.: Wasserbau und Landschaftspflege am Oberrhein. Schriftenreihe des Deutschen Rates für Landespflege 1968, Heft 10.
7. Schneider, G.: Zusammenfassende Darstellung der Rheinregulierung Straßburg/Kehl–Istein. Wasser- und Schiffahrtsdirektion Freiburg 1966.
8. Schwarzmann, H.: War die Tulla'sche Oberrheinkorrektion eine Fehlleistung im Hinblick auf ihre Auswirkungen? Die Wasserwirtschaft 1954, Heft 10.
9. Seifert, H.: Die Lösung der Rheinseitenkanalfrage. Die Wasserwirtschaft 1959, Heft 2.
10. Wyss, F.: Der Rheinausbau Strasbourg/Kehl–Lauterburg/Neuburgweier im Gesamtausbau der Rheinwasserstraße. Strom und See 1970, Heft 7/8.

Der Nord-Ostsee-Kanal*

Ausblick aus 75 jähriger Entwicklung: Ausbau und Modernisierung sichern seinen Wert für Seeschiffahrt und Wirtschaftsbelebung

Von Präsident Dipl.-Ing. **Gerd Vogel**, Kiel

Am 20. Juni 1970 beging die Wasser- und Schiffahrtsverwaltung in Kiel den 75. Jahrestag der Verkehrseröffnung des Nord-Ostsee-Kanals. Bei der Jubiläumsfeier im Kieler Schloß erinnerte Bundesminister Georg Leber in seiner Festansprache die zahlreichen Teilnehmer aus dem In- und Ausland an die wechselvolle Geschichte der Schiffahrtsverbindung zwischen dem „mare balticum" und den Weltmeeren. Erst nach langen Auseinandersetzungen über die politische, militärische und wirtschaftliche Zweckmäßigkeit einer solchen Kanalverbindung konnte sich der jahrhundertalte Gedanke eines direkten Kanals für Großschiffahrt von der Ostsee zur Elbe durchsetzen. Die von dem Geheimen Oberbaurat Lentze schon 1864 im Auftrag der Preußischen Regierung entworfene Trasse war für die damaligen Verhältnisse sehr großzügig und weitschauend angelegt. Er hielt einen Durchstich der Cimbrischen Halbinsel auf der Höhe des mittleren Ostseewasserspiegels nach dem damaligen Stand der Technik für ausführbar und verzichtete auf die verkehrsbehindernden Auf- und Abstiegsschleusen. In Linienführung, Längsschnitt und Abmessungen war der Nord-Ostsee-Kanal daher gegenüber seinem Vorläufer, dem von der Dänischen Regierung 1777 bis 1784 gebauten Eiderkanal von Kiel-Holtenau nach Rendsburg, von vornherein ein gewaltiger Fortschritt. Wie notwendig diese großzügige Planung uns heute erscheint, die wir die Entwicklung der Handels- schiffahrt und des Güterverkehrs erlebt haben, konnte man beim Entschluß zum Bau des Kanals nicht wissen. Um so mehr muß man daran erinnern, daß die Grundlage für den von Bismarck im Jahre 1885 vorgelegten Entwurf eines „Gesetzes für die Herstellung eines Nord-Ostsee-Kanals" die wirtschaftlichen Überlegungen des Hamburger Reeders Hermann Dahlström und des Kieler Kaufmanns August Sartori waren, die sich in Dahlströms Denkschrift über „Die Ertrags- fähigkeit eines schleswig-holsteinischen Schiffahrtskanals" widerspiegelten — nicht etwa strate- gisch-militärische Gedanken der von Danzig nach Kiel verlegten Marinestation. Zu den verdienst- vollen Planern und Erbauern des Kanals gehören der Geheime Oberbaurat Otto Baensch im Preußischen Ministerium und der Leiter der Kaiserlichen Kanalkommission, Geheimer Regierungs- rat Carl Loewe und Geheimer Baurat J. Fülscher. Keiner von ihnen hätte aber damals die Be- deutung des Kanals für den internationalen Seeschiffsverkehr und die Entwicklung der Wirtschaft an seinen Ufern vorausahnen können! Man stand ja vor 100 Jahren noch in der durch den Übergang vom Segelschiff zum Frachtdampfer gekennzeichneten Strukturwandlung der Schiffahrt und lange vor dem Aufschwung der Technik, der sich mit Dieselmotor und Turbine, mit Funktechnik, Ortung und Automation erst in den vergangenen Jahrzehnten entwickelte und der Seeschiffahrt die Mög- lichkeiten zur Bewältigung eines ständig steigenden Güteraustausches gab. Daß sich der Nord- Ostsee-Kanal dieser Entwicklung in allen Phasen ausgezeichnet anpaßte, hat die internationale Seeschiffahrt in 7 Jahrzehnten trotz vieler Erschwerungen in Weltkriegen und Wirtschaftskrisen durch rege Benutzung anerkannt.

Beginn vor 75 Jahren

Die Planung des Nord-Ostsee-Kanals ging mit einem Kanalquerschnitt von 413 m² erheblich über die Abmessungen des Suez-Kanals mit 304 m² und des Amsterdamer Seekanals mit 367 m² Querschnittsfläche hinaus. Er gestattete mit 22 m Sohlenbreite und 8,5 m Tiefe zwei Schiffen von 6,5 m Tiefgang und 12 m Breite ein vorsichtiges Begegnen. Größere Schiffe konnten zum Begegnen die sieben Ausweichstellen von 450 m Länge benutzen. Die in Brunsbüttel und Holtenau vorgesehe- nen Doppelschleusen von 150 m Länge, 25 m Breite und 10 m Drempeltiefe boten nach damaliger Ansicht einen genügenden Spielraum für die weitere Entwicklung, ebenso wie das Maß für die lichte Durchfahrtshöhe der Brücken mit 42 m.

---

* Wiedergabe eines auf der 34. Hauptversammlung der Hafenbautechnischen Gesellschaft 1971 in Kiel gehaltenen Vortrags.

Planung und Bau einer Seeschiffahrtsstraße von internationaler Bedeutung war für das Deutsche Reich eine Bestätigung seiner Anerkennung als Schiffahrtsnation und die Dokumentation einer Gemeinschaftsleistung der erst zwei Jahrzehnte vorher geeinten deutschen Länder. Für die Verhältnisse des ausgehenden 19. Jahrhunderts hatte der Kanalbau gewaltige Ausmaße: 82 Mio. m³ Erdaushub mußten in den 7 Baujahren bewegt werden. 56 Bagger, 90 Lokomotiven und 2500 Kippwagen brachten die Bauunternehmer aus ganz Deutschland zusammen. Die Arbeiterzahl stieg während der Bauzeit von 3000 Mann im Jahre 1888 bis auf 8900 Mann im Jahre 1892 an und damit auch die Probleme der Unterbringung und der Versorgung. Auf der Strecke von 100 km waren rd. 340 Angestellte der Bauleitung eingesetzt.

Was bedeutete es für die damaligen Baugeräte, daß zum Beispiel im Grünenthaler Einschnitt ein Profil von 2900 m² Fläche ausgehoben werden mußte, d. h. fast 3000 m³ Boden oder 1000 Feldbahnwagen von 3 m³ Inhalt auf einen laufenden Meter Kanal! Dazu kamen erhebliche technische Schwierigkeiten aus dem Baugrund gerade an dieser Stelle. Sie führten im Juni 1894 noch kurz vor Schluß der Arbeiten zu einer größeren Rutschung auf der Südseite der Kanalbaugrube, die das bereits hergestellte Ufer 9 m in das Kanalprofil vorschob. Wenige Monate später, im September 1894, riß eine neue Rutschung auf der Nordseite das Ufer auf 430 m Länge auf.

Mit technischer Phantasie wandten die Ingenieure für die damalige Zeit völlig neue Bauverfahren an, die für uns heute keine Besonderheit mehr darstellen: Auf der Weststrecke im Bereich der Niederung von Kudensee verdrängte man zur Herstellung der Kanalseitendämme über 2 Mio. m³ Moorboden durch Aufschüttung tragfähigen Sandes — ein heute beim Bau von Autobahnen durch Moorniederungen oft angewendetes Bauverfahren.

Zwei der Brücken aus dieser Zeit — die beiden Hochbrücken bei Grünenthal und Levensau — sind heute noch in Benutzung. Beide überführen auch heute noch die Gleise der Eisenbahn. Die Baukosten für den Kanalbau betrugen 156 Mio. Mark, 14,8 Mio. Tagewerke leisteten die Arbeiter der Unternehmer.

Die neue Schiffahrtsstraße zog von Anfang an einen erheblich höheren Verkehr an, als bei der Planung vorausgesetzt worden war. Ihr Vorgänger, der alte Eiderkanal, hatte in seinem besten Jahr 1872 nicht mehr als 5200 Schiffe gesehen, während den Nord-Ostsee-Kanal schon im ersten Jahr seines Bestehens 1896 über 20 000 Schiffe mit insgesamt 1,75 Mio. Nettoregistertonnen durchfuhren. Die Grenze der Leistungsfähigkeit des Kanals schien im letzten Vorkriegsjahr 1913 mit 54 000 Schiffen und 10,3 Mio. Nettoregistertonnen annähernd erreicht — man konnte damals an die sehr viel höheren Schiffszahlen der Zukunft noch gar nicht denken.

Erweiterung des Kanals 1908 bis 1914

Die Forderungen der Kaiserlichen Marine hatten die Planung des Nord-Ostsee-Kanals maßgebend beeinflußt. Mit seinem Bau erhielt die Flotte einen sicheren und schnellen Weg von der Nordsee in die Ostsee zu ihrem neuen Standort Kiel. Infolge der Zuspitzung der politischen Lage in Europa und des Wettrüstens der Großmächte im ersten Jahrzehnt des 20. Jahrhunderts wurde es nun aus militärisch-strategischen Gründen erforderlich, die Seeschiffahrtsstraße den ständig wachsenden Abmessungen der großen Kampfschiffe anzupassen. Die 1906 auf Stapel gelegten deutschen Großkampfschiffe der „Nassau"-Klasse mit 27 m Breite konnten den Kanal schon nicht mehr passieren.

Aber auch die Handelsschiffahrt, deren Reedereien in immer stärkerem Konkurrenzkampf standen und deren Einheiten mit der technischen Entwicklung immer größer wurden, legte großen Wert auf einen breiteren und tieferen Kanal. So wurde schon im Jahre 1907, also 12 Jahre nach seiner Eröffnung, ein Entwurf für die Erweiterung des Kaiser-Wilhelm-Kanals vom Reichskanalamt aufgestellt und mit einer Bausumme von 223 Mio. Mark vom Reichstag gebilligt. Durch seine Bedeutung für die Marine war die Möglichkeit zu einer sehr großzügigen und weitschauenden Planung gegeben, deren Auswirkungen heute noch der zivilen Schiffahrt zugute kommen. Die damals erbauten „Neuen Schleusen" reichen auch heute noch für die Ostsee-Schiffahrt aus, obwohl diese Schiffahrtsanlagen immerhin über 60 Jahre alt sind. Auch die in den Jahren 1908 bis 1916 erbauten Eisenbahn- und Straßenbrücken in Holtenau, Rendsburg und Hochdonn sind von Oberbaurat Dr. Friedrich V o s s so weitschauend entworfen, daß ihre Abmessungen auch bei der Erweiterung des Kanals im Zuge der gegenwärtigen Sicherungsarbeiten noch durchaus genügen. Die bei einigen Brücken notwendige Verstärkung und Verbreiterung ist mit den höheren Lastenzügen und der erheblich stärkeren Belastung durch den Landverkehr begründet. Man erkannte damals die Notwendigkeit, die verschiedenen Drehbrücken aus dem Jahre 1895 durch feste Übergänge zu ersetzen. Nur die Rendsburger Straßendrehbrücke blieb bei der Erweiterung noch erhalten — sie wurde 1961 durch die beiden Tunnel in Rendsburg ersetzt.

Die Erweiterung des Kanals wurde im Jahre 1907 vom Reichskanalamt unter der Leitung des Geheimrats Dr. Georg Kautz begonnen. Die neu errichtete Neubauabteilung wurde geführt von dem Geheimen Baurat Hans W. Schultz. Das Personal der 5 Neubauämter und des Brückenbauamtes in Kiel wurde aus allen Bundesländern zusammengezogen und zum Reichsdienst beurlaubt. Bis zu hundert Ingenieure waren von Seiten der Bauaufsicht während der 6jährigen Bauzeit tätig. Wieder kamen die Baufirmen aus dem ganzen Reichsgebiet.

Der Kanal erhielt in diesen Jahren das Gesicht, das er der Schiffahrt auch heute noch bietet (Abb. 1): Sein Querschnitt wurde von 413 m² auf 828 m², also auf über das Doppelte vergrößert. Er erhielt eine Sohlenbreite von 44 m und eine Wassertiefe von 11 m (Abb. 2). Die Zahl der Weichen wurde auf 11 vermehrt, ihre Abmessungen wesentlich vergrößert.

Abb. 1. Der Nord-Ostsee-Kanal: Eisenbahnhochbrücke Rendsburg (Aufnahme: Foto-Lerbs, Rendsburg).

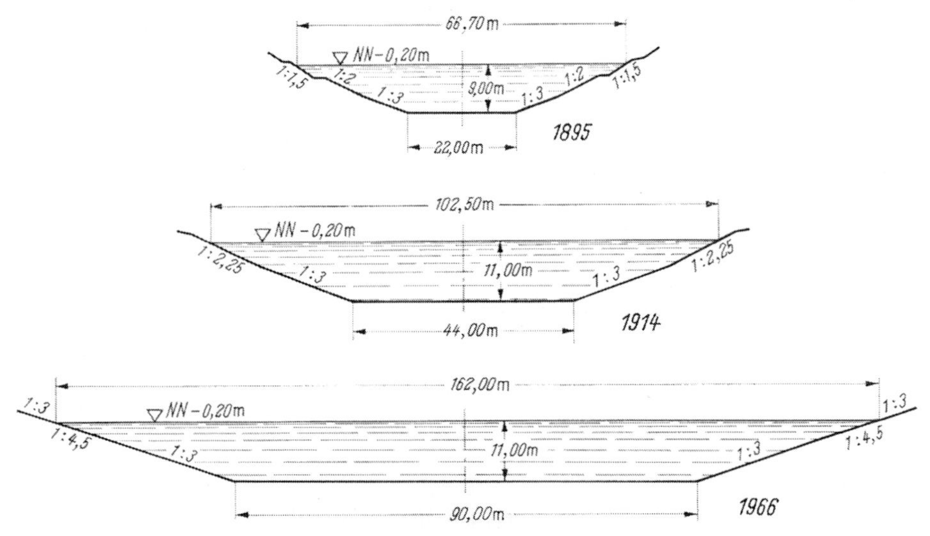

Abb. 2. Querschnitte des Kanals.

Da die vorhandenen Schleusen während der Bauzeit in Betrieb bleiben mußten, sollten neben ihnen in Brunsbüttel und Kiel-Holtenau je zwei Neue Schleusen mit modernen Schiebetoren gebaut werden. Sie gehörten bis vor wenigen Jahren mit ihren Abmessungen von 330 m Länge und 45 m Breite zu den größten der Welt. Alle acht Schleusen sind auch heute noch im laufenden Betrieb, teilweise nach Modernisierung ihrer Antriebe und Einrichtungen.

Die Bilder und Schilderungen von der Durchführung dieser Erweiterung geben einen Überblick von dem Umfang dieser großen Bauaufgabe [1]. Über 100 Mio. m³ Boden mußten bewegt, 865 000 m³ Beton allein für die Neuen Schleusen hergestellt werden. Die 12 Schiebetore mit bis zu 1500 t Einzelgewicht und modernem elektrischem Antrieb haben sich in 6 Jahrzehnten voll bewährt.

Die 2200 m lange Eisenbahnbrücke über den Kanal bei Rendsburg (Bild 1) war das größte Stahlbauwerk Europas. Sie hatte ein Gesamtgewicht von 16700 t und kostete 13,4 Mio. Mark. Die doppelflügelige Straßendrehbrücke in Rendsburg war bis zu ihrem Ersatz durch den Straßentunnel im Jahre 1961 ein vielbeachtetes und hervorragend funktionierendes Ingenieurbauwerk. In den letzten Friedenstagen vor dem 1. Weltkrieg — am 23. Juni 1914 — wurden die Neuen Schleusen in Brunsbüttel eröffnet. Seine Aufgabe für die Marine hat der erweiterte Kanal in vollem Umfange erfüllt.

Zweiter Weltkrieg und Nachkriegszeit

Vor dem 2. Weltkrieg sollte aus militärischen Gründen noch einmal versucht werden, den Kanal erheblich zu erweitern. Für die Durchfahrt der größten deutschen Kriegsschiffe war eine Wasserspiegelbreite von 165 m und eine Wassertiefe von mindestens 13 m erforderlich. Die Schwierigkeiten der Kriegswirtschaft setzten diesen Bemühungen bald ein Ende. Das war für die Handelsschiffahrt auch der ersten Nachkriegszeit, deren Regelschiff von 7500 BRT („Liberty-Schiff") den Kanal noch gut passieren konnte, kein Nachteil. Weitaus schlimmer wirkte sich aus, daß die bauliche Unterhaltung des Kanals während der Kriegszeit nicht annähernd im notwendigen Umfange betrieben werden konnte. Menschen- und Materialmangel während der Kriegszeit ließen den Kanal schnell verfallen, während ihm die wenigen Luftangriffe kaum schadeten — man hatte den Eindruck, daß auch die Alliierten die bedeutungsvolle Schiffahrtsstraße bewußt schonten. Die Schleusen des Kanals und alle Brücken blieben im 2. Weltkrieg erhalten, obwohl der Kanal Nacht für Nacht als Einflugschneise für die alliierten Luftangriffe benutzt wurde.

Unmittelbar nach Kriegsende übernahm zunächst die britische Besatzungsmacht die Verwaltung des Kanals, ab 1. Juli 1946 die Seehäfen-Generaldirektion in Hamburg, ab 1947 die Hauptverwaltung des Seeverkehrs.

Der Seeschiffsverkehr in der Zeit nach dem zweiten Weltkrieg

Trotz verheerender Folgen baulicher Vernachlässigung, die vieler Jahre zu ihrer völligen Beseitigung bedurften, hat der Nord-Ostsee-Kanal die schwere Zeit der beiden Weltkriege überstanden. Seine Anlagen mußten für militärische Zwecke voll im Betrieb bleiben. Der Schiffsverkehr sank während der Zeit des 1. Weltkrieges auf ein Minimum herab. Aber schon im ersten Nachkriegsjahr 1919 war mit 16300 Schiffen fast ein Drittel der Schiffszahl des Rekordjahres 1913 (54628) wieder erreicht (Abb. 3). Im Inflationsjahr 1923 durchfuhren schon wieder über 44000 Schiffe mit 28,8 Mio. BRT die erweiterte und entsprechend leistungsfähigere Wasserstraße. Daß sich der damalige Verkehr in den kommenden vier Jahrzehnten noch ganz erheblich steigern sollte, ahnte damals noch keiner der Verantwortlichen.

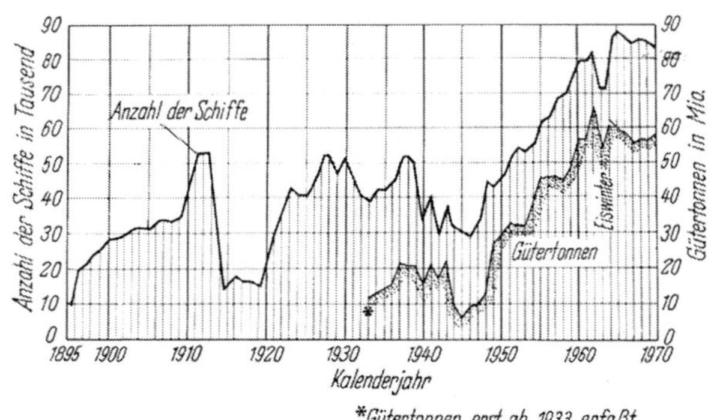

Abb. 3. Schiffsverkehr 1895 bis 1970.

Die Verdoppelung der Bruttoregistertonnage von 1913 bis 1938 war nur möglich durch die erhebliche Erweiterung und Modernisierung des Kanals in den Jahren 1908 bis 1914. Heute hat sich der Kanalverkehr in der Schiffszahl seit 1923 wieder verdoppelt und ist in der Tonnage fast auf das Dreifache gestiegen. Dieser Verkehr findet nun allerdings immer noch auf der Schiffahrtsstraße mit den gleichen Abmessungen und den gleichen Bauwerken wie vor dem 1. Weltkrieg statt. Wie war es möglich, diesen gewaltigen Anstieg der Beanspruchung in den letzten vier Jahrzehnten zu bewältigen?

Es muß anerkannt werden, daß die Bundesrepublik Deutschland für die Wiederherstellung, den Ausbau und die Modernisierung dieser am stärksten befahrenen künstlichen Seeschiffahrtsstraße der Welt in den letzten Jahrzehnten erhebliche finanzielle Anstrengungen unternommen hat. Dabei muß man bedenken, daß die Kanalverwaltung — die Wasser- und Schiffahrtsdirektion in Kiel — erst nach der Währungsreform ernsthaft an die Beseitigung der Zerstörungen und Nachwirkungen des Verfalls der Kanalanlagen gehen konnte. Allein für die Beseitigung der Kriegsschäden wurden 80 Mio. DM aufgewendet. In den weiteren Jahren bis heute sind aus dem Haushalt des Bundesministers für Verkehr für weitere Maßnahmen am Nord-Ostsee-Kanal, die der sicheren und schnellen Durchführung des internationalen Seeschiffahrtsverkehrs dienen, rd. 220 Mio. DM aufgebracht worden.

Die Maßnahmen zur Kriegsschädenbeseitigung zogen sich über 10 Jahre hin und gingen dann teilweise in die Modernisierungsarbeiten über. Wie die in Abb. 3 aufgetragene Verkehrsentwicklung zeigt, hatten diese Anstrengungen der Kanalverwaltung vollen Erfolg. Der Schiffsverkehr stieg von 30 865 im Jahre 1946 über 64 530 im Jahre 1956 auf 88 200 Schiffe im Jahre 1966. Mit dem Zug zu immer sich vergrößernden Schiffsabmessungen stieg aber besonders auch die Zahl der größten Schiffe am Kanal, die den möglichen Tiefgang von 9,5 m voll ausnutzten. Noch im Jahre 1950 betrug die Zahl der Schiffe mit über 9 m Tiefgang nur 12 im Jahr, 1966 waren es schon 343, also über des 26-fache.

Die Durchfahrt durch den Kanal, der den Schiffahrtsweg von Rotterdam/Antwerpen durch den Großen Belt zur Ostsee um etwa 290 Seemeilen verkürzt und damit je nach Schiffsgeschwindigkeit bis zu 23 Stunden einspart, steht allen Nationen offen und wird von ihnen auch gern benutzt. Wurden unmittelbar nach dem 2. Weltkrieg zunächst nur 30 Flaggen auf dem Kanal gezählt, so ist die Zahl inzwischen auf 50 Nationen gestiegen.

Die Sicherung des Kanalbettes

Die Vergrößerung der Schiffszahl, insbesondere aber die Zunahme der Schiffsgrößen, konnte nicht ohne Einfluß auf den baulichen Zustand des Kanals bleiben, der für einen weit geringeren Verkehr bemessen war. Dabei spielte aber auch die Zahl der Schiffe von über 9 m Tiefgang eine besondere Rolle — solche Schiffe beanspruchten die Kanalböschungen bei der Durchfahrt ganz erheblich. Zur Zeit der Kanalerweiterung hielt man ein Verhältnis des größten Schiffsquerschnitts

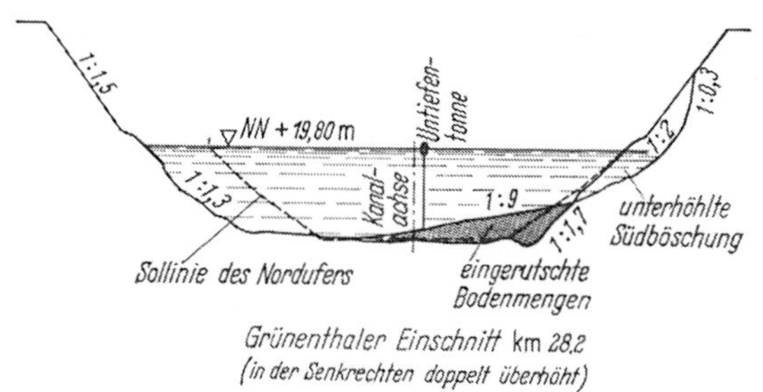

Abb. 4. Querschnitt mit Böschungsschäden.

zum Kanalquerschnitt von 1 : 5 für angemessen. Der 1914 erweiterte Kanal könnte also bei 828 m² Querschnitt nur Schiffe bis 165 m² Eintauchquerschnitt aufnehmen, das entspricht etwa 7 000 BRT. Nach neueren Untersuchungen hält man für Binnenschiffe ein Querschnittsverhältnis von 1 : 7 für erforderlich — um wieviel mehr bei einem Seekanal mit ungeschützten Böschungen! Bei der Durchfahrt von Ballastschiffen bis 9,5 m Tiefgang beträgt das Querschnittsverhältnis heute aber nur 1 : 3,5!

Die Folgen der häufigeren Durchfahrt größter Schiffe zeichneten sich in der erheblichen Zunahme der jährlichen Baggermengen ab, die im Kanal für die Erhaltung der Solltiefe entfernt werden mußten. In den 10 Jahren von 1955 bis 1965 mußte doppelt so viel gebaggert werden wie in den 40 Jahren vorher. Sehr eingehende Untersuchungen der Wasser- und Schiffahrtsdirektion, über die in diesem Jahrbuch bereits früher berichtet worden ist [5], ergaben, daß sich das Kanalprofil an einzelnen Stellen durch Auswaschen der Böschungen um 25% vergrößert hatte (Abb. 4). Die Modellversuche an der Technischen Universität Hannover und der französischen Versuchsanstalt Sogréah in Grenoble [5] führten zur Aufstellung eines Generalplans für die Sicherung des Nord-Ostsee-Kanals und eines sogenannten Gefahrenatlasses. In ihm ist die Reihenfolge der

Abhilfemaßnahmen nach ihrer Dringlichkeit und in der Abhängigkeit von der Größe der bestehenden Schäden, der Bodenformation und der besonderen Gefahren für den Bestand der Randbebauung des Kanals und seiner anschließenden Niederungen festgelegt.

Schon vor Abschluß dieser Untersuchungen war im Jahre 1965 in einem „Sofortprogramm" mit den ersten Sicherungsarbeiten an den am meisten gefährdeten Stellen begonnen worden. Der Generalplan vom 2. Februar 1967 faßte dann die Ergebnisse der Untersuchungen und Modellversuche zusammen und legte die Sicherung der Uferstrecken durch Verbreiterung des Querschnitts auf 61 km Länge fest (Abb. 5). Ausgenommen werden konnten nur die natürlichen Seen und die Weichen, die bereits einen wesentlichen größeren Querschnitt besitzen, und die Oststrecke des Kanals auf etwa 15 km Länge, deren Ufer in standfestem Geschiebelehm zunächst noch wenig gefährdet scheinen (Abb. 6).

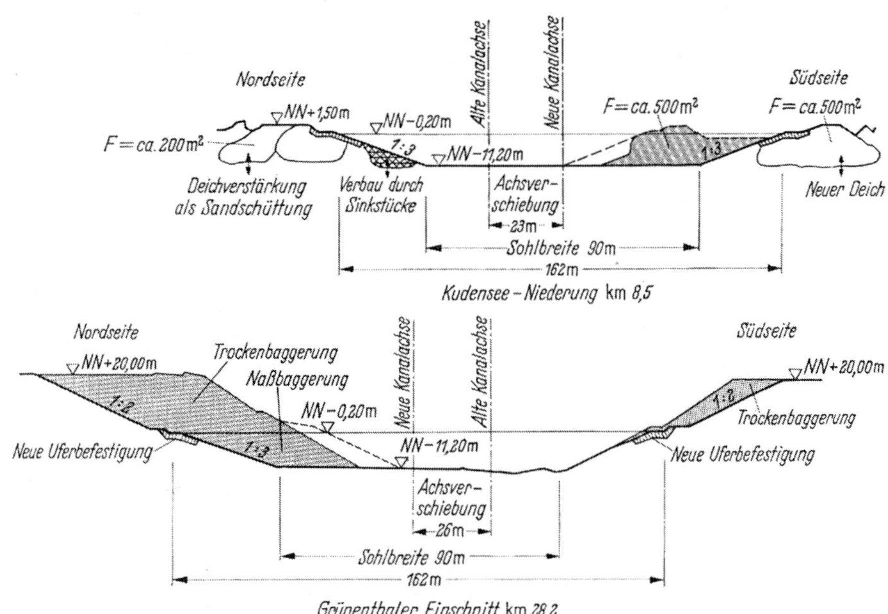

Abb. 5. Querschnitt der Sicherungsmaßnahmen.

Die Arbeiten des Sicherungsprogramms des Kanals sind auf 35 km im Gange, von denen schon 13,3 km fertiggestellt sind: 11 km in der Niederungsstrecke von Ostermoor bis Hochdonn und 2,3 km im Rader Durchstich.

Die Lose Hochdonn—Dükerswisch (1,9 km), Hohenhörn—Grünenthal (6,5 km), Breiholz—Schülp (6,2 km) und Sehestedt—Königsförde (7,2 km) sind in Arbeit. Rund 20 km werden Ende 1972 fertiggestellt sein.

Leider konnten wichtige Baustrecken, wie z. B. die über 7 km lange Strecke bei Rendsburg, noch nicht in Angriff genommen werden, obwohl dort die nahe am Kanal stehende Bebauung bei weiter fortschreitenden Uferschäden in Gefahr gerät. Auf der rd. 15 km langen Kanalstrecke im Mittelabschnitt zwischen Grünenthal und Breiholz erlaubte die Finanzlage des Bundes noch keinen Baubeginn. Wenn das 1966 beschlossene Bauprogramm eingehalten werden soll, ist eine Verstärkung der Jahresraten dringend erforderlich. Die Uferschäden auf den noch nicht gesicherten Strecken nehmen von Jahr zu Jahr weiter zu und bringen die Kanalböschungen und die dahinterliegenden Ufergrundstücke in Gefahr. Ihre spätere Beseitigung wird bei weiter fortschreitenden Abbrüchen immer kostspieliger!

Nach Abschluß der Arbeiten dieses umfangreichen Sicherungsprogramms von rd. 400 Mio. DM Baukosten würde als wichtigstes Ergebnis für die internationale Schiffahrt die Verbreiterung des Kanals auf etwa einem Drittel seiner Länge und damit eine erhebliche Verbesserung der Fahrtbedingungen im Nord-Ostsee-Kanal festzustellen sein. Ursprünglich hatte man an 12 Baujahre gedacht, also die Fertigstellung etwa 1980 erhofft. Leider konnten in den bisherigen 5 Baujahren 1966 bis 1970 erst 150 Mio. DM aufgewendet und die Jahresraten noch nicht erhöht werden. Daran liegt es auch, daß bisher nur zwei zusammenhängende Strecken fertiggestellt werden konnten. An einer wichtigen Stelle konnte schon jetzt eine 6 km lange verbreiterte Strecke für die ungehinderte Fahrt der Seeschiffe im größeren Profil bereitgestellt werden: Zwischen Nobiskrug bei Rendsburg (Kkm 66) und Steinwehr (Kkm 72) ist die 6 km lange Fahrt vom Audorfer See durch den Rader

Durchstich bis zum Ostende des Schirnauer Sees auf voller Breite nutzbar. Diese Strecke steht in Kürze für die volle zweischiffige Fahrt zur Verfügung, da der Rader Durchstich in Zusammenarbeit mit der Straßenbauverwaltung für die Bodengewinnung zum Bau der südlichen Rampen der Autobahnbrücke noch über das Sollmaß um 50 m auf 216 m Wasserspiegelbreite vergrößert wurde.

In der oben erwähnten rd. 11 km langen Niederungsstrecke zwischen Ostermoor und Hochdonn sind bisher noch 2 Fährübergänge aus der Verbreiterung ausgespart worden. Sie sind auch heute noch Engpässe, deren Beseitigung in den nächsten Jahren besonders vordringlich ist, auch wenn die Investitionsmittel bei der derzeitigen finanziellen Beschränkung der Bundesausgaben auch in den kommenden Jahren knapp sein sollten. Zumindest an diesen Engstellen der Fährübergänge und der Ortslagen Sehestedt und Rendsburg hofft die Wasser- und Schiffahrtsdirektion Kiel auf baldige Beseitigung der heutigen Schiffahrtshindernisse mit der Freigabe zusätzlicher dringend benötigter Baumittel.

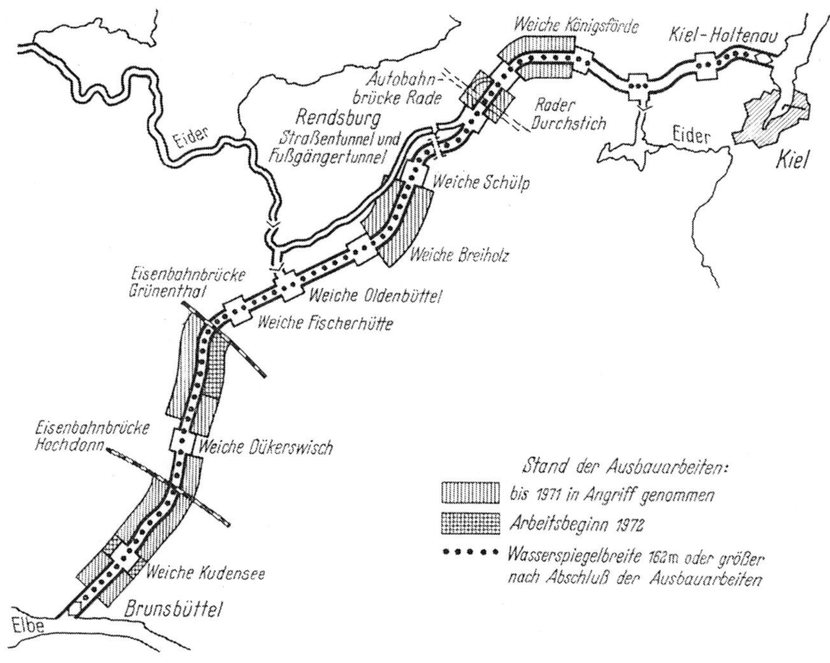

Abb. 6. Lageplan des Sicherungsprogramms.

Während die durchfahrenden Schiffe den Vorteil der Verbreiterung an einigen Stellen schon nutzen können, müssen sie auf anderen Kanalstrecken noch gewisse Einschränkungen während der Bauzeit in Kauf nehmen. Durch laufende Zusammenarbeit des Neubauamtes Nord-Ostsee-Kanal in Rendsburg, das die Arbeiten auf dem größten Teil der Ausbaustrecke durchführt, mit dem Kanalamt Kiel-Holtenau hat die Kanalverwaltung versucht, die Einschränkungen des Schiffahrtsbetriebes auf dem Minimum zu halten. Es bedarf aber zur Bewältigung des unverändert starken Verkehrs der bewährten Hilfe des Lotsen- und Kanalsteurerdienstes, der von den beiden Lotsenbrüderschaften in Brunsbüttel und Kiel-Holtenau und dem Verein der Kanalsteurer ausgeführt wird. Er stellt der internationalen Schiffahrt in der Beratung der Schiffsführung eine gerade während dieser Schiffahrtserschwernisse unentbehrliche Unterstützung durch kanalerfahrene Nautiker und Rudergänger zur Seite.

Immerhin zeichnet sich bereits heute ab, daß der Kanal auf größerer Länge in absehbarer Zeit ein erheblich breiteres Profil und damit eine größere Beweglichkeit für die durchfahrenden Schiffe haben wird. Das wird dazu führen, daß die Kanalverwaltung Begegnungen von mittleren Schiffen mit größeren Fahrzeugen zulassen kann, die heute nur in den Weichen möglich sind. Das bedeutet für die kleineren und mittleren Schiffe, aber auch für viele größere eine weitere Beschleunigung, die der Attraktivität des Kanals zugute kommen wird.

Die mit den Sicherungsarbeiten ausgeführte Verbreiterung des Nord-Ostsee-Kanals, die schon heute dem Seemann bei der Passage verbreiterter Kanalstrecken im Vergleich mit dem früheren Profil deutlich wird, hat natürlich auch ihre Probleme: Die bisherige Beleuchtung des Nord-Ostsee-Kanals — je eine Lichterreihe auf beiden Ufern — reicht bei starkem Nebel nicht

mehr aus, da sich der Abstand der Ufer voneinander bedeutend vergrößert hat. Die alte Ufer-
befeuerung wird in den nächsten Jahren unter Verwendung von modernen Natriumdampflampen
erneuert werden, die dann als stärker strahlende Lichterreihe erscheinen und sich damit auch der
größeren Umfeldhelligkeit in den Uferbereichen mit stärkerer Besiedlung anpassen.

Wir können also damit rechnen, daß der Nord-Ostsee-Kanal in wenigen Jahren eine breitere
und damit leistungsfähigere Schiffahrtsstraße wird. Reichen diese Maßnahmen der „Sicherung"
aus, um sich den Anforderungen des gestiegenen Schiffsverkehrs anzupassen?

Modernisierung der Anlagen

Verbesserung der Trasse, Überholung von Schleusen und Molen

Die baulichen Anlagen des Kanals sind 75 bzw. 60 Jahre alt. Ihre Erbauer haben sie erfreulicherweise so großzügig und weitschauend geplant, daß sie auch erheblich stärkerem Verkehr und
wesentlich größeren Schiffen gewachsen sind. Immerhin machten sich aber in den letzten Jahrzehnten an manchen Bauwerken Schäden bemerkbar, die mit den Mitteln normaler Unterhaltung
nicht mehr zu beseitigen waren. Seit 1963 läuft daher schon ein Programm, das im Auftrag des
Bundesministeriums für Verkehr zur „Anpassung des Nord-Ostsee-Kanals an den gestiegenen
Schiffsverkehr" von der Wasser- und Schiffahrtsdirektion Kiel aufgestellt wurde. Hier war in
erster Linie an die Überholung und Erneuerung von Bauwerken gedacht — wie die Außenmolen
in Brunsbüttel oder die hölzernen Leitwerke vor den Schleusen. Aber auch die Verbesserung der
Kanaltrasse durch Verbreiterung an engen Stellen gehörte dazu. Eine der unangenehmsten Engpässe war die Kurve bei Rendsburg südlich der Staatswerft Saatsee mit nur 2000 m Radius. Man
wollte sie schon bei der zweiten Erweiterung durch Verlegung der Werft auf die Südseite auf den
sonst gültigen Mindesthalbmesser von 2500 m bringen, aber die Kriegsereignisse setzten dieser
bereits angelaufenen Arbeit ein Ende. Im Anpassungsprogramm wurde das Kanalprofil an dieser
Stelle bereits im Jahre 1963 wesentlich verbreitert, so daß die Rendsburger Kurve — übersicht-
licher und geräumiger geworden — auch von größten Schiffen ohne Gefahr passiert werden kann.
Eine ähnliche Kurvenverbreiterung hat man zwischen Kkm 94 und 96 bei Levensau vorgenommen.
Damit wurde zugleich die Anlage einer leistungsfähigen Ölumschlagsanlage am Südufer des hier
wesentlich verbreiterten Kanals unmittelbar vor dem Binnenhafen Kiel-Holtenau ermöglicht.

Dieser Binnenhafen war von der Stadt Kiel als sogenannter „Nordhafen" zunächst auf eine
Länge von 150 m unmittelbar westlich der Holtenauer Hochbrücke errichtet. Um die Leistungsfähigkeit dieser einzigen Kieler Hafenanlage unmittelbar am Kanal möglichst zu steigern und
gleichzeitig binnenseits der Holtenauer Schleuse ein übersichtliches und geräumiges Fahrwasser
im Kanal zu erhalten, wurde schon im Jahre 1964 als Gemeinschaftsarbeit der Kanalverwaltung
mit der Hafenverwaltung der Stadt Kiel eine großzügige Verbreiterung auf über 1,5 km durchgeführt [8]. Die Stadt Kiel hat dann anschließend ihre Kaimauer auf 1120 m verlängert, sie mit
leistungsfähigen Krananlagen und einer Roll-on/Roll-off-Rampe ausgestattet und in den letzten
beiden Jahren auch die Landfläche dieses Hafens auf ganzer Länge so verbreitert, daß sie zur
Ansiedlung von Hafen- und Industriebetrieben ausgenutzt werden kann.

In diesem Zusammenhang muß auch die Anlage des Ölhafens durch die Landesregierung Schleswig-Holstein im Jahre 1961 und die Vertiefung des Binnenhafens in Brunsbüttel auf 12 m
erwähnt werden. Zu den Maßnahmen für Binnenhäfen und Molen gehört auch die Erneuerung
und Verbesserung der Dalben in den 13 Weichen: In den letzten 15 Jahren sind wohl alle Dalben
in den Bezirken der Wasserbauämter Brunsbüttel und Holtenau, zusammen über 900 Stück,
wenigstens einmal erneuert worden. Die Ursachen dieser laufenden Erneuerung sind die Folgen
der Beschädigungen durch anlegende Schiffe. Die nicht geringen Kosten solcher Schadensbeseiti-
gung trägt in der Regel die Versicherung des verursachenden Schiffes.

Erneuerung und Modernisierung der Schleusenanlagen

Nach Abschluß der Sicherungsarbeiten wird die Kanalstrecke erweitert und der Schiffsverkehr
erheblich erleichtert sein. Ebenso wichtig für die Abwicklung des Schiffsverkehrs sind aber die
Schleusen an den Enden als die Betriebsschwerpunkte des Nord-Ostsee-Kanals, die im Interesse
des Schiffsverkehrs schnell und sicher funktionieren müssen. Sie haben ihren Dienst in den vergangenen Jahrzehnten in vollem Umfange erfüllt, auch wenn ihre Tore und ihre maschinellen Teile
bei Kriegsende gewisse Alterserscheinungen zeigten. Sie führten zu höheren Betriebskosten für die
Verwaltung und daher liegt eine Modernisierung und Anpassung an den neuesten Stand der
Technik durchaus im Interesse der Schiffahrt wie auch der Kanalverwaltung selbst. Die umfangreichen Arbeiten für die Erleichterung der Ein- und Ausfahrten bei den Schleusen für die zügige

Abwicklung des Schleusenverkehrs und die Funktionssicherheit der Schleusen mit insgesamt etwa 23 Mio. DM machten 25% des 1. Anpassungsprogramms aus. Sie sind zum größten Teil bereits heute durchgeführt — Restarbeiten werden in den nächsten Jahren erledigt.

Die Leistungsfähigkeit des Kanals auch bei stärkerem Anstieg des Verkehrs und Zunahme der größeren Schiffseinheiten hängt weitgehend davon ab, ob die Schleusenanlagen in der Lage sind, das Verkehrsaufkommen zu bewältigen. Dabei sind die Anforderungen an die Schleusen an beiden Endpunkten durchaus nicht die gleichen. Während in Brunsbüttel (Abb. 7) infolge zeitweise stärkerer Zusammenballung des Verkehrs durch Tide- und Wetterabhängigkeit oft alle 4 Schleusen im Stoßbetrieb ausgenutzt werden müssen, verursacht in Kiel-Holtenau die Abwicklung der Geschäfte der Schiffsausrüster gelegentlich längere Schleusenaufenthalte. Die Verwaltung sucht diese Schleusenzeiten so weit wie möglich herabzusetzen, ist sich aber der Wichtigkeit und der Anziehungskraft gerade dieses „Services" voll bewußt. Um die vorhandene Schleusenkapazität in vollem Umfange auszunutzen, werden heute in zunehmendem Maße auch die „Alten Schleusen" an beiden Kanalenden für den Dauerbetrieb eingerichtet, die früher nur in verkehrsstarken Sommermonaten in Betrieb waren.

Abb. 7. Luftbild der Schleusen in Brunsbüttel (Aufnahme: Foto-Wagner, Rendsburg; freigegeben durch Nr. SH 1448).

Die Neuen Schleusen sind auch den stärksten Verkehrsanforderungen noch in vollem Umfange gewachsen, ihre langjährige Bewährung beweist es Jahr für Jahr. Insbesondere sind die nun schon 60 Jahre alten Schiebetore noch in einem erstaunlich guten Zustand, wie eingehende Untersuchungen ihrer Stahlbauteile gezeigt haben. Die dem Stand der Technik vor 60 Jahren entsprechenden Gleichstromantriebe wurden nach dem Kriege durch dauernden Tag- und Nachtbetrieb erheblich überbeansprucht, die Laufschienen der Tore in Brunsbüttel sind erneuerungsbedürftig. Tor- und Schützenantriebe mußten daher erneuert, die Stromversorgung auf Drehstrom umgestellt werden.

Mit der Erneuerung der Antriebe wurde die Fernsteuerung der Tore verbessert, an einer Stelle konzentriert und mit dem nautischen Schleusenbetriebsdienst zusammengelegt. Alle Betriebsvorgänge werden in Holtenau seit 1970 von einem Zentral-Leitstand aus gesteuert und überwacht. Im gleichen Gebäude sind auch die vielen für den Schiffer wichtigen Betriebsdienste, wie Hebestelle für die Kanalabgaben, Lotsenwachraum mit Ausguck, Zoll, Grenzschutz, Paßkontrolle, Seekartenstelle und Zeitungskiosk, zusammengefaßt. So war es möglich, durch Konzentration und Erleichterung der gegenseitigen Information eine schnellere Schleusung und eine Erhöhung des Verkehrsdurchlaufs zu erreichen. Abb. 8 zeigt den neuen Leitstand, der mit allen

Einrichtungen rd. 1,1 Mio. DM gekostet hat. Der Bau eines gleichen Gebäudes für die Neuen Schleusen in Brunsbüttel ist in Vorbereitung. Eine wichtige Maßnahme, die für Kiel-Holtenau schon durchgeführt war, ist auch in Brunsbüttel nachgeholt worden: Die Umstellung der Stromversorgung auf Einzeleinspeisung und die Erneuerung und Modernisierung der elektrischen Einrichtung.

Die Elektrifizierung der Alten Schleusen, die Beschaffung von Reservefluttoren und ihre Grundinstandsetzung nach 7 Jahrzehnten unermüdlichen Betriebes ist in Brunsbüttel in vollem Umfange durchgeführt, in Holtenau größtenteils abgeschlossen.

Abb. 8. Zentral-Leitstand in Holtenau (Innen- und Außenansicht).

Künftige Anpassungsaufgaben

Im Zusammenhang mit den Brunsbütteler Schleusenanlagen sollen noch drei besonders wichtige Maßnahmen in einem 2. Anpassungsprogramm verwirklicht werden:

1. Erneuerung der Torschienen für die Schiebetore der Neuen Schleusen,

2. Verlängerung der Alten Schleusen von 125 m auf 225 m nutzbarer Kammerlänge und der Einbau von modernen Schiebetoren,

3. Bau eines besonderen Entwässerungskanals zur Entlastung der Alten Schleusen.

Die Alten Schleusen in Brunsbüttel müssen nach den vom Kanalamt angestellten Untersuchungen zur Bewältigung des gestiegenen Schiffsverkehrs in Zukunft größere Aufgaben erfüllen. Sie sind ihnen in ihrem heutigen baulichen Zustand noch durchaus gewachsen, jedoch sollten die 75 Jahre alten Stemmtore ersetzt werden. Nach den Vorschlägen des Wasserbauamtes Brunsbüttel sollen vor die vorhandenen Schleusenhäupter zwei neue Häupter gesetzt werden, die mit modernen Schiebetoren in seitlichen Torkammern ausgerüstet werden. Die Entwässerung des Kanals, des größten Vorfluters von Schleswig-Holstein mit einem Einzugsgebiet von 160000 ha, soll dann durch einen besonderen rd. 500 m langen Kanal zur Elbe erfolgen. Alle diese Maßnahmen an den Alten Schleusen in Brunsbüttel werden programmgemäß etwa 40 Mio. DM kosten. Auf längere Sicht gesehen soll im Interesse einer zweischiffigen Schleusenzufahrt auch die Einfahrt von der Elbe her zu den Neuen Schleusen durch den Bau neuer Molen verbessert werden.

Erhebliche Geldbeträge sind im 2. Anpassungsprogramm auch für die Modernisierung der Signal-, Melde- und Befeuerungsanlagen des Nord-Ostsee-Kanals vorgesehen. Der Kanal verfügt über ein eigenes Fernsprechnetz im Rahmen des sogenannten WF-Netzes der Wasser- und Schiffahrtsverwaltung. Dieses Netz mit seiner eigenen Verkabelung entlang der Kanaltrasse hat besonders wichtige Aufgaben der Verkehrsinformation und Verkehrslenkung. Hierfür und für den zunehmenden Bedarf der Nachrichtenübertragung reicht das vorhandene Kabel aber nicht mehr aus. Die Verkehrslenkung des Kanals erfordert aus Sicherheitsgründen eine dauernde ununterbrochene Verbindung. Störungen bei Bauarbeiten machten sich bisher sehr unangenehm bemerkbar. Das Nachrichtenkabel muß daher auf ganzer Kabellänge doppelt sein.

Der Nord-Ostsee-Kanal ist für größere Schiffe nur eingleisig mit Begegnungen in den 13 Weichen befahrbar. Diese Begegnungen müssen durch die Verkehrslenkung der Kanalverwaltung gesteuert werden. Die Verkehrslenkung am Nord-Ostsee-Kanal durch Signale an den Weichen ist schon vor Jahren durch den Einbau von Lichttagessignalen wesentlich verbessert worden. Sie werden von den Weichenstationen aus bedient. Schiffssicherungsfunk als UKW-Sprechfunk auf den internationalen Seefunkfrequenzen mit verschiedenen Kanälen für die Ost- und Weststrecke des Kanals ergänzen das Informationssystem für die Schiffahrt, Fernschreiber erleichtern die Verbindung der Schleusenmeister mit den Lenkungsstellen und mit dem Schiffsmeldedienst. Ein Teil dieser Modernisierungsmaßnahmen, für die insgesamt 46 Mio. DM veranschlagt sind, wurde inzwischen schon durchgeführt.

Das durchaus bewährte System der Verkehrslenkung stammt in seinen Grundzügen noch aus der Eröffnung des Kanals, wenn es auch stetig weiterentwickelt wurde. Seitdem ist der Kanalverkehr aber auf das Vier- bis Fünffache gestiegen, hat sich die Zahl der „Weichenschiffe" unaufhaltsam erhöht. Im ganzen sind in der Verkehrslenkung im Tag- und Nachteinsatz in Brunsbüttel und Holtenau 16 Bedienstete tätig. Ihr Dienst wird in jeder Schicht von einem beamteten Kapitän mit dem höchsten Patent A 6 geleitet. Infolge der Verkehrssteigerung und des damit verbundenen immer stärker gewordenen Tag- und Nachteinsatzes ist das Personal der beiden Lenkungsstellen zu Zeiten des Spitzenverkehrs auf dem Kanal stark belastet. Die Notwendigkeit der Modernisierung entspringt hier also nicht allein dem Wunsch der Verwaltung zur Verbesserung der Schiffahrtsbedingungen, sondern auch der Rationalisierung des Betriebes und der Entlastung des Personals. Hierfür ist es erforderlich, alle Möglichkeiten einer modernen Technik der Elektronik, der Ortung und der Datenverarbeitung einzusetzen. Damit soll dann auch das Rationalisierungsziel erreicht werden, das wertvolle Fachpersonal von untergeordneten Arbeiten freizuhalten. Diese Überlegungen, die unter Einschaltung von Fachfirmen der Elektronik und der Verkehrstechnik laufend entwickelt werden, sollen in den nächsten Jahren unter Konzentration der Organisation der Lenkung auch wesentliche Verbesserungen im Interesse der Schiffahrt mit sich bringen.

Verbesserung der Organisation

In engem Zusammenhang mit diesen Rationalisierungsüberlegungen stehen auch Bemühungen um eine Verbesserung der Organisation des Nord-Ostsee-Kanals, die die Kanalverwaltung mit gutachtlicher Unterstützung durch den Bundesbeauftragten für Wirtschaftlichkeit in der Verwaltung unternimmt.

Die Wasser- und Schiffahrtsdirektion Kiel untersteht dem Bundesminister für Verkehr, sie verwaltet den Kanal in technischer Betreuung und im Betrieb seiner Anlagen durch zwei Wasserbauämter in Brunsbüttel und Kiel-Holtenau sowie ein Maschinenamt mit der bundeseigenen Werft Saatsee in Rendsburg, in der Abwicklung des Verkehrs durch das Kanalamt in Kiel-Holtenau. Die derzeitige Kanalverwaltung beschäftigt etwa 1700 Beamte, Angestellte und Arbeiter des Bundes.

Der Bund trägt die gesamten Unterhaltungs- und Betriebskosten des Kanals — 1970 rd. 39 Mio. DM. Demgegenüber stehen die Einnahmen aus den Befahrungsabgaben, Lotsgebühren, Miet- und Pachteinnahmen in Höhe von rd. 25 Mio. DM im Jahre 1970. Für alle Einnahmen und Ausgaben ist der Haushalt der Abteilung Wasserstraßen des Bundesministers für Verkehr zuständig. Die Kanalverwaltung bemüht sich laufend um die Rationalisierung des Kanalbetriebes und wird von Bundesfinanzminister und Bundesrechnungshof nachdrücklich auf Einsparung von Ausgaben und Ausnutzung jeder Chance für die Erhöhung der Einnahmen hingewiesen, um die „Bilanz" des Kanals nach Möglichkeit auszugleichen. Diese Bemühungen sind nicht ohne Erfolg geblieben. So hat sich die Belegschaft der Ämter am Kanal seit 1957 durch laufende Rationalisierung des Betriebes von etwa 1940 Bediensteten auf 1660 vermindert. Die Modernisierung im Rahmen des Anpassungsprogramms macht sich im gleichen Sinne bemerkbar.

Vergleichbare Weltseekanäle (heute Panama-Kanal, früher Suez-Kanal) werden von Gesellschaften mit überwiegend staatlichem Kapital betrieben. Es sind wiederholt Untersuchungen angestellt worden, ob sich nicht die Form einer staatlichen Gesellschaft auch für den Nord-Ostsee-Kanal eignen und der Kanalverwaltung eine stärkere wirtschaftliche Betätigung nach außen ermöglichen würde. Ein eingehendes Gutachten aus der jüngsten Zeit kommt zu dem Ergebnis, daß diese Organisationsform hier nicht zweckmäßig sein würde. Denn im Vergleich mit anderen Transitkanälen, die wesentlich höhere Einnahmen für ihre Benutzung einziehen und außerdem beachtliche Gewinne aus anderer wirtschaftlicher Betätigung — z. B. Schiffsreparaturen und Ausrüstung, Bebunkerung usw. — erzielen, sind die Einnahmen des Nord-Ostsee-Kanals auf die Kanalabgaben beschränkt, die ihre Grenze im wesentlich geringeren „Verkehrswert" finden. Während in den bundeseigenen Hafenanlagen am Kanal im Jahre 1970 nur 350 000 DM Hafenabgaben erhoben wurden, erhält die Kanalverwaltung für eine hafenwirtschaftliche Betätigung im Interesse des Landes Schleswig-Holstein kein Entgelt.

Dagegen weist die Ausgabenseite der Kanalbilanz einen hohen Anteil an fixen Kosten auf mit den gewichtigen fremden Lasten, z. B. für den Querverkehr, die vom Umfang des Verkehrs nicht abhängig sind. Es bietet sich daher so wenig Spielraum für eine echte wirtschaftliche Betätigung für den Träger des Kanals, daß die Form der staatlichen Verwaltung bei möglichst einfacher und straffer Gliederung richtig ist.

Aus früheren Untersuchungen und Vergleichen [2] sei bemerkt, daß die beiden Seekanäle von ungefähr gleicher Länge und zahlenmäßig gleichem bzw. geringerem Verkehr einen weit höheren Personalbedarf haben: Nach dem Jahresbericht der Suez-Kanal-Gesellschaft von 1951 waren damals rd. 770 Angestellte, rd. 160 Lotsen und rd. 4000 Arbeiter am Kanal tätig. Die Belegschaft des Panama-Kanals bestand 1953 aus 14300 Beamten, Angestellten und Arbeitern, die allerdings Lotsen, Ausrüstungs- und Reparaturgeschäfte mit wahrnahmen. Diese Personalbesetzung hängt teilweise mit den unterschiedlichen sozialen Verhältnissen zusammen, sie ist aber vor allem erst durch ein erheblich größeres Budget möglich. Da diese Schiffahrtsstraßen ungleich längere Umwege einsparen und damit eine ungleich stärkere Monopolstellung halten, sind ihre Einnahmen aus den Befahrungsabgaben auch beträchtlich höher!

Die Bilanz des Nord-Ostsee-Kanals

Neben der Sorge für die sichere und zügige Abwicklung des Schiffsverkehrs muß es natürlich das erste Bestreben der Kanalverwaltung sein, ihre Ausgaben weitgehend durch Einnahmen zu decken.

Welche Möglichkeiten gibt es dafür im Rahmen der gesetzlichen Vorschriften, der bestehenden deutschen und internationalen Verpflichtungen für die Aufrechterhaltung des Verkehrs und unter Beachtung der früheren Auflagen beim Bau des Kanals?

Es ist interessant, daß der Kanal in seinem ersten Jahrzehnt in seiner Einnahmen/Ausgaben-Bilanz noch einen Gewinn abwarf. Seit dem Jahre 1903 stiegen aber die Ausgaben — anfangs insbesondere infolge der hohen Aufwendungen für die Forderungen der Kriegsmarine — immer weiter an. Seit 1914 hat die Bilanz des Kanals stets ein Passivergebnis.

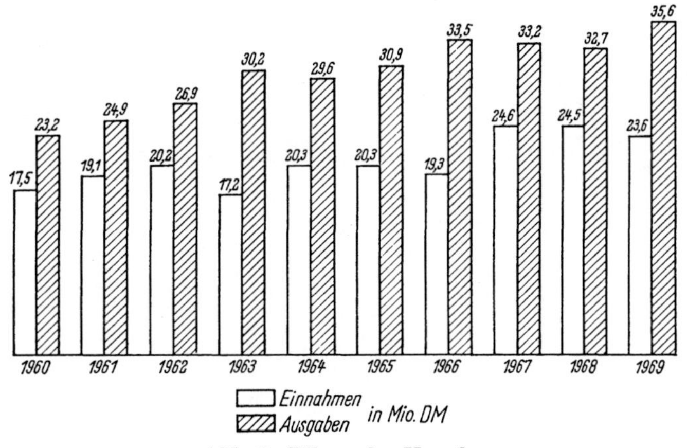

Abb. 9. Bilanz des Kanals.

Die Einnahmen sind von der Verkehrs- und Wirtschaftsstruktur und vom Kanalabgabentarif abhängig. Wie aus Abb. 9 deutlich zu sehen, stiegen die Ausgaben laufend an und haben die Einnahmen weit überholt. Das Bundesministerium für Verkehr hat in den vergangenen Jahren mehrfach versucht, die Einnahmen aus Befahrungsabgaben und Lotsgebühren durch Tariferhöhung dem allgemeinen Kostenniveau anzupassen. Die Einnahmen sind dann jedesmal — wie aus Abb. 9 zu ersehen — um ein gewisses Maß in die Höhe gegangen. Diesen verständlichen Bestrebungen, die Einnahmen des Kanalbetriebes aus der Kanalbefahrung durch Anhebung der Abgabentarife zu erhöhen, setzt aber der sogenannte „Verkehrswert" des Kanals eine enge Grenze. Wir bezeichnen damit den finanziellen Nutzen, den die Fahrt auf dem Kanal dem Reeder durch Einsparung von Zeit und Brennstoffkosten für das Schiff bietet. Dieser „Verkehrswert" ist für verschiedene Schiffe und Verkehrsrelationen sehr unterschiedlich. Für die Beziehung Ostsee-Eingang (Insel Moen) beträgt die Fahrtverkürzung durch den Kanal beispielsweise nach Rotterdam 290 Seemeilen, nach Hamburg 440 Seemeilen für ein Schiff, das mit einem Tiefgang über 7,5 m andernfalls den Großen Belt benutzen müßte. Die Kanalverwaltung beobachtet natürlich ihren Anteil am gesamten Nordsee-Ostsee-Verkehr sehr genau und hat dabei festgestellt, daß auch konjunkturelle Schwankungen in Angebot und Nachfrage bei Frachten und Schiffen, ja sogar politische Gesichtspunkte bei der Entscheidung des Reeders bzw. des Kapitäns über die Benutzung des Nord-Ostsee-Kanals eine große Rolle spielen.

Diese Faktoren sind natürlich einer laufenden Veränderung unterworfen. Aber der Nord-Ostsee-Kanal muß als wichtige Schiffahrtsstraße auf seine Verpflichtung für den internationalen Verkehr Rücksicht nehmen, und diesem Gesichtspunkt kommt gerade in der Verbindungszone zwischen den drei Wirtschaftssystemen EWG, EFTA und COMECON eine stärkere wirtschaftliche und politische Bedeutung zu als bei anderen Wasserstraßen. Das Land Schleswig-Holstein, das als erstes Bundesland schon 1963 ein „EWG-Anpassungsprogramm" vorlegte, sieht in der Vorbereitung eines wirtschaftlichen, kulturellen und politischen Ausgleichs seine künftige besondere Rolle. Auch seine Interessen sind bei der Festsetzung von Kanalgebühren — deren Neuordnung jedesmal der Anhörung des Bundesrats bedarf — zu beachten und stehen gelegentlich den Forderungen des Bundes auf Erhöhung seiner Einnahmen gegenüber.

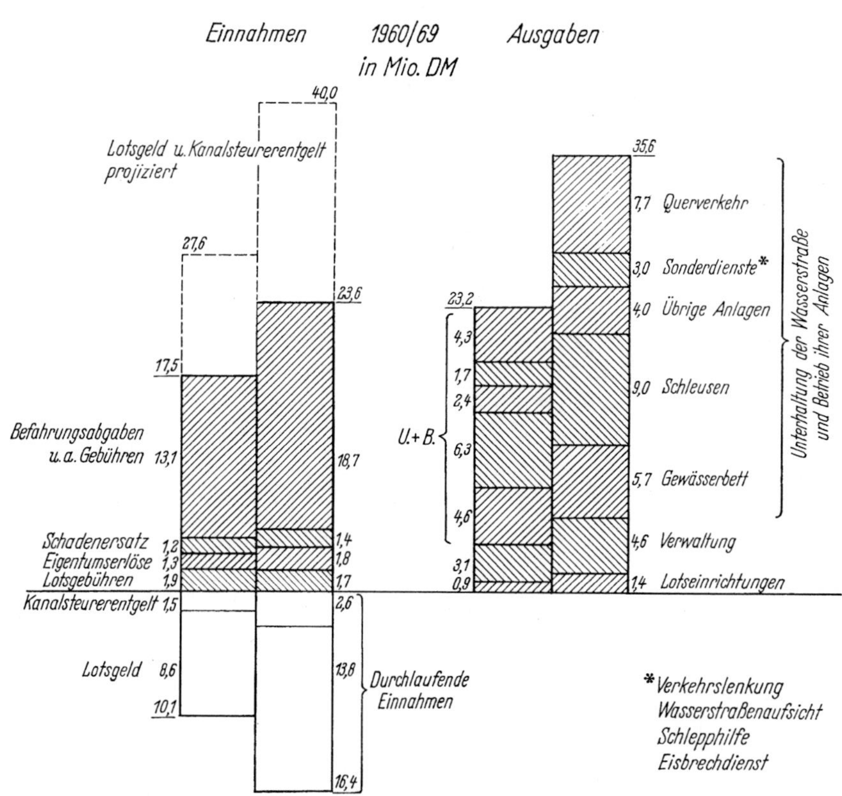

Abb. 10. Verhältnis der Einnahmen und Ausgaben.

Die Möglichkeit, die laufenden Ausgaben für Betrieb und Unterhaltung des Nord-Ostsee-Kanals zu senken, ist durch den besonderen Charakter der Ausgaben einer Schiffahrtsstraße sehr beschränkt, für die der Bund auch den vollen Betrieb und die Aufgaben des Verkehrs wahrnimmt. Wie stark hier die Betriebsausgaben dominieren, geht aus Abb. 10 hervor, in der für das Jahr 1970 die verschiedenen Ausgabenarten in ihrem Verhältnis zueinander dargestellt sind. Diese Betriebsausgaben stehen aber unverrückbar fest, eine Einsparung ist bei diesem Teil der laufenden Ausgaben unter keinen Umständen möglich, wenn man nicht eine Beschränkung der Sicherheit und Flüssigkeit des Verkehrs in Kauf nehmen will.

Der Nord-Ostsee-Kanal darf nicht nur unter dem engen fiskalischen Aspekt beurteilt werden, sondern bei der Beurteilung muß der Rahmen weiter gesteckt werden, d. h. es muß der volkswirtschaftliche Nutzen des Kanals berücksichtigt werden. Der wichtigste Nutzen des Nord-Ostsee-Kanals besteht darin, daß die ihn passierende Schiffahrt Zeit und Brennstoffkosten gegenüber der Fahrt um Skagen einspart. Die aus Wegeersparnis resultierende Zeitersparnis ermöglicht es dem Reeder, pro Jahr mehr Reisen durchzuführen, wodurch seine Verdienstmöglichkeiten verbessert werden. Die in Geld bewertete Zeit- und Brennstoffkostenersparnis bilden den Verkehrswert. Aus einer Untersuchung der Kanalverwaltung geht hervor, daß die deutsche Flagge der größte Nutznießer des Kanals ist. Nach Abzug der Kanalabgaben von dem gesamten Verkehrswert verblieb der deutschen Schiffahrt ein restlicher Verkehrswert in Höhe von 20,3 Mio. DM (1967), den die Schiffahrt der Bundesrepublik als Gewinn verbuchen kann. Auch die deutschen Häfen — vor allem Hamburg und Bremen — gehören zu den großen Nutznießern des Kanals, denn der größte Teil des durch den Kanal fließenden Schiffsverkehrs hat seinen letzten Abgangshafen bzw. ersten Bestimmungshafen in Hamburg oder Bremen.

Bei der Beurteilung des volkswirtschaftlichen Nutzens des Nord-Ostsee-Kanals muß auch das am Kanal ansässige Dienstleistungsgewerbe berücksichtigt werden, das die Schiffahrt während der Kanalfahrt betreut. An den beiden Kanalenden in Holtenau und in Brunsbüttel werden die Schiffe von den Maklern abgefertigt und mit Proviant, Trinkwasser und anderen Gegenständen versorgt. Außerdem können die Schiffe an den Bunkerstationen ihre Brennstoffvorräte ergänzen. Notwendige Schiffs- und Maschinenreparaturen können auch durchgeführt werden. Um die Schiffe sicher und schnell durch den Kanal zu lenken, stehen Lotsen und Kanalsteuerer zur Verfügung. Bei der Inanspruchnahme dieser Dienstleistungsbetriebe seitens der Schiffahrt werden Einkommen geschaffen, die dem volkswirtschaftlichen Nutzen des Kanals zuzurechnen sind.

Neben diesen primären Nutzen, die durch die Existenz des Nord-Ostsee-Kanals entstehen, müssen noch die sekundären Nutzen berücksichtigt werden, die die Produktionsbedingungen anderer Betriebe positiv beeinflussen. Wenn man die Gesamtzahl der Menschen zusammenfaßt, die durch die Existenz des Kanals Arbeit finden, so kommt man auf eine Zahl von ungefähr 400 000. Das bedeutet, daß mehr als 10% der schleswig-holsteinischen Bevölkerung ihren Lebensunterhalt dem Vorhandensein des Kanals zu verdanken haben. Diese Zahl ist ein beredtes Zeugnis dafür, daß der Nord-Ostsee-Kanal für die Wirtschaft Schleswig-Holsteins ein bedeutender Faktor ist.

Der Querverkehr am Nord-Ostsee-Kanal

Eine künstliche Wasserstraße wie der Nord-Ostsee-Kanal durchschnitt bei ihrem Bau eine große Zahl von Querverbindungen für Straßen- und Eisenbahnverkehr, die als Brücken, Drehbrücken oder Fähren wiederhergestellt werden mußten. Fünf Hochbrücken, ein Straßen- und ein Fußgängertunnel überführen die wichtigsten Straßen- und Eisenbahnverbindungen. Die weniger bedeutenden Wege und Landstraßen sind durch insgesamt 13 Wagenfähren und eine Fußgängerfähre bei Holtenau überführt. Heute kreuzen bereits 6 Bundesstraßen, darunter eine Europastraße, den Kanal. Bei Levensau, Rendsburg und Grünenthal überführen Hochbrücken die dort seit

Abb. 11. Tunnel Rendsburg (Aufnahme: Foto-Wagner, Rendsburg).

altersher bestehenden Eisenbahnlinien. Sie wurden teilweise über den Kanal in den ersten Jahrzehnten noch von Drehbrücken aufgenommen, die aber weder für den Schiffs- noch für den Landverkehr tragbar waren und bei der Erweiterung des Kanals durch feste Brücken ersetzt wurden. Die letzte Drehbrücke in Rendsburg ist 1961 durch zwei Tunnel abgelöst, und den Straßentunnel Rendsburg durchfuhren schon im ersten Jahr nach seiner Eröffnung vor 10 Jahren nicht weniger als 4,2 Mio. Kraftfahrzeuge, während er 1970 mehr als die doppelte Zahl, 9,3 Mio., aufzunehmen hatte.

In diesem Zahlenverhältnis liegt die Schwierigkeit, die heute die Überführung des Querverkehrs macht und die auch die hindernde Rolle einer solchen sich quer durch das Land ziehenden Wasserstraße für die Verkehrswirtschaft deutlich macht: Der vor dem Bau des Kanals bestehende örtliche und regionale Querverkehr hat sich im Zuge der Entwicklung des Kraftverkehrs weitgehend zu einem überregionalen, ja internationalen Verkehr gewandelt. Er verlangt an vielen Stellen eine Anpassung an die unvergleichlich höhere Belastung und Rücksichtnahme auf die besonderen Anforderungen schnellen und starken Landstraßenverkehrs, den man Jahrzehnte vorher noch gar nicht kannte. Noch beim Bau des Straßentunnels in Rendsburg (Abb. 11) glaubte man, mit einer neuzeitigen vierspurigen Unterführung allen Verkehrsansprüchen in weiter Zukunft gewachsen zu sein. Aber schon während der Bauzeit des Tunnels — der ersten Untertunnelung einer Wasserstraße in Deutschland seit dem Elbtunnel im Jahre 1913! — mußten sich die Straßenbauingenieure mit der Nord-Süd-Autobahn und ihrer Überführung über den Kanal beschäftigen — zehn Jahre später ist die Autobahnbrücke über den Rader Durchstich (Abb. 12) im Bau und hoffentlich zum Zeitpunkt der Segelolympiade in Kiel 1972 fertig.

Abb. 12. Autobahnbrücke über den Rader Durchstich.

Auch für die Hochbrücke in Grünenthal ist ein Neubau geplant, mit dem dann gleichzeitig auch den Belangen der Schiffahrt durch Streckung der unter der Brücke liegenden Gegenkurve des Kanals Rechnung getragen wird.

Nach den Planungen der Straßenbauverwaltung verlangt der seit Jahren immer zunehmende Straßenverkehr zur Westküste — hier spielt auch der von der Landesregierung stark geförderte Fremdenreiseverkehr eine besondere Rolle — im Raum zwischen Brunsbüttel und Grünenthal noch eine weitere Schnellstraßenbrücke, die etwa bei Hohenhörn liegen und Verbindung zu der südlich des Kanals geplanten Ost-West-Autobahn erhalten wird.

Der schwierigste Kreuzungspunkt ist aber ohne Zweifel der westliche Endpunkt des Kanals, der Raum Brunsbüttel-Ostermoor. Hier wird heute die Bundesstraße 5, die „Grüne Küstenstraße" unmittelbar vor den Schleusen mit je einer Doppelfähre unter Einsatz von zwei leistungsfähigen 100-t-Fährschiffen überführt. Bei der oft eintretenden Überlastung der Fähre Brunsbüttel steht zwar noch eine nahegelegene Ausweichstelle bei Ostermoor mit zwei 45-t-Fähren zur Verfügung, aber von den 5,56 Mio. Kraftfahrzeugen, die 1970 über alle 13 Kanalfähren fuhren, benutzten allein 1,8 Mio. Kraftfahrzeuge die Fähren in Brunsbüttel/Ostermoor, also fast ein Drittel! Damit ist aber die Leistungsfähigkeit dieser Fährengruppe nicht nur erreicht, sondern schon überschritten. Zur Zeit des sommerlichen Fremdenverkehrs, in den Hauptzeiten des Berufsverkehrs morgens und abends bilden sich lange Schlangen an den Schranken der Fähren und in eisstarken Wintern wie 1969/70 wurden die Fähren nur noch mit außerordentlichen Anstrengungen ihres Personals und Materials den Anforderungen gerecht. In der Erkenntnis, daß bei solchen Verkehrszahlen das Zeitalter der Fähren vorbei ist, verlangt der moderne Kraftverkehr unerbittlich die Schaffung eines festen Überganges in Brunsbüttel. Dabei ist zu berücksichtigen, daß das industrielle Entwicklungsprogramm der Landesregierung für Brunsbüttel eine erhebliche Industrieansiedlung vorsieht und mit der Ausführung im Jahre 1970 durch den Bau eines Kernkraftwerks als Hauptenergiequelle dieses Raumes auch schon erfolgreich begonnen worden ist. Hier entstehen also noch zusätzliche Verkehrsprobleme und die Wasser- und Schiffahrtsdirektion ist der Ansicht, daß nur der baldige Bau eines vierspurigen Straßentunnels mit einer ähnlichen Verkehrsleistung wie der des Rendsburger Tunnels diese Probleme zu lösen in der Lage ist.

Der Nord-Ostsee-Kanal als Hafenstandort

Für diese Ansiedlung von Industriebetrieben bietet der Nord-Ostsee-Kanal die besten Voraussetzungen. Brunsbüttel am Eingang des Kanals von der Elbe her hat sich zu einem schon bedeutenden Hafenstandort entwickelt [8]. Hier prägt sich ganz besonders aus, daß der Kanal für die schleswig-holsteinische Industrie die Lebensader ist und daher auch für die industrielle Entwicklung des Landes von überragender Bedeutung. Das gilt nicht nur für die überwiegend absatzorientierte Seehafenindustrie — wie z. B. Schiffswerften —, sondern auch für die Firmen, die primär seehafengebundene Unternehmen mit Erzeugnissen beliefern oder Erzeugnisse der Seehafenindustrie abzunehmen in der Lage sind. Auch für viele landwirtschaftliche Betriebe ist der Kanal eine wichtige Verkehrsverbindung. Für die fischverarbeitenden Betriebe und den Seefischmarkt in Kiel verkürzt er die Zufahrt zu den Fangplätzen. Zahlreiche Betriebe der gewerblichen Wirtschaft, Produktionsstätten chemischer und petrochemischer Industrie, holz- und metallverarbeitende Unternehmungen, Beton-, Baustoff- und Kalksandsteinwerke sind vom Kanal als ihrer Hauptzufahrtsstraße abhängig.

In noch höherem Maße gilt dies natürlich für die bedeutenden Schiffswerften am Kanal, für die vielen Ausrüstungsfirmen, Großbunkerstationen, Schiffsmaklerfirmen und alle in der Schiffahrt tätigen Unternehmen. Dabei ist sich die Kanalverwaltung dessen bewußt, daß die Attraktivität des Kanals für die internationale Schiffahrt in hohem Maße auch von diesen mit der Schiffahrt eng verbundenen Firmen abhängt. Diesen „Service" zu unterstützen und zu stärken bemüht sich die Kanalverwaltung nach Kräften — obwohl gelegentlich auch Betriebserschwernisse mit ihm verbunden sind. Hier muß eine günstige Symbiose zwischen dem Durchgangsverkehr der internationalen Schiffahrt — der Hauptaufgabe des Kanals — und der Versorgung der Wirtschaft des Landes über die Kanalhäfen gefunden werden.

Diese beiden Aufgaben lassen sich am besten bei Konzentration der Hafenaufgaben an den wichtigsten Hafenschwerpunkten lösen. Daher hat die Kanalverwaltung von Anfang an die Entstehung von wassergebundenen Umschlagsbetrieben nur an den Endpunkten des Kanals und in seiner Mitte, in Rendsburg, gefördert. Geschlossene Industriegebiete wie in Rendsburg und Brunsbüttel sind gute Hafenstandorte für jeglichen Umschlagsverkehr. Die Betreuung der damit zusammenhängenden Häfen ist dann Sache der Landesregierung, die z. B. in Brunsbüttel einen Landesölhafen für den Umschlag der Erdölindustrie an der Westküste errichtet hat, oder der Kommunalverwaltungen, wie im Kreishafen Rendsburg oder im Nordhafen in Kiel.

In Brunsbüttel hat sich in den letzten 10 Jahren ein bedeutender Schwerpunkt der Wirtschaft der Westküste entwickelt [9]. Zu dem seit 1917 bestehenden Rhenania-Phosphat-Düngerwerk der Kalichemie Hannover kam 1952 der Umschlag für die 35 km nördlich des Kanals von der DEA errichtete erste deutsche Thermofor-Catalytic-Cracking-Anlage, die von der Texaco übernommen worden ist und jährlich 3,4 Mio. t Rohöl verarbeitet. Die Erdölumschlagsanlage im Landesölhafen ist mit der Raffinerie in Hemmingstedt durch Pipelines verbunden. Die dort angesiedelten petrochemischen Werke errichteten Tankanlagen von 500 000 m³ Inhalt.

Die Condea nördlich des Kanals produziert vorzugsweise Fettalkohole, die Mineralöl AG (MAWAG) auf der Südseite importiert schweres Rohöl (Kapazität 550 000 t Bitumen jährlich) in der Hauptsache für den Inlandsbedarf.

Der jährliche Umschlag in Brunsbüttel betrug 1970

in den Kanalhäfen rd. 4,0 Mio. t

am Elbehafen   rd. 2,0 Mio. t

zusammen über   rd. 6,0 Mio. t

Im ganzen arbeiten an Schiffahrts- und Hafenaufgaben in Brunsbüttel über 3 000 Personen, darunter 200 Kanallotsen, 350 Elbelotsen und 115 Kanalsteurer, 900 Bedienstete der Kanalverwaltung des Wasserbauamts, des Kanalamtes, des Zolls, der Wasserschutzpolizei usw. Für die in Kürze dort erwartete neue Industrie rechnet man mit 5 000 bis 8 000 Arbeitsplätzen. Brunsbüttel — heute eine Stadt von 12 000 Einwohnern, wird dann — nicht zuletzt durch seine günstige Lage am Endpunkt des Nord-Ostsee-Kanals — ein „Bundesausbauort" mit 35 000 Einwohnern werden.

Was eine solche Industrie-Ansiedlung für die Westküste Schleswig-Holsteins, insbesondere für den Raum Brunsbüttel, bedeuten wird, läßt sich heute noch kaum übersehen. Die Voraussetzungen für die Energie- und Chemie-Industrie liegt in der Hauptsache in dem unmittelbaren Anschluß an einen leistungsfähigen Tiefwasserhafen, den neuen Elbehafen am nördlichen Elbufer unmittelbar an der Einfahrt zum Nord-Ostsee-Kanal. Hier finden die Schiffe 16 m Wassertiefe an einem 1 100 m langen Kai vor, die verschiedene Tanker bis zu 250 000 tdw im Jahre 1970 bereits ausgenutzt haben. Erdöl- und Ölprodukte, Massengut, Stückgut, Container usw. können mit den leistungsfähigen Umschlaggeräten bearbeitet werden [9].

Aber auch der Schiffsverkehr auf dem Nord-Ostsee-Kanal wird von dem industriellen Schwerpunkt Brunsbüttel beeinflußt werden. Schon heute spielen die Schiffe, die den Kanal als Hafen benutzen — als sogenannter „Teilstreckenverkehr" bezeichnet — eine große und wichtige Rolle gegenüber dem „Durchgangsverkehr", der nach wie vor Hauptaufgabe des Nord-Ostsee-Kanals bleibt. Im Teilstreckenverkehr benutzen den Kanal als Hafen bereits 21% des Gesamtverkehrs der Handelsschiffe, davon entfällt der überwiegende Teil auf die Weststrecke, praktisch in der Hauptsache auf Brunsbüttel (54%). Für übergroße Schiffe ist die Zufahrt zum Landesölhafen schon 1962 auf 12 m vertieft worden.

Im Einsatz für die Sicherheit der Kanalschiffahrt

Die Kanalverwaltung bemüht sich in jeder Hinsicht, der internationalen Seeschiffahrt eine sichere und schnelle, moderne Schiffahrtsstraße zur Verfügung zu stellen. Der Gesichtspunkt der Verkehrssicherheit war ja schon für den Bau des Vorgängers des Nord-Ostsee-Kanals maßgebend gewesen — damals als unbedingte Notwendigkeit gegenüber der vor 200 Jahren höchst unsicheren Fahrt um Skagen! Es gibt noch Karten aus dieser Zeit mit Eintragung der jährlichen Schiffsunfälle an der Westküste der jütischen Halbinsel!

Im Zeichen schnellerer Schiffahrt tritt die Abkürzung der Reiselänge und der Fahrzeit besonders bei den vielen Küstenschiffen in den Vordergrund, die aber den Kanal auch als eine besonders sichere Schiffahrtsstraße gern benutzen. Die Kanalverwaltung ist sehr froh, daß die Zahl der Unfälle im Nord-Ostsee-Kanal seit Jahren abnimmt. Eine Unfallziffer von 3,4⁰/₀₀ ist außerordentlich niedrig. Bezogen auf die Durchfahrt von 74 000 Schiffen bedeutet sie, daß nur jedes dreihundertste Schiff im Kanal eine Havarie hatte! In diesen Zahlen sind die Schäden an Kanalanlagen und die Beschädigung von Schiffen bei Kollisionen zusammengefaßt. Die Unfallursache wird vom Kanalamt anhand der Aufzeichnungen seines Tag und Nacht eingesetzten nautischen Außendienstes genau verfolgt, um die Sicherheit durch geeignete Maßnahmen noch zu verbessern. Mit 20% stehen Nebel und unsichtiges Wetter an erster Stelle, aber auch Maschinen- und Ruderversagen (14%) und Verhalten entgegen der Betriebsordnung (12%) sind häufig die Ursache von Schäden an Schiffen oder Kanalanlagen. Die Kosten der Beseitigung von Schäden an Schleusen, Dalben usw. betrugen 1969 immerhin rd. 1,2 Mio. DM. Die Beseitigung von 14 größeren Schäden an den Schleusentoren kostete in diesem Jahre nur 105 000 DM, im Jahre 1968 betrugen die Torschäden nicht weniger als 585 000 DM.

Die laufenden Bemühungen der Wasserbauämter und des Kanalamtes um die Sicherheit des Schiffsverkehrs auf dem Nord-Ostsee-Kanal kommen der Schiffahrt zugute. Ein großer Anteil an diesem Erfolg ist auf die Tätigkeit der beratenden Lotsen des Kanals zurückzuführen, deren Aufgabe in dieser Zeit der Behinderungen durch die Bauarbeiten nicht einfach ist. Wenn an manchen Tagen 350 Schiffe den Kanal durchfahren, hängt die Sicherheit der Schiffe von der Schiffsführung unter Beratung erfahrener Lotsen ab, die ihr Augenmerk auf einen schnellen und sicheren Verkehr lenken. 79% der durchfahrenden Schiffe nehmen einen Lotsen, 26% dazu einen „Kanalsteurer", der die Ruderführung bei der Durchfahrt übernimmt und damit seine Erfahrungen beim Passieren gewisser schwieriger Stellen zur Verfügung stellt. Jeweils zwei Kanalsteurer lösen sich bei der Durchfahrt von 7 bis 9 Stunden in der Führung des Ruders ab. Sie werden auch von solchen Schiffen gern angenommen, für die nach der Betriebsordnung hierzu keine Verpflichtung besteht, Geübte Rudergänger sind heute in der Zeit der Automation von Schiffsführung und Ruderbedienung selten geworden.

Entwicklung des Verkehrs im Nord-Ostsee-Kanal 1960 bis 1970

Nachdem der Schiffsverkehr seit 1950 von 32 200 auf 54 000 Schiffe im Jahre 1960, also um 70% gestiegen war [10], entwickelte er sich im 7. Jahrzehnt verhältnismäßig gleichmäßig — wenn man einmal von dem Jahr 1963 absieht, in das ein sehr langer und harter Eiswinter fiel. Solche Perioden machen sich im Kanalverkehr sofort stark bemerkbar, der natürlich in erster Linie von strukturellen oder konjunkturellen Schwankungen in der Schiffahrt abhängt, die sich immer wieder im Angebot an Schiffsraum und Schwankungen im Frachtenmarkt auswirken. Die grafische Darstellung des Schiffsverkehrs auf dem Nord-Ostsee-Kanal — hier beschränkt auf die Handelsschiffe von 1960 bis 1970 (Abb. 13) — zeigt in diesen Jahren verhältnismäßig geringe Schwankungen. Die Kurven der Schiffszahl und des Güterverkehrs halten sich im großen ganzen auf der gleichen Höhe (60 000 Schiffe und 50 Mio. bis 55 Mio. t im Jahr). Gegenüber dem Rekordjahr 1964 gehen sie etwas zurück. Das gilt aber auch für die in Abb. 13 eingetragenen Schiffszahlen im Großen Belt, soweit sie von der Wasser- und Schiffahrtsdirektion Kiel ermittelt werden konnten. Das war aufgrund von Vergleichen der Schiffahrtsbewegungen zwischen deutschen und ausländischen Häfen in den Jahren 1963 bis 1968 auf den drei verschiedenen Routen Nord-Ostsee-Kanal, Großer Belt und Öresund möglich. Die Schiffszahlen zeigen, daß der Nord-Ostsee-Kanal im Jahre 1965 etwa 50%, im Jahre 1968 etwa 48% des Gesamtverkehrs aufnahm.

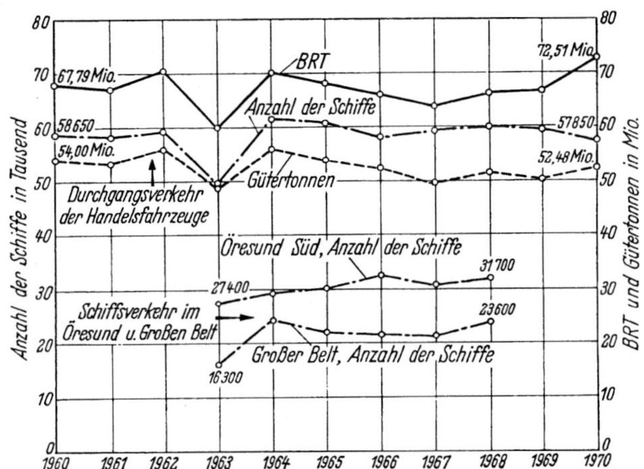

Abb. 13. Durchgangsverkehr der Handelsfahrzeuge 1960 bis 1970 im Kanal und Schiffsverkehr im Öresund und Großen Belt.

Die Bruttoregistertonnage der den Nord-Ostsee-Kanal durchfahrenden Schiffe hatte mit 72,51 Mio. BRT im Jahre 1970 einen Höhepunkt, der das Ergebnis des Jahres 1964 noch übertrifft.

Der geringe Abfall in der Schiffszahl bei gleichzeitigem Anstieg der Tonnage und des Güterverkehrs im Jahre 1970 weist darauf hin, daß auch beim Kanal die großen Schiffe über 8 000 BRT an Zahl zunehmen. Das geht auch aus der folgenden Darstellung des Verhältnisses der Schiffsgrößen zueinander hervor:

Änderung der Tonnage (in BRT), geordnet nach Schiffsgrößen

Schiffsgrößen	1965	1969	1970
bis 500 BRT	14 Mio.	14,8 Mio.	13,3 Mio.
501 bis 6000 BRT	29 Mio.	29,3 Mio.	30,6 Mio.
6001 bis 8000 BRT	8 Mio.	5,6 Mio.	6,5 Mio.
8000 bis 10000 BRT	3 Mio.	5,9 Mio.	7,4 Mio.
über 10000 BRT	12 Mio.	11,2 Mio.	13,0 Mio.

Hier handelt es sich um die Auswirkungen struktureller Veränderungen in der Seeschiffahrt, die in dem Zug zum großen Tanker und Massengutschiff ihren Ausdruck finden. Schiffe mit Tiefgängen über 9,5 m sind allerdings für den Kanal nicht zugelassen, aber sehr viel größere Tiefgänge können auch die anderen Ostsee-Eingänge — Belt und Sund — ohnehin nicht passieren. Etwa 15 m ist auch für den Großen Belt die Grenze.

Der Nord-Ostsee-Kanal ist schon immer ein Indikator der wirtschaftlichen Entwicklung, vornehmlich in Europa, aber auch darüber hinaus gewesen. Außer den statistisch erfaßten strukturellen Wandlungen der Schiffahrt und der Güterströme haben eine Reihe anderer wirtschaftlicher, aber auch politisch bedingter Faktoren den Verkehr auf dem Nord-Ostsee-Kanal mehr oder weniger stark beeinflußt. Neben der Nahostkrise und der Rezession in der europäischen Wirtschaft 1966/67 soll vor allem auf die Auswirkungen der Wirtschaftspolitik der drei Wirtschaftsblöcke EWG, EFTA und COMECON mit ihren ständig wachsenden inneren Handelsbeziehungen und ihren besonderen Schwerpunkten hingewiesen werden.

Die Hauptgüterarten im Durchgangsverkehr des Nord-Ostsee-Kanals sind in ihrer Entwicklung im letzten Jahrzehnt in Abb. 14, getrennt nach Fahrtrichtung, eingetragen [10]:

In der Beförderung von Ost nach West stehen neben Stückgütern (10,76 Mio. t) Kohle (5,5 Mio. t), Holz (5,48 Mio. t) und Erdöl (3,76 Mio. t) im Vordergrund. Von Westen nach Osten werden neben Stückgütern, die mit 7,55 Mio. t auch hier an der Spitze liegen, hauptsächlich Erdöl (4,87 Mio. t) und Baustoffe und sonstige Massengüter (5,33 Mio. t) befördert. Die Bedeutung der Erztransporte durch den Kanal ist in beiden Richtungen zurückgegangen. Die übergroßen Erztransporter fahren heute von Lulea durch den Großen Belt.

Auffällig ist der außerordentlich starke Anstieg des Stückgutverkehrs, der sich seit 1960 (11,8 Mio. t in beiden Richtungen) stetig über 14,5 Mio. t (1964), 15,2 Mio. t (1966), 17,3 Mio. t (1968) auf 18,1 Mio. t (1970) erhöht hat. Der Gesamtanstieg in diesen 10 Jahren war beim Stückgutverkehr von 11,8 auf 18,1 Mio. t über 54%. Das liegt natürlich daran, daß z. B. Holz und Zellulose auch vielfach „palettiert" oder im Container befördert werden. In den Stückgutzahlen sind auch die Transporte von Containern enthalten, die die Kanalverwaltung aufgrund besonderer Zählungen auf 35000 bis 40000 je Jahr schätzt. Befördert werden sie überwiegend mit feeder-lines oder als Beiladungen, da die großen Containerlinien z. B. nach Göteburg den Nord-Ostsee-Kanal nicht benutzen. Die Zahlen zeigen aber, daß die gelegentliche Befürchtung offenbar nicht begründet ist, der stark angestiegene Fährverkehr von Kiel und Travemünde/Lübeck aus nach Skandinavien und Finnland könnte den Stückgutverkehr des Nord-Ostsee-Kanals beeinträchtigen. Die Zahl der Containerverladungen in Lübeck war z. B. im Jahre 1970 demgegenüber nur 2255 Stück.

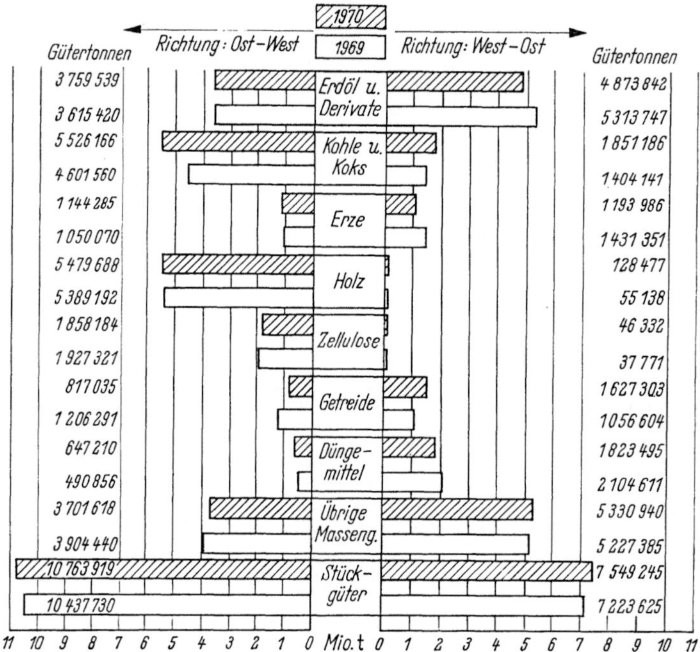

Abb. 14. Die Hauptgüterarten im Durchgangsverkehr 1969 und 1970.

Wenn man aufgrund der vorstehend geschilderten Entwicklung eine Voraussage für die Zukunft des Verkehrs wagen will, so kann sie auch im 7. Jahrzehnt des Nord-Ostsee-Kanals nur positiv sein. Die Kanalverwaltung wird auch in Zukunft alles tun, um dem Kanal seinen Schiffsverkehr möglichst vieler Flaggen dadurch zu erhalten, daß sie ihnen einen schnellen und sicheren Wasserweg zur Verfügung stellt, seinen Betrieb und seine Anlagen weitgehend modernisiert und rationalisiert und der Schiffahrt den „Service" erhält, der den Nord-Ostsee-Kanal besonders attraktiv macht. Daß ihr die internationale Schiffahrt dies Bemühen honoriert, ist erfreulicherweise festzustellen. Der Kanal wird daher auch in Zukunft einen hohen Anteil an dem Verkehr zwischen Nordsee und Ostsee und seine große Bedeutung als internationaler Seekanal behalten.

Schrifttum

1. Jensen, W.: Der Nord-Ostsee-Kanal, eine Dokumentation zur 75-jährigen Wiederkehr der Eröffnung. Neumünster: Karl Wachholtz Verlag 1970.
2. Lorenzen, J. M.: Suez-, Panama- und Nord-Ostsee-Kanal, ihre wirtschaftliche Bedeutung und Betriebsform. Jahrbuch HTG 22 (1952/54).
3. Wegner, H.: Studie über die Wasserwege zu den deutschen Seehäfen. Jahrbuch HTG 23/24 (1955/57).
4. Vogel, G.: Der Schiffsverkehr auf dem Nord-Ostsee-Kanal und die Maßnahmen zu seiner Erhaltung und Sicherung. Schriftenreihe des Seeverkehrsbeirats Heft 23, 1966.
5. Ramacher, H., Plate, U.: Die Sicherung des Nord-Ostsee-Kanals. Jahrbuch HTG 30/31 (1966/68).
6. Heeckt, H.: Alte und neue Aspekte der wirtschaftlichen Bedeutung des Nord-Ostsee-Kanals. Forschungsberichte des Instituts für Weltwirtschaft der Universität Kiel 1969, Heft 8.
7. Vogel, G.: 75 Jahre Nord-Ostsee-Kanal. Hansa 1970, Heft 3.
8. Vogel, G.: Der Nord-Ostsee-Kanal als Hafenstandort. Hansa Sondernummer Mai 1971.
9. Grulich, W.: Brunsbüttel, ein Schwerpunkt für Seeschiffahrt und Industrie. Hansa Sondernummer Mai 1971.
10. Eger, K.: Der NOK-Verkehr im 7. Jahrzehnt. NOK-Hefte der Wasser- und Schiffahrtsdirektion Kiel 1969, Heft 4.

Vorbemerkung. Die Hafenbautechnische Gesellschaft hat mit ihrer im Mai 1971 durchgeführten Tagung in Kiel und der daran anschließenden Studienreise nach Göteborg einen Einblick in die im Ostseeraum anstehenden Schiffahrts- und Hafenprobleme ermöglicht. Die nachstehenden Betrachtungen bezwecken als Ergänzung zu den durch die Tagung gewonnenen Erkenntnissen, ganz allgemein einen Überblick über die Entwicklungen in den bedeutenderen Ostseehäfen zu geben, wobei es zweckmäßig erschien, die seewirtschaftliche Situation an der Ostsee vor dem 1. Weltkrieg bzw. um die Jahrhundertwende an den Anfang der Ausführungen zu stellen.

Die Schriftleitung

Ostseehäfen im Wandel

Von Professor Dr.-Ing. **Arved Bolle**, Hamburg

Die verkehrspolitische Situation im Ostseeraum vor dem 1. Weltkrieg

Vor dem 1. Weltkrieg waren mit Ausnahme von Kopenhagen die Häfen an der Ostsee nicht darauf eingerichtet, regelmäßigen und umfangreicheren Überseeverkehr abzufertigen. Träger der Ostseeschiffahrt waren in jener Zeit neben Segelschiffen, deren Zahl sich aber zusehends verminderte, kleinere und mittlere Dampfer. Transportiert wurden einmal die im Ostseeraum anfallenden Rohstoffe (Getreide, Holz, Salz, Erz) und zum anderen aus Mittel- und Westeuropa stammende industrielle Erzeugnisse. Die wichtigsten Umschlagplätze zwischen Übersee und Ostseeraum waren außer Kopenhagen noch London und Hamburg, welch letzteres mit der Inbetriebnahme des Kaiser-Wilhelm-Kanals (1895) einen günstigen Anschluß an die Ostsee erhalten hatte und diesen auch entsprechend nutzte; hatte der Verkehr Hamburgs mit dem Ostseeraum 1894, also im Jahre vor der Eröffnung des Kanals, 0,5 Mio. t betragen, war er im Jahre 1913 auf 2,75 Mio. t angestiegen[1].

Politisch gesehen waren damals die östliche Küste der Ostsee in russischer, die Südküste von Memel bis Flensburg in deutscher und die Westküste in dänischer und schwedischer Hand.

Von den Häfen der damaligen Zeit seien folgende herausgehoben: Das als Großfürstentum mit Rußland verbundene Finnland, besaß drei wichtige Häfen, im Osten Wiborg, am Finnischen Meerbusen Helsingfors (finnisch Helsinki) und Åbo (finnisch Turku) am Eingang zum Bottnischen Meerbusen. Das Zarenreich verfügte damals an der Ostsee über die Häfen Petersburg, Reval, Riga, Windau und Libau[2]. Da russische Gebiete auch über die deutschen Umschlagplätze Königsberg und Danzig bedient wurden, ergaben sich Wettbewerbssituationen, die u. a. bei der Gestaltung von Eisenbahntarifen ihren Niederschlag fanden.

Der östlichste deutsche Umschlagplatz war damals das am Eingang zum Kurischen Haff gelegene Memel, das im Wettbewerb mit Libau und Königsberg stand; 1913 wurden in Memel 700 000 t umgeschlagen, wobei Holzumschlag eine große Rolle spielte. Das den großen Ostseehäfen zuzurechnende Königsberg verdankte seine Entwicklung der verkehrsgeographisch günstigen Lage an der Mündung des Pregels, welcher den Auslauf eines größeren Binnenwasserstraßennetzes von Rußland her bildet, und der Schiffahrtsverbindung über das Frische Haff zur Weichsel und nach dem Deutschen Reich. Da die Provinz Ostpreußen infolge ihres landwirtschaftlichen Charakters als Hinterland allein nicht ausreichte, bediente Königsberg in großem Umfang auch russische Gebiete in Ein- und Ausfuhr, was dazu führte, daß der bekannte russische Staatsmann Graf Witte (1849—1915) neben Petersburg, Reval, Riga und Libau Königsberg als fünften Ostseehafen Rußlands apostrophierte. 1913 belief sich der seewärtige Gütereingang Königsbergs auf 960 000 t und die Ausfuhr auf 910 000 t (darunter 431 000 t Getreide und Hülsenfrüchte sowie 236 000 t Holz und Holzwaren). Danzig, einst zweitmächtigstes Mitglied der Hanse, war im Zuge der zweiten Teilung Polens 1793 an Preußen gefallen, dessen Verband es bis zum Ende des ersten Weltkrieges angehörte. Danzig bediente, zusammen mit Königsberg, West- und Ostpreußen sowie benachbarte Gebiete des Zarenreiches. Der Güteraustausch mit Rußland wurde jedoch erschwert durch Zölle und den Wettbewerb der Häfen Windau, Libau und Riga; die russische Seite vernachlässigte auch den Ausbau der Weichsel. 1913 wurden im seewärtigen Güterverkehr 1,234 Mio. t ein- und 848 000 t ausgeführt; von der Ausfuhr entfielen 46% auf landwirtschaftliche Produkte und 24% auf Holz und Holzerzeugnisse. Stettin hatte sich dank einer besonders begünstigten wirtschaftsgeographischen Situation (zentrale Lage an der Ostsee, weitreichende Hinterlandverbindungen) zum größten Hafen im Ostseeraum emporgearbeitet. Am seewärtigen Güterverkehr, der sich 1913 auf 6,25 Mio. t belief,

---

[1] Nach Lütgens [25].

[2] Nach Jacoby [3] gingen in der Zeit vor dem 1. Weltkrieg 25—40% des russischen Außenhandels über Reval, Riga, Windau und Libau. Der übrige Verkehr verteilte sich auf Petersburg, die finnischen Häfen und die Schwarzmeerhäfen.

waren in erheblichem Umfang Stückgüter und als Massengüter schwedisches Erz und schlesische Kohle beteiligt. In jener Zeit erstreckte sich das Hinterland Stettins auf die preußischen Provinzen Pommern, Brandenburg (mit Schwerpunkt Berlin) und Schlesien sowie auf Industriegebiete des damaligen Böhmens[1]. Über die Oder, die Stettin zum beachtlichen Binnenhafen macht, wurden der Raum um Berlin, die Elbe sowie Gebiete um Posen und Thorn über Warthe und Netze erschlossen. Die Städte Stralsund, Rostock und Wismar hatten trotz alter Tradition als Hafen- und Handelsplätze auf Grund ihres industriell bedeutungslosen Hinterlandes nur um ein Geringes mehr als lokale Bedeutung. Dagegen hatte sich die alte Hansestadt Lübeck als seewirtschaftlicher Schwerpunkt erhalten dank seiner günstigen Möglichkeiten als Mittler zwischen Kontinent und dem europäischen Norden. Die naturgemäß eingetretenen Verkehrseinbußen, welche der Kaiser-Wilhelm-Kanal als neue direkte Verbindung Ostsee–Nordsee dem Hafen brachte, bemühte sich Lübeck dadurch auszugleichen, daß es sich mit wesentlichen Mitteln am Bau des Elbe-Trave-Kanals (1896—1900) beteiligte und auf diese Weise sich in die Elbe-Häfen einreihte. Während um die Jahrhundertwende seewärtig nur 830 000 t umgeschlagen worden waren, konnten 1913 in Lübeck rd. 2,0 Mio. t erreicht werden. Der Hafen Kiel hatte auf Grund seiner Stellung als Reichskriegshafen (seit 1871), in dem Marineinteressen vorrangig waren, als Handelshafen nur lokale Bedeutung. Flensburg war um die Jahrhundertwende ein wichtiger deutscher Reedereiplatz und hatte als solcher auch Beziehungen nach Übersee.

Ähnlich wie Lübeck wurde auch Kopenhagen, der Haupthafen Dänemarks, vom Bau des Kaiser-Wilhelm-Kanals betroffen, indem sich der Durchgangsverkehr durch den Öresund verringerte. Ein Gegenzug Kopenhagens war die Schaffung eines Freihafens, der 1894 eröffnet wurde und später mehrfach erweitert werden mußte. 1913 hatte Kopenhagen mit 5,2 Mio. t seewärtigem Umschlag eine gute Position erreicht, zumal es, wie schon angedeutet, im Gegensatz zu anderen Ostseehäfen auch Direktverkehr mit Übersee abfertigte.

In Schweden nahm etwa bis zur Jahrhundertwende Stockholm die führende Stellung als Hafenplatz ein. Hand in Hand mit dem Anwachsen des schwedischen Exports nach Gebieten außerhalb Europas kam jedoch der an der Westküste Schwedens günstig gelegene Hafen Göteborg ins Spiel; dort wurde 1904 das erste schwedische Dampfschiffahrtsunternehmen für Überseedienst ins Leben gerufen, und 10 Jahre später unterhielt Göteborg direkten Linienverkehr mit allen Kontinenten. Malmö, über das noch an anderer Stelle ausführlicher gesprochen wird, charakterisierte sich in jener Zeit als aufstrebender Provinzhafen.

Zur Abrundung der Übersicht folgen in Tabelle 1 Angaben über den Seegüterverkehr ausgewählter Ostseehäfen.

Tabelle 1. Seewärtiger Güterumschlag ausgewählter Ostseehäfen im Jahre 1913 (in Mio. t)[1]

	1913		1913		1913
Stettin	6,25	Danzig	2,08	Malmö	0,91
Kopenhagen	5,20	Lübeck	1,99	Reval	0,79
Petersburg	3,01	Königsberg	1,87	Memel	0,70
Riga	2,64	Stockholm	1,47	Kiel	0,62
Göteborg	2,47				

[1] Bei den aus verschiedenen Quellen stammenden Angaben müssen Ungenauigkeiten vorbehalten bleiben.

Die Ostseehäfen zwischen den beiden Weltkriegen

Der Ausgang des 1. Weltkrieges änderte einschneidend das politische und damit auch das wirtschaftliche Bild im Ostseeraum (Abb. 1). Rußland wurde bis auf einen Küstenstreifen am Finnischen Meerbusen von der Ostsee verdrängt; es behielt als Hafen nur Petersburg, dessen Name zunächst in Petrograd und später in Leningrad geändert wurde. Finnland wurde selbständig. In den früheren russischen Randgebieten bildeten sich unabhängige Republiken. Die Republik Estland verfügte über den Hafen Reval (estnisch Tallinn), der zugleich Landeshauptstadt war. Die Republik Lettland konnte sich der Häfen Riga (Hauptstadt), Windau und Libau bedienen. Die Republik Litauen (Hauptstadt Kaunas) war auf Memel als Seehafen angewiesen; das Memelgebiet war durch den Versailler Vertrag von Deutschland abgetrennt worden und figurierte nach einer kurzen Freistaatperiode als zu Litauen gehörendes autonomes Gebiet. Die neu geschaffene Republik Polen war durch den sog. Korridor mit einem 70 km langen Küstenstreifen Anliegerstaat an der Ostsee geworden. Gleichzeitig war Danzig unter Abtrennung vom Deutschen Reich als „Freie

---

[1] Der Raum Sachsen/Thüringen tendierte hafenmäßig nach Hamburg.

Stadt" unter den Schutz des Völkerbundes gestellt und in das polnische Wirtschafts- und Zollgebiet eingegliedert worden. Die Möglichkeit, eigene Seewirtschaft zu betreiben, nutzte Polen, indem es sich, ungeachtet der ihm auferlegten Verpflichtung, Danzig voll auszunutzen, nur 25 km westlich von Danzig den nationalen Hafen Gydnia schuf, der 1923 eröffnet wurde. Was Deutschland anlangt, wurde Ostpreußen durch die umklammernden neuen Staatengebilde Litauen und Polen zur Inselprovinz, wodurch das Hinterland des Königsberger Hafens empfindlich beschnitten wurde. Auch Stettin verlor wesentliche Teile seines früheren Hinterlandes an Polen, während Lübeck von den neuen Grenzziehungen unmittelbar nicht betroffen wurde.

Im einzelnen ist zu bemerken: Der Hafen Königsberg hatte durch die völlige Stagnation des Rußlandhandels und dadurch, daß Polen den seewärtigen Güterverkehr über eigene Umschlagplätze dirigierte, wesentliche Grundlagen verloren. Um die Position gegenüber Wettbewerbshäfen zu erhöhen, wurden mit finanzieller Hilfe der Provinz, des Staates Preußen und auch mit Reichshilfe die schon vor dem Krieg begonnene Erweiterung und Modernisierung des Hafens, ungeachtet aller Schwierigkeiten, ab 1920 durchgeführt; auch der Seekanal wurde vertieft. Ein spürbares Aufwärts für die „Königsberger Hafengesellschaft"[1] brachten aber erst die dreißiger Jahre, als die

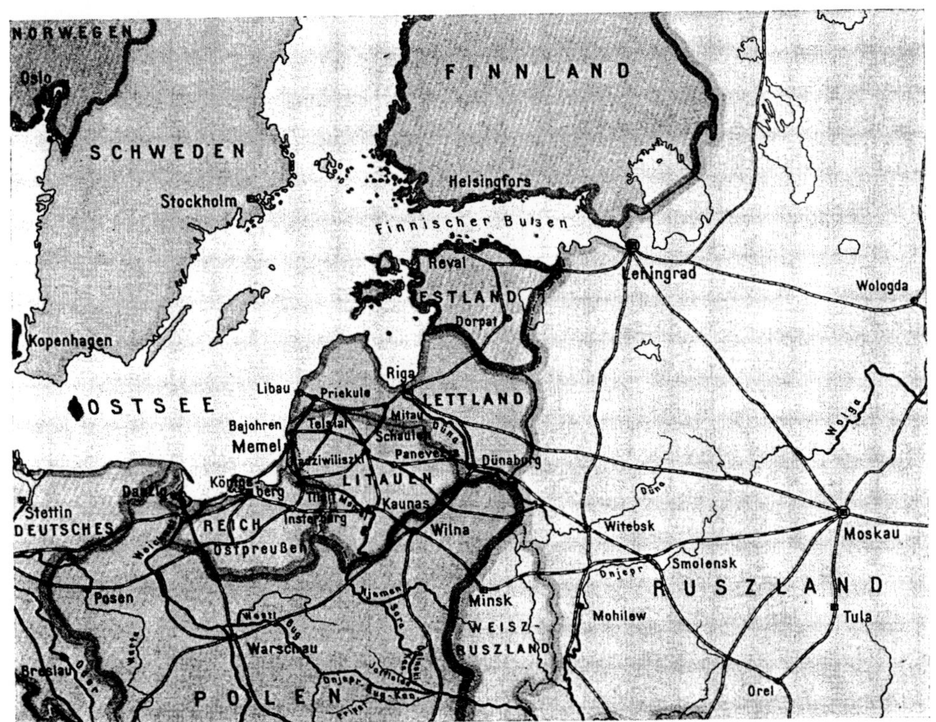

Abb. 1 Die östliche Ostsee zwischen den beiden Weltkriegen

Wirtschaftspolitik des Reiches stärker als vor dem Krieg nach Osten tendierte. Nachdem 1934 mit 2,6 Mio. t der Vorkriegsumschlag überschritten war, stieg der seewärtige Umschlag bis 1938 auf 3,8 Mio. t an; der früher ausschlaggebende Transithandel war durch Umschlag von Massengütern für einheimische Industrie ersetzt worden. Im Danziger Hafen hatte die politische und wirtschaftliche Neuordnung gewisse Hoffnungen erweckt, aber nur solange geglaubt wurde, daß dem Hafen das ganze polnische Territorium als Hinterland zur Verfügung stehe und noch nichts von der Planung des polnischen Nationalhafens bekannt war[2]. Zunächst stieg auch, wie die Tabelle 2 zeigt, der seewärtige Verkehr Danzigs von 2,1 Mio. t im Jahre 1913 auf 8,6 Mio. t im Jahre 1929, womit ein Höhepunkt erreicht war, der erst 40 Jahre später überboten wurde. In den dreißiger Jahren wurde der Seegüterumschlag Danzigs gehemmt und überholt durch den aus Gründen polnischen Nationalprestiges nur 25 km westlich von Danzig erstellten Hafen Gdynia, der sich dank

---

[1] 1931 waren Stadt und Preußen eine Hafengemeinschaft eingegangen, wobei Verwaltung und Betrieb des Hafens der Königsberger Hafengesellschaft übertragen worden waren. Vgl. auch die Fußnote S. 100.

[2] Noch im September 1920 machte der damalige Professor an der Technischen Hochschule Danzig, Geheimrat F. W. Otto Schulze folgende Ausführungen: „Danzig eröffnen sich ferner neue Aussichten für den überseeischen Verkehr, da nach und von Polen bestimmte Güter nicht mehr den Umweg über einen anderen Hafen nehmen werden, sondern unmittelbar dem einzigen Hafen Polens, Danzig, zugeführt werden müssen" ([12, S. 76]).

staatlicher Förderung rasant entwickelte[1]. Impuls für den am 23. September 1922 vom polnischen
Parlament beschlossenen Bau des Hafens Gdynia war der zähe Wille Polens, eigene Seewirtschaft
zu betreiben. Hand in Hand mit der Errichtung von Hafenanlagen wurde zwecks Erschließung von
Hinterland eine Bahnlinie nach Oberschlesien (sog. Kohlenmagistrale) gebaut. Durch erfolgreiche
Bemühungen um Transitverkehr mit der Tschechoslowakei, Ungarn und Rumänien war Gdynia
bald zum Universalhafen geworden. 1938 erreichte Gdynia 9,2 Mio. t und Danzig 7,1 Mio. t Seegüterumschlag. Damit war im Ostseeraum eine polnisch orientierte Hafengruppe entstanden, mit
der sogar die westeuropäische Hafenreihe Hamburg–Antwerpen zu rechnen hatte. Für den Stettiner Hafen, der im ersten Abschnitt der Ausführungen als größter Hafen im Ostseeraum apostro-
phiert worden war, stellte sich als Folge des verlorenen Krieges bald heraus, daß die finanziellen

Tabelle 2. Seewärtiger Güterumschlag der Häfen Danzig, Gdynia und Stettin 1913–1938 (in Mio. t)

	1913	1925	1926	1929	1931	1935	1936	1938
Danzig	2,1	2,7	6,3	8,6	8,3	5,0	5,6	7,1
Gdynia	—	0,05	0,4	2,8	5,3	7,4	7,7	9,2
Stettin	6,3	4,1	5,7	4,9	3,7	6,0	8,3	8,2

Möglichkeiten der Stadt Stettin — der Hafen war Eigentum der Stadt und wurde von ihr betrieben — nicht ausreichten, den seewirtschaftlichen Tendenzen des neuen Ostseeanliegers Polen mit
Erfolg entgegenzutreten[2]. In der Erkenntnis, daß nunmehr übergeordnete nationale Interessen auf
dem Spiel standen, hatte sich der preußische Staat zur Hilfe verpflichtet gefühlt und war 1923
eine Hafengemeinschaft mit der Stadt eingegangen, in die letztere die Hafenanlagen einbrachte.
Mit der Besserung der finanziellen Situation ergab sich ein Ansteigen des Güterumschlages, da die
Hafengemeinschaft bzw. deren Hafenbetriebsgesellschaft sehr bemüht waren, die Kapazität des
Hafens zu erhöhen. Allen Anstrengungen standen aber als nicht zu beseitigende Einflüsse der
Wettbewerb der polnisch orientierten Häfen Danzig und Gdynia und der Verlust umfangreicher
Hinterlandgebiete an Polen gegenüber. Immerhin verblieben Stettin zwischen den Kriegen der
Oderraum, Berlin und das westliche Oberschlesien. Diese Fakten spiegeln sich in den Umschlag-
zahlen der drei Häfen (s. Tabelle 2). Stettin konnte zunächst im Jahre 1926 mit 5,7 Mio. t Güterumschlag dem Friedensstand (1913 6,3 Mio. t) nahekommen, mußte aber in den folgenden Jahren
auf Grund konjunktureller Schwankungen im Reich einen Abstieg bis auf 3,3 Mio. t im Jahre 1932
hinnehmen. Nachdem ab 1933 die Wirtschaftspolitik des Reiches wieder stärker auf den Osten aus-
gerichtet war, erhöhte sich der Umschlag im Stettiner Hafen in den Jahren 1936–1938 auf jeweils
8,0 Mio. t. Was Lübeck anlangt, wurde der Hafen durch die neue politische Lage verhältnismäßig
am wenigsten berührt. Das Haupttätigkeitsfeld Lübecks zwischen den Kriegen blieb Stückgutverkehr mit Mittel- und Ostdeutschland als Hinterland. In den Jahren 1935–1938 wurde in
Lübeck im Durchschnitt ein seewärtiger Umschlag von etwas mehr als 2,0 Mio. t erzielt. Die Häfen
Kiel und Flensburg waren in bezug auf Hinterland im wesentlichen auf Gebiete der Provinz
Schleswig-Holstein angewiesen. Diese Provinz verlor aber dadurch an Gewicht, daß 1920 auf Grund
einer im Versailler Vertrag festgelegten Volksabstimmung Nordschleswig an Dänemark fiel; die
Grenze verläuft seitdem nur wenige Kilometer nördlich von Flensburg.

Kopenhagen hatte schon während des 1. Weltkrieges seinen Freihafen ausgebaut in der Erwartung auf eine dominierende Stellung nach dem Krieg, wobei die Hoffnung auf eine nachhaltige
Schwächung Hamburgs keine geringe Rolle spielte. Die Wirklichkeit sah anders aus, indem sich
für Kopenhagen im Zeitabschnitt zwischen den beiden Weltkriegen folgende Tatbestände ergaben:
Polen als neuer Anlieger an der Ostsee hatte in Gdynia einen beachtlichen Überseehafen geschaffen,
und von der polnisch orientierten Hafengruppe Danzig/Gdynia strahlte beachtlicher Wettbewerb

---

[1] Um dem Wettbewerb zwischen den beiden Häfen die Schärfe zu nehmen, hatten die Regierungen von Polen und
Danzig 1933 ein Abkommen getroffen, das Danzig einen angemessenen Anteil am seewärtigen Verkehr sichern sollte.

[2] Preußen hatte in den Jahren 1870–1896 an der Ostseeküste die Umschlagplätze Swinemünde, Kolberg, Rügenwalde,
Stolpmünde, Neufahrwasser, Pillau und Memel als Staatshäfen übernommen. Die größeren städtischen Häfen Kiel,
Stettin, Danzig und Königsberg konnten ihre Selbständigkeit bis nach dem 1. Weltkrieg erhalten und wurden auch
später nicht reine Staatshäfen, sondern Organismen mit relativ großer Selbständigkeit, an denen allerdings Preußen
maßgeblich beteiligt war. Man trug damit der Erfahrung Rechnung, daß man einem Hafenbetrieb die Möglichkeit geben
muß, nach wirtschaftlichen Gesichtspunkten zu arbeiten.

Für den Wettbewerb mit einem neuen und sozusagen dynamischen Anliegerstaat an der Ostsee lagen vom Deutschen
Reich aus gesehen keine günstigen Voraussetzungen vor. In der Wilhelminischen Zeit war der Blick Deutschlands, mehr
als für den Osten gut war, auf die Nordseehäfen und deren Hinterlandverbindungen gerichtet gewesen. Staatlicherseits
hatte man die Entwicklung der größeren Ostseehäfen (hier Stettin) den Städten als lokale Aufgabe überlassen. Für Stettin
speziell wäre es auch günstiger gewesen, wenn die Oder besser ausgebaut gewesen wäre.

aus. Der Hamburger Hafen hatte sich schon einige Jahre nach dem 1. Weltkrieg wieder erholt und 1928 mit 29,6 Mio. t den Güterumschlag der Vorkriegszeit erheblich überschritten. Von den skandinavischen Häfen entwickelte Göteborg große Aktivität in Richtung Übersee, und schließlich gelang es auch den dänischen Provinzhäfen, Verkehr vom Haupthafen Kopenhagen abzuziehen. Im Jahre 1938 lag der seewärtige Güterumschlag in Kopenhagen bei 6,2 Mio. t (1913 5,2 Mio. t).

Die beiden schwedischen Haupthäfen Stockholm und Göteborg hatten zwischen den beiden Kriegen normale Fortschritte gemacht; in bezug auf Güterumschlag lagen sie vor Beginn des 2. Weltkrieges mit je etwa 4,5 Mio. t ziemlich gleich. Die Tabelle 3 gibt eine Übersicht des Güterverkehrs wichtiger Ostseehäfen unmittelbar vor dem 2. Weltkrieg.

Tabelle 3. Seewärtiger Güterumschlag ausgewählter Ostseehäfen im Jahre 1938 (in Mio. t)[1]

	1938			1938			1938
Gdynia	9,2	Kopenhagen		6,2	Königsberg		3,8
Stettin	8,2	Göteborg	rd.	4,5	Lübeck		2,0
Danzig	7,1	Stockholm	rd.	4,5	Kiel		0,8

[1] Abgerundete Werte; Ungenauigkeiten vorbehalten.

Expansive Hafenentwicklung im Ostseeraum nach dem 2. Weltkrieg

Der Ausgang des letzten Krieges hat von neuem die politische und damit auch die wirtschaftliche Situation im Ostseeraum grundlegend verändert. Eine der folgenschwersten Auswirkungen war die umfassende Stärkung der seewirtschaftlichen Möglichkeiten der UdSSR. Der ostkarelische Hafen Wiborg (Viipuri) mußte an die Sowjetunion abgetreten werden. Die Randstaaten Estland, Lettland und Litauen und damit die Häfen Reval (Tallinn), Riga, Windau (Wentspils), Libau (Liepaja) und Memel (Klaipeda) wurden Bestandteile der UdSSR; Königsberg (Kaliningrad) kam unter russische Verwaltung. Auch Polens seewirtschaftliche Stellung war erheblich gestärkt worden, indem dieses Land seit 1945 über 580 km Seegrenze mit den Häfen Danzig, Gdynia und Stettin verfügt. Die 1949 konstituierte Deutsche Demokratische Republik hat Rostock und Wismar zu größeren Umschlagplätzen entwickelt. Die Bundesrepublik behielt an der Ostsee lediglich die schleswig-holsteinischen Häfen Lübeck, Kiel und Flensburg und partizipiert zusammen mit Dänemark und Schweden an den Ostseezugängen. Hinsichtlich der politischen Grenzen von Dänemark und Schweden hatten sich keine Veränderungen ergeben. Aus dem Gebiet der Wirtschaft im Ostseeraum ist herauszustellen, daß die mit Hilfe des „Rats für gegenseitige Wirtschaftshilfe" (Comecon) angestrebte Arbeitsteilung unter den Volkswirtschaften der Ostblockländer, wobei die UdSSR die Führung beansprucht, sich auch auf die Seewirtschaft bezieht[1].

Bei einer Betrachtung der Entwicklungen der einzelnen Häfen im Ostseeraum (Abb. 2) nach dem 2. Weltkrieg sind außer den Folgen der neuen Grenzziehungen noch etliche andere Strukturwandlungen zu berücksichtigen:

a) Bis 1939 standen sich im Verkehrsgeschehen der Ostsee eine Vielzahl von Nationen mit weitgehend individuellen Interessen gegenüber. Heute treffen im Bereich der Ostsee kommunistische und nicht-kommunistische Länder mit völlig unterschiedlicher wirtschaftlicher Grundeinstellung aufeinander. Der seewärtige Außenhandel in Gebieten der heute zum Ostblock gehörenden Staaten hat sich im Vergleich zur Vorkriegszeit erheblich erhöht. Die industrielle Expansion in der UdSSR, in Polen und der DDR erfordert umfangreiche Einfuhren von Investitionsgütern, wogegen Holz, Kohle und andere Rohstoffe zur Ausfuhr kommen. Zu diesem Eigenhandel tritt Transitverkehr von und nach den Binnenländern des Ostblocks. Partner des seewärtigen Außenhandels der Ostblockstaaten wurden westeuropäische Länder, kommunistische Staaten außerhalb Europas (Kuba, China u. a.), verschiedene Staaten Mittel- und Südamerikas sowie junge Staaten in Afrika und Asien. Diese Entwicklung trägt wesentlich dazu bei, daß der externe Ostseeverkehr mehr und mehr weltweite Ausmaße annimmt.

b) Die unter a) skizzierten Tatbestände haben dazu geführt, daß die Handelsflotten der an die Ostsee grenzenden Staaten des Ostblocks erstarken. So verfügten am 1. Juli 1970 Polen über 1,58 Mio. BRT, und die Größe der DDR-Handelsflotte lag bei 1,0 Mio. BRT; gleichzeitig hatte die

---

[1] In der Comecon-Seewirtschaft soll eine weitgehende Koordination der Ausnutzung der Handelsflotten und Häfen erreicht werden. Diese Zielsetzung stößt in der Praxis aber auf Schwierigkeiten, weil nicht nur übergeordnete Comecon-Interessen mit den nationalen Tendenzen der einzelnen Ostblockländer in Einklang zu bringen sind, sonder weil auch eine Einordnung der Blockländer in die internationale Seeverkehrswirtschaft in zunehmendem Maße berücksichtigt werden muß.

Handelsflotte der UdSSR mit 14,83 Mio. BRT den 6. Platz innerhalb der Welthandelsflotte erklommen[1]. Die Handelsflotten Polens und der DDR könnten erheblich größer sein, wenn nicht die Werftkapazität der beiden Länder zwangsweise lange Zeit für den Aufbau der UdSSR-Handelsflotte eingesetzt gewesen wäre. Der Besitz eigenen Schiffsraums und das Betreiben eigenen Linienverkehrs ist für die Ostblockstaaten von besonderer Wichtigkeit, einmal aus devisenwirtschaftlichen Gründen, wofür es keines Kommentars bedarf, zum anderen aber auch deshalb, weil gewisse politisch bedingte Transportleistungen nur mit eigenen Schiffen erbracht werden können. In den letzten Jahren wachsen die Bemühungen der Ostblockflotten, am internationalen Seeverkehr der klassischen Schiffahrtsnationen teilzuhaben, was zwangsläufig kommerzielles Verhalten und unternehmerische Initiative erfordert.

Abb. 2 Bedeutende Ostseehäfen nach dem 2. Weltkrieg

c) Im internen Ostseeverkehr war schon länger auf einer ganzen Anzahl Routen die Schiene in Verbindung mit Waggons trajektierenden Fähren in Wettbewerb mit der Seeschiffahrt getreten. In neuerer Zeit sind zahlreiche Schiffe zum Einsatz gekommen, die (außer Personen und Pkw's) beladene Lastkraftwagen im durchgehenden Verkehr befördern. Zur Zeit verbinden rd. 50 Fährlinien (darunter Schiffe mit 7000—8000 tdw) die Ostsee-Hafenstädte, wofür diese zumeist unter Einsatz erheblicher Mittel spezielle Abfertigungsanlagen gebaut haben[2]. Zu erwähnen ist in diesem Zusammenhang, daß neben neuzeitlichen Schiffstypen (Roll-on/roll-off-Schiffen, Spezialschiffen für Holz- und Papiertransport u. a. m.) auch die zahlreichen transporttechnischen Neuerungen im Seeverkehr, die man unter den Stichworten Einheits- und Durchladungsprinzip, Hafen-zu-Hafen

---

[1] Vergleichsweise verfügten zum gleichen Zeitpunkt (1. Juli 1970) die Länder Finnland über 1,4 Mio. BRT, Schweden über 4,9 Mio. BRT und Dänemark über 3,3 Mio. BRT; die Bundesrepublik Deutschland nahm mit 7,88 Mio. BRT den 8. Platz in der Welthandelsflotte ein.

[2] Vgl. Koch [26]. Die 129 Seiten umfassende Schrift gibt eine instruktive Darstellung, deren Lektüre nur empfohlen werden kann.

und Haus-zu-Haus-Verkehr zusammenfassen kann, in der Ostsee Eingang gefunden haben. Je nach der Höhe zur Verfügung stehenden Mittel richten sich auch zahlreiche Häfen auf Containerumschlag ein, wobei anzumerken ist, daß ein Teil der skandinavischen Reeder zur Zeit noch den Einsatz von Paletten für vorteilhafter hält. Die zunehmenden Rohstofftransporte in Trockenfrachtern und Tankschiffen zwingen die Häfen, ihre Zufahrten, Hafentiefen und Umschlaganlagen den steigenden Schiffsgrößen anzupassen. Damit ist das Problem des Ostseezugangs für tiefgehende Schiffe angesprochen, das für die Anliegerstaaten der Ostsee von brennendem Interesse ist und erst kürzlich wieder auf der Hauptversammlung der Hafenbautechnischen Gesellschaft in Kiel (Mai 1971) behandelt wurde[1]. Von den vorhandenen vier Ostseezugängen (Kleiner Belt, Großer Belt, Öresund und Nord-Ostsee-Kanal)[2] kommt als Zufahrt für große Schiffe nur der große Belt in Frage, der im Augenblick für Durchfahrten mit 12 m Tiefgang bezeichnet ist. Es sind Arbeiten im Gange, die Ostsee zunächst für voll beladene 100000-tdw-Schiffe zugänglich zu machen[3]. Schweden besitzt in Göteborg die Möglichkeit, weit größere Schiffe abzufertigen.

Die mannigfachen wirtschaftspolitischen und seetransporttechnischen Wandlungen, die im Rahmen einer Übersicht hier nur angedeutet werden konnten, haben die Entwicklungen in den Umschlagplätzen rund um die Ostsee nachhaltig beeinflußt (Abb. 2). Die hierunter folgenden Situationsberichte sind auf die Jahreswende 1969/1970 abgestellt; soweit verfügbar, sind auch Daten aus dem Jahre 1970 mit verarbeitet; als wesentliche Quelle für die jüngste Zeit wurde die 1970 erschienene Schrift „Die Wirtschaft im Ostseeraum" [24] herangezogen. Schließlich ist noch anzumerken, daß die über den Seegüterverkehr der Ostseehäfen bekannt werdenden Daten auf unterschiedlichen statistischen Methoden basieren, was besonders bei Vergleichen zu beachten ist.

Von den Häfen Finnlands sollen hier Helsinki, Turku und Kotka herausgestellt werden. Helsinki, Hauptstadt, Handels- und Industriezentrum (0,5 Mio. Einwohner) ist zugleich der wichtigste Hafen des Landes. Der Universalhafen Helsinki stützt sich auf ein dichtes Netz von Hinterlandverbindungen sowie auf eine ständig wachsende Zahl regelmäßiger Fähr- und Liniendienste sowohl innerhalb des Ostseeraumes als auch mit dem übrigen Europa und Übersee. Vom Auslands-Güterumschlag 1969 in Höhe von 3,33 Mio. t entfielen 2,67 Mio. t auf Einfuhren. Im Rahmen eines 1968 angekündigten Zehnjahresplanes werden die Hafenanlagen verbessert, insbesondere sollen ältere Kaiplätze effektiver werden, indem man sie für Roll-on/roll-off-Verkehr einrichtet. Auch in der nächst wichtigen Hafenstadt Turku, an der Südwestecke Finnlands gelegen (rd. 120000 Einwohner) dominiert die Einfuhr mit 1,3 Mio. t innerhalb des 1969 erzielten Auslandsumschlages von 1,9 Mio. t. Turku ist außerdem bedeutender Passagier - und Fährhafen. Kotka (34000 Einwohner) ist Mittelpunkt eines sich rasch entwickelnden Industriegebietes, das wesentlich auf Ausfuhr eingestellt ist. 1969 wurden im Auslandsverkehr 2,44 Mio. t umgeschlagen; 38,9% des gesamten finnischen Papierexports liefen über Kotka. Der Gesamtumschlag (Aus- und Inland) kam 1969 auf 3,9 Mio. t.

Die UdSSR hat jahrelang mit Angaben über die Leistungsfähigkeit ihrer Häfen zurückgehalten, es ist aber bekannt, daß im Rahmen eines Aufbauplanes (1966—1970) nicht unbedeutende Verbesserungen zahlreicher Umschlagsanlagen vorgenommen worden sind. Einen Einblick in die Verhältnisse sowjetischer Ostseehäfen gibt B. Dratschow in der schon erwähnten Schrift „Die Wirtschaft im Ostseeraum" [24]. In diesem Bericht finden sich allgemeine Angaben über die Häfen Leningrad, Tallinn (Reval), Riga, Wentspils (Windau) und Klaipeda (Memel). Im einzelnen wird gesagt, daß sich in Leningrad „der Frachtumschlag des Hafens auf 10,0 Mio. t stellt"; der Umschlag der Binnenschiffahrt wird mit 5,0 Mio. t angegeben. In Tallinn „macht der Güterumschlag im Jahr 1,5 Mio. t aus". In Riga „beträgt der Frachtumsatz mehr als 3,0 Mio. t". In Wentspils „macht der Güterumschlag des Hafens rd. 1,3 Mio. t aus". Wentspils und Klaipeda sind Endpunkte von Mineralölpipelines. Von dem früheren finnischen Hafen Wiborg und von dem ehemals deutschen Hafen Königsberg (Kaliningrad) werden von Dratschow nur die Namen erwähnt.

---

[1] Vgl. Capt. E. Legind, Direktor des dänischen Leuchtfeuerwesens [4]. Die besondere Tätigkeit dänischer Staatsorgane in Bezug auf Ostseezufahrten ist zurückzuführen auf den Öresundvertrag von 1857. Durch diesen internationalen Vertrag wurde der die Schiffahrt hemmende Öresundzoll aufgehoben; zugleich übernahm Dänemark die Verpflichtung, die Betonnung der Gewässer intakt zu halten und die Befahrbarkeit im Interesse der Schiffahrt zu sichern.

[2] Der Kleine Belt ist für eine Passage mit 10 m Tiefgang und der Öresund für Passage mit 8 m Tiefgang bezeichnet (vgl. Hansa 1971, S. 1308). Der Nord-Ostsee-Kanal weist 11 m Wassertiefe auf, der größte erlaubte Schiffstiefgang ist 9,5 m. Der Kanal bewältigt etwa 50% des gesamten externen Ostseeverkehrs (Hansa 1971, S. 1263).

[3] Auf der Kieler Tagung wurde im Vortrag Legind [4] festgestellt, daß es möglich sei, durch das Kattegatt und den Großen Belt eine Route festzulegen mit Wassertiefen, die nicht weniger als 20 m betragen.

In diesem Zusammenhang ist auch auf den instruktiven Vortrag von Dipl.-Ing. Mierzynski [8] vom Seeforschungsinstitut Gdansk hinzuweisen. Der Vortragende befaßte sich u. a. mit den verschiedenen Faktoren, welche für die Bodenfreiheit maßgeblich sind, und wies dabei auf die Tatsache hin, daß der Tiefgang bei Schiffen mit gleicher Tragfähigkeit große Differenzen aufweist.

Die Seehafenwirtschaft der Volksrepublik Polen konzentriert sich heute in den drei großen Häfen Danzig, Gdynia und Stettin. Diese Häfen dienen sowohl dem nationalen Außenhandel als auch dem seewärtigen Handel befreundeter Länder, die über keinen Zugang zur See verfügen. Ferner fungieren die Häfen als Operationsbasen der nationalen Handelsflotte und als Standorte der an Bedeutung zunehmenden hafengebundenen Industrie. Der Gesamtumschlag der polnischen Hafengruppe (s. Tabelle 4) erreichte 1970 die beachtliche Höhe von 36,34 Mio. t bei steigender Ausfuhr[1].

Tabelle 4. Seewärtiger Güterumschlag der Häfen Danzig, Gdynia und Stettin 1950—1970 (in Mio. t)

	1950	1955	1960	1965	1968	1969	1970
Danzig	4,28	5,24	5,91	6,32	8,63	9,00	10,20
Gdynia	5,10	5,04	7,06	8,60	9,69	9,23	9,52
Stettin	5,20	6,77	8,82	11,46	13,86	14,47	16,50
Gesamtumschlag (einschl. Kolberg)	15,44	17,08	21,87	26,62	32,37	32,86	36,34
davon Ausfuhr				15,14	21,90	22,54	24,83

Im Transit wurden 1969 4,4 und 1970 4,7 Mio. t umgeschlagen, wobei der eingehende Verkehr überwog. Die wichtigsten Transitländer sind die CSSR (70% des Gesamttransits), Ungarn und die DDR. Im Verkehr mit dem Hinterland der polnischen Häfen dominiert die Eisenbahn; die Straße spielt als Zubringer für die Häfen keine Rolle. Von der für größere Kähne auf etwa 640 km befahrbaren Oder profitiert Stettin; die Weichsel spielt nur auf 200 km eine Rolle. Der ökonomische Wert der Hinterlandbereiche könnte bei entsprechender Verdichtung und Ausbau der Verkehrsnetze noch weit besser ausgenutzt werden. Von See her stehen den polnischen Häfen Rostock, Hamburg/Bremen, Triest und Rijeka als Wettbewerber gegenüber. Die hier angedeuteten Möglichkeiten intensiverer Ausnutzung des Hinterlandes, ferner die Anpassung der gesamten Seeverkehrswirtschaft an neue Transportmethoden über See und nicht zuletzt die Maßnahmen der Wettbewerbshäfen werden berücksichtigt in einem bei der Zentralbehörde der polnischen Seehäfen in Arbeit befindlichen Entwicklungsplan, der den Zeitraum bis 1985 erfaßt[2].

Die Stärke des Hafens Danzig (Gdansk) liegt in der Ausfuhr (1969 6,94 Mio. t). Der Gesamtverkehr hat sich von 9,0 Mio. t 1969 auf 10,2 Mio. t 1970 erhöht. Wichtige Ausfuhrgüter sind Kohle (1969 3,83 Mio. t), Holz und Stückgüter, während Erz und Getreide eingeführt werden. Der Stück- und Sackgutverkehr (1970 2,2 Mio. t) tritt gegenüber dem Massengut zurück. Schon länger besteht die Absicht, den Hafen zu erweitern. Die letzte Planung, die unter der Bezeichnung ,,Nordhafen" läuft, sieht die Erstellung eines Hafenkomplexes für Mineralöl-, Massengut- und Containerumschlag vor. Die neuen Hafenbecken sind östlich der vorhandenen Anlagen vorgesehen und sollen eine für 100000-tdw-Schiffe befahrbare besondere Zufahrt erhalten. Die Stadt Danzig (370000 Einwohner) ist über bestimmte Abteilungen der dortigen Technischen Hochschule sowie verschiedene Forschungsinstitute in besonderer Weise auf die Seewirtschaft eingestellt. Am Gesamtverkehr des Hafens Gdynia mit 9,23 Mio. t im Jahre 1969 hat die Einfuhr mit 3,8 Mio. t einen relativ großen Anteil. Die Ausrüstung des Hafens ist in besonderer Weise (Spezialeinrichtungen) auf Stückgutumschlag abgestellt; der Stückgutanteil mit rd. 3,0 Mio. t kommt an Umfang der Kohleausfuhr mit rd. 3,3 Mio. t sehr nahe[3]. Der Transitverkehr mit 1,2 Mio. t ist verhältnismäßig hoch. Dank der Pflege des Stückguts ist Gdynia der größte polnische Linienhafen. Schließlich sind Anlagen für Containerumschlag und Fahrgastverkehr zu erwähnen. Gdynia (182000 Einwohner) ist eine aufstrebende Stadt, in der die Zentralbehörde der polnischen Seehäfen und fast sämtliche Unternehmen der polnischen Seewirtschaft ihren Sitz haben. Stettin (Szczecin) war 1969 mit 14,47 Mio. t Seegüterumschlag nicht nur der größte polnische, sondern, wenn das dem Nord- und Ostseebereich zugeordnete Göteborg ausgeklammert wird, der größte Ostseehafen überhaupt (Kopenhagen 11,9 Mio. t). Vom Gesamtumschlag (1969) entfielen 10,05 Mio. t auf die Ausfuhr und davon wiederum 7,3 Mio. t auf Kohle und Koks. Im ein- und ausgehenden Stückgutverkehr lag Stettin mit 1,81 Mio. t in etwa gleicher Höhe mit Danzig (1,84 Mio. t), aber weit hinter Gdynia (3,0 Mio. t)[4]. Der Transitumschlag erreichte 1969 2,4 Mio. t und war damit größer als der

---

[1] Am Gesamtgüterumschlag waren Stettin mit 45,4%, Danzig mit 28,0%, Gdynia mit 26,2% und Kolberg mit 0,4% beteiligt.

[2] In den polnischen Häfen wurden während des letzten Fünfjahresplans (1966—1970) die gesamte Kailänge um 12,7%, die Schuppenanlagen um 23,3% und die Freilagerflächen um 36% erhöht (Deutsche Verkehrszeitung vom 8. 6. 1971, S. 17).

[3] Gesamtumschlag in Gdynia 1970 9,52 Mio. t; davon Stückgutverkehr 3,1 Mio. t.

[4] 1970 wurden in Stettin 16,5 Mio. t (davon 2,2 Mio. t Stückgut) umgeschlagen.

von Danzig und Gdynia zusammengenommen. Stettin zeichnet sich gegenüber den anderen polnischen Häfen durch einen Binnenwasserstraßenanschluß in Gestalt der Oder aus, die auf 648 km bis Kosel schiffbar ist; von Kosel besteht Kanalverbindung nach Gleiwitz. Im Binnenschiffsverkehr wurden 1970 2,3 Mio. t umgeschlagen. Die Oder, deren Verkehrswert noch immer durch im Sommer eintretende niedrige Wasserstände leidet, könnte durch Ausbaumaßnahmen, die eine längere Schiffbarkeit, und zwar für 1000-t-Kähne ermöglichen, dem Stettiner Hafen wesentlichen Verkehrszuwachs bringen. Der Ausbau der Umschlaganlagen in den letzten Jahren sowie die künftige Entwicklung des Hafens müssen im Zusammenhang mit dem Raum Swinemünde gesehen werden. Der Trend zum großen Massengutschiff stellte seinerzeit die Alternative, entweder Ausbau und kostspielige Unterhaltung einer Tiefrinne für Bulkcarrier bei gleichzeitiger Erhöhung der Umschlagkapazitäten in Stettin oder Neuschaffung von Kapazitäten in dem zufahrtsmäßig günstigeren Raum Swinemünde (Swinoujscie). Der zweite Weg wurde als wirtschaftlicher angesehen, zumal sich die Planer bei ihren Erwägungen u. a. auf langfristige Lieferung von Kohle nach Frankreich und den Bau eines Chemiekombinats in Pölitz bei Stettin stützen konnten. Heute werden größere Trockenfrachter entweder zur Gänze in Swinemünde oder auf dem Wege nach bzw. von Stettin geleichtert bzw. aufgefüllt. Damit ist Swinemünde, wo 1969 bereits 2,6 Mio. t umgeschlagen wurden, vom einstigen Vorhafen zum maßgeblichen Ergänzungshafen aufgerückt und bildet mit dem Stammhafen einen Hafenkomplex, der unter Einbeziehung von Seehafenindustrie zum Universalhafen entwickelt wird. Stettin (335 000 Einwohner) beherbergt die Zentrale der großen polnischen Reederei Polska Zegluga Morska (Polish Steamship Co.)[1].

Summa summarum ist die polnische Hafengruppe ein beachtlicher Faktor nicht nur im Ostsee-, sondern auch im Weltseeverkehr.

Um ein Maß für das in den Häfen der DDR Geleistete zu haben, ist ein kurzer Rückblick auf die Zeit vor 1945 von Nutzen. Obwohl, worauf schon hingewiesen wurde, die Häfen Wismar, Rostock und Stralsund auf eine alte Handels- und Schiffahrtstradition zurückblicken konnten, hatten diese im 19. und in der ersten Hälfte des 20. Jahrhunderts mehr und mehr an Bedeutung verloren und spielten vor 1945 im Seeverkehr Deutschlands keine irgendwie ins Gewicht fallende Rolle, da Stettin und Lübeck seewirtschaftliche Schwerpunkte bildeten, die dazwischen nur Häfen provinziellen Charakters Möglichkeiten ließen. Es kam hinzu, daß das unmittelbare Hinterland (nördliches und mittleres Mecklenburg) relativ klein und vor allem industriell bedeutungslos war. Auch waren die Städte nicht groß genug, um den finanziellen Anforderungen, die aus dem ständigen Wachstum der Schiffe resultierten, nachkommen zu können[2]. Im Jahre 1935 wurden in den drei Häfen insgesamt 807 000 t, davon im Auslandsverkehr 550 000 t, umgeschlagen.

In den ersten Jahren nach dem 2. Weltkrieg war die Entwicklung der sowjetisch besetzten Zone in jeder Beziehung unübersichtlich; 1949 wurde die Deutsche Demokratische Republik konstituiert. 1950 verhandelten Vertreter der DDR und Polens über die Pachtung eines Freihafengeländes in Stettin[3]; die Vorstellung damals war, die seewärtigen Im- und Exporte der DDR mit der UdSSR, Schweden und Finnland über Stettin abzuwickeln, wogegen für übrigen Verkehr Wismar ausgebaut werden sollte. Während das Projekt Stettin versandete, wobei als Grund unterstellt werden kann, daß das erwachende Staatsbewußtsein der DDR die seewirtschaftliche Abhängigkeit von einem mächtigen Nachbarn scheute, wurde Wismar ausgebaut. 1950 kamen dort Kaliumschlaganlagen, 1955 Anlagen für Mineralölumschlag und 1958 Anlagen für Getreideverkehr in Betrieb. Trotz erheblicher Investitionen ist es aber nicht dazu gekommen, daß Wismar zum Haupthafen der DDR entwickelt wurde, und zwar aus folgendem Grund. Nachdem das neue Staatsgebilde sich endgültig dafür entschieden hatte, an Westdeutschland vorbei politische und wirtschaftliche Beziehungen zur übrigen Welt zu unterhalten, ergab sich daraus zwangsläufig die Notwendigkeit, zwecks Durchführung umfangreicherer Transporte über See eine eigene Handelsflotte aufzubauen, was wiederum die Vorhaltung eines qualifizierten Überseehafens als Flottenbasis bedingte. Im Rahmen solcher Erwägungen stellte sich dann heraus, daß für den Aufbau eines Hafens etwa von der Qualität Stettins oder Kopenhagens keiner der vorhandenen Plätze entsprechende Voraussetzungen bot. Der reine Küstenhafen Stralsund fiel von vornherein aus, Wismar stand, darüber war man sich inzwischen klar geworden, unter dem Handikap einer technisch und nautisch schwierigen Zufahrt, und auch der Stadthafen Rostock konnte höheren Ansprüchen nicht gerecht werden. So blieb nur übrig, etwas neues zu schaffen, und man sah den Raum zwischen Rostock-Stadt und

---

[1] Außer der Genannten verfügt Polen über eine weitere große Staatsreederei, die Polish Ocean Line (Gdynia). Hinsichtlich der Struktur der beiden Reedereien vgl. „Neue Organisationsformen für die polnische Handelsschiffahrt" in Deutsche Verkehrszeitung Nr. 138 vom 18. 11. 1969. Die Gesamtleistung der polnischen Handelsflotte belief sich 1970 auf 17,42 Mio. t Ladung; davon entfielen 4,19 Mio. t auf Linienschiffahrt und 13,23 Mio. t auf Trampschiffahrt.

[2] Einwohnerzahlen: Rostock 86 400 (1933), Stralsund 44 000 (1932), Wismar 26 400 (1932).

[3] Vgl. Hansa 1960, S. 973, und 1963, S. 1686.

Warnemünde nahe der Ortschaft Petersdorf als geeigneten Standort an[1]. Im weiteren Verfolg fand
1956 das Projekt „Überseehafen Rostock" Aufnahme im sog. zweiten Fünfjahresplan, und zwar
als volkswirtschaftlicher Schwerpunkt[2]. Erwähnenswert ist, daß das Überseehafenprojekt in
Polen, wo man doch nach dem 1. Weltkrieg aus Gründen nationalen Prestiges den Hafen Gdynia
als Konkurrenz zu Danzig aus dem Boden gestampft hatte, eine wenig freundliche Aufnahme fand,
weil man dort — mit Recht — einen Haupthafen Rostock als Konkurrenten der eigenen Hafengruppe fürchtete[3]. Weiterhin sei noch berichtet, daß man sich hinsichtlich der technischen Planung
des Hafens viel Mühe gemacht hat, indem fünf Varianten durchgearbeitet wurden (Einzelheiten
vgl. Hansa 1960, S. 973). Unter der Parole: „Mit aller Kraft an den Ausbau des Seehafens Rostock"
erfolgte am 29. Oktober 1957 der erste Spatenstich. Nachdem im Mai 1960 der Umschlagbetrieb
aufgenommen war, überflügelte Rostock, nunmehr Haupthafen der DDR, 1961 mit 2,56 Mio. t den
Güterumschlag in Wismar (1,93 Mio. t) 1963 überholte Rostock mit 5,08 Mio. t Lübeck, wo nur
3,33 Mio. t umgeschlagen worden waren. Inzwischen sind die Dienstleistungen der DDR-Häfen so
aufgeteilt, daß Stralsund reinen Ostseevekehr mit benachbarten Anliegern abwickelt, daß in Wismar Kali, Getreide, Holz, Mineralöl und in geringem Umfang Stückgut abgefertigt werden, während
der „Überseehafen Rostock" als Universalhafen fungiert.

Was die Hafenanlagen in und bei Rostock anlangt, so existiert zur Zeit noch am linken Ufer
der Warnow der sog. Stadthafen. Da die Anlagen veraltet und dem Ausbau des Stadtkerns im
Wege sind, laufen die Funktionen des ursprünglichen Hafens aus; der Umschlag (rd. 800 000 t)
wird auf die neuen Hafenteile verlagert[4]. Der Vorhafen Warnemünde fertigt seit 1960 nur noch
Fahrgastverkehr ab. Die Hafenbecken des Überseehafens sind am südlichen Ufer des Breitling,
einer haffähnlichen Bucht der Warnow, und zwar westwärts der Ortschaft Petersdorf angeordnet.
Die Zufahrt von See bildet ein 7 km langer nautisch und technisch günstiger Kanal. Auf längere
Sicht ist ein Ausbau Rostocks zum Tiefwasserhafen zu erwarten, an entsprechenden Plänen wird
gearbeitet. Als den Hafenbetrieb lenkende Stelle fungiert der „VEB Seehafen Rostock". Der Hafen
bietet u. a. folgende Leistungen: Umschlag flüssiger Güter, Umschlag von Schüttgütern (Apatit,
Erze, Schwefelkies, Koks, Kohle) sowie Umschlag von Stückgütern aller Art. Der Güterumschlag
in Rostock befindet sich in ständiger Aufwärtsbewegung. Er stieg von 1,4 Mio. t im Jahre 1960
auf 8,1 Mio. t im Jahre 1969 und erreichte 1970 10,1 Mio. t; für 1980 werden 20 Mio. t Umschlag
erwartet. Innerhalb des Gesamtumschlages ist der Import dominierend, Transit spielt nur eine
geringe Rolle. Der Stückgutumschlag (1968 2,3 Mio. t) ist beachtlich. Die seewärtige Lage des
neuen Hafens hat sich als vorteilhaft erwiesen. Für den Verkehr mit Skandinavien liegt Rostock
günstig, die Verbindungen über Ost und Nordsee hinaus nach Übersee festigen sich und nehmen
an Zahl zu. 1969 wurde Rostock von 2300 Schiffen aus 32 Ländern angelaufen. Zu wünschen übrig
lassen die Hinterlandverbindungen. Die Eisenbahnverbindungen einschließlich der Hafenbahn,
kommen, obwohl die Verbindung Rostock—Berlin erst zum Teil zweigleisig ausgebaut ist, dem
Verkehr des Hafens einigermaßen nach. Die Straßenverbindungen sind unzureichend, und trotz
mannigfacher Planungen fehlt der Wasserstraßenanschluß. Obwohl Wismar seit 1966 nicht mehr
führender Hafen der DDR ist, werden die Anlagen unter der Tendenz „Ergänzungshafen für Rostock" weiter ausgebaut; Wismar nimmt in der Ausfuhr von Kali (Herkunftsräume Staßfurt—

---

[1] Nach einer Mitteilung im Bulletin der Bundesregierung vom 15. 11. 1957 („Pankows Schiffahrtspolitik") wurde
das Hafenprojekt in diesem Raum gefördert durch den Besuch des sowjetischen Außenhandelsministers Mikojan, der
1957 nach einer Inspizierung der Ostseeküste Rostock als den geeignetsten Platz für den Ausbau eines modernen Hochsee-
hafens bezeichnet hatte.
   [2] Aus dem Katalog der Begründungen für das Projekt „Überseehafen Rostock" seinen folgende herausgestellt:
   1. Weitgehende Beseitigung der Disproportionen zwischen dem seeseitigen Umschlagbedarf und den vorhandenen Umschlagkapazitäten.
   2. Stärkung des internationalen Ansehens der DDR sowie Vertiefung und Erweiterung der Handelsbeziehungen mit allen
am friedfertigen Handel interessierten Staaten.
   3. Gewährleistung der Unabhängigkeit bei der Durchführung des seewärtigen Gütertransports als eine erforderliche Maßnahme gegen westdeutsche Störmaßnahmen beim seewärtigen Im- und Export.
   4. Die wachsende Handelsflotte braucht einen Heimathafen.
   5. Erarbeitung umfangreicher Einsparungen von Devisen durch eigene Umschlageinrichtungen sowie Einnahmen von
Devisen durch Gebühren und Dienstleistungen zur positiven Beeinflussung der Devisenbilanz der DDR.
(Entnommen aus der Schriftenreihe „Schiffahrt" der Forschungsanstalt für Schiffahrt, Wasser- und Grundbau, Berlin,
Heft 5, 1964, S. 27.)
   [3] Es liegt die Frage nahe, warum angesichts der Koordination innerhalb des Comecon und zu einem Zeitpunkt, als
noch vieles im Fluß war, Stettin nicht ein Hafen auf der Basis einer deutsch-polnischen Zusammenarbeit wurde. Auf
diese Frage gibt es Antworten. Für Polen stand jede Lösung, die mehr als die Verpachtung eines kleinen Hafenteils be-
inhaltete, außer Diskussion. In der DDR ist die Problematik des Hafenbaues in Rostock u. a. im „Neuen Deutschland"
(15. 12. 1957) behandelt worden mit der Feststellung, daß die Entwicklung der Wirtschaft der DDR einen eigenen Hoch-
seehafen erfordere.
   [4] Der Ausbau des neuen Überseehafens mit internationalen Aufgaben zeitigte eine entsprechende Entwicklung der
Stadt, deren Einwohnerzahl 1969 auf 190000 angestiegen war; für 1980 steuert man die Viertelmillion an.

Bernburg und Thüringen) eine Monopolstellung ein. Für den Umschlag in Stralsund (1970 866 000 t) ist Umschlag von Schiff zu Schiff charakteristisch, da dieser Hafen über eine Binnenwasserstraßenverbindung zur Oder verfügt.

Abschließend erscheint die Bemerkung angebracht, daß die Leistungen der seit 1950 gewissermaßen aus dem Nichts geschaffenen DDR-Seeverkehrswirtschaft vergleichsweise sehr hoch sind. Die staatseigene, etwa 1 Mio. BRT umfassende Handelsflotte[1] hat 1970 8,5 Mio. t Güter befördert. In den Seehäfen wurden 1970 12,77 Mio. t umgeschlagen, wobei Schiffe aus 34 Nationen abgefertigt wurden (s. Tabelle 5).

Tabelle 5. Seewärtiger Güterumschlag der
DDR-Häfen 1969 und 1970 (in Mio. t)

	1969	1970
Rostock	8,110	10,138
Wismar	1,557	1,772
Stralsund	0,838	0,866
Gesamtumschlag	10,505	12,776

In der Reihe der wichtigen Ostseehäfen verfügt die Bundesrepublik nur noch über Lübeck. Dieser Hafen stand 1945 vor dem Verlust großer Teile seines Hinterlandes sowie zahlreicher seewärtiger Verbindungen, dazu kam der Wettbewerb durch die aufstrebenden Häfen der DDR und Polens. Es gelang jedoch Lübeck, durch Intensivierung der Beziehungen zu Skandinavien und dem noch verbleibenden Hinterland Ausgleiche zu schaffen, wobei sich der in den sechziger Jahren über die Ostsee ausbreitende Fährverkehr günstig auswirkte. Heute ist Lübeck mit seinen Hafenanlagen in der Stadt, im Trave-Revier und im Vorhafen Travemünde beachtlicher Standort für hafengebundene Industrie sowie Umschlagplatz für Massen- und Stückgut. Mit einem seewärtigen Güterumschlag von 6,38 Mio. t im Jahre 1969 ist Lübeck ein starker Wettbewerbsfaktor im Ringen mit benachbarten ausländischen Ostseehäfen. Unter den Häfen der Bundesrepublik steht Lübeck an 5. Stelle. Vom Gesamtumschlag 6,38 Mio. t (1969) entfielen 3,7 Mio. t auf Umschlag über öffentliche Anlagen und 2,7 Mio. t auf den Industriesektor. Vom Gesamtverkehr wurden 850 000 t im internationalen Transit und 1,2 Mio. t Güter im Fährverkehr mit Dänemark, Schweden und Finnland umgeschlagen; gleichzeitig wurden über Fähren 1,13 Mio. Passagiere befördert; im Binnenschiffsverkehr wurden 822 000 t umgeschlagen. Im Jahre 1970 hat sich der Gesamtumschlag auf 7,3 Mio. t erhöht. Lübeck rechnet sich auch für die Zukunft gute Chancen aus. Auf Grund von Vorausberechnungen hält man für das Jahr 1980 unter gewissen Voraussetzungen einen Gesamtumschlag in der Größenordnung von 10—12 Mio. t für möglich. Allerdings müssen die vorhandenen Hafenanlagen ergänzt und ferner müssen zusätzliche Anlagen im Vorhafen Travemünde erstellt werden (vgl. hierzu [10]); schließlich ist die Anpassung des Elbe-Lübeck-Kanals an das Europaschiff erforderlich. Kiel (1968 270 000 Einwohner) ist es dank einer erfolgreichen Beteiligung am Ostseefährverkehr gelungen, sich zum ,,Tor nach Westskandinavien" zu entwickeln. Der Gesamtumschlag des Hafens ist von 1,0 Mio. t im Jahre 1959 auf 2 Mio. t 1966 und auf 3,0 Mio. t 1970 angewachsen; 1970 wurden im Fährverkehr rd. 500 000 Passagiere abgefertigt. Damit hat sich Kiel dank einer aktiven Hafenpolitik in die Reihe der mittleren Ostseehäfen eingereiht. Flensburg (94 000 Einwohner) ist ausgesprochene Grenzstadt mit einem Hafen, welcher der regionalen Versorgung dient. Der Güterumschlag (einschließlich Küsten- und Fährverkehr) zeigt steigende Tendenz und lag 1970 bei etwa 600 000 t.

Kopenhagen als Landeshauptstadt Dänemarks, Handels- und Industriezentrum mit verkehrsgeographisch günstiger Lage besitzt nach wie vor eine wichtige Stellung innerhalb der Ostseehäfen. Der Hafen, der laufend den seetransporttechnischen Strukturwandlungen angepaßt wird, ist über 140 Linien mit 400 Häfen der Welt verbunden. Der Seegüterumschlag stieg im Zeitraum 1950 bis 1956 von 7,2 Mio. t auf 11,5 Mio. t an, seither bewegt er sich zwischen 11,0 Mio. t und 11,9 Mio. t (1969). Die in dieser Entwicklung zum Ausdruck kommende Stagnation hat zwei Gründe, einmal eine schwankende Hinterlandsituation und zum zweiten einen dynamischen Wettbewerb durch nationale und ausländische Häfen. Was das Hinterland anbetrifft, können genau genommen nur das Gebiet Groß-Kopenhagen (schätzungsweise 1,6 Mio. Einwohner) und die Insel Seeland als unbestrittene Zone gelten. Außerhalb dieses Raumes ist die Wirkungsmöglichkeit des Hafens ab-

---

[1] Der jeweilige Schiffsbestand wird laufend ausgewiesen im Statistischen Jahrbuch der DDR. Seit Anfang 1970 ist der Schiffsbestand auf zwei staatliche Reedereien aufgeteilt: VEB Seereederei (Linienfahrt) und VEB Deutfracht — Internationale Befrachtung und Reederei (Massengut- und Spezialschiffahrt).

hängig vom jeweiligen Stand der als Zubringer in Frage kommenden Verkehrseinrichtungen (Bahn, Straße, Brücken[1]). Der schon angedeutete Wettbewerb dänischer Häfen geht aus von A a r h u s, dem zweitgrößten Landeshafen (4,2 Mio. t Umschlag im Geschäftsjahr 1969/70), von A a l b o r g (rd. 5,0 Mio. t Umschlag 1969) sowie von dem an der Nordseeküste gelegenen Hafen E s b j e r g als bedeutendem Exporthafen. Der wichtigste ausländische Wettbewerber ist der Hafen Göteborg. Vom Gesamtumschlag Kopenhagens im Jahre 1969 mit 11,9 Mio. t entfielen 10,1 Mio. t auf Empfang (darunter 4,4 Mio. t Mineralöl) und 1,8 Mio. t auf Versand. Für 1970 ergibt sich aus dem Rechenschaftsbericht der Hafenverwaltung, daß der Seegüterverkehr auf 11,7 Mio. t zurückgegangen ist. Für eine Entwicklung des Hafens auf weite Sicht kommt es darauf an, wie weit sich der in der überregionalen Planung angestrebte wirtschaftliche Zusammenschluß der Küstenstreifen auf beiden Seiten des Öresunds verwirklicht. In einem solchen Ballungsgebiet (Örestad), das eine Tunnel- bzw. Brückenverbindung Kopenhagen—Insel Saltholm (künftiger Flugplatz)—Malmö zur Voraussetzung hat, würden sich die beiden Häfen Kopenhagen und Malmö (vgl. unten) gegenseitig ergänzen und befruchten.

Tabelle 6. Seewärtiger Güterumschlag ausgewählter Ostseehäfen 1969 und 1970 (in Mio. t)[1]

	1969	1970		1969	1970		1969	1970
Göteborg	22,1	23,5	Rostock	8,1	10,1	Malmö	4,1	
Stettin	14,5	16,5	Stockholm	6,7		Kotka	3,5	
Kopenhagen	11,9	11,7	Lübeck	6,4	7,3	Helsinki	3,3	
Leningrad	10,0		Oslo	5,1		Riga	3,0	
Gdynia	9,2	9,5	Aalborg	5,0		Kiel	3,0	3,0
Danzig	9,0	10,2	Aarhus	4,2				

[1] Die auf unterschiedlichen statistischen Methoden basierenden Angaben (teilweise sogar geschätzt) können nur Größenordnungen aufzeigen. Der Hafen Oslo wurde als Vergleichsobjekt aufgenommen.

Die maßgeblichen Repräsentanten Schwedens im internationalen Seeverkehr sind Stockholm, Malmö und Göteborg. Die ursprünglich dominierende Stellung S t o c k h o l m s verringerte sich im 20. Jahrhundert, als sich dem schwedischen Export immer mehr Absatzmöglichkeiten außerhalb Europas boten. Hand in Hand damit war die Führung im schwedischen Exportverkehr an Göteborg übergegangen. Heute ist Stockholm, in dessen Umland 1,3 Mio. Menschen wohnen, Schwedens wichtigster Einfuhrhafen; der Export ist gering, aber hochwertig. Es besteht u. a. ein beachtlicher Fährverkehr mit Finnland. Der Hafen setzt sich aus über 20 Teilhäfen zusammen, in denen 1969 insgesamt 6,7 Mio. t (davon 0,5 Mio. t Export) umgeschlagen wurden. Beim Ausbau des Hafens spielen Umschlaganlagen für Container eine wichtige Rolle, wobei man auf Zubringerdienste setzt. Insgesamt ist Stockholm bemüht, den Vorsprung Göteborgs im Stückgüterverkehr zu verringern. Da gesamtschwedische Interessen für einen starken Hafen an der Ostküste sprechen, bestehen Überlegungen, Stockholm durch einen Vor- bzw. Außenhafen aufzuwerten. M a l m ö ist Versorgungshafen für Südschweden, insbesondere für die wirtschaftlich bedeutende Provinz Schonen. Malmö ist im Aufschwung, es konnte den Güterumschlag von 2,8 Mio. t 1966 auf 4,1 Mio. t im Jahre 1969 vergrößern; weitere Möglichkeiten für den Hafen liegen in der geplanten festen Verbindung mit Kopenhagen. G ö t e b o r g, an der Nahtstelle von Übersee zur Ostsee gelegen, verfügt sowohl über eine günstige Zufahrt von See (Tiefrinne) als auch über dichte und weitreichende Hinterlandverbindungen (5 Hauptbahnen, 5 Europa- bzw. Reichsstraßen, ein 550 km langes Binnenwasserstraßensystem). Wie die Verkehrsergebnisse beweisen, werden die günstigen Voraussetzungen seit Jahren durch entsprechenden Ausbau des Hafens auch genutzt. Der Schwerpunkt des Ausbaues liegt im Skandiahafen, einem Hafenkomplex, in welchem seit 1964 Umschlagmöglichkeiten für konventionelle Schiffe, Roll-on/roll-off-Schiffe, Fährschiffe und Containerschiffe erstellt werden; 1970 wurden umgerechnet in 20'-Einheiten rd. 81 000 Container umgeschlagen. 1972 soll der Skandiahafen voll ausgebaut sein, schon heute aber wird durch Aufhöhung Gelände für einen weiteren westlich gelegenen Hafenkomplex (Älvsborgshafen) vorbereitet. Dank der Zufahrtsmöglichkeiten ist Göteborg auf dem Weg, ein wichtiger, möglicherweise der wichtigste Ölumschlagplatz für den gesamten Ostseeraum zu werden. Zur Zeit können im Torshafen voll beladene 210 000-tdw-Tanker abgefertigt werden; sollten noch größere Tanker den Hafen anlaufen wollen, steht für diese die Insel Stora Varholmen zum Ausbau zur Verfügung. Der Gesamtumschlag

[1] Solange beispielsweise die Fährverbindung Seeland—Fünen nicht durch eine feste Brücke über den großen Belt ersetzt ist, ist die Insel Fünen günstiger in Richtung Westen (Jütland) angeschlossen. Von der Halbinsel Jütland sind die südlichen Teile günstig an das Verkehrsnetz der Bundesrepublik angeschlossen, während das mittlere Jütland Wettbewerbsgebiet für verschiedene Verkehrsträger und Häfen ist.

Göteborgs ist von 8,0 Mio. t im Jahre 1960 auf 22,1 Mio. t 1969 und 23,5 Mio. t 1970 angestiegen. Wie schon erwähnt, ist Göteborg der wichtigste Exporthafen Schwedens; die hohe Einfuhrquote beruht auf Mineralöl. Die bisherige Entwicklung des Hafens Göteborg ist ein Musterbeispiel für die Möglichkeiten einer dynamischen Hafenpolitik.

Eine Übersicht über den Stand von 1969 bzw. 1970 gibt die Tabelle 6.

Zusammenfassung

Wer sich mit Entwicklungen und Planungen, ganz gleich auf welchem Gebiet, befaßt, der weiß um die Schwierigkeiten, der im Zeitpunkt der Planung noch unbekannten Zukunft wenigstens einigermaßen gerecht zu werden. Immerhin gibt aber eine gute Kenntnis des „Heute" wertvolle Hinweise für das „Morgen." Da aber das „Heute" nur übersieht, wer mit dem „Gestern" vertraut ist, hat der Verfasser versucht, für ein spezielles Verkehrsgebiet, nämlich den Ostseeraum und hier wiederum die Umschlagplätze rund um die Ostsee die Wandlungen aufzuzeigen, die sich vom „Gestern" zum „Heute" ergeben haben. Bei diesen Wandlungen in den Häfen haben machtpolitische, ideologische, handels- und verkehrspolitische Faktoren und in neuester Zeit technologische Fortschritte im Seetransportwesen eine Rolle gespielt. Mit dieser Aufzählung wird deutlich, daß die Häfen Objekte mannigfachen Geschehens sind und daß ihr Spielraum für subjektives Handeln nur begrenzt ist.

Zusammengefaßt ergeben die Ausführungen, daß im Ostseeraum eine Reihe gut entwickelter und, wie man aus Planungen herauslesen kann, aufstrebender Häfen bestehen, die ihrer individuellen verkehrspolitischen Situation entsprechende Aufgaben erfüllen. Der Verfasser war, was allerdings nur in Stichworten möglich war, bemüht, die verschiedenen Umschlagplätze als Einfuhr- oder Versandhafen mit überwiegendem Massengut- oder Stückgutumschlag, als Transitplatz, als Fährhafen, als Hafen mit mehreren Aufgaben oder auch als Universalhafen zu kennzeichnen. Ausdrücklich sei aber darauf hingewiesen, daß Betrachtungen unter dem Kennwort „Wandlungen" keineswegs für wirtschaftliche Analysen und schon gar nicht für Prognosen ausreichen. In dieser Beziehung ist aus dem schon mehrfach zitierten Jahrbuch 1970 „Die Wirtschaft im Ostseeraum" [24] mehr herauszulesen, wobei besonders auf die einleitenden Darlegungen hingewiesen werden soll[1]. Die Absicht des Verfassers war es, und diese hofft er erreicht zu haben — den international, aber auch speziell für die Bundesrepublik immer mehr an Bedeutung gewinnenden Ostseeraum wieder einmal ins Blickfeld zu rücken und so zu weiteren Betrachtungen und Untersuchungen anzuregen.

Benutzte Quellen und ergänzendes Schrifttum

Aufsätze

1. Bolle, A.: Über die Verwaltung der Seehäfen in der Deutschen Bundesrepublik, Handbuch für Hafenbau und Umschlagtechnik, Bd. V, S. 65. Hamburg: Schiffahrtsverlag „Hansa" 1960.
2. Bruns, R.: Der Ausbau des Danziger Hafens in den Jahren 1920—1935. Jahrbuch HTG 14 (1934), S. 182.
3. Jacoby, E.: Die ehemals russischen Häfen im Baltikum. Jahrbuch HTG 5/6 (1924), S. 53.
4. Legind, E.: Maßnahmen Dänemarks für die Schiffahrt in den Ostsee-Zugängen, Hansa 1971, S. 1308.
5. Linder, H.: Der Hafen Stockholm, Geschichte — Facilitäten — Ausbaupläne. Hansa 1965, S. 1060.
6. Litten, H.: Ostpreußens Wirtschaft und der Königsberger Hafen. Jahrbuch HTG 7 (1925), S. 45.
7. Lohmeyer, E.: Über Hafenverwaltungen im In- und Ausland. Jahrbuch HTG 12 (1932), S. 181.
8. Mierzynski, H.: Erarbeitung von einheitlichen Grundsätzen für die Wassertiefen zur sicheren Navigation großer Schiffe in der Ostsee. Referat gelegentlich der Ostseeschiffahrts- und Hafentage 1968 in Lübeck.
9. Nagorski, B.: Der Verkehr im Danziger Hafen. Jahrbuch HTG 14 (1934), S. 198.
10. Neumann, W.: Hafenausbauprobleme in Lübeck und Travemünde. Hansa 1971, S. 955.
11. Schultz: Der Königsberger Hafen und seine wirtschaftliche Bedeutung. Jahrbuch HTG 14 (1934/35), S. 134.
12. Schulze, F. W. O.: Danzig und sein Hafen. Jahrbuch HTG 3 (1920), S. 58.
13. Seebohm, Chr.: Verkehrspolitische Wandlungen im Ostseeraum. Hansa 1959, S. 2254.
14. Svensson, K.: Göteborg erweitert und modernisiert seine Hafenanlagen für den wachsenden Verkehr. Hansa 1971, S. 957.
15. Thiessen, O.: Hafenaufgaben im Ostseeraum. Der Schiffsfrachtendienst, Hamburg, Nr. 20, 1939.
16. Voss, W.: Der Strukturwandel im Ostseeverkehr, seine bisherigen Auswirkungen und seine künftigen Entwicklungstendenzen. Referat gelegentlich der Ostseeschiffahrts- und Hafentage 1968 in Lübeck.
17. Weber: Der Memeler Hafen. Jahrbuch HTG 7 (1925), S. 133.

Bücher, Dissertationen

18. Jahrbücher der Hafenbautechnischen Gesellschaft.
19. Handbuch für Hafenbau und Umschlagtechnik. Hamburg: Schiffahrtsverlag „Hansa".
20. Handbuch der europäischen Seehäfen, Bd. II, Heeckt, H.: Die Seehäfen im skandinavischen und im übrigen Ostseeraum. Hamburg: Verlag Weltarchiv 1968.

---

[1] Vgl. Pratje, J.: Ostseehäfen und Ostseeschiffahrt als Integrationsfaktoren; Stock, J.: Problematik des Hafenausbaues.

21. Jahrbuch der Schiffahrt 1969 und 1970. Berlin: Transpress-VEB Verlag für Verkehrswesen.
22. Die Seewirtschaft der DDR, Bd. I und II. Berlin: Transpress-VEB Verlag für Verkehrswesen.
23. Handbuch für Seeverkehr, Bd. I. Berlin: Transpress-VEB Verlag für Verkehrswesen 1969.
24. Die Wirtschaft im Ostseeraum, herausg. von der Industrie- und Handelskammer Lübeck, 1967, 1968 und 1970.
25. Lütgens, R.: Die deutschen Seehäfen. Karlsruhe: Dr. Karl Moniger 1934.
26. Koch, M.: Der internationale Ostsee-Fährverkehr. Göttingen: Vandenhoeck & Ruprecht 1970.
27. Statistische Jahrbücher der DDR.
28. Eggers, H.: Die Eigentümer deutscher Seehäfen und die Betriebsinhaber ihrer Umschlaganlagen. Dissertation. Hamburg 1927.
29. Thormählen, C.: Organisationsänderungen in der Bewirtschaftung der deutschen Seehäfen nach dem Kriege unter besonderer Berücksichtigung der Vergesellschaftung. Dissertation, Rostock 1927.
30. Legahn, E.: Sozialistische Seeschiffahrt. Hamburg/Lüneburg: Walter Wulf.

Zeitschriften

31. Hansa, Zentralorgan für Schiffahrt, Schiffbau und Hafen, Hamburg.
32. Deutsche Verkehrszeitung (DVZ), Deutscher Verkehrsverlag, Hamburg.
33. Wirtschafts-Correspondent, Hamburg.
34. Seewirtschaft, Transpress-VEB Verlag Technik, Berlin.

Ozeanographie und Seebau*

Von Dr.-Ing. E. h. Dr.-Ing. **Wolfram Schenck**, Hamburg

„Ozeanographie", wörtlich die Beschreibung der Meere oder umfassender die Lehre von den Ozeanen, ist eigentlich so alt wie die Menschheit; denn immer, auch in den frühesten Zeiten, hatten die Menschen innigen Kontakt mit dem Meere, lebten sie an und von dem Meere, sammelten sie viele Erfahrungen im Umgang mit ihm und gaben diese weiter. Heute ist die Ozeanographie eine umfassende Wissenschaft geworden, die sich vieler verschiedener naturwissenschaftlicher und neuerdings auch technischer Disziplinen bedient. Dazu gehören insbesondere die physikalische und chemische Ozeanographie, die Meeresgeologie und Seegeophysik, die maritime Meteorologie, die Meeresbiologie einschließlich der Fischereiwissenschaften. Sie alle finden ihren sichtbaren Ausdruck in der Meeresforschung und Meerestechnik.

Der Mensch hat auch schon früh an der See gebaut. Allerdings suchte er sich dazu den Schutz von Buchten und natürlichen Häfen, vorgelagerten Inseln, von Flußmündungen. An das offene Meer wagte er sich erst, als ihm eine fortgeschrittene Technik die Chance gab, sich mit Erfolg gegen die See durchzusetzen. Das gilt auch heute noch. Allerdings verfügen wir heute neben den besseren technischen Möglichkeiten vor allem auch über eine weitaus bessere Kenntnis vom Meer, seinen Eigenschaften, seinem Verhalten, den ihm innewohnenden Kräften und vielem anderen mehr. Wir verdanken diese in erheblichem Maße der Wissenschaft vom Meer und darin wieder besonders denjenigen Sparten, die sich mit dem küstenangrenzenden Meer befassen, der Küstenforschung.

Damit aber nicht genug. Der Weg geht heute bereits über den Küstensaum hinaus in die offene See. Das rasante Wachstum der Menschheit lenkt den Blick in jeder Hinsicht zwangsläufig auf das zur Zeit noch unerschöpflich scheinende Reservoir der Ozeane. Das gilt sowohl für die Rohstoffgewinnung als auch für die Ernährung. Der Ozeanographie sind damit überwältigende Aufgaben zugewachsen.

In der Bundesrepublik befassen sich mehr als 25 verschiedene Stellen mit diesem Wissenszweig, Anstalten des Bundes und der vier Küstenländer, vor allem auch viele Institute der Universitäten Hamburg und Kiel, der Technischen Universitäten Hannover, Karlsruhe, Clausthal und Berlin, um nur die wichtigsten zu nennen. Die Bauausführenden bedienen sich vor allem der meteorologischen Beratung durch den Deutschen Wetterdienst, das Seewetteramt in Hamburg sowie die verschiedenen Dienste (Gezeiten-, Windstau- und Sturmflutwarndienst, Eisnachrichtendienst) des Deutschen Hydrographischen Institutes in Hamburg. Der jährlich erscheinende Tidekalender ist ein sinnfälliges Beispiel dafür. Eine praktische Bedeutung für den Seebau haben zur Zeit von den zahlreichen Instituten erstrangig die Bundesanstalt für Wasserbau in Karlsruhe und ihre Außenstelle Küste in Rissen bei Hamburg sowie das Franzius-Institut für Grund- und Wasserbau der Technischen Universität Hannover.

Am 12. Juli 1968 hat der damalige Bundesminister für Wissenschaftliche Forschung, Dr. Stoltenberg, die Deutsche Kommission für Ozeanographie ins Leben gerufen. Es ist das für alle Bereiche der Meeresforschung und Meerestechnik beratende und allgemein koordinierende Organ in der Bundesrepublik Deutschland. In Arbeitsausschüssen werden besondere Aufgabengebiete behandelt. Das den Seebau besonders interessierende Gremium ist der „Ausschuß für Küstenforschung".

Das von der Bundesregierung im Einvernehmen mit den vier Küstenländern und im Zusammenwirken mit der Deutschen Forschungsgemeinschaft aufgestellte Gesamtprogramm bezeichnet als Schwerpunkte die Forschungs- und Entwicklungsarbeit zur

Nutzung der Ernährungsquellen des Meeres,

Nutzung der mineralischen Rohstoffe des Meeres, des Meeresbodens und seines Untergrundes,

Verhütung und Bekämpfung der Meeresverschmutzung,

Nutzung der Kenntnis der Wechselwirkung zwischen Ozean und Atmosphäre

und schließlich Beherrschung der Naturvorgänge an der Küste und im Küstenvorfeld.

---

* Vortrag, gehalten am 16. Juli 1971 an der Technischen Universität Hannover anläßlich der Verleihung der Würde eines Doktor-Ingenieur Ehren halber durch die Fakultät für Bauwesen.

Luft — Wasser — Boden

Den Seebau berühren in erster Linie die Erkenntnisse, die aus den Wechselwirkungen zwischen Ozean und Atmosphäre sowie aus der Erforschung der Naturvorgänge an der Küste und im Küstenvorfeld gewonnen werden (Abb. 1—6). Sie liegen im Interesse des Küstenschutzes, des Seeverkehrs und seiner Sicherung, des Hafenbaues und der küstennahen Industrie. Die Lehre von den Ozeanen erfaßt also die Atmosphäre über dem Meere und alle Wissensbereiche innerhalb des Meeres bis in den tiefen Untergrund. Hierbei sind die Grenzbereiche Luft–Wasser und Wasser–Boden von ganz besonderem Interesse für die Forschung wie auch für die praktische Nutzung.

Ein Beispiel: Aus der Atmosphäre, der Berührungszone Ozean–Atmosphäre und der sich daraus ergebenden Wechselwirkungen rühren alle die Erscheinungen her, die für den Seebauer normalerweise mit dem Begriff „Wetter" verbunden sind. Er versteht darunter also nicht nur z. B. Sonne oder Regen, Wind, Wolken, Temperatur, sondern schließt automatisch auch das Verhalten der See mit ein. Wenn ich also frage: „Wie ist das Wetter draußen?", so erhalte ich beispielsweise zur Antwort: „Wechselnd bewölkt, Wind aus NNW, Stärke 5, in Böen 7, HW voraussichtlich 80 cm über normal, Wellenhöhe zur Zeit etwa 3 m, noch zunehmend, gute Sicht." Oder ich erfahre auch,

Abb. 1. Strand bei Kampen auf der Insel Sylt.

Abb. 2. Wolkenbildung über dem Meer.

Abb. 4. Dünung an der Atlantik-Küste bei Tanger.

Abb. 5. Wattlandschaft an der Westküste Schleswig-Holsteins.

Abb. 3. Eisfelder an der Einfahrt zum Fährhafen Puttgarden.

Abb. 6. Wattabbruch im Mündungsgebiet der Eider (Schleswig-Holstein).

Abb. 7. Künstliche Insel für den Bau des Eidersperrwerkes.

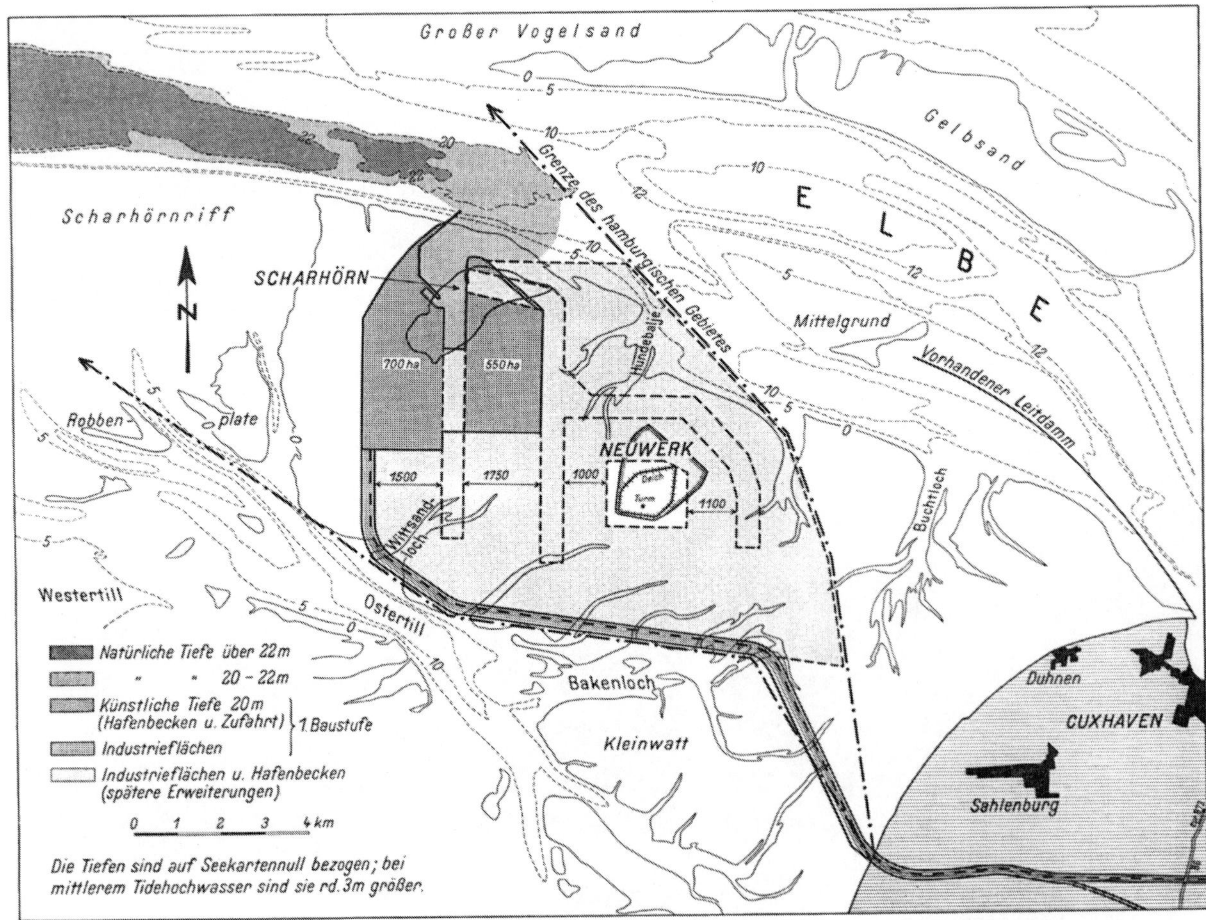

Abb. 8. Planung eines Tiefwasserhafens Neuwerk/Scharhörn an der deutschen Nordseeküste.

daß eine lange Dünung ansteht oder gar, daß Nebel und Eistreiben herrscht. Bei letzterem interessiert mich dann ganz besonders, welche Dicke und Beschaffenheit dieses Eis hat, ob zusammenhängende Eisfelder bei auf- oder ablaufendem Wasser in Bewegung sind und vieles andere mehr. Das ist dann der Zustand, wie er gegenwärtig herrscht; um richtig disponieren zu können, ist aber wichtig zu wissen, wie die Verhältnisse in den nächsten 12, 24, 36 oder 72 Stunden beschaffen sind. Hier setzt die kurz-, mittel- und langfristige Wettervorhersage ein, und hier erlebt der Bauleiter einer Seebaustelle gelegentlich die herbsten Überraschungen und Enttäuschungen. Die dreijährigen Annalen der Baustelle „Leuchtturm Alte Weser" sprechen da eine eindringliche Sprache.

Im Küstenbereich, das ist der Raum, der uns vorläufig noch am meisten interessiert, spielt auch die zweite Grenzzone, nämlich der Meeresboden, eine entscheidende Rolle. Das Verhalten der See wird dann nicht nur aus der Wechselwirkung Ozean–Atmosphäre bestimmt, sondern wegen der hier geringeren Wassertiefen besteht ein echter Koppelungseffekt, der von der Atmosphäre durch das Wasser bis auf und in den Meeresboden reicht. Die Wellen werden zwar nach wie vor von oben durch den Wind angeregt, aber mitgeformt werden sie von unten. (Wellenbewegungen, die durch Erdbeben entstehen, sollen hier außer Betracht bleiben). Die Gestaltung und Beschaffenheit des Meeresbodens bis zum Festland, also auch der Küstenrand, die Einwirkungen von Strömungen, z. B. Strömungen aus der Tide, Triftströmungen u. a., bestimmen dann sehr wesentlich Art, Form und Höhe der Wellen und damit die ihnen innewohnende Kraft. Und umgekehrt arbeiten Wellen und Strömung ihrerseits an der Umformung der Meeressohle, und zwar immer dann und dort, wo das Streben nach Harmonie, nach einem natürlichen Gleichgewicht dies herausfordert. Jedenfalls ist ein stationärer Zustand bei den vielfach einwirkenden und ständig wechselnden Einflüssen in der See nicht von Dauer. Die Folge ist, daß z. B. große Partien Boden gelöst werden und auf Wanderschaft gehen. Alle Fragen des Feststofftransportes, wie Sandwanderungen, nehmen bei der Küstenforschung einen breiten Raum ein. Dieser Faden ließe sich beliebig fortspinnen bis hin zu den Einwirkungen auf die biologischen Vorgänge im Meer. Ein besonderes Kapitel nimmt dabei der Schlickfall ein, der sich vorwiegend in den Brackwasserzonen der Flußmündungsgebiete abspielt.

Den Seebauer interessiert dabei eine wichtige Feststellung, nämlich, daß alles, was er im Meer und an seinen Küsten durch künstliche Maßnahmen bewirkt, sofort eine vielfältige Rückwirkung auf die ozeanische Umgebung ausübt, sei es im großen, sei es im kleinen. Das betrifft ebenso Dauereinrichtungen wie auch vorübergehende Maßnahmen, z. B. während einer Baudurchführung. Die großen Maßnahmen werden im allgemeinen ernst genommen, z. B. wenn irgendwo eine künstliche Insel im Wattenmeer geschaffen oder die zweckmäßigste Lage und Form eines Hafens bestimmt werden soll, und man versucht, durch Studien an hydraulischen Modellen die wahrscheinlichen Veränderungen vorherzusagen bzw. diese durch die beste Lagebestimmung auf ein Minimum zu beschränken.

Ich erwähne beispielsweise die künstliche Insel für den Bau des Eidersperrwerkes (Abb. 7) oder das Vorhafenprojekt Hamburgs, Neuwerk/Scharhörn, für einen Industriehafen am tiefen Wasser (Abb. 8). Hier sind jeweils in jahrelanger Arbeit sehr umfangreiche und gründliche Forschungen durchgeführt worden, wobei die Studien teils in der Natur, teils am Modell betrieben wurden.

Aber mit den kleinen Dingen muß der Seebau-Ingenieur gewöhnlich allein fertig werden. Dabei stoßen wir z. B. auf ein Thema, das noch längst nicht als erforscht gilt, nämlich die Kolkbildung. Ich will dies an drei Beispielen erläutern.

1. Beispiel (Abb. 9 u. 10): Für den Bau des Elbehafens Brunsbüttelkoog in den Jahren 1965/66 mußte das Bodenersatzverfahren angewendet werden. Die etwa 12 m dicke, weiche Kleischicht wurde bis zum diluvialen Sand großflächig ausgebaggert und die entstandene tiefe Grube durch Sand, der im gegenüberliegenden Böschrücken gewonnen wurde, im Klappverfahren wieder aufgefüllt. Es handelte sich um einen Feinsand unter 1 mm Korngröße. Unter dem Einfluß der Tideströmungen entstanden nun in dem Sandverfüllungsbereich ausgedehnte Kolke, die von der ober- und unterstromseitigen Grenze zwischen den beiden verschiedenen Medien Klei/Sand ausgingen. Die unbewegliche Kleikante wirkte also wie eine ebene Grundschwelle. Wegen des vorgezogenen Baues der Westmole und der größeren Geschwindigkeit des Ebbstromes, der hier Werte bis 1,6 m/s erreicht, war die Erscheinung am oberstromseitigen Ende der Auskofferung besonders ausgeprägt. Die gelösten und hochgewirbelten Sande wurden von der Strömung auf und davon getragen.

2. Beispiel (Abb. 11—15): Am gleichen Bauwerk war eine weitere Kolkbildung zu beobachten, die sich erheblich unangenehmer auswirkte. Beim Einrammen der schweren Spundwand, einer zusammengesetzten Wand aus 1 m hohen Peiner Trägern mit Dreifach-Larssen-Füllbohlen, bildete sich an deren freiem Ende ein Kolk, der mit fortschreitender Rammung ständig mitlief. Gerammt wurde in Richtung Oberstrom. Je nach der Geschwindigkeit des Rammfortschrittes prägte sich der Kolk tiefer oder flacher ein. Es entstand ein regelrechtes Wettrennen zwischen der Rammbesatzung

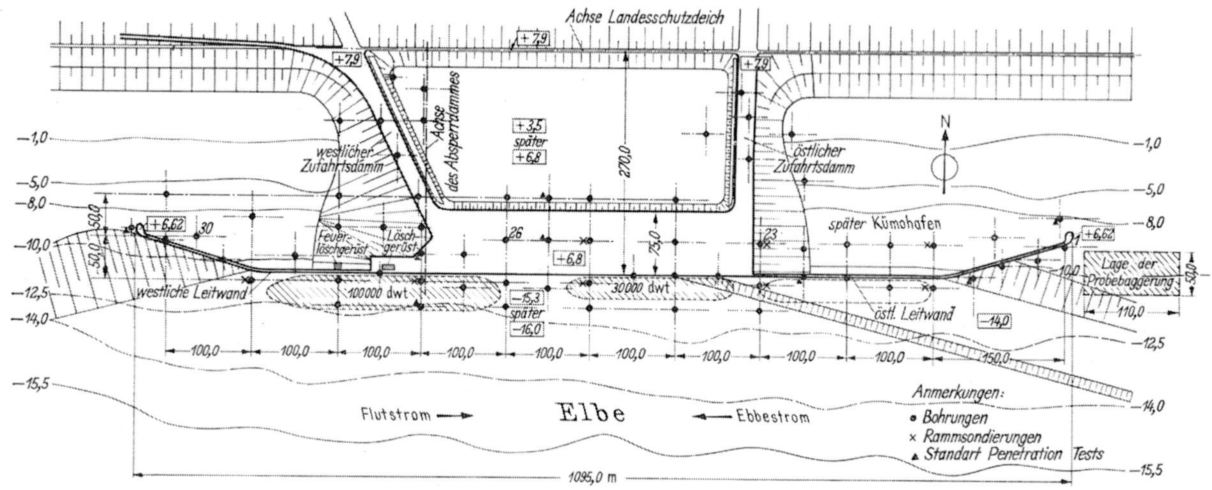

Abb. 9. Elbehafen Brunsbüttelkoog, Lageplan.

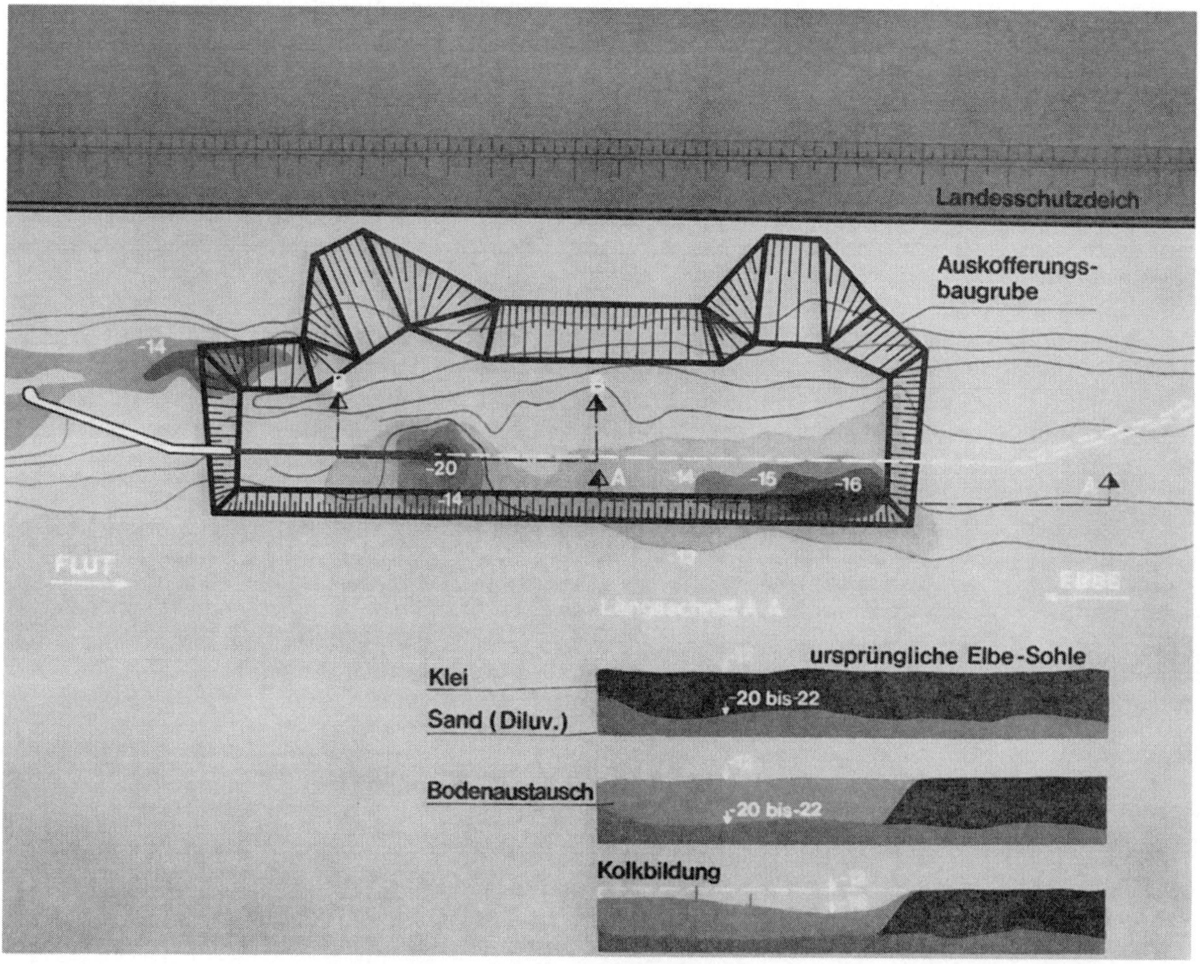

Abb. 10. Elbehafen Brunsbüttelkoog, Kolkbildungen nach Bodenersatz.

Abb. 11. Elbehafen Brunsbüttelkoog, Großeinsatz von Rammgeräten auf Gerüst.

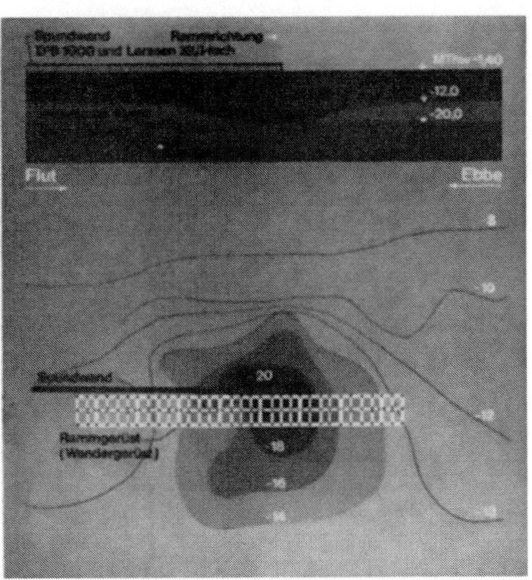

Abb. 12. Kolkbildung bei der Spundwandrammung nach einer Rammpause von 1 Monat.

Abb. 13. Unterbrechung der Rammarbeiten durch starken Eisgang auf der Elbe.

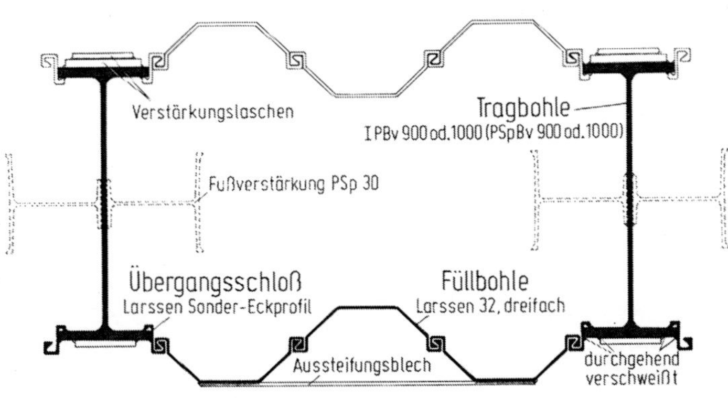

Abb. 14. Elbehafen Brunsbüttelkoog, Querschnitt der gemischten Spundwand.

Abb. 15. Einfädeln der Tragbohlen IPB 1000 der gemischten Spundwand.

Abb. 16. Eiderbrücke Tönning im Bau.

Abb. 17. Übersee-Transport der Caissons für die Mittelpfeiler.

Abb. 18. Übernahme der Stahlbetoncaissons vom Schwimmprahm.   Abb. 19. Absenken der Caissons mit einer
                                                                              Hubinsel.

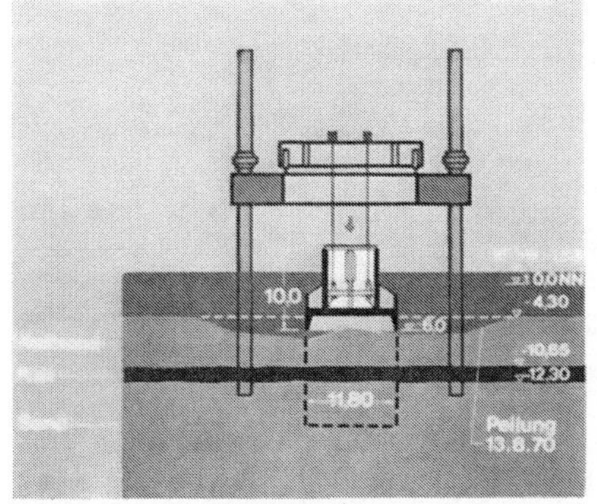

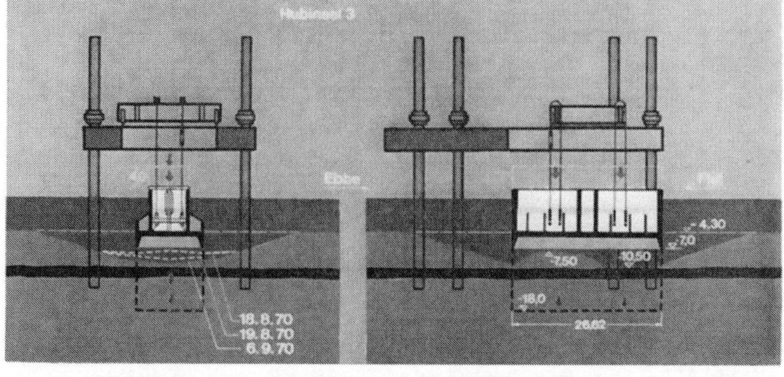

Abb. 20 u. 21. Eiderbrücke Tönning, Kolkbildung beim Absenken des Caissons Pfeiler 4.

und dem Kolk. Im Januar/Februar 1966 mußten die Rammarbeiten wegen Frost und Eisgang für einige Wochen eingestellt werden. Der Kolk vertiefte sich in dieser Zeit bis auf etwa 10 m, so daß einzelne Pfähle des Rammgerüstes in der Spitze freikamen. Auf dem Rammgerüst stand modernstes schweres Gerät mit einem Beschaffungswert von etwa 1,5 Mio. DM. Nur durch sofortiges Verfüllen des Kolks mit grobkörnigem Material konnte ein größerer Schaden verhütet werden.

3. Beispiel (Abb. 16—21): In jüngster Zeit hat sich eine ähnliche Erfahrung beim Bau der Straßenbrücke über die Tide-Eider bei Tönning eingestellt. Dort wurden u. a. die mittleren Klappenpfeiler im Druckluftverfahren abgesenkt. Wegen der Unzugänglichkeit und Exponiertheit der Baustelle waren die Stahlbetoncaissons auf großem Prahmen vorgefertigt und eingeschwommen worden. An Ort und Stelle wurden sie von einer Hubinsel übernommen und auf der Sohle abgesetzt. Unter dem Einfluß der Tideströmungen vertiefte sich die Sohle bereits beiAnnäherung des Kastens, so daß diese erst nach Absenkung um weitere 4 m erreicht werden konnte. Solche Verhältnisse sind natürlich nur zu beherrschen, wenn die nötige Vorsorge getroffen und die Baustelle mit Geräten ausgestattet ist, die diesen Anforderungen gerecht werden. Im vorliegenden Falle war ausschreibungsgemäß beabsichtigt gewesen, die Caissons auf einem Holzgerüst an Ort und Stelle herzustellen und von dort aus abzusenken. Für die Bestimmung der Pfahllängen dieses Holzgerüstes wäre dann von besonderer Wichtigkeit gewesen, zu wissen, welche Kolktiefen tatsächlich zu erwarten sind.

Die Gefahr, daß im Zuge von Baumaßnahmen bei Vorhandensein beweglicher Sohlen Kolke auftreten, muß immer im Auge behalten werden. Neben der Größe der Strömungsgeschwindigkeit, dem Aufbau des Bodens (Korngröße und -form, Kornverteilung, Lagerungsdichte u. a.) und der Dauer der Einwirkung ist die Größe und Form der Einbauten von besonderer Bedeutung. Durch die behindernden Einbauten werden die Stromlinien geteilt, wobei sich die Strömungsgeschwindigkeit erhöht. Außerdem bilden sich Wirbelzonen, die in erster Linie für das Auflockern und Herauslösen der Bodenkörner aus dem Bodenverband verantwortlich sind. Wegen der Vielfalt der Einflüsse ist es heute noch nicht möglich, die Entstehung, Tiefe und Weite von Kolken genau vorauszusagen. Selbst wenn man dem Seebau-Ingenieur eine Tabelle in die Hand geben würde, aus der er die gegenseitigen Abhängigkeiten ablesen kann, so ist ihm damit, wegen der anderen Unwägbarkeiten, nicht geholfen. Auch hier muß also die Forschung mit den empirischen Kenntnissen aus der Erfahrung zusammengehen.

Küstenschutz

Aus der Wechselwirkung Ozean–Atmosphäre–Festland werden die Küsten geformt. Sie zu erhalten und das Hinterland vor hereinbrechenden Fluten zu bewahren, ist Aufgabe des Küstenschutzes und der Inselsicherung. Hierzu gehören in erster Linie die Seedeiche, Seebuhnen und andere Küstenschutzbauwerke, Siele und Sperrwerke, und sicherlich auch die Strand- und Landgewinnung. Die große Holland-Flut im Jahre 1953 und die Februar-Flut 1962 in der Deutschen Bucht haben den Ernst der Lage eindringlich bewiesen.

Deichbau ist auch heute noch eine Saisonarbeit, die möglichst in der schönen Jahreszeit abgewickelt werden sollte (Abb. 22—27). Es wäre falsch, halbfertige Arbeiten den Gefahren einer Überwinterung auszusetzen. Der Umfang der jeweiligen Baulose hat sich danach zu richten, wobei die größere Leistungsfähigkeit der neuzeitlichen Bodengewinnungs- und Fördergeräte einzukalkulieren ist. Die große Kapazität z. B. von Saugbaggern kann aber wiederum nur ausgenutzt werden, wenn geeigneter Sandboden für den Deichkern in angemessener Entfernung und Tiefe gewonnen werden kann. Korngröße und Kornaufbau sollen eine schnelle Wasserabgabe gewährleisten, so daß der gespülte Boden sofort belastbar und befahrbar wird, d. h. daß noch während des Spülvorganges Planierraupen und andere Erdbaugeräte eingesetzt werden können (Abb. 36 u. 37). Abgesehen davon, daß sich das Bautempo dadurch gewaltig steigern läßt, wird auch die Stabilität des Deiches verbessert. Aus der Erfahrung der letzten zwei Jahrzehnte hat sich ergeben, daß für eine Deichkernspülung mit sofort nachfolgender Profilierung und Andeckung ein feinsandiger Mittelsand ohne Schluffanteile am besten geeignet ist (Feinsandanteil dabei mindestens 30%). Dieses Material findet sich in der Deutschen Bucht vorwiegend im Diluvium in 25—40 m Tiefe und ist von Kleischichten und schwachschluffigen Wattsanden überlagert.

Um also an deichbaufähige Sande in ausreichender Menge heranzukommen, wird man häufig in größere Tiefe vorstoßen müssen. Hierfür stehen neuerdings Geräte zur Verfügung, Grundsauger, mit denen der Sandboden aus einer Tiefe bis zu 40 und 60 m gewonnen und gefördert werden kann. Dies wird dadurch erreicht, daß in der Saugeleitung in größerer Tiefe zusätzlich eine Unterwasserpumpe eingeschaltet und außerdem durch Wasserstrahlpumpen unterstützt wird. Sand-Wasser-Gemische von 1 : 1, also mit einem Raumgewicht von 1,4—1,5 Mp/m³, sind dann keine Ausnahme mehr (Abb. 28—31).

Abb. 22—24. Deichbau Bongsiel an der Außenjade 1971　　　Abb. 25—27. Deichbau Tetenbüllspieker am Heverstrom
1970/71 (Westküste Schleswig-Holsteins).

Abb. 28. Saugbagger mit Tiefsauge-Einrichtung, Systemzeichnung.

Abb. 29. Spüler VI mit Tiefsauge-Einrichtung (Philipp Holzmann AG) beim Deichbau Tetenbüllspieker.

Abb. 30. Spüler VI und Spüler III als Zwischenpumpstation (Philipp Holzmann AG) beim Deichbau Bongsiel.

Abb. 31. Tiefsauge-Einrichtung am Spüler VI.

Abb. 32. Schwimmende Rohrleitung.

Abb. 33. Übergangsponton von schwimmender Leitung zum Düker.

Abb. 34. Spüler VI mit der schwimmenden Leitung und Dükerleitung im Heverstrom.

Abb. 35. Dükerleitung im Heverstrom, noch nicht an schwimmende Leitung angeschlossen.

Abb. 36. Austritt des Spülgutes am Ende der Spülrohrleitung.

Abb. 37. Planierraupen im Spülfeld.

So wurde beispielsweise der Boden für den Deichbau Tetenbüllspieker im Heverstrom aus einer Tiefe von 40 m gefördert, für den Ring- und Abschlußdeich am Eidersperrwerk aus 25 bis 35 m Tiefe. Bei einer Probebaggerung für den geplanten Vorhafen Neuwerk/Scharhörn stellten sich dabei mittlere Unterwasser-Böschungsneigungen von 1 : 4,5 bis 1 : 6 ein, wobei sich Böschungsabschnitte mit steilsten Neigungen von 1 : 0,5 bis 1 : 2,5 ergaben. Das ist natürlich ein nicht ganz ungefährliches Unterfangen, da die Möglichkeit nicht auszuschließen ist, daß das tiefgeführte Saugrohr durch nachstürzende Bodenmassen festkommen kann. Im günstigsten Fall kann es wieder freigespült werden, meistens knickt es ab, und gelegentlich kommt der ganze Bagger in Gefahr.

Es wäre noch darauf hinzuweisen, daß solche Sandvorkommen oftmals recht ungünstig zur Einbaustelle liegen und weite Strecken über See überbrückt werden müssen. Dies wurde früher bis zu einer gewissen begrenzten Entfernung durch schwimmende Rohrleitungen und über Gerüste getätigt. Neuerdings werden die Spülrohrleitungen als Düker auf der Meeres- und Wattsohle verlegt und mit kurzen Schwimmrohrleitungen angebunden, so daß sie den Einwirkungen aus der See weitgehend entzogen sind. Das Verfahren wurde von der Philipp Holzmann AG erstmalig beim Bau des Ölhafens Marsa el Brega in Libyen erprobt und hat sich seither mehrfach auch an der deutschen Nordseeküste bewährt (Abb. 32—35).

Über zweckmäßige Fußsicherungen sowie die Andeckung von Sandkerndeichen haben neuere Erfahrungen und Untersuchungsergebnisse ebenfalls zu Weiterentwicklungen geführt. Hier bleibt aber immer noch ein weites Feld der Erkenntnisse.

Auch beim Bau von Seebuhnen besteht eine unmittelbare Konfrontation mit dem Meer. Abb. 38—42 zeigen eine in den Jahren 1966/67 errichtete Flachbuhne (IIa N) am Strand von Westerland. In der Brandungszone gelegen, verbleibt nur der Einbau vom festen Gerüst, wobei die Gerüstpfähle selbst mit Vorbauramme einzubringen sind. Ebenfalls eine reine Saisonarbeit, mit dem Risiko behaftet, daß sowohl Gerüst als auch unvollendetes Bauwerk während der Bauzeit unter Umständen mehrmals durch die Brandungswellen zerschlagen werden.

Gleich in der Nachbarschaft wurde in den Jahren 1965/67 eine Längssicherung des natürlichen Böschungsfußes der Dünenkette mittels eines Walles aus Tetrapoden geschaffen (Abb. 43—47). Seebautechnisch gibt es keine besonderen Probleme, wenn man von den Unterbrechungen durch Hochwasser und Seegang absieht. Das große Schluckvermögen solcher Steinwälle und die daraus resultierende Vernichtung der lebendigen Energie der anbrandenden See sind bekannt. Eine ganze Reihe ähnlicher Betonsteinformen ist auf dem Markt. Abb. 45—47 zeigen deutlich, wie die See in dem Wall gestoppt wird, während sie in der noch vorhandenen Lücke frei durchtritt. Demgemäß hat sich der Schutz für die dahinterliegende Dünenlandschaft als sehr gut erwiesen. Wer sich in Westerland aufhält, wird aber unschwer feststellen können, daß im Nordbereich seeseitig der Tetrapoden ein rückschreitender Abtrag des Sandstrandes stattfindet bis zur Unterspülung der Tetrapoden, weil nämlich eine natürliche Sandnachführung von der Seeseite her nicht oder nur ungenügend stattfindet, während umgekehrt im Südbereich die Tetrapoden bei einem breiten Vorland nach wie vor gut eingesandet sind. Im Nordbereich muß daher der Sandstrand durch Aufspülung künstlich aufgefüllt und verbreitert werden. Ein typisches Beispiel für die Fragwürdigkeit aller festen Vorstellungen im Seebau.

Im Zusammenhang mit dem Küstensicherungsprogramm sind in den letzten Jahren zahlreiche Bauwerke zur Absperrung der Zuflüsse gegen eindringende Sturmfluten errichtet worden, womit gleichzeitig eine erhebliche Verkürzung der Deichverteidigungslinien verbunden war.

Das markanteste Beispiel dafür ist die mündungsnahe Abdämmung der Eider, deren Öffnungstrichter hier eine Breite von etwa 4,5 km aufweist. Das Sperrwerk an der Eider hat im übrigen auch die Aufgabe, die Vorflut für das Eider-Treene-Einzugsgebiet zu verbessern sowie den Schiffahrtsweg nach Tönning und zur Obereider zu erhalten und zu sichern (Abb. 48—57).

Die exponierte Lage in der See hat zu drei Besonderheiten der Baustelle und des Bauwerkes geführt:

einmal die Schaffung einer unabhängigen Bauinsel mit Ringdeich als Sicherung der Sperrwerksbaustelle gegen die See (Abb. 48—52),

als zweites die Anordnung einer landfesten Verbindung zur Sicherstellung der Versorgung dieser Baustelle (Abb. 50 u. 51),

und drittens wäre zu erwähnen, daß auch der zukünftige Straßenverkehr, der über das Sperrwerk führt, einen besonderen Schutz und eine Sicherung gegen Behinderungen bei Sturmflutzuständen dadurch erfahren hat, daß die Straße nicht auf, sondern in den ellipsenförmigen Hohlraum des Wehrträgers, sozusagen in einen Tunnel, verlegt wurde (Abb. 53—57).

Die Schaffung einer besonderen Bauinsel war keineswegs selbstverständlich. Im Stadium der Planung wurde auch die Möglichkeit überlegt, das Bauwerk in die eigentliche tiefe Eider-Rinne zu legen, wodurch man hoffen konnte, den Eiderlauf im großen und ganzen unverändert beizubehalten.

Abb. 38. Flachbuhne vor Westerland auf Sylt.

Abb. 39. Aufbau der Flachbuhne vom festen Gerüst.

Abb. 40. Einbringen der Gerüstpfähle mit Vorbauramme.

Abb. 41. Schwere Brandung an der Baustelle.

Abb. 42. Von den Brandungswellen zerschlagenes Gerüst.

Abb. 43. Tetrapoden-Einbau vor Westerland auf
Sylt.

Abb. 44. Absetzen der Tetrapoden auf Bongossi-
Matten.

Abb. 45. Tetrapodenwall im Seegang.

Abb. 46. Die Wellen werden im Tetrapodenwall gestoppt.

Abb. 47. Freier Wellendurchtritt an einer Lücke im Tetrapodenwall.

Bauausführungstechnisch gesehen hätte das bedeutet, daß das Sperrwerk in mehreren Etappen im Schutze von geschlossenen Spundwand- oder Fangedammbaugruben, die jeweils einen Teil des Eiderbettes blockieren, hätte errichtet werden müssen. Diese Ausführungsart hätte einige Risiken mehr gebracht. Es war außerdem nicht abzusehen, wie sich die massiven Einbauten auf das gesamte Flußgebiet der Eider auswirken würden. Auch aus terminlicher Sicht war diese Lösung nicht glücklich. Die Insel-Lösung war für die Eider zweifellos der richtige Weg, um den bevorstehenden Schwierigkeiten zu begegnen, vor allem, wenn man davon ausgeht, daß Entscheidungen im Seebau in erster Linie von der Sicherheit her diktiert sein müssen.

Ganz anders liegen die Verhältnisse beim Bau des Sperrwerkes Billwerder Bucht in Hamburg, das in der Rinnenbauweise ausgeführt worden ist (Abb. 74 u. 75). Aus Platzgründen war eine andere Lösung nicht möglich. Die Einengung der Fahrrinne war bei dem starken Binnenschiffsverkehr allerdings recht unbequem. Außerdem sind bei offenen Spundwandbaugruben im freien Wasser stets irgendwelche Wasserhaltungsprobleme zu bewältigen. Der starke Verbau und die Ecken der Spundwandbaugrube geben bei den ständig wechselnden Tideströmungen Anlaß zu Kolken, deren Entstehung sorgfältig beobachtet werden muß. Gegenmaßnahmen sind rechtzeitig einzuleiten.

Die landfeste Verbindung mit der Eiderinsel besteht aus einer einspurigen 12-t-Transportbrücke von 904 m Länge, die über dem Schiffahrtsweg eine lichte Höhe von 19 m über NN erreicht (Abb. 58—65). Sie ist für Einzelfahrzeuge bis zu 32 t Gesamtgewicht befahrbar. Ausgeschrieben war eine Versorgung der Baustelle auf dem Wasserwege, die naturgemäß von den Wetterbedingungen besonders abhängig gewesen wäre. Ein kalkulatorischer Vergleich hatte ergeben, daß der Bau und das Vorhalten einer Brücke mit der Möglichkeit eines jederzeitigen behinderungsfreien Zuganges gegenüber einem Fährverkehr wirtschaftliche Vorteile bietet, abgesehen davon, daß dadurch die festgelegten Termine mit Sicherheit eingehalten und, wie sich zeigte, erheblich unterboten werden konnten. Die 557 m lange Hochbrücke ist als Seebauwerk eine Besonderheit. Die 40 m langen Stahlüberbauten — 14 an der Zahl — wurden bei den Kieler Howaldtswerken vorgefertigt und in einem Transport zur Baustelle überführt. Mit Hilfe eines Magnus-Kranes wurden sie dann binnen drei Tagen vollständig verlegt.

Die aus je drei gerammten spiralgeschweißten Rohren von 762 mm Durchmesser bestehenden Pfeiler sind so ausgelegt, daß sie einem Eisdruck bis zu 100 t in ihrer Längsrichtung widerstehen können. Gegen Sandschliff auf der Gewässersohle sind sie durch übergestülpte Stahlbetonfertigrohre geschützt.

Für die Bemessung der stählernen Sielverschlüsse und des ellipsenförmigen Spannbetonwehrträgers war die Kenntnis der Wellen- und Eisbelastung Voraussetzung. Um den Wellenstoß und seine Auswirkung richtig erfassen zu können, wurden umfangreiche Versuche im Windwellenkanal De Voorst des Wasserbaulaboratoriums Delft in Zusammenarbeit mit der BAW ausgeführt, die später noch ergänzt wurden durch Versuche beim Franzius-Institut (Abb. 66).

Es ist mir hier nicht möglich, Ihnen einen Begriff von dem Arbeitsaufwand und den vielen Überlegungen zu vermitteln, die mit solchen Untersuchungen verbunden sind. Ohne die neuzeitlichen Mittel der Datenverarbeitung wäre er sowieso nicht zu bewältigen. Wenn dann die Modellwerte für die örtlichen und Gesamtbelastungen vorliegen, setzen erst die eigentlichen Überlegungen ein,

einmal hinsichtlich des zutreffenden Korrekturfaktors für die Anpassung der Modell- an die Naturverhältnisse,

dann über die richtige Längs- und Querverteilung,

dann über das mögliche und wahrscheinliche Zusammentreffen der verschiedenen ungünstigen Lastkombinationen und Einstufung in die Lastfälle,

und letztlich mußte ja auch festgelegt werden, welche Welle bei welcher Wellenhäufigkeit allen Berechnungen zugrunde zu legen ist.

Überlegungen und Berechnungen über das Schwingungsverhalten der einzelnen Baukörper kamen hinzu, wobei sich für das Rückfedern des Wehrträgers der Faktor 1 ergab. Das bedeutet, daß der Wellenstoß in voller Höhe auch entgegenwirkend anzusetzen war. Um Ihnen nur einen Begriff davon zu geben, wie sich die Wellenstoßbelastung in Abhängigkeit von der Häufigkeit ändert, sei erwähnt, daß Wellenstöße, die 100mal im Jahr vorkommen, nur Stoßbelastungen von 3,5 Mp/m² erzeugten, daß aber Wellenstöße, die nur einmal in 100 Jahren vorkommen, die 7- bis 8-fachen Werte ergaben (Abb. 67).

Bauwerke wie das Eidersperrwerk oder die Zufahrtsbrücke sind geeignete Objekte für Naturmessungen. Die Brücke wurde benutzt, um an ihr Seegangs- und Eisdruckmessungen durchzuführen (Abb. 68 u. 69). Im Ringdeich wurden Fragen der Deichstabilität durch Porenwasserdruckmessungen und Wellenschlagmessungen beantwortet. Im Bauwerk selbst werden erstmalig die Pfahlkräfte verschiedener Pfahlgruppen unter dem Pfeiler 4 gemessen, um einen Aufschluß über die

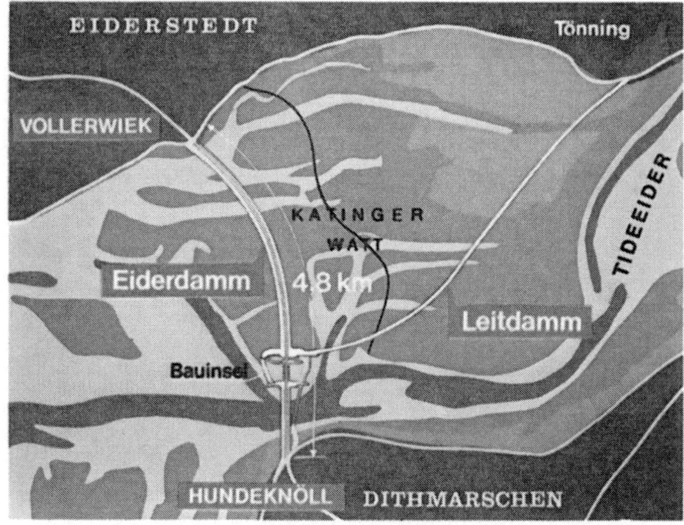

Abb. 48. Eiderabdämmung, Lageplan.

Abb. 49. Eidersperrwerk nach dem Fluten mit 4 km langem Eiderdamm Nord (Oktober 1971).

Abb. 50. Sicherung der Baustelle durch einen Ringdeich.

Abb. 51. Versorgung der Baustelle durch eine landfeste Verbindung

Abb. 52. Bauinsel im Wattenmeer.

Abb. 53. Eidersperrwerk kurz vor der Fertigstellung.

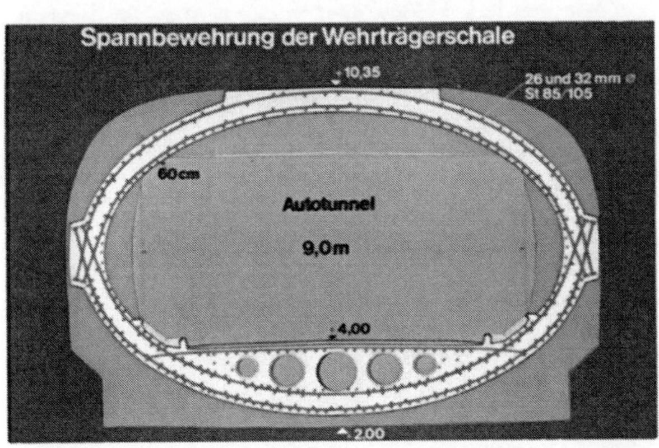

Abb. 54. Querschnitt durch den Wehrträger mit Auto-
tunnel.

Abb. 55. Blick in die Wehrträgerröhre.

Abb. 56. Untersicht unter den Wehrträger.

Abb. 57. Wehrträger teilweise ausgeschalt.

Abb. 58. Eiderabdämmung, Transportbrücke zur Bauinsel bei Sturmflut.

Abb. 59. Die einspurige 12-t-Transportbrücke von 904 m Länge und 19 m lichter Höhe.

Abb. 60. Die Joche der Transportbrücke widerstehen einem Eisdruck bis zu 100 t in ihrer Längsrichtung.

Abb. 61. Die Rohrpfähle für die Joche der Transportbrücke werden schwimmend gerammt.

Abb. 62. Transport der 14 Stahlüberbauten durch den Nord-Ostsee-Kanal.

Abb. 63. Übersee-Transport der Stahlüberbauten.

Abb. 64 u. 65. Verlegen der 40 m langen Stahlüberbauten mit Hilfe eines Magnus-Kranes.

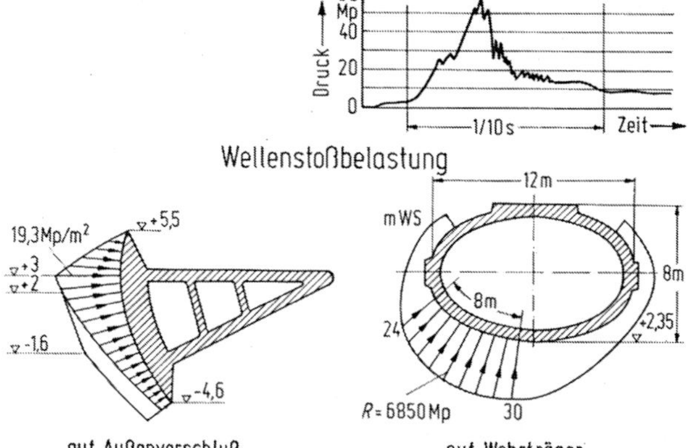

Abb. 66. Eiderabdämmung, Wellenstoßbelastung der Wehrträger und der Außenverschlüsse.

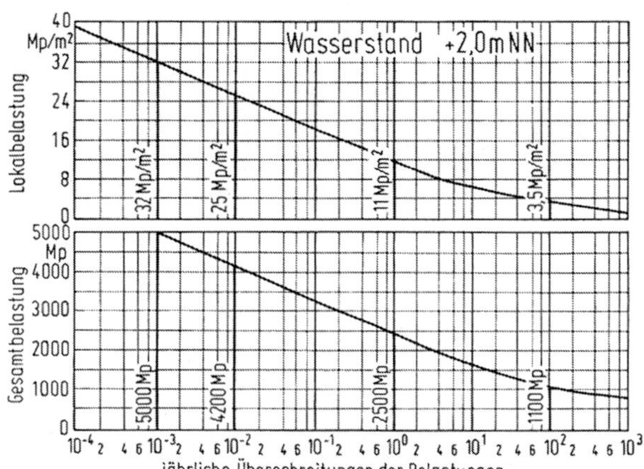

Abb. 67. Wellenstoßbelastung in Abhängigkeit von der Häufigkeit.

Abb. 68. Eisdruckmeßanlage an der Transportbrücke.

Abb. 69. Eisdruckmeßanlage.

Abb. 70. Wehrträger mit Segmentverschluß.

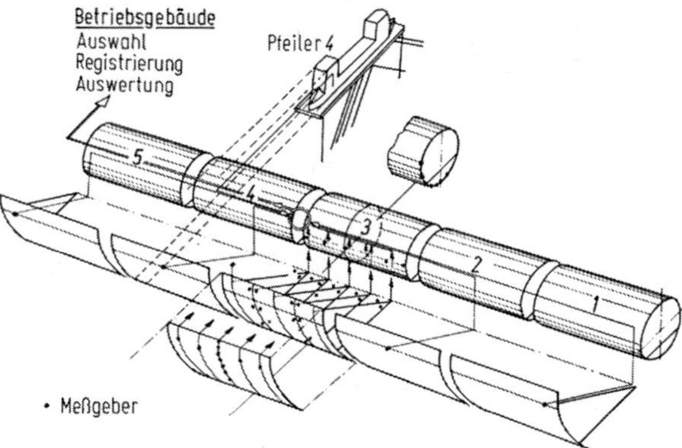

Abb. 71. Zentrale Meßstation und Druckmeßgeber zur Ermittlung der Wellenstoßbelastung auf die Außenverschlüsse und die Wehrträger (Systemskizze).

Abb. 72. Pfahlrost unter einem Wehrpfeiler.

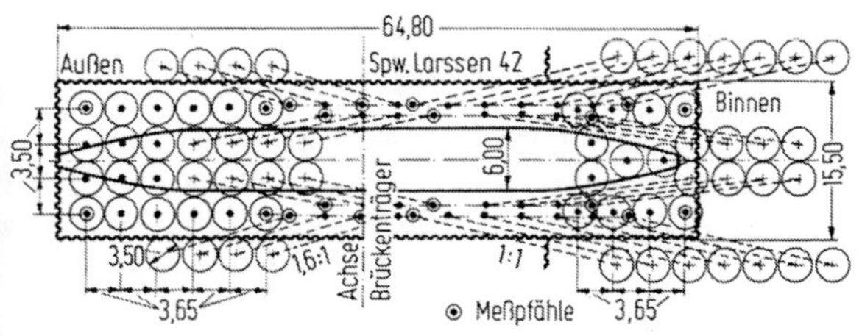

Abb. 73. Wehrpfeilerfundament mit Pfahlstellung.

tatsächliche Krafteinleitung aus den Pfeilern in den Untergrund zu bekommen, und schließlich soll die Wellenstoßbelastung auf die Außenverschlüsse und den Wehrträger verfolgt werden (Abb. 70 bis 73).

Aus der Vielzahl der Ergebnisse möchte ich hier die Pfahlkraftmessungen herausgreifen. Sie wurden von Beginn des Pfeileraufbaues vorgenommen. Bisher hat sich schon gezeigt, daß die Mehrzahl der Pfähle nicht die rechnerische Belastung erreicht, da offensichtlich der Boden zwischen den Pfählen mitträgt. Etwa ein Drittel der Pfeilerlast wird vom Boden unmittelbar aufgenommen.

Es wäre wünschenswert, wenn auch bei allen anderen Seebauwerken alle Möglichkeiten von Naturmessungen ausgenutzt werden, da diese zweifellos eine größere Aussagekraft haben als noch so gut angelegte Modellversuche.

Ein Sonderfall ist der Bau des neuen Hafentores Glückstadt, der ebenfalls im Zuge der Deicherhöhung notwendig geworden ist (Abb. 76—80). Durch den Neubau sollte die durch das alte Hafentor ein- und auslaufende Schiffahrt möglichst nicht behindert werden. Die Lösung bestand darin, daß das ganze Hafentor aus Stahlbeton in einem Stück von über 2000 t Gewicht mit eingehängten Stemmtoren auf einem Großprahm vorgefertigt wurde. In der Elbe konnte es dann von einem Magnus-Schwimmkran übernommen, unter Ausnutzung des Eigenauftriebes an Ort und Stelle gebracht und auf einer vorbereiteten Lagerkonstruktion abgesetzt, verankert und abgedichtet werden.

Verkehrseinrichtungen

In unseren Tagen des weltweiten wirtschaftlichen Zusammenwachsens der Länder und Blöcke nimmt der Verkehr eine Schlüsselstellung ein. Die Verkehrsdichte auf den Wasserstraßen der Welt nimmt zu. Aber auch der Straßenverkehr und die Eisenbahn werden davon erfaßt, viele neue Fährdienste wurden und werden eingerichtet (Abb. 81 u. 82) und interkontinentale Straßen- und Eisenbahnverbindungen über Brücken und durch Tunnel werden geplant und ausgeführt.

Eine entscheidende Rolle spielt nach wie vor die Seeschiffahrt (Abb. 83—86). Die Schiffe werden immer größer, schneller und tiefgehender. In Anpassung an neuartige Verlade- und Staumethoden entstehen immer neue Schiffstypen mit sich wandelnden Schiffsformen. Es ist bezeichnend, daß die Entwicklung auf dem Schiffsbausektor nur nach reederei-eigenen, wirtschaftsegoistischen Interessen verläuft ohne Rücksichtnahme auf die in den Häfen der Welt vorhandenen Möglichkeiten. Die Länder, die Wert darauf legen, von der internationalen Seeschiffahrt regelmäßig angesteuert zu werden, sehen sich daher veranlaßt, nicht nur die Anfahrtswege zu ihren Küsten und Häfen so zu gestalten, daß ein sicheres An- und Auslaufen durch Schiffe zu jeder Zeit „rund um die Uhr" möglich ist, sondern auch immer wieder ihre Häfen und Einrichtungen der jeweiligen Entwicklung bei der Seeschiffahrt anzupassen. Mit dem Bestreben, die Fahrzeiten der Schiffe möglichst zu verkürzen und immer näher an die tiefen Schiffahrtswege heranzukommen, rücken auch die Häfen immer weiter seewärts. Vorhäfen, Tiefwasserhäfen, Atollhäfen stehen auf der Tagesordnung. Die ein- und ausfuhrabhängige Großindustrie rückt nach und placiert sich ebenfalls im Küstensaum (Abb. 87). Für den Seebau ergeben sich hieraus große Aufgaben, die im guten Sinne nur gemeistert werden können, wenn die bei Projektierung und Ausführung neu erwachsenden Probleme in zweckgebundener Forschung und wissenschaftlicher Durchdringung von den hierfür zuständigen Stellen früh genug gelöst werden. An einigen Beispielen möge die Problematik aufgezeigt werden.

Der erste Leuchtturm in der Welt, der in der offenen See mit einer echten Caisson-Gründung errichtet wurde, war der in den Jahren 1880/85 erbaute Leuchtturm „Roter Sand" 40 sm unterhalb Bremerhavens in der Nordsee, für die damaligen Zeiten und Möglichkeiten eine hervorragende Ingenieurleistung und kühne Tat (Abb. 88—90). Der Caisson hatte eine Linsenform und wurde 16 m tief abgesenkt. Die Arbeiter und Ingenieure wohnten damals auf einem in der Nähe ankernden Wohnschiff mit 80 Betten. Für den Personen- und Frachtverkehr zur Baustelle bediente man sich noch überwiegend der Segelschiffe.

Der Caisson mit sämtlichen maschinellen Drucklufteinrichtungen sowie der Besatzung an Bord wurde damals einfach durch Flutung auf dem Meeresboden abgesetzt. Beim ersten Versuch stellte er sich infolge einseitiger Kolkungen zunächst schief, und zwar zunehmend bis zu 21°, so daß die Besatzung ihn überstürzt verlassen mußte. In den folgenden Tagen ging diese Neigung auf 10° zurück. Wegen eines einsetzenden Sturmes mußte man die Baustelle sich selbst überlassen, und als es möglich war, zur Baustelle zurückzukehren — das war erst drei volle Wochen danach — hatte der Sturm, der aus einer sehr günstigen Richtung geweht hatte, durch Kolkungen auf der entgegengesetzten Seite den Caisson wieder vollständig aufgerichtet, wobei der Caisson um 5 m von selbst eingesunken war. Bekanntlich ging dieser Caisson während der ersten Herbststurmflut vollständig verloren. Beim zweiten Versuch trat dieselbe Erscheinung ein, und der Caisson grub sich in vier

Abb. 74. Sperrwerk Billwerder
Bucht in Hamburg.

Abb. 75. Sperrwerk Billwerder
Bucht im Bauzustand als Beispiel
für die Rinnenbauweise.

Abb. 76. Hafentor Glückstadt.

Abb. 77. Transport des vorgefertigten Hafentores auf einem Schwimmprahm.

Abb. 78. U-förmiger Stahlbetonquerschnitt auf dem Transport.

Abb. 79. Einseitiges Absenken des Prahms zur Übernahme des 2000 t schweren Stahlbetonfertigteils durch den Magnus-Schwimmkran.

Abb. 80. Das neue Hafentor in Glückstadt in Betrieb.

Abb. 81. Fährhafen Puttgarden auf der Insel Fehmarn (Vogelfluglinie).

Abb. 82. Fährhafen Grimmershörn in Cuxhaven.

Abb. 83. Schleppzug mit Lashschiff-Bargen.

Abb. 84. Neuzeitliche Schiffe in Bremerhaven (Vordergrund Liegeplatz für Bargen, Mittelgrund Lashschiff und Hintergrund Erzfrachter).

Abb. 85. Bremerhaven vor 100 Jahren.

Abb. 86. Containerkreuz Bremerhaven (1971).

Abb. 87. Ein seewärts vorgeschobener Industriehafen: Ölhafen Wilhelmshaven.

Tagen durch ständiges Hin- und Herneigen im Takte des Tidewechsels ebenfalls um 4 m in den Meeresgrund.

Als in den Jahren 1960/63 nur etwa 3 km entfernt der Leuchtturm „Alte Weser" gebaut wurde, wollte man sichergehen und hat den brunnenartigen Gründungskörper mit einem Durchmesser von 15 m beim Absetzen und Absenken von einer Hubinsel aus geführt (Abb. 91—93). Um einen großflächigen Bodenabtrag zu vermeiden und einen sicheren Stand für die Hubinsel zu schaffen, wurde vorher eine Sinkstücklage so ausgelegt, daß ein freier Raum von etwa 30×30 m für das Absenken des Brunnens offenblieb (Abb. 94—95). Damit konnte allerdings nicht vermieden werden, daß sich trotzdem ein tiefer Kolk bildete, der sich wegen der wechselnden und zum Teil umlaufenden Strömungen ziemlich gleichmäßig um den Gründungszylinder erstreckte, allerdings unterstützt durch eine gleichmäßig verteilte Spüleinrichtung an der Brunnenschneide. Der Kolk setzte bereits ein, als die Brunnen-Unterkante noch etwa 1—2 m über der Meeressohle stand, und erreichte auf der Südseite eine größte Tiefe von 6 m. In diesem Fall hat die Kolkbildung zu einer Erleichterung des Absenkvorganges geführt, aber andererseits neue statische Probleme im Hinblick auf die Einspannung des Turmes im Untergrund aufgeworfen.

Leuchtturmbau in offener See ist ein besonderes Kapitel. Da ihr Standort meist weit vom Land entfernt ist, sind sie den wechselnden Einflüssen aus Wetter und See voll ausgesetzt (Abb. 97). Im Seegebiet der Deutschen Bucht z. B. treten selbst in den Sommermonaten meist nur in einem Drittel der Zeit Wetterlagen mit Windstärken unter 4 ein. Außerdem gibt es kaum eine zusammenhängende Periode, in der nicht mit einem Sturm gerechnet werden müßte. Diese Umstände erzwingen ein Bauverfahren, das

weitgehend von der Vorfertigung an Land Gebrauch macht,
bei kurzfristiger Sturmwarnung leicht unterbrochen werden kann,
auch bei Windstärken bis zu 6 noch fortgeführt werden kann,
über längere Zeit unabhängig von einer Landstation ist
und möglichst in einer Sommersaison mit den Arbeiten auf See abschließt.

Um diesen Forderungen gerecht zu werden, sind nun die verschiedensten Wege eingeschlagen worden.

Beim Leuchtturm „Alte Weser" wurde der Turmkörper aus Stahl bei den Kieler Howaldtswerken in drei Sektionen vorgefertigt (Abb. 96):

Turmfuß mit unterem Schaftteil,
oberer Schaftteil
und Turmgeschosse mit kompletter Innenausstattung.

Mit Hilfe einer Hubinsel wurden sie zur Einbaustelle überführt und aufeinandergesetzt (Abb. 98 bis 100). Alle weiteren Baumaßnahmen, wie z. B. das Ausbetonieren des Turmfußes und Schaftes, wurden von dieser künstlichen Insel aus bewerkstelligt. Die Hubinsel-Plattform konnte in ihrer Höhe dem jeweiligen Bauablauf angepaßt werden und stand damit außerhalb des höchsten Wellenbereiches. Immerhin wurde am 4. Juli 1962, also mitten im Hochsommer, die größte Wellenhöhe während der ganzen Bauzeit mit 7,80 m gemessen.

Die widrigen klimatischen Bedingungen im Sommer 1962 haben dazu geführt, daß sich die Stahlrohroberfläche der Hubinselbeine im Bereich der Gripper nachteilig veränderte, wahrscheinlich durch Ansatz eines Filmes aus Salzkristallen und Algen. Die dadurch verursachte Reduktion des Reibungsfaktors hat bewirkt, daß bei einem Hubvorgang die pneumatische Haltevorrichtung der Hubinsel versagte, wobei diese an den Bugbeinen um 3 m abrutschte (Abb. 103 u. 104). Auch ein Thema für Ozeanologen: „Verhalten der uns vertrauten Stoffe unter Seebedingungen".

Die beim Bau des Leuchtturmes „Alte Weser" gewählte Lösung ist sicher nicht die einzig mögliche. Es wäre auch denkbar, eine künstliche Insel nach dem Prinzip einer Hubinsel als Dauerbauwerk einzurichten (Abb. 106 u. 107). Hiermit würde die Vorfertigung an Land ein Höchstmaß erreichen. Die Plattform könnte z. B. aus einem Stahlbetonzylinder bestehen, der auf später auszubetonierenden Stahlrohrstützen großen Durchmessers so weit über dem höchsten Hochwasserspiegel steht, daß er frei von Wellenberührung bleibt. Ein Landeplatz für Hubschrauber berücksichtigt neuzeitliche Forderungen. Eine solche Bauweise verkürzt die Bauzeiten auf See und verringert das Wetterrisiko ganz erheblich.

Die Schweden haben hierfür die Teleskop-Schwimmkasten-Bauweise entwickelt, die den Vorzug hat, daß während der Wintermonate die fast fertigen Bauwerke an Land hergestellt und in der günstigen Jahreszeit eingeschwommen und bei 7—16 m Wassertiefe auf dem vorbereiteten Fels- oder Moränenboden abgesetzt werden.

Für die Kette von Leuchttürmen an der Ostküste der USA, die bei einer Wassertiefe von 12 bis 25 m etwa 15—50 km vor der Küste errichtet wurden und werden, hat man eine Standardausfüh-

Abb. 88. Leuchtturm „Roter Sand", Ausfahrt des Caissons im Mai 1883.

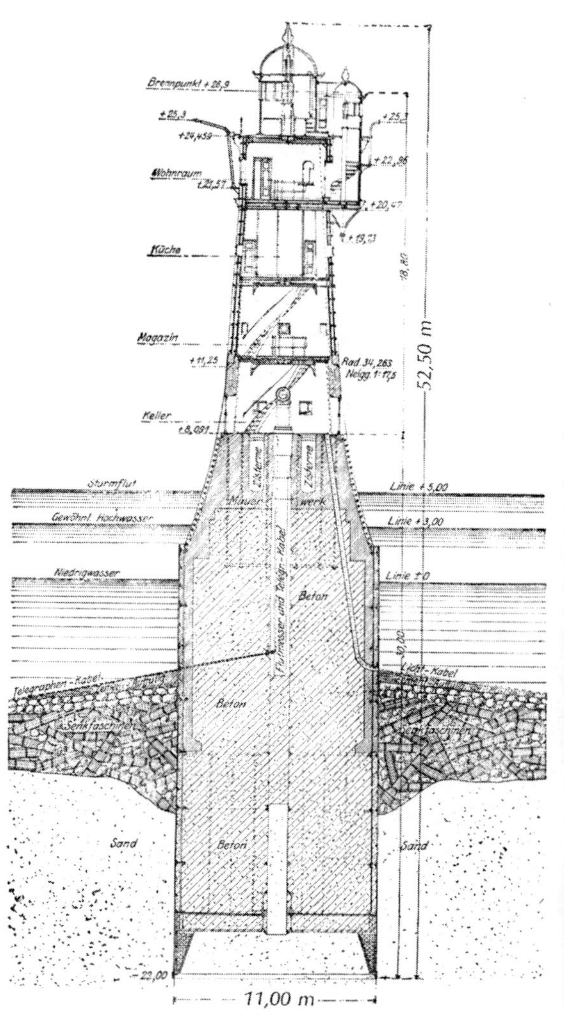

Abb. 89. Leuchtturm „Roter Sand", Längsschnitt.

Abb. 90. Leuchtturm „Roter Sand" im Jahre 1961.

Abb. 91. Leuchtturm „Alte Weser", Neubau in den Jahren 1960/63 mit Hilfe einer Hubinsel.

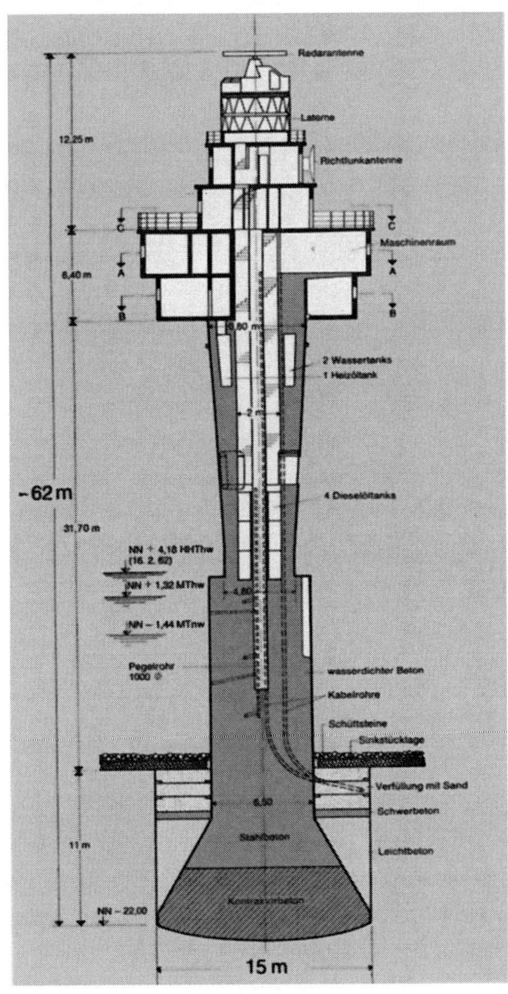

Abb. 92. Leuchtturm „Alte Weser", Längsschnitt.

Abb. 93. Leuchtturm „Alte Weser" vollendet.

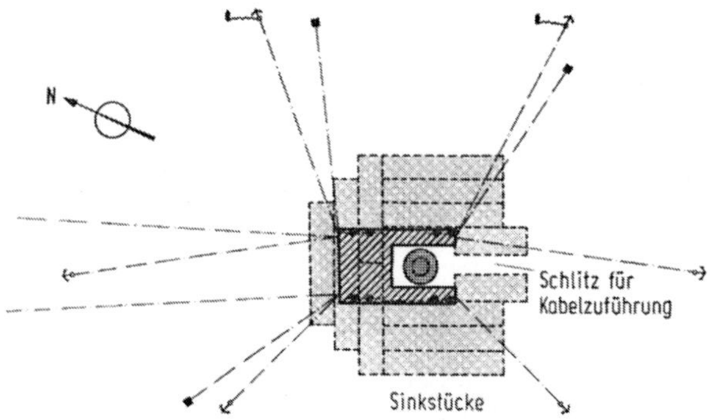

Abb. 94. Leuchtturm „Alte Weser", Großflächige Sohlensicherung rund um den Fuß des Leuchtturms.

Abb. 95. Versenken der Sinkstücke.

Abb. 96. Turmfuß und Schaft sind in einem Trockendock vorgefertigt worden.

Abb. 97. Schwerer Seegang bei der Überfahrt mit der Hubinsel.

Abb. 98. Mit Hilfe einer Hubinsel wird Turmfuß und -schaft abgesenkt und ausbetoniert.

Abb. 99. Auch die schlüsselfertigen Obergeschosse werden mit der Hubinsel herangebracht ...

Abb. 100. ..., auf die endgültige Höhe angehoben und aufgesetzt.

Abb. 101. Leuchtturm „Alte Weser" fertiggestellt, mit Tonnenleger.

Abb. 102. Schwerer Seegang am Leuchtturm „Alte Weser".

rung entwickelt (Abb. 105). Den Stationen dient als Unterbau eine vorfabrizierte vierfüßige Stahl-fachwerk-Konstruktion (jacket), durch deren Eckrohre Gründungspfähle in große Tiefe gerammt werden. Nach dem Verankern der Unterkonstruktion werden die vorgefertigten Überbauten aufgesetzt. Der künftige Standort einer Station wird jeweils aufgrund sehr genauer Untersuchungen des Meeresbodens und des geologischen Aufbaues des Untergrundes festgelegt. Neben den einzeln auftretenden schweren Brechern von 12—15 m Höhe sind es besonders die periodisch und gleichzeitig an mehrere Sützen schlagenden kleineren Wellen, die eine nicht unerhebliche Dauerbelastung für die Konstruktion bedeuten. Das Ziel ist also, die Angriffsflächen durch Minimalabmessungen der Stützen und Streben so klein wie möglich zu halten.

In Japan werden Konstruktionen bevorzugt, die nach einem ähnlichen Prinzip vorgehen. Hier sind neben Wellendruck, Winddruck und Schiffsstoß auch seismische Kräfte zu berücksichtigen, die oftmals für die Bemessung ausschlaggebend sind.

Über den Eisdruck herrscht allgemein noch keine endgültige Klarheit. Während z. B. die Schweden im Bottnischen Meerbusen mit Eisdrücken von 50—150 Mp/lfm Gründungsdurchmesser rechnen, hat man in Kanada bei Leuchttürmen einen Eisdruck von 485 Mp/lfm angesetzt. In Deutschland werden gewöhnlich 75—100 Mp/lfm zugrunde gelegt. Es gibt eben zu viele verschiedene Eisqualitäten. Dazu kommt die Abhängigkeit der Eisfestigkeit von der jeweiligen Temperatur, die Aufbereitung des Eises durch den ständigen Tidewechsel und gegebenenfalls durch Seegang. Zu berücksichtigen ist der Einfluß von Größe und Form der vom Eis getroffenen Bauwerksfläche, der dynamische Beitrag aus Strömung und Wellen usw. Eisdruckmessungen sollten daher bei jeder sich bietenden Gelegenheit in der Natur durchgeführt werden.

Um das Schwingungsverhalten eines Turmes bei periodischer Wellen- und Windbelastung zu ermitteln, wäre außer der genauen Kenntnis seiner Eigenfrequenz eine genaue Beschreibung des zeitlichen Verlaufes der Wind- und Wellenkräfte, vor allem auch die Entfaltungsdauer einer Sturmbö, erforderlich. Solche Unterlagen fehlen in den meisten Fällen. Am Leuchtturm „Alte Weser" wurde die Eigenfrequenz probeweise aus Schiffsstößen gemessen und mit der Rechnung verglichen.

Um die Häfen für die Großschiffahrt zugängig zu machen, sind Vertiefungsbaggerungen heute an der Tagesordnung. Ich erwähnte schon Fortschritte bei der Naßbaggertechnik, vor allem in Richtung Tiefenbaggerung, die heute bereits eine Bodengewinnung bis in 40 und 60 m Tiefe erlaubt. Damit kann man an günstige Bodenqualitäten herankommen, die für den Deichbau, den Straßenbau, Strandaufspülungen und Landgewinnung besonders gefragt sind. Aber auch die Vertiefung der Zufahrten, das Herstellen von Liegeplätzen für Supertanker erfordert Baggerungen bis zu 30 m unter SKN (das entspricht etwa den Verhältnissen beim 360 000-tdw-Tanker); Dockliegegruben für Schwimmdocks, Dükergruben oder Absenkgraben für Unterwassertunnel erfordern bis zu 35 m unter SKN (Aalborg).

Große Eimerketten- und Saugbagger sind bis zu einem gewissen Grade geeignet, auch noch vor den Küsten zu arbeiten, allerdings ist ihr Einsatz beschränkt auf Wellenhöhen von 1—1,50 m. Mehr vertragen schwimmende Rohrleitungen nicht. Bei langen Dünungswellen müssen solche Geräte allerdings ausscheiden. Für die offene See ist der Hopperbagger als Seeschiff bevorzugt geeignet, der auch bei Wellenhöhen von 2,50—3 m noch tätig sein kann.

Gelegentlich ist es dann auch notwendig, Felsbaggerungen durchzuführen. Stößt man so auf Fels, wird dieser durch Sprengungen gelockert werden müssen. In manchen Seegebieten läßt ein ständiger Wellengang das Bohren von schwimmenden Geräten aus nicht zu. Bei Ras Tanura im Arabischen Golf z. B. mußte der Schiffahrtsweg für 300 000-tdw-Tanker auf 21 m vertieft werden, wobei die Rinne bis zu 3 m in den dort anstehenden Korallenfels einschnitt. Hierfür wurde eine Spezialhubinsel entwickelt, die so ausgestattet war, daß von zwei Auslegern aus gebohrt und gesprengt werden konnte (Abb. 108—111).

Über die Schaffung künstlicher Inseln habe ich im Zusammenhang mit dem Eidersperrwerk und dem Industriehafenprojekt Neuwerk/Scharhörn schon gesprochen. Dabei handelte es sich um Bauwerke im Wattenmeer. Anders sind die vielfach bekanntgewordenen Projekte für die Schaffung von Hafenanlagen an Tiefwasserrinnen im offenen Meer zu behandeln. Solche Häfen, die nach allen Seiten gegen Wind und Wetter Schutz bieten, bezeichnet man oft als Atollhäfen oder künstliche Atolle in Anlehnung an die ringförmigen Koralleninseln der Südsee. Für den Bau solcher Anlagen bieten sich zweifellos große vorgefertigte Einheiten an, die eingeschwommen und auf der vorbereiteten Meeressohle abgesetzt werden. Vergleichbare Beispiele liefert der Bau schwerer Seemolen. Die Schwimmstabilität solch großer Kästen aus Stahlbeton ist ausgezeichnet. Gut ausgerüstet, können sie über lange Strecken geschleppt werden, und sie sind in diesem Zustand auch gegen schwere Seen unempfindlich. Man kann sie an geeigneten Stellen durch Fluten „zwischenlagern", d. h. auf dem Grund absetzen. Ihre Höhe ist aber meist begrenzt durch die örtlichen Möglichkeiten der Ferti-

Abb. 103. Einseitig abgerutschte Hubinsel.

Abb. 104. Hilfestellung durch eine zweite Hubinsel.

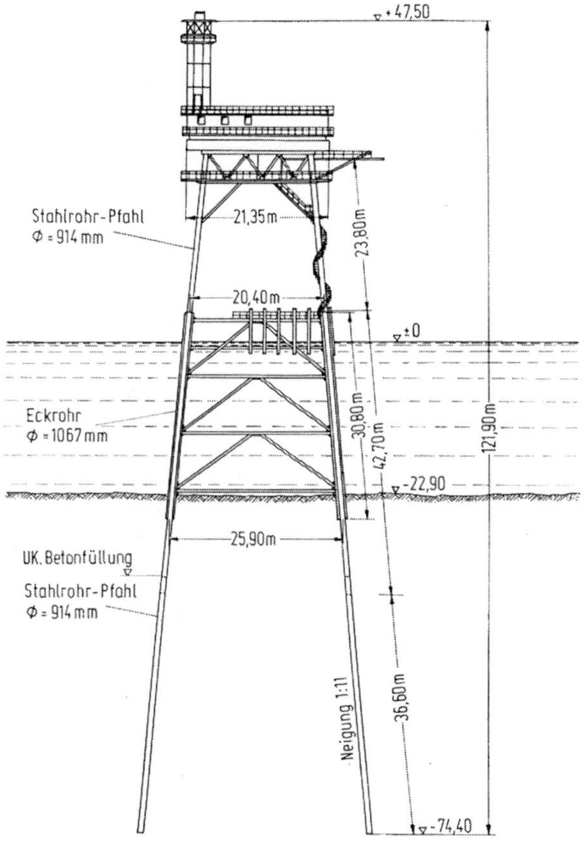

Abb. 105. Leuchtturm vor der amerikanischen Ostküste.

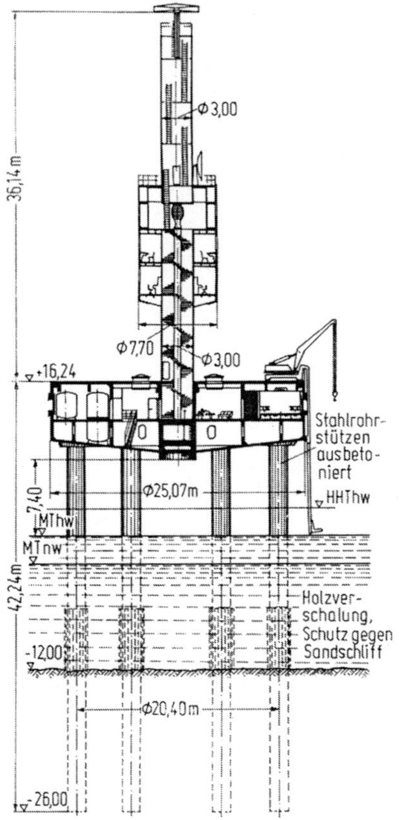

Abb. 106 u. 107. Vorschlag für einen Leuchtturm als künstliche Insel.

gung und durch ihre große Schwimmtiefe. Da solche großen Massen im Wasser nur schwer dirigiert werden können, ist zum Einrichten und Absetzen fast ruhige See erforderlich und, falls die Einbaustelle unter dem Einfluß der Tideströmung liegt, sollte Stauwasser, und zwar zweckmäßig Niederwasser, abgewartet werden. Jedenfalls werden der Seebautechnik aus solchen Vorhaben noch viele neue Impulse erwachsen, und ganz sicher werden die Ozeanologen viele Fragen ganz präzise zu beantworten haben (Abb. 112—119).

Eine besondere Anwendung für künstliche Inseln in der tiefen See bot der Bau der Chesapeake-Bay-Brücken und -Tunnel an der Ostküste der USA in den Jahren 1962/63 (Abb. 120—123). Der aus Brücken, Dämmen und 2 Tunneln bestehende Verkehrsstrang verläuft in einer Länge von über 30 km quer durch die Mündung der stürmischen Chesapeake Bay an der Grenze zum Atlantik. Vier künstliche Inseln, jeweils 440 m lang und 70 m breit, schaffen den Übergang zwischen Brücke und den zwei Tunneln, die die beiden großen Schiffahrtswege unterfahren. Man will damit den größten amerikanischen Marinehafen an der Ostküste des Landes, Norfolk, vor einer Blockade durch zerstörte oder havarierte Brücken freihalten. Die künstlichen Inseln wurden durch eine Sandaufspü-

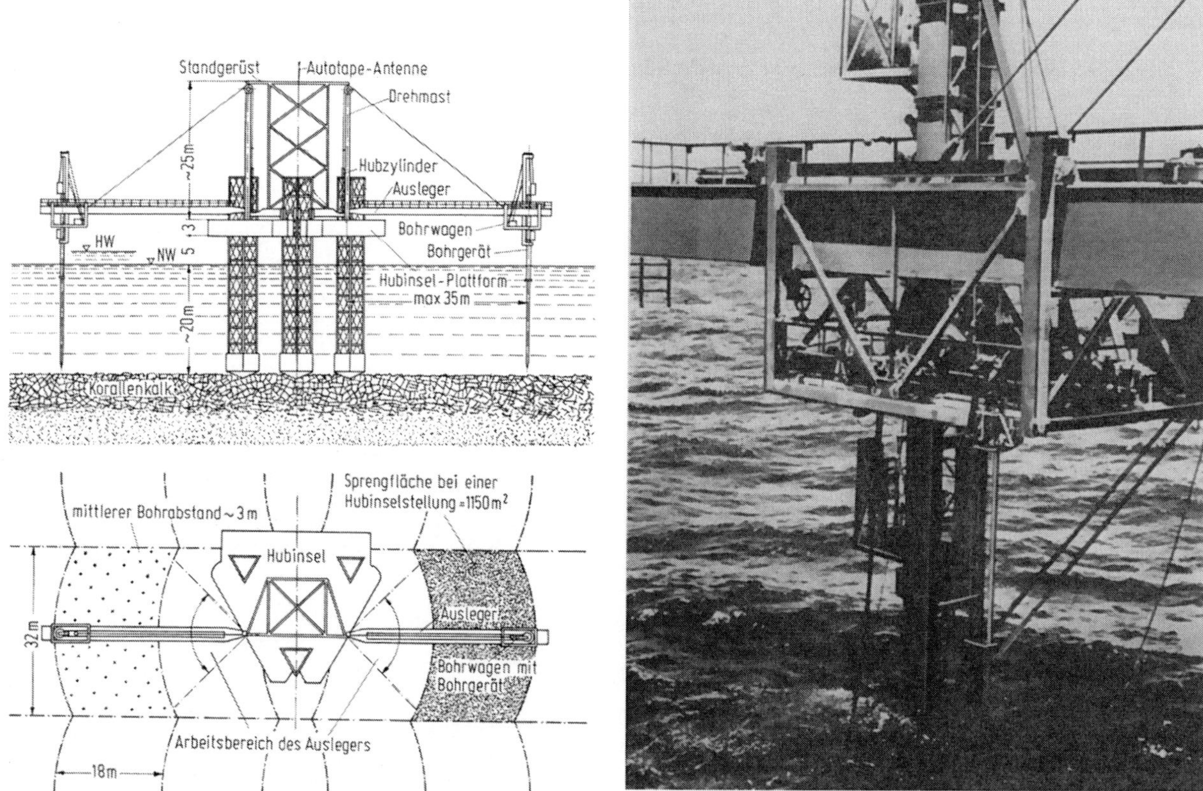

Abb. 108 u. 109. Felsbohren, Sprengen und Baggern einer Tiefsee-Fahrrinne bei Ras Tanura im arabischen Golf.

Abb. 110 u. 111. Spezialhubinsel mit Auslegern und Felsbohreinrichtungen.

Abb. 112. Für den Transport vorbereiteter Schwimmkasten für den Molenkopf am Fährhafen Puttgarden.

Abb. 113. Molenkopf am Fährhafen Puttgarden.

Abb. 114. Aufschwimmen der Schwimmkästen für die Westmole Helgoland in der Dockschleuse Holtenau.

Abb. 115. Seefest gemachter Schwimmkasten.

Abb. 116. Zwischenlagerung von Schwimmkästen im Südhafen Helgoland durch Fluten.

Abb. 117. Schwimmkasten mit Druckluftschleusen für Westmole Helgoland.

Abb. 118. Überführung eines Schwimmkastens durch den Nord-Ostsee-Kanal für den Anleger Surendorf.

Abb. 119. Schwimmkästen beim Bau einer Kaimauer im Amerikahafen Cuxhaven.

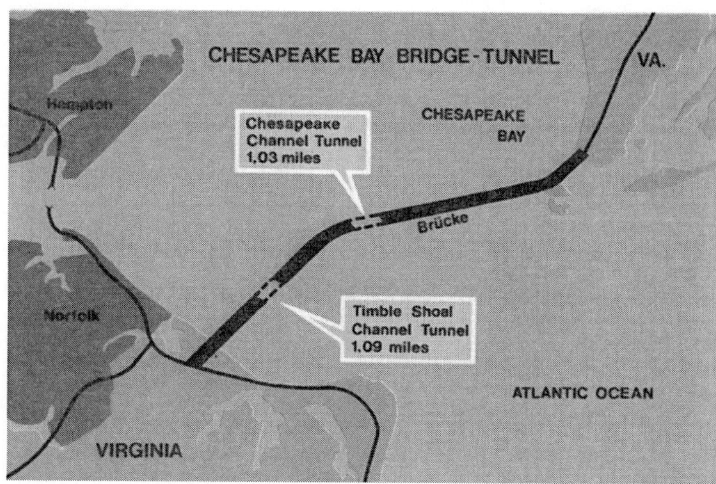

Abb. 120. Chesapeake Bay-Brücken und -Tunnel, Lageplan.

Abb. 122. Die Übergangsinsel vom Tunnel
zur Brücke im Bau.

Abb. 121. Der Flugzeugträger "Forestal" passiert eine Tunnelstrecke
in der Einfahrt der Chesapeake Bay.

Abb. 123. Tunneleinfahrt auf der künstlichen
Insel im Bau.

lung zwischen Schüttsteindämmen geschaffen, wobei die Sicherung der Böschungen durch 20 t Steine geschah. Dieses Bauwerk ist gleichzeitig ein gutes Beispiel für Übersee-Brücken und Untersee-Tunnel, worauf ich anschließend noch zu sprechen komme.

Wenn ich mich nunmehr dem Seehafenbau zuwende, so möchte ich stellvertretend für viele aus jüngster Zeit zwei Hafenneubauten an der deutschen Nordseeküste nennen, die wegen ihrer mündungsnahen Lage an dem offenen Strom und wegen ihrer Größenordnung besonders ins Auge fallen. Es sind dies der 1965/67 errichtete Elbehafen Brunsbüttelkoog (Abb. 124 u. 126—130) und der seit 1969 im Bau befindliche Container-Terminal in Bremerhaven mit seiner Stromkaje an der Weser (Abb. 125 u. 131—140).

Gemeinsam ist beiden, daß sie, an der Basis der Mündungstrichter der Ströme zur Nordsee gelegen, jeweils auf dem rechten Flußufer an einer leichten Linkskurve des Fahrwassers liegen. Sie stehen unter dem Einfluß der ungeschwächten Tide und sind nach Westen bzw. Nordwesten, der Haupt-Wind- und Wellenrichtung, vollkommen offen. Da sie an der Außenkurve liegen, führt der Schiffahrtsweg in relativ nahem Abstand (600 bzw. 200 m) vorbei. Für die Ausführung war bei beiden das Bodenersatzverfahren notwendig.

Unterschiede bestehen in der Nutzung. An der Elbe werden Öl, Gas, Massen- und Industriegüter umgeschlagen; an der Weser dagegen Container. Entsprechend unterscheiden sich die anlaufenden Schiffe nach Art, Größe und Tiefgang. Daraus ergab sich in Brunsbüttelkoog für den 100 000-tdw-Tanker im Endausbau eine Hafentiefe von etwa 14 m unter SKN, in Bremerhaven für das Containerschiff der dritten Generation im ersten Ausbau eine solche von über 14 m unter SKN, im zweiten Ausbau wird eine Tiefe von 17 m unter SKN angestrebt. Unterschiede gibt es auch in der Höhenlage des Hafenplanums: an der Elbe im Deichvorland auf +6,20 m NN, in Bremerhaven auf Deichhöhe + 7,50 m NN gelegen.

Das erklärt aber noch nicht den großen Unterschied in der Querschnittsgestaltung. Ich kann das hier nur andeuten. In Bremerhaven sind sehr ungünstige Bodenverhältnisse, und der Grundwasserstand im Hinterland ist sehr hoch. Aber der größte Einfluß rührt zweifellos aus dem außergewöhnlich hohen Schlickfall in Bremerhaven her. Am Elbehafen ist demgegenüber ein Schlickfall praktisch nicht vorhanden. So entstehen die sehr unterschiedlichen Querschnitte:

an der Elbe eine schrägpfahlverankerte Spundwand, allerdings eine sehr schwere zusammengesetzte Wand aus IPBv 1000 und Dreifach-Larssen-Füllbohlen,

an der Weser eine 30 m breite Pierplatte mit vorderer und hinterer Spundwand aus L 430 und einem sehr ausgeklügelten Entwässerungssystem. Neuartig die sogenannte Wellenkammer, ein Vorschlag des Franzius-Institutes, die den Zweck hat, die Kajen-Oberfläche und damit die dort abgestellten Container vor überschlagenden Sturmflutwellen zu schützen.

Über beide Kajen gäbe es sehr viel zu sagen, zu den Planungen, zu den Berechnungsgrundlagen und den Berechnungen selbst, zu der Konstruktion und der Ausführung. Das wird sicherlich noch ausführlich von berufener Seite geschehen. Ich will mich hier auf zwei Dinge beschränken, die den Seebau allgemein interessieren.

Das ist einmal der Schlickfall. In Bremerhaven wird gewöhnlich mit 1 cm pro Tide gerechnet, an einigen Stellen wurden bis zu 3—4 cm pro Tag gemessen. Wird beim Bodenersatzverfahren der Klei ausgekoffert, so verunreinigt der sich absetzende Schlick die Baggersohle, ehe überhaupt der Sandboden eingebracht werden kann. Auch jede Unterbrechung bei der Sandverfüllung führt zu Schlickablagerungen. Da die Einsatzentwicklung der Naßbaggergeräte einen ausreichenden Vorlauf für den Aushub erfordert, vergeht immer eine gewisse Zeit zwischen Aushub und Verfüllung. So kann es vorkommen, daß durch den inzwischen eingetretenen Schlickfall eine Schmierschicht in der Baggerfuge entsteht. Da der gesamte Hinterfüllungsboden die Neigung hat, auf dieser Schmierschicht seewärts abzurutschen, wird der für diese Gleitfuge anzusetzende Erddruck für die Kaje maßgebend. Die gesamte Statik, die Konstruktion ebenso wie die Ausführung haben sich in Bremerhaven unentwegt mit dem Schlickfall auseinanderzusetzen.

Um die Schlickführung am Bauort in der Weser einmal festzustellen, wurde aus Wasserproben, die hinter wasserdurchlässigen Spundwandschlössern entnommen wurden, die Schlick-Konzentration bestimmt. Es ergab sich die überraschende Feststellung, daß bei ablaufendem Wasser der Anteil des Schlicks nie über 0,04% anstieg, während der Anteil bei auflaufendem Wasser im Mittelwasser- bis zum Hochwasserbereich bis zum 7fachen Wert auf 0,3% anstieg. Der Schlick kommt also offensichtlich von Unterstrom, und sein Anteil ist von der Strömungsgeschwindigkeit abhängig. Außerdem wächst seine Konzentration von oben nach unten sehr beträchtlich. Damit ist allerdings noch nichts über die Menge gesagt, die sich tatsächlich absetzt. Auch in Cuxhaven fällt sehr viel Schlick und beeinträchtigt alle Unterwasserbaumaßnahmen.

Ein wirksames und gleichzeitig wirtschaftlich vertretbares Mittel zur Beschränkung oder Verhütung des Schlickfalles an einer Baustelle gibt es nicht, es sei denn, man kann durch sinnvolle

Abb. 124. Elbehafen Brunsbüttelkoog fertiggestellt.

Abb. 125. Containerkreuz Bremerhaven im Bau.

Abb. 126. Elbehafen Brunsbüttelkoog, Einsatz von Großgerät.

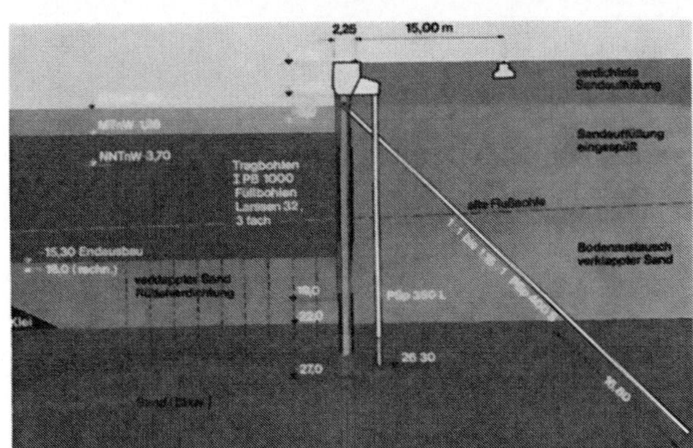

Abb. 127. Elbehafen Brunsbüttelkoog, Querschnitt durch
die Kaimauer.

Abb. 128. Rammen von einem Rammgerüst.

Abb. 129. Anschluß der Schrägpfähle an der gemischten
Spundwand.

Abb. 130. Elbehafen Brunsbüttelkoog, Molenkopf.

Abb. 131. Containerkaje Bremerhaven, Einsatz von Großgerät.

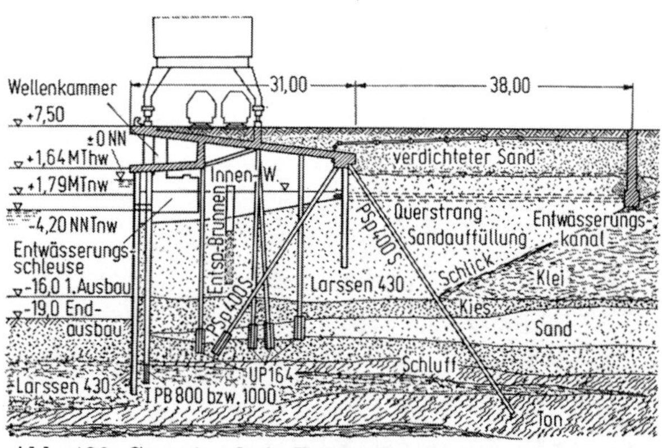

Abb. 132. Containerkaje Bremerhaven, Querschnitt durch die Kaimauer.

Abb. 133. Rammen der Stahlkastenpfähle für die Pierplatte.

Abb. 134. Anschluß der hinteren Pfahlbockreihe an die Pierplatte.

Abb. 135. Pfahlkopf mit Zugverankerung.

Abb. 136. Containerkaje Bremerhaven, Liegeplatz 1 kurz vor der Fertigstellung.

Abb. 138. Aufnehmen eines Wellenkammerfertigteils mit einem Gewicht von 430 t.

Abb. 137. Vorfertigen der Wellenkammerblöcke auf der Nordmole.

Abb. 139. Einbau der Fenderung vor den Wellenkammern.

Abb. 140. Absetzen der Wellenkammerblöcke mittels Schwimmkran.

Einrichtungen erreichen, daß das schlickhaltige Wasser immer in genügender Bewegung bleibt. Sicherer ist, das Bautempo nach Möglichkeit so zu steigern, daß dem Schlick keine Zeit bleibt, sich abzusetzen. Wirkungsvolle Maßnahmen zur gründlichen Reinigung der betroffenen Bauwerksteile (Baggersohlen, Betonschalungen, Bewehrungen u. a.) sind allerdings nicht zu umgehen.

Das Beispiel Bremerhaven zeigt deutlich, wie sehr das Schlick-Problem unter Umständen Konstruktion und Ausführungsverfahren und damit die Herstellungskosten beeinflussen kann. Bei solchen Gelegenheiten kann man immer wieder feststellen, wie wenig über diese Dinge eigentlich bei den Seebau-Ingenieuren bekannt ist. Man kennt die Zusammensetzung des Schlicks, seine bodenmechanischen Eigenschaften und Kennwerte. Aber man hat eigentlich nur sehr oberflächliche Kenntnisse von seiner Entstehung und deren Ursachen und Abhängigkeiten, der räumlichen Ausdehnung der betroffenen Flußmündungs- und Seegebiete, des Gehaltes im Süß-, Brack- und Seewasser und schließlich über die Menge, die sich z. B. im Tidebereich zu Stauwasserzeiten absetzt. Darüber gibt es sicher schon die eine oder andere Forschungsarbeit, aber der Bauingenieur kennt sie nicht.

Das ist nur ein Fall von vielen. Es muß immer wieder festgestellt werden, daß der Kontakt zwischen Wissenschaft und Praxis oftmals sehr zu wünschen übrigläßt. Die Ursachen sind sicherlich auf beiden Seiten zu suchen. Außerdem ist es ein Zeitproblem. Besonders auffällig wurde das, als die Deutsche Kommission für Ozeanographie gebildet wurde und im Ausschuß für Küstenforschung erstmalig Ozeanologen verschiedenster Sparten und Seebaupraktiker an einem Tisch saßen. Hier die reine Forschung, die Grundlagenforschung, dort das Bedürfnis nach zweckgebundener Forschung. Der Weg zueinander muß noch mehr geebnet werden. Einzelne Firmen der Bauindustrie schicken sich an, im eigenen Hause Fortbildungskurse für ihre Jung- und Alt-Ingenieure einzurichten. Von hier aus ließe sich gegebenenfalls auch eine Hand ausstrecken.

Ein zweites, auf das ich hier hinweisen möchte, ist die Entwicklung zu immer größeren Dimensionen, zwangsläufig gesteuert durch die sich steigernden Forderungen an unsere Bauwerke, aber auch dadurch verursacht, daß wir immer häufiger gezwungen werden, Bauwerke dort zu errichten, wo man früher wegen der ungünstigen Verhältnisse Abstand nahm.

Nehmen wir das Beispiel der Spundwände: Bei den heute zu überbrückenden großen Geländesprüngen, häufig in Verbindung mit sehr schlechten Untergrundverhältnissen, sind, je nach der Konstruktion, die am Markt befindlichen Spundwandprofile nicht mehr ausreichend. Sie werden dann mit dicken Lamellen verstärkt, oder man geht auf die gemischten Spundwände über unter Einschaltung anderer gewalzter oder geschweißter Großprofile. Eine solche Weiterentwicklung ist die Großrohrwand mit Halbschalen als Füllelementen, die bereits probeweise gerammt wurden (Abb. 141—143). Das Rohr bietet die günstigste Rammform überhaupt. Mit den wachsenden Dimensionen und Gewichten der Rammelemente werden zwangsläufig die Rammgeräte, die Bäre, größer und schwerer werden müssen. (Auf einen groben Klotz gehört nun mal ein grober Keil!) Standardausführungen von Rammbären, die heute bei 4—10 t liegen, werden schon morgen auf 15 und 20 t ansteigen müssen (Abb. 144 u. 145).

Diese Feststellung gilt allgemein. Sie betrifft ebenso die Verwendung von immer größeren und schwereren vorgefertigten Bauteilen oder ganzen Baukörpern in Stahlbeton, Spannbeton oder Stahl. Wir werden uns jedenfalls im Seebau daran gewöhnen müssen, mit immer größeren Einheiten zu bauen. Hierzu werden auch immer leistungsfähigere und ausgeklügeltere Geräte bereitgestellt werden müssen. Der Anfang ist mit den Hubinseln gemacht, die bereits sehr vielseitig eingesetzt werden.

Die Überführung von Straßen- und Eisenbahnlinien von Festland zu Festland über See, entweder über Brücken oder durch Tunnel, liefert weitere interessante Aufgaben für den Seebau. Bekannt sind die großen Seebrückenprojekte im skandinavischen Raum, wobei die Kleine Belt-Brücke und z. B. auch die 6 km lange Brücke zur Insel Öland in Schweden bereits vollendet sind. In Deutschland besonders bekannt ist auch die in den Jahren 1959/62 errichtete Brücke über den Maracaibo-See in Venezuela und die in den letzten Jahren hergestellte Anlegebrücke von 3,3 km Länge in die offene See in El Aaiún, Spanisch-Sahara. Eine Sonderstellung nimmt die Oosterschelde-Brücke im holländischen Delta-Gebiet ein. Außerdem faszinieren immer wieder die Brücken und Tunnel zur Überwindung der Chesapeake Bay am Atlantik.

Die Caisson-Gründung der Pylonen im Kleinen Belt war insofern bemerkenswert, als unter einer Wassertiefe von 20 m ein bindiger Boden bis in große Tiefe ansteht. Um die zu erwartenden Setzungen möglichst klein zu halten, wurde unter dem Stahlbetoncaisson eine schwimmende Pfahlgründung eingeschaltet. Die schweren Stahlbetonfertigpfähle 45×45 cm mußten unter Wasser bis zur Sohle eingerammt werden, wozu eine hierfür besonders konstruierte schwere Jungfer notwendig war. In solchen Fällen ist nur eine Rammung vom festen Gerüst oder von Hubinsel aus möglich. Für die offene See ist dieses Gründungsverfahren nicht geeignet.

Abb. 141. Rammen einer gemischten Stahlspundwand aus Großrohren und Halbschalen.

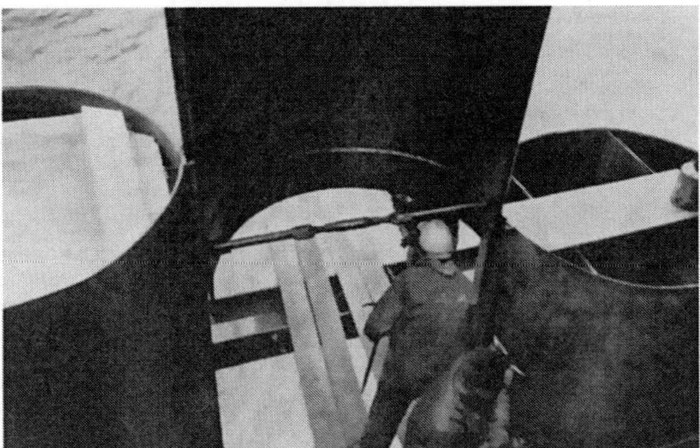

Abb. 142. Großrohrwand, Einfädeln der Halbschalen.

Abb. 143. Ansicht einer gerammten Großrohrwand.

Abb. 144. Großrohrpfähle aus Spannbeton für eine Brückengründung.

Abb. 145. Ein 20-t-Bär ist zum Schlagen dieser schweren Pfähle erforderlich.

Abb. 146. Brücke über den Maracaibo-See, Bau eines Pfeilers.

Abb. 147. Brücke über den Maracaibo-See, vorgefertigte Stahlbetonunterschalung für die Pfahlkopfplatte beim Verlegen.

Abb. 148. Köhlbrand-Hochbrücke Hamburg (1971), vorgefertigte Stahlbetonglocken für Pfeilerfundamente im Rugenberger Hafen.

Abb. 149 u. 150. Autobahn-Hochbrücke über den Nord-Ostsee-Kanal bei Rendsburg, Aufnehmen und Absetzen der vorgefertigten Stahlbetonglocken für die Pfeilerfundamente im Audorfer See.

Abb. 151. Leuchtturm Kalkgrund, Versetzen der Stahlbetonglocke für das Fundament mittels Hubinsel.

Abb. 152. Leuchtturm Kalkgrund, Stahlbetonglocke im Absenkgerüst der Hubinsel.

Abb. 153. Anlegebrücke Surendorf (Ostsee), vorgefertigte Stahlbetonglocke für die Pfeilergründung.

Abb. 154. Umschlaganlage Rüstersieler Groden bei Wilhemshaven, vorgefertigte Stahlbetonschalung für den Brückenüberbau (Großformschalung, Gewicht 240 t).

Abb. 155. Ölumschlagbrücke Wilhelmshaven.

Abb. 156. Rammen der stählernen Großrohr-pfähle mit Schwimmramme MR 100 und Ramm-bär MRB 1500.

Abb. 157—160. Ölumschlagbrücke Wilhelmshaven, Bau des Löschkopfes IV (1970/71) mit Stahlbetonfertigteilen.

Bei der Brücke über den Maracaibo-See hat man die Pfeilerfundamentplatten über Wasser angeordnet und auf einem Rost von senkrechten und parallel stehenden Spannbetonrohrpfählen mit einem äußeren Durchmesser von 135 cm und einer maximalen Länge von 57 m aufgesetzt. Allerdings brauchte in diesem Fall natürlich nicht mit Eisgang gerechnet zu werden. Die Pfähle wurden von Hubinseln aus in vorgebohrte, voll verrohrte Löcher von 150 cm Durchmesser eingestellt und ausbetoniert. Als Unterschalung für die Pfahlkopfplatten wurden große Betonfertigteile aufgesetzt (Abb. 146 u. 147).

In den letzten zehn Jahren wurden mehrfach Pfahlgründungen für Seebrücken ausgeführt, wobei die Verbindung mit dem Pfeilerfundament im Schutz von vorgefertigten Stahlbetonglocken geschah. Diese Glocken wurden jedesmal auf dem vorher gesicherten Boden abgesetzt. Die Pfähle wurden entweder durch die bereits abgesetzte Glocke, die als Führung diente, gerammt, oder die Glocke wurde über die bereits gerammten Pfähle gestülpt. Mit Kontraktorbeton wurde dann der untere wasserdichte Abschluß hergestellt, die Glocke gelenzt und von da an alle konstruktiven Arbeiten im Trockenen und unter Sicht ausgeführt. (Beispiele: Marineanleger Surendorf, Autobahn-Hochbrücke über den Nord-Ostsee-Kanal und den Audorfer See, Köhlbrand-Hochbrücke in Hamburg.) In gleicher Weise wurde auch der Leuchtturm Kalkgrund in der Flensburger Förde gegründet (Abb. 148—153).

Bei der Kreuzung der etwa 30 km breiten Chesapeake Bay wurde die Brückenfahrbahn 9 m über das MTnw gelegt. An die Stelle großer Pfeiler traten hier Pfahljoche im gegenseitigen Abstand von nur 22,50 m. Jedes Joch besteht aus drei Spannbetonrohrpfählen mit einem äußeren Durchmesser von 135 cm sowie vorfabriziertem Stahlbetonjochbalken. Die Pfähle wurden von einer schweren Hubinsel aus gerammt. Darüber waren dann die Stahlbetonfertigträger der Brückenfahrbahn in einem besonderen Vorbautakt unter Verwendung eines besonders konstruierten Verlegegerätes einzubauen.

Gleiche oder ähnliche Verfahren werden z. B. in Wilhelmshaven bei der Herstellung der Brücken für den Ölumschlag und für die Niedersachsen-Brücke (Alusuisse) angewendet (Abb. 154—160).

Stehen tragfähige Böden oberflächennah an, so werden für die Pfeilerfundamente in erster Linie vorgefertigte Schwimmkästen in Betracht kommen, die auf der vorbereiteten und gesicherten Sohle abgesetzt werden. Steht der tragfähige Baugrund tiefer an, wird z. B. unter Druckluft weiter abgesenkt werden können. Mit diesem Verfahren sollte man aber aus drucklufttechnischen Gründen nicht tiefer als höchstens 20—25 m unter den höchsten Wasserspiegel gehen. Bei Tidewechsel kommen sowieso noch weitere Probleme hinzu (Abb. 16—21).

Bei größeren Wassertiefen wird man andere Absenkverfahren anwenden müssen. Ein solches wurde beispielsweise anläßlich des Ideenwettbewerbs für eine feste Verbindung über den Großen Belt von der Philipp Holzmann AG entwickelt und vorgeschlagen. Es handelt sich um einen beiderseitig offenen, doppelwandigen Stahlbetonkasten, also einen Brunnen, der immerhin die Abmessungen von 32,5 × 36 m bei einer Höhe von 34 m hatte. Der Raum zwischen den beiden Wandungen ist durch Trennwände in Zellen von 4—5 m im Quadrat geteilt. Durch beiderseitig herausnehmbare Bodenplatten wird der Kasten vorübergehend schwimmfähig gemacht. Im Dock liegend hergestellt, wird er an Ort und Stelle eingeschwommen, gekippt und von Hubinseln aus geführt und abgesetzt. Die Bodenplatten lassen sich nun leicht beseitigen. Durch Spülen und Saugen, erforderlichenfalls Cuttern oder Baggern innerhalb der Zellen wird er bis auf den tragfähigen Baugrund heruntergetrieben. Anschließend werden die Außenzellen mit Beton gefüllt, der innere Hohlraum mit Sand. Die doppelwandige Ausführung bietet einen guten Schutz gegen Schiffsstöße und Eisbeanspruchungen (Abb. 161—164).

An den Kreuzungspunkten von Straßen- und Eisenbahnlinien mit der Schiffahrt standen von jeher zwei Lösungen zur Debatte: Hochbrücke oder Tunnel. Bei dem Ideenwettbewerb für eine feste Verbindung über den Großen Belt waren z. B. auch Tunnel-Lösungen zugelassen. Unser Vorschlag, den hier 25 km breiten Belt für den Huckepack- und Eisenbahnverkehr in einem Zuge zu untertunneln, in ähnlicher Weise übrigens, wie dies beim Ärmelkanal-Projekt geplant ist, gehört nun allerdings nicht mehr zum Seebau; nur insofern, als er den Seebau umgeht. Trotzdem will ich kurz darauf eingehen (Abb. 165—168).

Zwei voneinander unabhängige Rohre von je 6,50 m lichtem Durchmesser nehmen die Eisenbahngleise auf. Unter der Insel Sprogö liegt die Tunnelsohle etwa 108 m unter dem Wasserspiegel in vermutlich wasserdichten Kreide- und Kalksteinschichten. Der Vortrieb soll in dieser Schicht bergmännisch mit vollmechanischen Tunnelfräs- und Bohrmaschinen unter atmosphärischen Bedingungen vonstatten gehen. Zur Erkundung des zu durchfahrenden Gebirges und zur Entwässerung der Hauptröhren läuft ein Pilotstollen von 3 m Durchmesser dem Bau der Fahrröhren voraus. Er ist etwa alle 50 m durch Querstollen mit den beiden Tunnelröhren verbunden. Er dient später der Entwässerung sowie Be- und Entlüftung. Der unter Umständen schwierigste Teil, nämlich das Durchfahren der oberen wasserführenden weichen und rolligen Böden bis etwa 20—25 m unter NN muß im Schutz eines Druckschildes vor sich gehen. Es ist dabei an den für den Hamburger U-Bahn-Bau neu entwickelten vollmechanischen Vortriebsschild Holzmann-Bade gedacht, der nach dem Drehpendelprinzip arbeitet und mit einer besonderen Druckkammer ausgestattet ist. Er hat sich gerade bei wechselnden Bodenarten auch im Geschiebemergel und bei Anfall von Steinen und Findlingen bestens bewährt und arbeitet praktisch setzungsfrei. Die Baukosten für den zweiröhrigen Tunnel

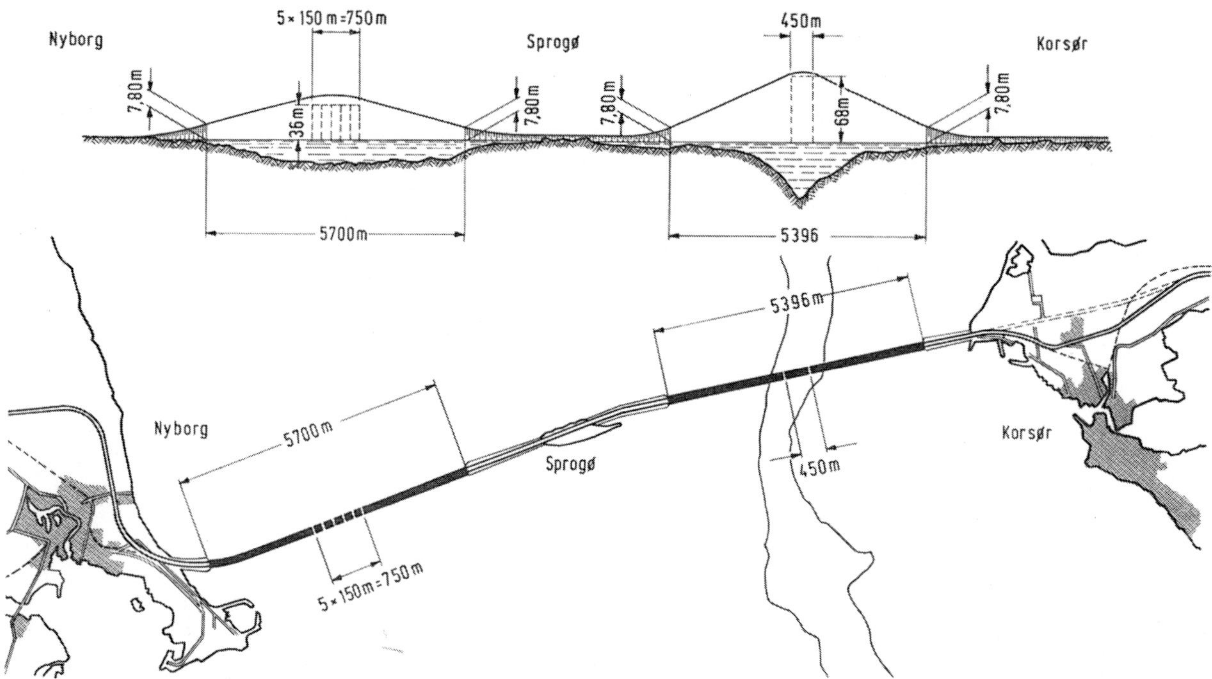

Abb. 161. Brücke über den Großen Belt, Ideenwettbewerb 1966.

Abb. 162. Brücke über den großen Belt, Schiffahrtsöffnung 484 m breit (Fotomontage).

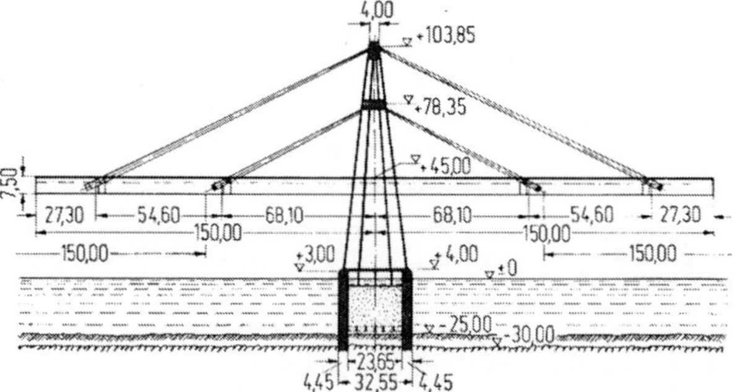

Abb. 163. Spannbetonschrägseilbrücke mit 300 m Pfeiler-abstand, Vorschlag für die Brückenpfeilergründung.

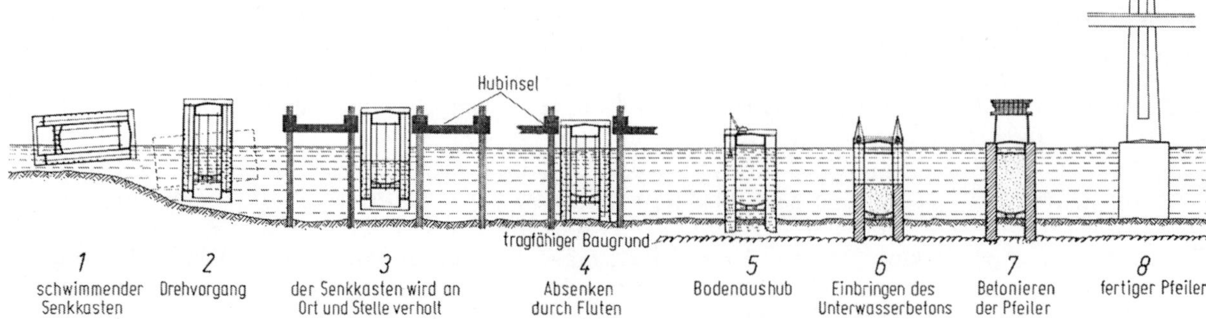

Abb. 164. Vorschlag für die Brückenpfeilergründung in tiefem Wasser mittels beiderseitig offenem doppelwandigem Stahlbetonkasten.

einschließlich der erforderlichen Bahnhofsanlagen bei Korsör und Nyborg sind nach überschläg-
lichen Ermittlungen nicht höher als die der kombinierten Eisenbahn- und Straßenbrücke (etwa
1,8 Mrd. DM).

Als Beispiel für die Anwendung des Absenkverfahrens beim Unterwassertunnelbau in
offener See seien die zwei Tunnel unter den Schiffahrtsrinnen bei der Kreuzung der Chesapeake Bay
erwähnt. Die Absenkstücke bestanden aus 91 m langen, doppelschaligen Stahlrohren, wobei der

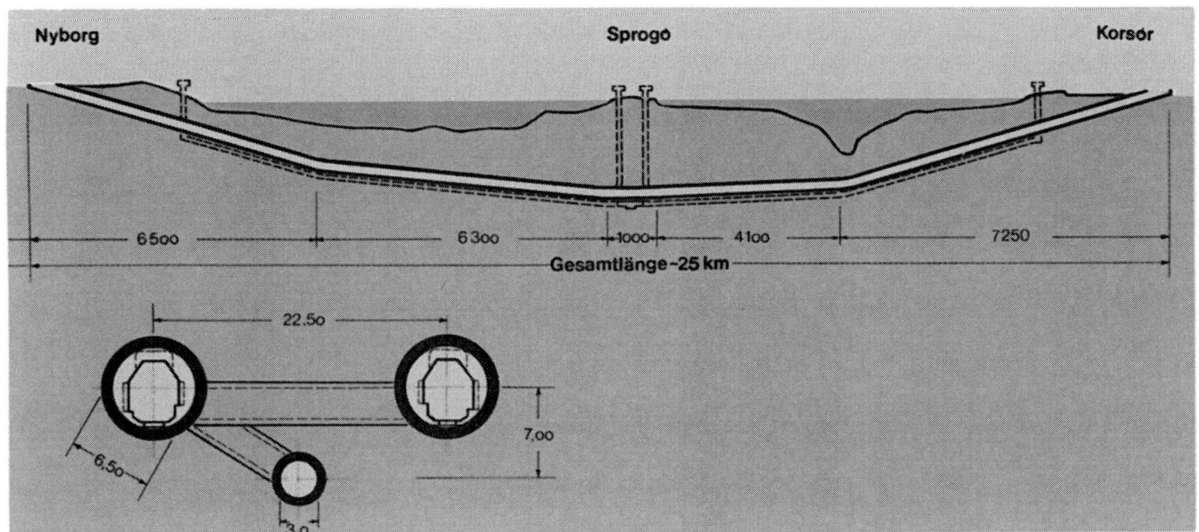

Abb. 165. Landfeste Verbindung unter dem Großen Belt, Ideenwettbewerb 1966, Tunnellösung.

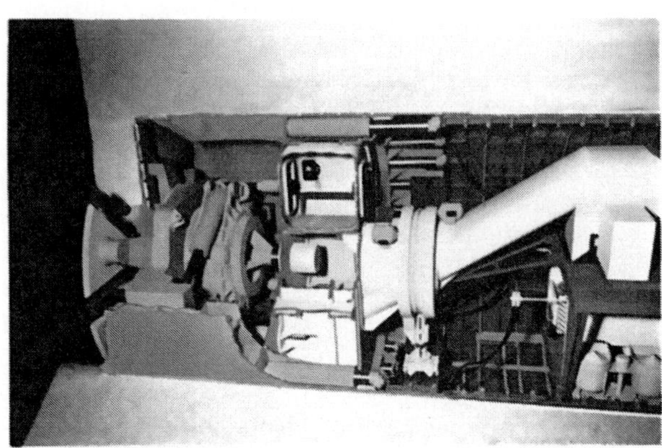

Abb. 166. Vollmechanischer Vortriebsschild Holzmann-
Bade (Modellaufnahme).

Abb. 167. Drehpendelnder Schürfkopf mit Brustplatten
der Holzmann-Bade-Maschine vor einem neuen Einsatz ...

Abb. 168. ... und nach Beendigung des Vortriebs.

Zwischenraum vor und während des Absenkens mit Beton ausgegossen wurde. Die zunächst einwandigen Stahlrohre wurden in Oranje in Texas hergestellt und mehr als 3000 km durch den Golf von Mexiko und um Florida herum zur Einbaustelle geschleppt. Der Absenkvorgang geschah von schwimmenden Vorrichtungen aus und war nur bei ganz ruhigem Wasser möglich. Die Arbeiten waren daher sehr wetterabhängig. Im Sommer bei schönem Wetter konnte man gelegentlich drei Rohre in acht Tagen verlegen. Da eine zutreffende Wettervorhersage nicht einmal für einen Zeitraum von 24 Stunden zu erhalten war, ließ sich nicht vermeiden, daß während des Absenkens überraschend schlechtes Wetter eintrat. Es war dann nichts anderes zu tun, als das Tunnelstück auf dem Meeresboden abzulegen und mit einer Boje zu versehen. Bei ruhiger See kamen die Mannschaften zurück, um es wieder aufzunehmen und genau zu versetzen. Solche rauhen Methoden erfordern natürlich widerstandsfähige und vielseitig beanspruchbare Konstruktionen, wofür sich die Stahlbauweise und der Kreisquerschnitt bei den Absenkstücken geradezu anboten. Wichtig war, daß nach dem Verlegen und der restlichen Ballastierung sofort mit der Sandhinterfüllung begonnen wurde. Solange nämlich der Überdeckungsboden noch nicht eingefüllt war, waren die Rohre den Bewegungen des Wassers ausgeliefert. Einige Rohre bewegten sich am freien Ende um einige Zoll bis zu 30 cm und mehr. Eine Röhre wurde bei einem schweren Sturm vollständig aus dem Absenkgraben herausgeworfen. Eine zuverlässige kurz- und mittelfristige Wettervorhersage mit Seegangsangaben hätte die Durchführung des Bauvorhabens erheblich erleichtern, beschleunigen und sicherlich auch wirtschaftlicher gestalten können (Abb. 169—171).

Ingenieur und Technik beim Seebau

Mit der Bewältigung der gegenwärtigen und kommenden Projekte wird auch der Unterwassergeräteeinsatz beim Seebau weiterentwickelt werden müssen. Es ist nur folgerichtig, wenn die Seebauer nach solchen Geräten Ausschau halten, die sie von den Überwasserbedingungen, insbesondere von den Einwirkungen der bewegten See, freimachen. Erwähnt wurde schon die Hubinsel als Arbeits- und Lebensbasis. Was aber fehlt, sind Arbeitsgeräte, die unter Wasser auf der Meeressohle, und zwar in der für die kommende Zeit bevorzugten Wassertiefe von 15—40 m, operieren können; das sind Tiefen, die vom Seegang nur noch indirekt berührt werden. Für die Hersteller von Baugeräten gilt es, sich mit einer vollkommen neuen Umgebung vertraut zu machen und auseinanderzusetzen. Erste Ansätze dafür sind vorhanden. So hat z. B. „Caterpillar" in Zusammenarbeit mit „Ocean Science and Engineering" einen Unterwasser-Cutterbagger entwickelt, der auf dem Standard-Raupenfahrgestell der D 9 aufgebaut und zur Zeit vor der Küste von Florida im Einsatz ist (Abb. 172 u. 173). Auch die Japaner verfügen über ähnliche Einrichtungen. Die Entwicklung geht zu den unbemannten Geräten, mit denen die Meeressohle z. B. auch aufgerissen oder Schüttungen planiert werden können. Gerade der letztgenannte Einsatz könnte in vielen Fällen in Betracht kommen, ist doch das Unterwasserplanieren heute noch immer eine reine „Dunkelmännerarbeit". Solche auf der Meeressohle beweglichen Geräte fahren entweder vom Ufer ein, oder sie werden vom Schiff oder von einer Hubinsel aus abgesetzt. Ein schwieriges Problem dürfte dabei noch die genaue Ortung sowie das Navigieren nach Seite und Höhe sein. Außerdem scheint mir besondere Vorsicht da geboten, wo solche Geräte auf beweglichem und wegen Strömungen kolkgefährdetem Meeresboden arbeiten sollen.

Bei der Wahl der verschiedenen Verfahren und Baustoffe spielen viele Fakten eine Rolle. Besondere Überlegungen werden bezüglich der Lebensdauer anzustellen sein, wobei die Beständigkeit der zu wählenden Baustoffe gegen die jeweils an Ort und Stelle festzustellenden äußeren Einflüsse aus einer eventuellen Agressivität des Seewassers und seiner Beimengungen, aus Korrosion, aus Sandschliff, aus dem Befall oder Bewuchs mit schädigenden Organismen, aus der hohen Luftfeuchtigkeit, dem Salzgehalt der Luft, aus extremen Temperaturen und Temperaturwechseln, wobei die Frostsicherheit eine große Rolle spielt, kurz gesagt gegen die Witterung, zu prüfen und zu bedenken ist. Die neuzeitlichen Kunststoffe werden daraufhin einer besonderen Prüfung und Dauererprobung unterzogen werden müssen.

Und schließlich: „Wasser hat einen spitzen Kopf." Wo wir es nicht gebrauchen können, müssen wir es fernhalten. Die Bewältigung zum Teil kompliziertester Dichtungsprobleme steht für den Seebauer auf der Tagesordnung. Als Beispiel möge hierzu wieder das Eidersperrwerk dienen, und zwar die Einbindung der beweglich gelagerten Wehrträger (= Straßentunnel) in die Pfeilerschäfte.

Wenn ich nun mit diesem sehr grobmaschigen Überblick zum Abschluß komme, möchte ich doch zu dem Element, mit dem die Ozeanologen und Seebauingenieure hauptsächlich konfrontiert sind, dem Wasser, noch etwas sagen.

Abb. 169—171. Chesapeake Bay-Brücke und -Tunnel.

Anwendung des Absenkverfahrens beim Unterwassertunnelbau Schemazeichnung.

91 m langes Absenkstück im Schlepp.

Einschwimmen und Absenken eines Schwimmstückes.

Abb. 172 u. 173. Unterwasser-Cutterbagger auf Standard-Raupenfahrgestell D 9 vor der Küste von Florida im Einsatz (Caterpillar und Ocean Science and Engineering, USA).

Professor Agatz hat in seinem vor 35 Jahren erschienenen, heute schon klassischen Werk von dem „Kampf des Ingenieurs gegen das Wasser" gesprochen. Diese Formulierung ist auch Bestandteil des Titels. Ich möchte ergänzen: „Das Wasser, unser Freund." Je besser wir es verstehen, desto besser können wir mit ihm umgehen, desto mehr liebt es uns, und desto mehr ist es bereit, uns zu nützen. Wir nutzen den Tidehub, die Strömungen, den Auftrieb, indem wir größte Massen und Lasten heben, senken und vorwärts bewegen, die Schleppkraft in unseren Spülrohrleitungen, den hydrostatischen Druck und vieles andere mehr. Ja selbst das Eis; denn neulich flatterte mir eine Reklame ins Haus, womit mir echtes Grönland-Eis in Würfeln für meinen Cocktail angeboten wurde, was nicht unbedingt nur ein Vorrecht des Seebauers ist!

Der Seebau besteht in einer ständigen Auseinandersetzung mit den Kräften der Natur. Es ist unvermeidlich, daß hierbei manche Niederlage eingesteckt werden muß. Auch die beste Planung, die sorgfältigste Vorbereitung und die zielbewußteste Durchführung können gelegentlich nicht vor Überraschungen schützen, ganz abgesehen von Fällen höherer Gewalt wie dem Auftreten von schweren Sturmfluten, Orkanen, Wirbelstürmen, Seebeben u. a.

Es wird aber klar, daß erst eine eingehende Kenntnis aller Zusammenhänge die Möglichkeit gibt, an solche Aufgaben erfolgreich heranzugehen, das jeweils erzielbare Optimum zu erreichen und die Höhe der einzugehenden Risiken so weit wie möglich einzuschränken. Insofern kommt also den Fortschritten in der Ozeanographie, insbesondere in der Erfassung der physikalischen und mechanischen Vorgänge bei der Wetter- und Seegangsbildung und damit im Zusammenhang einer immer zutreffenderen kurz- und mittelfristigen Vorhersage, in der Erforschung der verschiedenen Kraftwirkungen aus Wind, Wellen, Eis, Erdbeben usw. sowie allen Sparten der Küstenforschung eine überragende Bedeutung zu.

Bei derartigen Bauwerken wird aber nie verzichtet werden können auf das Können und vor allem die Erfahrung der planenden und ausführenden Ingenieure auf Bauherrn- und Unternehmerseite.

Entwicklungen der Naßbaggertechnik*

Von **K. H. Brößkamp,** Hamburg

Ein bekannter amerikanischer Entwurfsingenieur für Naßbaggergeräte, Ole P. Erikson [1], sagte schon vor 10 Jahren dem Sinne nach etwa:

„Es liegt eine Faszination in der Naßbaggerei, und den Menschen, der sich ihr ausgeliefert hat, macht die Naßbaggerei zum lebenslänglichen Mitglied der Verbindung der Baggermänner (fraternity of dredgmen), wobei keiner alles kennt, was über das Baggern zu wissen wäre und wobei keiner mit dem anderen voll über die genauen Methoden der Baggertechnik übereinstimmt." [2]

Hier spricht ein Experte einmal die übertriebene Geheimhaltung dieser mehr oder weniger Erfahrungswissenschaft an, und zum anderen weist er auf fehlende wissenschaftliche Vergleichszahlen und Grundlagen hin. Im ähnlichen Sinne, nur noch ausführlicher, äußert sich 1963 Professor Bos in seiner Antrittsvorlesung an der Technischen Hochschule Delft:

„Befremdlich genug ist es, daß die Entwicklung der Baggergeräte in den Niederlanden in bezug auf wesentliche Punkte der Durchführung des Baggerns selbst trotz unseres guten Namens in der Wasserbaukunst weit zurückgeblieben ist. Ich will versuchen, deutlich zu machen, was die Ursache hiervon sein könnte, und ich will Ihnen meine persönliche Ansicht über die Möglichkeiten, die diesen Rückstand beheben könnten, aufzeigen. Daß diesbezügliche Gedanken für die Niederlande notwendig sind, beweisen wohl die Entwicklungen im Ausland. Auch dort ist man baggertechnisch noch längst nicht am Ziel, aber Japan und Deutschland und auch die Sowjetunion — sofern hier Angaben vorliegen — haben Beweise dafür geliefert, daß sie die niederländischen Kenntnisse für ihre Baggerwerkzeuge nicht mehr nötig haben. Auch müssen in diesem Zusammenhang die individuellen Entwicklungen in Amerika und die neue Wege zeigenden fortschrittlichen Konstruktionen in Frankreich genannt werden . . .

Die wissenschaftliche Definition der Baggereigenschaften der meisten Grundarten fehlt noch ganz. Es ist befremdend, daß beispielsweise bei der Metallbearbeitung das Schneiden genauestens analysiert ist, während der Grab- und Saugeprozeß beim Baggern noch nie einer entscheidenden Untersuchung unterworfen wurde . . .

Das Studium dieser meist fundamentalen Baggertechnik ist wohl äußerst schwierig, doch kann dies beim heutigen Stand der Technik nicht mehr als ein Hindernis für Untersuchungen angesehen werden.

Es müßten also zu allererst Methoden entwickelt und standardisiert werden, um genau die Baggereigenschaften des Bodens feststellen zu können, und danach müßte eine eingehende Untersuchung der grundlegenden Baggerarten durchgeführt werden . . .

Warum hat man in den Kreisen, in denen Interesse für diese Untersuchungen besteht, bisher noch nichts daran getan ? Als wichtigste Ursache würde ich — dabei beschränke ich mich ganz auf die Niederlande — die übertriebene Konkurrenz zwischen den verschiedenen Baggerunternehmungen und die kleinen ausgeschriebenen Lose durch die Bauherrschaft nennen wollen. Wenn es gelingen würde, daß diejenigen, die direkt oder indirekt in Beziehungen zum Baggern stehen, technisch zusammenarbeiten, so würden die Fragen immer deutlicher werden, und es wäre für die Erbauer und für die Benutzer von Baggergeräten immer leichter, in der richtigen Art zu kalkulieren und zu arbeiten."

Um nun medias in res zu gehen, sollen zunächst noch einmal die verschiedenen Lösetechniken und ihre Begriffsbestimmung in der Naßbaggerei herausgestellt werden (Abb. 1—4). Man kann hydraulisches und mechanisches Lösen unterscheiden. Daneben bestehen Mischformen.

Hydraulisches Lösen geschieht bei einem Saugbagger mit Grundsaugeeinrichtung. Hier wird über ein offenes, in den Grund gestecktes Rohr Boden mit Hilfe der Saugrohrgeschwindigkeit gelöst, gehoben und transportiert. Dieser einfache „Naßbagger-Urvorgang" kann unterstützt werden durch die Lösehilfe eines Wasserzusatzstrahls, z. B. in der Schute eines Saugbaggers mit Schutensaugeeinrichtung, am Schleppkopf eines Hopperbaggers oder auch am Saugrohr des Saugbaggers selbst.

Mechanisch lösen Eimerkettenschwimm- und Löffelbagger den Boden.

Eine kombinierte hydraulische und mechanische Lösearbeit leistet ein Saugbagger mit Schneidkopfeinrichtung, kurz „Cutterbagger" genannt; teils hydraulisch, teils mechanisch, arbeitet der selbstfahrende Laderaumsaugbagger, der Hopperbagger.

Das Ausmaß der Entwicklung der letzten 22 Jahre in der Naßbaggertechnik zeigt sich deutlich an dem Beispiel vergleichbarer Deichbaustellen:

---

* Den Ausführungen liegt ein Vortrag zugrunde, der im Rahmen eines Baubetriebsseminars am Lehrstuhl für Maschinenwesen und Baubetrieb der Universität Karlsruhe am 15. Januar 1970 gehalten wurde.

Der Verfasser ist nach Ausbildung als Maschinen- und Bauingenieur seit 1947 gewissermaßen von der Pike an in der Naßbaggerei tätig und leitet seit 1966 die Naßbaggerabteilung einer internationalen Großfirma.

Alle Aufnahmen: Werkfoto Philipp Holzmann Aktiengesellschaft, Hauptniederlassung Hamburg.

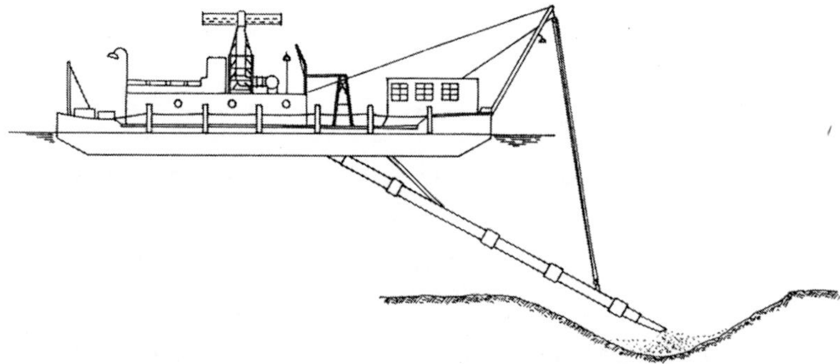

Abb. 1. Saugbagger mit Grundsaugeeinrichtung und Schutenbeladevorrichtung.

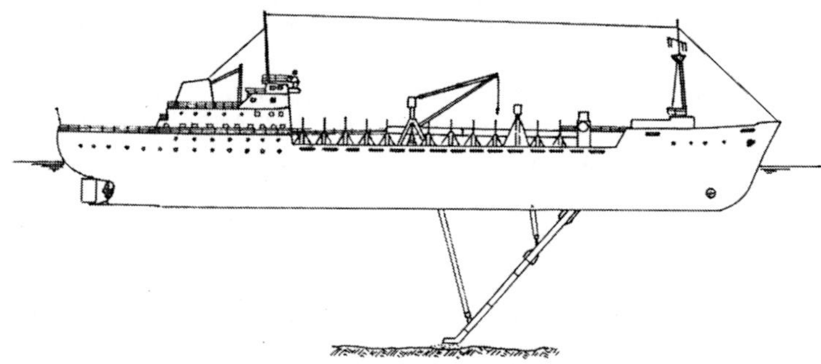

Abb. 2 Laderaumsaugbagger, selbstfahrend.

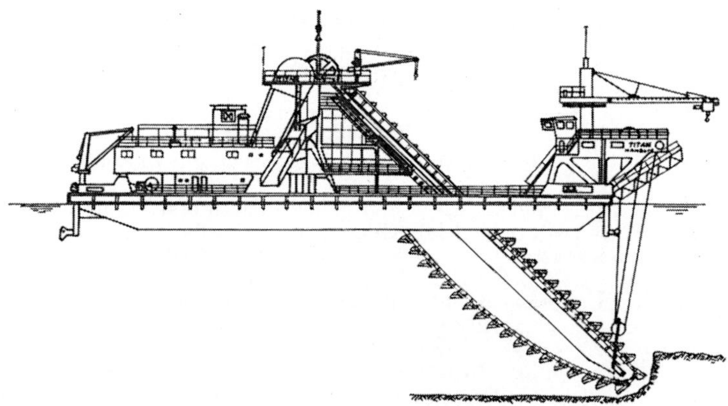

Abb. 3 Eimerkettenschwimmbagger.

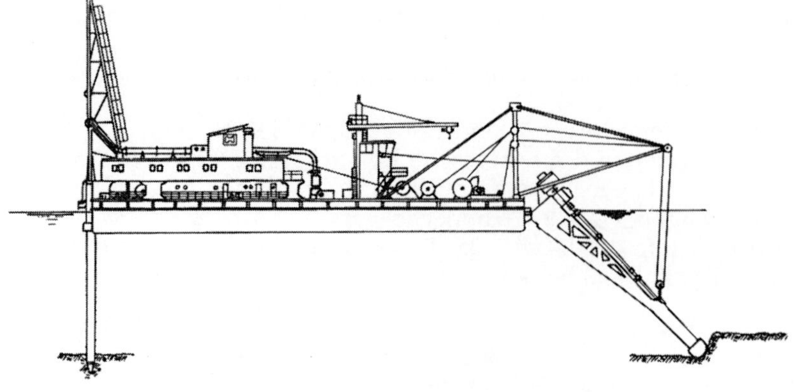

Abb. 4. Saugbagger mit Schneidkopfeinrichtung.

1947 erhielt der Decksmann einen Stundenlohn von 0,60 RM. Der Gerätewert eines Schneidkopfsaugbaggerbetriebes für eine Deichkernaufspülung lag bei 1,5 Mio. RM; die Wochenleistung betrug rd. 15 000 m³.

1969 hat sich der Stundenlohn um das 8fache auf 4,80 DM erhöht. Der eingesetzte Gerätewert ist auf 8,2 Mio. DM, also um das 5,5fache gestiegen. Um ein vielfaches stieg die Wochenleistung. Die Einheitspreise sind in dem genannten Zeitraum gefallen.

Hier konnten also bisher durch erhebliche Investitionen in leistungsfähigere Cutterbagger die Kostensteigerungen an Löhnen, Reparaturen, Versicherungen, Abschreibungen, Verzinsungen und Betriebsstoffen aufgefangen werden.

Der Schneidkopfsaugbagger

Deutsche Schneidkopfsaugbagger besitzen, statt 500 PS im Jahre 1947, heute 2500 PS an der Pumpe, statt 150 PS nunmehr 800 PS am Schneidkopf (Abb. 5). Es gibt Geräte, besonders in Amerika, die das 5fache an PS für die Förderpumpe aufweisen. Gegen den Bau dieser Geräte spricht in Deutschland, daß Arbeiten für derartig große Geräte einfach nicht ausgeschrieben werden; die Geräte müssen sich eben den gegebenen Ausschreibungen anpassen.

Die Entwicklung des Schneidkopfsaugbaggers wurde zunächst einmal herausgegriffen, weil an verschiedenen Stellen, u. a. auch am Institut für Baubetrieb, der Universität Karlsruhe, Versuche über eine möglichst zweckmäßige Schneidkopfausbildung laufen.

Welche Entwicklungen stecken nun hinter den genannten Zahlen?

1947 versuchte man zunächst, mit den vorhandenen Geräten möglichst weit zu spülen. Es gab aber zu dieser Zeit außer Erfahrungswerten keine Berechnungsgrundlagen über die Abhängigkeit der Korngröße und des Spülgemisches von der Spülweite oder von der erforderlichen kritischen Geschwindigkeit.

1952 erschienen einschlägige Arbeiten in Frankreich. Die hervorstechendste davon ist die von Durand [3]. Sie zeigt Abhängigkeitsverhältnisse auf, wenn sich auch manche Ergebnisse nicht für die Praxis als brauchbar erwiesen haben. In Deutschland hat man sich selbstverständlich auch mit diesem Problem beschäftigt; es wurden 1952 Großversuche unternommen, z. B. auf Norderney, wo an einer Leitung von 4 km Länge, mit Manometern bestückt, der Druckabfall für alle möglichen damals erreichbaren Geschwindigkeiten für Krümmer und Düker gemessen und errechnet wurde [4]. 1961 folgten Untersuchungen über die Förderung von Sand-Wasser-Gemischen in Rohrleitungen im Franzius-Institut für Grund- und Wasserbau der Technischen Hochschule Hannover [5, 6].

Abb. 5. Schneidkopf und Schneidkopfleiter eines Saugbaggers. Schneidkopfantrieb 800 PS.

Abb. 6. Unterwasserpumpe im vorderen Teil der Saugleiter, daran anschließend das Saugrohr.

Alle Untersuchungen können den Boden nicht ändern. Dem Boden in seiner Lagerungsform und mit seiner Korngröße hat sich das Naßbaggergerät anzupassen. Das heißt, jeder Arbeit müssen umfangreiche Bohrungen vorausgehen, die feststellen, wo brauchbarer Sand liegt, ob er überlagert ist von Torf und Kleiböden, und naßbaggertechnische Untersuchungen müßten feststellen können, wie sich der Boden lösen, fördern und ablagern läßt.

Wenn die Förderweite eines Saugbaggers nicht mehr ausreicht, wird normalerweise eine Zwischenstation in die Druckleitung eingeschaltet. Es gibt also einfache Mittel, die Leistung eines Gerätes auf der Druckseite zu erhöhen [7].

Man erkannte, daß die Leistung eines Gerätes entscheidend beeinflußt wird durch die Saugleistung auf der Saugseite einer Pumpe. Naturgemäß ist die Saugleistung der Kreiselpumpe begrenzt durch das erreichbare Vakuum. Die Amerikaner hatten z. B. einen Super-Cutterbagger gebaut, den „Western Chief", und sie stellten fest, daß die hohe Antriebsleistung der Pumpe und die hohe Drehzahl nie ausgenutzt werden konnten. Warum nicht? Die sogenannte Haltedruckhöhe — ein Maß für die Verluste an Saughöhe in der Pumpe — lag so ungünstig, daß die Saugleistung der Pumpe aufgezehrt wurde durch die Förderung allein von reinem Wasser. In Deutschland haben wir bei unseren Neubauten darauf geachtet, Pumpen mit niedrigen Drehzahlen zu bauen, denn Pumpen mit großem Förderstrom bei niedrigen Drehzahlen begrenzen die Haltedruckhöhenverluste [8].

Merkwürdigerweise liegen bei den neuen Deichbauten, die dichter an die See heranrücken, auch die guten Sande tiefer. Beim Schneidkopfbagger ist die Saugtiefe begrenzt, einmal natürlich durch die Saugleistung der Pumpe, zum anderen durch die Länge der Pfähle. Durch Messungen stellte man fest, daß bei 16—18 m Saugtiefe noch die volle Leistung erreicht werden kann, das heißt, es kann dann so viel Boden gesaugt werden, wie die Pumpe auf der Druckseite fördert. Überschreitet man 20 m Tiefe, läßt die Saugleistung erheblich nach. Man kann darüberhinaus mit Hilfsmitteln durch eingeschaltete Wasserinjektoren, die Saugtiefe vergrößern auf 26, 27, im Grenzfall 30 m.

Abb. 7. Spülrohrgerüst eines Schneidkopfsaugbaggers 1954 bei einer Deichbaustelle.

Abb. 8. Das Gerüst von Abb. 7 bei Sturm. Gerüstleitung fast überspült

Die beste Lösung besteht aber darin, eine Unterwasserpumpe (Abb. 6) zu bauen, die z. B. in 16 m Tiefe arbeitet und wie beim Spüler VI, mit 22 m WS eigener Gesamtförderhöhe, auch aus Tiefen von 40 m so viel Boden bringt, wie die Förderpumpe auf der Druckseite fördern kann.

Im Zusammenhang mit Deichbauten fand eine weitere Entwicklung statt. Früher baute man Spülgerüste (Abb. 7 und 8) für die Druckrohrleitung der Cutterbagger, und zwar bis an die Entnahmestelle heran. Zunächst bei einer Hafenbaustelle, später bei einer großen Auslandsbaustelle in Libyen hat man festgestellt, daß die Rohrleitung auf dem Grund der See oder des Wattgebietes als Dükerleitung sicherer liegt als eine Gerüstleitung; wobei man sowieso ständig mit sich im Streit liegt, welche Höhe über MThW die Gerüstdruckrohrleitung haben soll. Liegt sie mit 1,5 bis 2 m über MThW ausreichend hoch, oder sind Sturmfluten zu erwarten, die die gesamte Rohrleitung vom Gerüst fegen? Seit 4 Jahren werden Leitungen auf den Grund der See oder des Wattenmeeres verlegt, indem man sie zu 300 m langen Seeschlangen zusammenkoppelt, an den Enden verschließt, mit Preßluft lenzhält, einschwimmt und versenkt.

Was ist nun, um nochmals Rückschau zu halten, aus diesen Schneidkopfsaugbaggern mit 500 PS und einer Saugtiefe von 10 bis 15 m geworden, bei 0,60 RM Decksmannstundenlohn? [9—14]

Die Geräte haben sich im Laufe der Jahre zu seetüchtigen Schiffen entwickelt. Die Saugtiefe beträgt maximal mit Unterwasserpumpe 60 m. Die Förderpumpenantriebe liegen zwischen 2000 PS und 10 000 PS und mehr. Auf der Druckseite einer Förderpumpe werden — wenn erforderlich — Zwischenstationen eingeschaltet. So sind z. B. bei einer Autobahn-Baustelle der Hansalinie bei 13 km Spülentfernung 4 Zwischenstationen mit jeweils 1000 PS eingeschaltet bei einer 650 mm ⌀ Druckrohrleitung. Die Verschleißteile (Kreisel, Pumpengehäuse usw.) bestehen aus abriebfestem Material oder aus aufvulkanisiertem Gummi. Der Baggermeister soll ersetzt werden durch einen Kleincomputer, der stets optimale Leistungen garantiert.

Inzwischen hat sich noch ein neuer Zweig der Schneidkopfsaugbagger entwickelt, nämlich der der demontierbaren Geräte.

Um Transportkosten zu sparen und um universell auch im Binnenland eingesetzt werden zu können, haben sich in den letzten 10 Jahren auf Bahn- und Tieflader transportable Saug- und Schneidkopfbagger durchgesetzt, die aus kuppelbaren Teilpontons bestehen und Rohrleitungen bis zu 700 mm Durchmesser besitzen bei maximal 4000 PS an der Förderpumpe.

Wohin geht die Entwicklung? Ohne Futurologen zu bemühen, meine ich, wenn ich vom Stundenlohn absehe, daß die transportablen Geräte sicherlich noch leistungsfähiger werden. Bei See-Einsätzen wird man weiter große Schiffsgefäße bevorzugen. Ihre Leistung liegt heute im Standard schon bei 4000 bis 8000 PS, und sie wird sicherlich noch weiter wachsen; 13 000 bis 15 000 PS sind schon geplant und in Bau.

Die Antriebsleistung des Schneidkopfes lag früher — vor etwa 20 Jahren — bei 150 PS. Die transportablen Geräte besitzen Schneidkopfantriebe von 400 bis 500 PS. Und da zeigt sich eine Schwäche des transportablen Gerätes. Es ist nicht möglich, stärkere Motoren auf der Schneidleiter bei transportablen Geräten einzubauen, wenn nicht zugleich die Schneidkopfleiter entsprechend schwer ist und verhindert, daß beim Schneidvorgang die Leiter angehoben wird und der Schneidkopf über die Bank läuft. Gerätegröße, Gewicht der Leiter und die Kräfte der Seitenwinden müssen in einem ausgewogenen Verhältnis stehen. Damals — vor 22 Jahren — besaßen Seitenwinden 2 bis 5 Mp Zugkraft, heute sind für 2000- bis 3000-PS-Geräte 20 Mp Zugkraft üblich. Bei Schneidkopfsaugern mit 6000 PS liegt sie bei 60 Mp.

Die Schneidköpfe sind vielseitig und für Kalkfels beinahe ausgebildet wie Fräser. Kalk, der früher gesprengt werden mußte, kann mit diesen Schneidköpfen gefräst werden, wobei man den Schneidkopf nach einigen Stunden auswechseln muß. Man arbeitet mit einer ganzen Batterie von Schneidköpfen, wobei ständig 20 und mehr Schweißer die Köpfe reparieren.

Die Automation wird weiter fortschreiten. Die Maschinenanlage dürfte wartungsfrei und der automatische Baggermeister vollkommen werden.

Der Schleppkopfsaugbagger

Ein anderes Gebiet mit rasanter Entwicklung ist das Gebiet der Schleppkopfsaugbagger, der sogenannten Hopperbagger. Vor 20 Jahren gab es nur sogenannte Stoßsauger. Das heißt, ein selbstfahrender Bagger mit einer Kapazität von 500 bis 1000 m³ ließ sich an einer Ankerkette vor Strom treiben und steckte sein Saugrohr in den Grund. Mit Ausstecken der Ankerkette furchte er das Fahrwasser und vertiefte es auf diese Weise. Inzwischen wurde der Schleppkopfsaugbagger entwickelt, der die immer weiter in die See hinausgehenden Zufahrten für wachsende Schiffsgrößen offenhält und der bei Seegang von 3 bis 3,5 m durch eine gelenkige Anordnung der Saugarme noch arbeiten kann. Die Hopper sind Seeschiffe mit einer heutigen Standardgröße zwischen 3000 und 6000 m³ Ladekapazität. In Bau sind Geräte mit 10 000 bis 12 000 m³, die z. B. das 22 m tiefe Fahrwasser nach Rotterdam offenhalten sollen.

Dieser Schleppkopfsaugbagger hat den großen Vorzug, daß er sehr beweglich ist und Untiefen im Fahrwasser ständig beseitigen kann. Wenn er wirtschaftlich arbeiten soll, braucht er Klappstellen, denn das Ankoppeln eines Seeschiffes an ein Gerüst und das Leersaugen des Laderaumes sind zeitraubend. Auf jeden Fall kann man sagen, daß auf den Revieren der Flüsse, wo früher Eimerbagger eingesetzt waren, um das Fahrwasser auf Tiefe zu halten, heute vielfach der Schleppkopfsaugbagger — der Hopperbagger — diese Arbeiten übernommen hat. Er ist bis an die Hafenmündungen hinaufgerückt, und er hält gleichzeitig die Fahrwasser durch die Riffgebiete bis in die See hinaus offen.

Der Eimerkettenbagger

Das Einsatzgebiet der Eimerkettenbagger dagegen ist geschrumpft auf Baggerungen in Hafengebieten, in Hafenbecken, in denen man im Fahrbetrieb nicht arbeiten kann, wo sehr viel Unrat liegt, und auf Reviere, in denen der Boden aufzuspülen ist. Aber der Eimerbagger muß überall da einspringen, wo der Hopperbagger schweren Boden nicht mehr löst (Abb. 9 und 10). Das heißt also, dem Eimerkettenbagger sind Vertiefungen in schweren Böden und Einsatzgebiete zugewachsen, in denen man früher nie gewagt hätte, Eimerbagger einzusetzen, nämlich direkt im Seegebiet. Die Eimerkettenbagger müssen heute also seetüchtig sein. Sie müssen Fahrwasser von 22 m unter Kartennull herstellen können, als Zufahrten für Tanker von 200 000 bis 300 000 t Größe. Im Extremfall sind bereits Tunnel und Dükerrinne von 34 m Tiefe gebaggert worden. Natürlich werden beim Eimerbaggerbetrieb auch die Schuten immer größer. Während früher Standardgrößen von 300 m³ fuhren, liegen die Größen heute zwischen 600 und 1000 m³, wobei 600 m³ etwa 1000 t entsprechen. Eine geschleppte Schute mit 1000 t stellt etwa die Grenze guter Manövrierfähigkeit dar. Der Trend dürfte dahin gehen, Schuten selbstfahrend mit Schottelantrieb auszurüsten, wobei noch größere Abmessungen denkbar sind und Spaltklappschuten wegen ihrer Betriebssicherheit bevorzugt werden.

Abb. 9. Blick auf die Eimerleiter eines Eimerkettenschwimmbaggers bei einer Korallenbaggerung.
Abb. 10. Blick auf das Vorschiff eines Eimerkettenschwimmbaggers bei einer Arbeit in offener See bei leichter Dünung.

Künftige Entwicklungen

Wo man auch hinschaut, die Tendenz heißt: größer, leistungsfähiger, automatisch, bei immer wachsendem Kapitalbedarf. Um nun richtig zu investieren, den Trend zu erfassen, gleichzeitig zu erkunden, wo Schwergewichte bei Bau- und Geräteplanungen liegen, sind Untersuchungen bei einschlägigen Instituten unerläßlich. So laufen zur Zeit 3 Untersuchungsgruppen. Das eine Thema befaßt sich mit Untersuchungen am Schleppkopf. Sie sind nahezu abgeschlossen durch Großversuche. Es ist der Zugkraftbedarf an Schleppköpfen untersucht worden; Widerstandsminderung durch Düsenanordnungen am Schleppkopf, zweckmäßige Form der Gemischeinleitungen in den Laderaum, um das Absetzen des Sandes zu erleichtern. Insgesamt haben diese Arbeiten eine Leistungssteigerung bis zu 30% erbracht. Die Untersuchungen wurden gemeinsam mit dem Bundesverkehrsministerium, der Technischen Universität Berlin, Professor Schuster und der Naßbaggervereinigung ausgeführt [11, 12].

Eine weitere Untersuchung befaßt sich mit Strahlapparaten in Saugleitungen. Es ist bereits angedeutet worden, daß in Übergangs- und Grenzgebieten beim Saugen Injektoren, also Druckwassertreibmittel eingesetzt werden können, um die Saugleistung zu erhöhen. Es läuft ein Versuchsprogramm beim Franzius-Institut der TU Hannover, das den besten Wirkungsgrad bei der Energieübertragung vom Druckwasser auf das Fördermedium bei gleichbleibendem Querschnitt und möglichst geringem Verschleiß untersucht.

Eine weitere Reihe hat sich angeschlossen an die Dissertation von Salzmann über „Hydraulische und bodentechnische Vorgänge beim Grundsaugen"* [13, 14]. In dieser Gruppe werden die hydraulischen Zusammenhänge zwischen dem Schneidkopfbetrieb und dem reinen Grundsaugebetrieb untersucht. Die Schneidköpfe selbst, ihre Form, ihre günstigste Messerstellung, die dabei auftretenden Schneidkräfte nimmt der Lehrstuhl für Maschinenwesen und Baubetrieb der TH Karlsruhe unter die Lupe.

Herr Professor Dr. Wittke, Privatdozent an der TH Karlsruhe, hat sich des Eimerkettenbaggers angenommen und in einer ersten Arbeit den Einfluß der Bodeneigenschaft, der Abmessung der Eimer und der Arbeitsweise von Eimerkettenbaggern auf die Entleerung der Eimer im Oberturas dargelegt [15]. Eine weitere Arbeit über das Schneiden und Füllen der Eimer am Unterturas wird sich anschließen.

Aber das ist nur ein Ausschnitt aus dem Katalog der notwendigen Arbeiten, die noch folgen müssen. Das Ziel aller Untersuchungen bleibt, Methoden zu finden, die den Boden an der Baggerstelle so erfassen, daß man eine richtige Auswahl des Lösevorganges trifft, das geeignete Gerät dazu auswählt und schließlich im voraus die Leistung eines Gerätes richtig einschätzen kann.

Hoffnungsvolle Ansätze, diesem Ziel näherzukommen, sind bei den Hochschulen, bei Behörden und bei der Baggerindustrie festzustellen. Eine technische Zusammenarbeit dient allen Beteiligten.

---

* Inzwischen laufen Untersuchungen der Turbulenzstruktur von Wasser-Feststoff-Strömungen in Rohrleitungen im Franzius-Institut der TU Hannover als Voraussetzung zur Berechnung einheitlicher Parameter der Förderung ohne die bisherigen Widersprüche.

Schrifttum

1. **Erikson, O. P.**: Latest Dredging Practice. Journal of the Waterways and Harbors Division, Proceedings of the American Society of Civil Engineers, Febr. 1961.
2. **Brößkamp, K. H.**: Naßbaggerei und Bodentechnik. Mitteilungen des Franzius-Instituts der TH Hannover Heft 25, 1965.
3. **Durand, R.**: Basic Relationships on the Transportation of Solids in Pipes. Proceedings Minnesota International Hydraulics Convention, Minneapolis, Minnesota (USA), 1953.
4. **Brößkamp, K. H.**: Förderweite und Fördermenge im Spülbetrieb. Die Bautechnik 1957, Heft 11.
5. **Gibert, R.**: Transport Hydraulique. Refoulement des Mixtures en Conduites. Annales des Ponts et Chaussées 1960.
6. **Führböter, A.**: Über die Förderung von Sand-Wasser-Gemischen in Rohrleitungen. Mitteilungen des Franzius-Instituts der TH Hannover Heft 19, 1961.
7. **Huston, J.**: Hydraulic Dredging. Cambridge, Maryland (USA): Cornell Maritime Press Inc. 1970
8. **Fuchslocher/Schulz**: Die Pumpen. 12. Aufl., Berlin/Heidelberg/New York: Springer 1967.
9. **v. Marnitz, F.**: Naßbaggerei in USA (RKW Heft 68). München: Carl Hanser 1958.
10. **Blaum/v. Marnitz, F.**: Die Schwimmbagger Bd. I/II. Berlin/Heidelberg/New York: Springer 1963/69.
11. **Roorda,** : Floating Dredges. Haarlem (Netherlands): H. Stam 1969.
12. **Witt, W.**: Hopperbaggerforschung 1969. Planung, Durchführung und Auswertung von baggertechnischen Meßfahrten sowie Meßergebnisse und Folgerungen. Schiff und Hafen 1970, Heft 2, S. 121—136.
13. **Chinescu, P.**: Hidromecanizerea in constructii. Bucuresti (Romania): Editena technica 1969.
14. **Salzmann, H.**: Hydraulische und bodentechnische Vorgänge beim Grundsaugen. Mitteilungen des Franzius-Instituts der TU Hannover Heft 31, 1968.
15. **Wittke, W.**: Bodenmechanische Probleme bei der Entleerung von Eimerkettenbaggern. Baumaschine und Bautechnik 1970, Heft 4.

Überblick über das Wasserwesen im Nordseeküstenbereich*

Zustand und Entwicklungstendenzen

Von Professor Dr. Ir. h.c. Dr.-Ing. **Friedrich Zimmermann**, Braunschweig

Das Wasserregime einer Landschaft

Wenn Fragen des Wasserwesens behandelt werden, so muß zuerst auf die naturgegebene universelle Wirksamkeit und das vielfältig verflochtene Wirkungsgefüge des Wassers in unseren Landschaftsräumen hingewiesen werden. Solches wird bereits deutlich an dem äußeren Gesicht einer jeden Landschaft, tritt aber auch in Erscheinung bei allen Lebensvorgängen und allen wirtschaftlichen Möglichkeiten und Tätigkeiten des Menschen.

So hat sich im komplexen Zusammenspiel mit vielen natürlichen Gegebenheiten in jedem Landschaftsraum ein ganz charakteristisches natürliches Wasserregime entwickelt.

Die Folge dieser vielen Zusammenhänge ist ein ständiges Wechselspiel zwischen dem Wasser und seiner Umwelt. Ändert sich primär das Wasserwesen, so reagiert prompt auch seine Umwelt auf diese Veränderung.

Diese Änderung im Wasserregime kann natürliche Gründe haben, zum Beispiel im Wechsel trockener oder regenreicher Zeiten liegen; sie kann aber auch künstlich durch Eingriffe des Menschen ausgelöst werden. Aber auch umgekehrt führen primäre Veränderungen der Umwelt zu einer ebenso prompten Reaktion des Wasserwesens selbst.

So führt ein Mehrverbrauch von Wasser z. B. für Hochleistungsernten der Landwirtschaft gegenüber einer auf die natürlichen Wasserverhältnisse abgestimmten ertragsärmeren Vegetation zu einer Abnahme der Wasserführung in unseren Wasserläufen. Die Niedrigwasserklemmen werden schärfer und dauern länger. Umgekehrt führt die Zunahme unserer Siedlungs- und Industrieflächen mit der Summe der Hausdächer, der asphaltierten Straßen, der städtischen Kanalisationen zu einem schnelleren Abfluß des früher zunächst in den Boden versickernden Regenwassers. Die Hochwasserscheitel in unseren Wasserläufen werden höher, der Abflußvorgang schärfer und schneller. Das gleiche gilt für die Wassergüte, die Verschmutzung unseres Gewässersystems aus zahlreichen und verschiedenartigen Quellen.

Die Wirkungen der verschiedenen natürlichen und künstlichen Einflüsse auf das Wasserregime einer Landschaft summieren sich insgesamt gesehen nach den Extremen hin. In äußerst komplizierten Verflechtungen kommt es zu ganzen Kettenreaktionen mit zeitlichen und räumlichen Phasenverschiebungen. Die Probleme werden noch unüberschaubarer, weil man infolge der wachsenden Bevölkerungszahl, des steigenden Lebensstandards und der Intensivierung unserer Wirtschaft zu immer neuen Eingriffen in das natürliche Wirkungsgefüge des Wassers in unseren Landschaften gezwungen ist und damit neue Impulse auslöst, ehe die vorhergegangenen abgeklungen sind.

Die Verhältnisse im Küstenbereich der Nordsee erhalten noch einen besonderen und reizvollen Akzent dadurch, daß hier die gegenseitigen Beeinflussungen zwischen den Kräften des Gezeitenmeeres und dem küstennahen binnenländischen Wasserregime wirksam werden.

Das Wasser besitzt also von Natur aus eine außerordentliche landschaftsgestaltende Potenz, aus welcher sich im Hinblick auf die Einwirkungen des Menschen eine ebenso außerordentliche landesplanerische Potenz, aber auch landesplanerische Verantwortung ergibt. Dies zwingt dazu, die Nutzung unseres Wasserschatzes für die verschiedensten Zwecke nicht nach Einzelaufgaben getrennt und isoliert voneinander zu betrachten, sondern anders als seither bei jeder landesplanerischen Maßnahme auf die weitreichenden Auswirkungen auf andere und auf das Wasserregime insgesamt zu achten. Der universellen Wirksamkeit des Wassers muß also eine adäquate, zusammenschauende Betreuung und Behandlung unseres Wasserschatzes entsprechen. Das bedeutet auch eine entsprechende Forderung an die Landesplanung.

---

* Auszug aus einem vor der Landesarbeitsgemeinschaft Norddeutscher Bundesländer der Akademie für Raumforschung und Landesplanung in Oldenburg i. O., am 13. November 1970 gehaltenen Referat.

Aus diesem Grunde muß sich dieser Überblick über die Situation des Wasserwesens im Küstenbereich der norddeutschen Bundesländer auf alle oder mindestens auf die wesentlichsten wasserwirtschaftlichen Nutzungen beziehen.

Die wirtschaftliche Nutzung des Wassers

Was die Frage des Küsten- und des damit eng verknüpften Inselschutzes betrifft, so wäre in diesem Sinne auch gleich der notwendige Ausbau unserer Seewasserstraßen und das Problem unserer Seehäfen an der besonders angriffsfreudigen und zu mancherlei Veränderungen neigenden Nordsee zu erwähnen. Bei beiden Aufgaben kommt es an manchen Stellen zu gegenseitigen Kollisionen. Die Seewasserstraßen gehen aber auch über die Flußmündungen und die Unterlaufstrecken unserer größeren Flüsse Ems, Weser und Elbe und deren Nebenflüsse tief in das Binnenland hinein mit der Nahtstelle zum binnenländischen Flußbau, d. h. zu den Maßnahmen, die im Interesse der Pflege und des Ausbaues unserer Binnenwasserläufe erforderlich werden. Auch was man seewärts und binnenwärts tut, wird sich also naturgemäß gegenseitig beeinflussen.

Das ganze Gewässernetz bildet schließlich das Rückgrat für die Bewirtschaftung unseres Wasserschatzes und den ganzen Wasserbau. Alle wasserbaulichen Anlagen liegen entweder unmittelbar an Wasserläufen oder stehen mit ihnen mindestens in engster Beziehung. Dieses Gewässernetz dient aber nicht nur — in seinen schiffbaren Flußabschnitten und in der Form künstlicher Kanäle — der Schiffahrt. Seine ursprünglichste Hauptfunktion ist von Natur aus die Entwässerung des Binnenlandes, wozu vom Menschen aus auch die Ableitung des Abwassers hinzukommt. Umgekehrt ist das Gewässernetz in Verbindung mit dem unterirdischen Wasser auch das große Adernsystem zur Versorgung des Landes mit Wasser für die verschiedensten Nutzungen, Wasserversorgung der Bevölkerung, der Industrie und vor allem auch der landwirtschaftlichen pflanzlichen Produktion. Zu erwähnen wäre auch wenigstens kurz die kraftwirtschaftliche Nutzung der Wasserenergie und mit Nachdruck der Umstand, daß das Gewässernetz einschließlich natürlicher und künstlicher Seen als Lebensraum wichtigste biologische Funktionen und schließlich im Sinne der Gesundheit und des Wohlbefindens der Menschen noch viele weitere Aufgaben in städtebaulicher, sportlicher und ästhetischer Beziehung zu erfüllen hat.

Bei der Vielseitigkeit dieser natürlichen Funktionen und der dem Wasser abverlangten Nutzungsmöglichkeiten durch den Menschen ist es verständlich, daß die verschiedenartigsten Kombinationen dieser Nutzungen eine strenge systematische Trennung in voneinander isolierte Einzelaufgaben nicht zulassen. Das gleiche gilt auch für die Unmöglichkeit einer scharfen Trennung des Küstenbereiches von dem rückwärtigen Binnenland.

Da nun dieses Wasserregime einer Landschaft in Abhängigkeit von dem Wechsel nasser und trockener Zeiten oder im Küstenbereich selbstverständlich auch von der See her in einem natürlichen Rhythmus zwischen Hochwasser- und Niedrigwasserzuständen schwingt, während unser ganzer Lebens- und Wirtschaftsrhythmus ein völlig künstlicher und naturentfremdeter geworden ist und in Zukunft erst recht werden wird, hat sich eine immer schärfer und gefährlicher werdende Diskrepanz zwischen diesem natürlichen Rhythmus des Wasserwesens und dem künstlichen Lebens- und Wirtschaftsrhythmus entwickelt. Unsere wasserwirtschaftliche und wasserbauliche Aufgabe — gleich auf welchem Sektor sie liegen mag — wird also in Zukunft ganz besonders darauf gerichtet sein müssen, diese Diskrepanz abzubauen. Hinzu kommt aber, die Situation weiter verschärfend, daß außer dieser Diskrepanz auch noch die Ansprüche der Menschen an den Zustand des Wasserwesens einer Landschaft selbst immer höher werden und befriedigt werden müssen.

Es muß mehr Wasser für alle möglichen Zwecke zur Verfügung gestellt werden als seither, aber es muß auch mehr Abwasser abgeleitet werden. Die Schiffsgefäße werden größer, der Schiffahrtsbetrieb moderner. Die Landwirtschaft muß in ihrer Produktion elastischer und konkurrenzfähiger werden. Sie muß daher höhere Ansprüche auch an die Regelung des Bodenwasserhaushaltes stellen. Verkehrsbeziehungen, Siedlungen und Wirtschaftsablauf können Hochwasserüberschwemmungen ebensowenig wie lange Niedrigwasserklemmen oder einen ungenügenden Zustand unseres Gewässernetzes ertragen. Der heute vorhandene Zustand unseres Gewässersystems, überhaupt des ganzen Wasserregimes, genügt nicht mehr den Ansprüchen der Zukunft. Das Wasserwesen des Binnenlandes und ebenso die Beziehungen des festen Landes zum Meer müssen umgeformt werden und damit wieder das ganze Gesicht unserer Landschaft. Das ist eine enorme, auf die Zukunft gerichtete landesplanerische Aufgabe. Und dies alles — um ein Schlagwort zu gebrauchen — im Zeichen des Umweltschutzes.

Es soll jedoch nicht Aufgabe dieser Ausführungen sein, auf technisch noch so interessante Einzelmaßnahmen einzugehen. Vielmehr soll der Versuch unternommen werden, für einzelne Teilgebiete Entwicklungstendenzen aufzuzeigen und diese mit Beispielen zu belegen.

Der Küsten- und Inselschutz

Zunächst ein paar Worte zu den Aufgaben des Küstenschutzes und auch des Inselschutzes; letzterer als integrierender Bestandteil des Küstenschutzes. Hier handelt es sich im wesentlichen um die Verteidigung des Landes gegen die Angriffe des Meeres vor und an der Deichlinie mit den zugehörigen baulichen Maßnahmen, dem Bau von Deichen, Deichsielen und Schöpfwerken für die Entwässerung des Binnenlandes bei hohen Außenwasserständen im Seegebiet. Ferner gehören zu diesen Maßnahmen Deich- und Uferschutzbauten in der Form von Deckwerken oder Seebuhnen und der Bau von Sperrwerken in den kleineren Küstenzuflüssen zur Abriegelung der Hochwassereinwirkung von See her auf das Binnenland. Als Entwicklungstendenzen hierzu ist festzustellen, daß man, nicht zuletzt aus Erfahrungen mit der letzten Sturmflut an der deutschen Nordseeküste vom Februar 1962, versucht, die zu verteidigende Deichlinie durch Begradigung der seitherigen Deichlinie und durch die genannte Absperrung von Flüssen zu verkürzen. Als Beispiel hierfür möchte ich das im Bau befindliche Eidersperrwerk erwähnen [33], mit dessen Hilfe die Hauptdeichlinie der schleswig-holsteinischen Nordseeküste von 490 km Länge vor der Sturmflut 1962 um 13,2%, d. h. um rund 65 km, verkürzt wird. Den Gesamtumfang der Arbeiten dieser Art ersieht man daraus, daß die Hauptdeichlinie an der Nordseeküste in Schleswig-Holstein schließlich von insgesamt 490 km Länge auf 290 km Länge verkürzt werden soll. In Niedersachsen sind derart umfangreiche Verkürzungen nicht möglich, zunächst weil große Strecken der Küste hier weniger stark gegliedert sind, aber auch weil die Schiffahrtsinteressen der Städte Hamburg, Bremen, Wilhelmshaven und Emden derartige Maßnahmen nicht zulassen. Überall aber müssen die einzelnen Deichabschnitte verstärkt und die Deiche um ein Maß erhöht werden, das erstmalig in den vier Küstenländern in Abhängigkeit von dem Sturmflutwasserstand und dem Wellenauflauf verbindlich festgelegt worden ist. Diese Maßnahmen sind aber auch deshalb erforderlich, weil sich die Höhenlage des Meeresspiegels zur Landoberfläche zu deren Ungunsten ständig verschiebt, und zwar um 30 cm in 100 Jahren. Gleichzeitig dient der Neubau veralteter oder leistungsschwacher Siele und Schöpfwerke und deren Zusammenlegung zur Verminderung der Gefahrenpunkte der Deichsicherheit. Die Landgewinnung im Wattenmeer ist für eine landwirtschaftliche Nutzung zur Zeit allerdings nicht gefragt. Wohl aber bedeutet Landgewinnung an Stellen, wo sie möglich ist, ein seewärtiges Hinausschieben der Festlandgrenze und dient heute ausschließlich dem Küstenschutz. Eine solche Landgewinnung steht aber oft in Konkurrenz mit dem weiteren Ausbau der Seewasserstraßen und muß dann gegebenenfalls unterbleiben, wie zum Beispiel im Bereich des Dollart oder Jadebusens.

Diese Aufgaben des Küsten- und Inselschutzes, für welch letzteren auch noch das künstliche Aufspülen von Vorstränden aus Sand, wie auf Norderney geschehen oder für Sylt geplant, in Frage kommen kann, belasten die Länderhaushalte erheblich. Während hierfür vor der Sturmflut rd. 7,1% des gesamten Bauvolumens für wasserwirtschaftliche und landeskulturelle Maßnahmen der vier Küstenländer im Haushalt 1961 ausgegeben wurden — das sind 49,4 Mio. DM von 692,9 Mio. DM —, stieg die Beanspruchung der öffentlichen Haushalte durch die erhöhten Forderungen nach der Sturmflut erheblich, zum Beispiel auf 23% in den Jahren 1965 und 1967. Der Anteil ist 1969 zwar geringfügig auf 17,5% von nunmehr insgesamt 1085,8 Mio. DM heruntergegangen; diese Belastung wird aber mit Sicherheit erst nach weiteren zehn Jahren auf die reinen Unterhaltungsarbeiten abgebaut werden können. Bremen hat die auf seinem Gebiet notwendigen Baumaßnahmen fast fertiggestellt, Hamburg und Schleswig-Holstein jeweils zu rd. 80%, während Niedersachsen erst rd. 40% der Deichbauten, nämlich 250 km Deichlinie von insgesamt 613 km, und 50% der Sperrwerke fertiggestellt hat. Bei gleichbleibendem Bauvolumen von rd. 80 Mio. DM/Jahr werden noch 12 bis 15 Jahre bis zum Abschluß der geplanten Baumaßnahmen benötigt [4].

Der Vollständigkeit halber soll an dieser Stelle nicht unerwähnt bleiben, daß die Durchführung der vorgesehenen Baumaßnahmen allerdings [27, 34, 35, 36] keinen absoluten Schutz vor ähnlichen Katastrophen wie 1962 darstellt. Denn der heutige Stand der Wissenschaft gestattet noch keine sichere Berechnung oder Ermittlung des denkbar höchsten Wasserstandes [18, 21]. Und außerdem ist eine Deicherhöhung bis zu 30 cm je 100 Jahre ohnehin mit Rücksicht auf die erwähnte säkulare Wasserstandshebung notwendig, ohne daß durch diese Maßnahme die Sicherheit des Hochwasserschutzes an sich erhöht wird.

Der Ausbau der Seehäfen und der Seewasserstraßen

Die nächste Gruppe der Wasserbauaufgaben im Küstenbereich bezieht sich auf den von anderer Seite bereits angesprochenen Seehafenbau. Er muß natürlich einerseits im Zusammenhang mit der technischen Entwicklung des Schiffbaus und andererseits mit der wirtschaftlichen Entwicklung im engeren Küstenraum und im Hinterland des jeweiligen Hafens gesehen werden. Die Entwicklung im Schiffbau ist dadurch gekennzeichnet, daß bei den Tankern und — mit einer Phasenver-

schiebung den Tankern folgend — auch bei den Massengutschiffen für Schüttgüter der Trend zu
ständig wachsenden Schiffsgrößen zu beobachten ist. Bei den üblichen Frachtschiffen expandiert
zwar nicht so sehr die Größe, aber neue Umschlagsformen, hierauf abgestellte Standardformen und
möglichst weitgehende Serienproduktion im Schiffbau sowie leistungsstarke Maschinen zielen auf
schnelleren Umschlag und hohe Reisegeschwindigkeiten, um die Transportkosten herabzusetzen
[12]. Die Erfahrung zeigt, daß der Be- und Entladevorgang erheblich rationalisiert werden kann,
wenn mit Paletten oder Containern und mit kranunabhängigem Umschlag im Roll-on/Roll-off-Be-
trieb gearbeitet wird. Die Entwicklung der sogenannten ,,Barge Carrier" (LASH-Schiffe) für den
Transport schwimmfähiger Großcontainer, die auf See in Küstennähe von großen Frachtern abgesetzt werden, ist bezüglich der Folgen für den Umschlag im Hafen und die Hafengestaltung noch
nicht absehbar.

Bei der Berücksichtigung der kurz skizzierten Entwicklung kann man wohl davon ausgehen,
daß die Seewasserstraßen im Küstenvorfeld und die Mündungsstrecken der Flüsse Elbe und Weser
bis Hamburg und Bremen so ausgebaut werden müssen und auch technisch und wirtschaftlich vertretbar ausgebaut werden können, daß die Vorhäfen Brunsbüttelkoog von Schiffen mit einer Ladefähigkeit von 80 000—110 000 tdw, Bremerhaven mit einer Ladefähigkeit von 65 000—85 000 tdw,
Hamburg von Schiffen mit 75 000 tdw und Bremen von solchen mit 25 000—35 000 tdw angelaufen
werden können. Ein solcher Ausbau dürfte auch den Bedürfnissen der Frachtschiffahrt genügen
[10, 38].

Hingegen zwingt die Zunahme des Massengutverkehrs zu Lösungen, auf die die Häfen Emden,
Bremen und Hamburg nicht eingestellt werden können. Es sind daher eine Anzahl von Tiefwasserhäfen [26] wie Helgoland [9, 24, 25], Deupoort 2000 [9] und der Atollhafen Deutsche Bucht [9] an
der deutschen Nordseeküste im Gespräch, die alle über den Englischen Kanal und den Humber-
Elbe-Weg mit einer natürlichen Fahrwassertiefe für Schiffe bis 225 000 tdw oder von Norden her
durch die Nordsee erreichbar sind. Die Häfen Bremerhaven [39] und Wilhelmshaven sind ebenfalls ausbaufähig und an den obengenannten Wasserweg anschließbar.

Der kürzlich vorgelegte Zwischenbericht der Tiefwasserhafen-Kommission [9] kommt zu dem
Ergebnis, daß von den Tiefwasserhäfen Neuwerk der Vorzug zu geben ist und daß Wilhelmshaven
für Öltanker mit immerhin noch 250 000 t Tragfähigkeit ausgebaut werden sollte. Offengeblieben
sind in diesem Bericht der Tiefwasserhafen-Kommission noch die wichtigen Fragen nach den Kosten des weiteren Ausbaus von Wilhelmshaven und Neuwerk, nach den Kosten des weiteren Ausbaus der Zufahrten nach Emden und zu den Weser- und Elbehäfen und nach den wirtschaftlichen
und technischen Möglichkeiten eines Offshore-Hafens für 700 000-t-Schiffe. Zu diesen Fragen laufen
noch Untersuchungen. Weiterhin bleiben in diesem Bericht wesentliche Fragen zum Erzimport
(Eisen, Bauxit, Titan usw.) und zur Kohle- und Getreideeinfuhr, die überwiegend empfängerge-
bunden sind und daher nicht notwendigerweise zum Tiefwasserhafen abwandern müssen, offen.
Der erwähnte Bericht erlaubte noch keine sicheren Folgerungen für die Entwicklung der betroffenen Häfen und für das Netz der Binnenwasserstraßen, die den Anschluß an das Hinterland vermitteln müssen.

In diesem Zusammenhang sei wenigstens kurz auch der zur Zeit in seinem dritten Ausbau befindliche 100 km lange Nord-Ostsee-Kanal erwähnt. Er wird mit einem veranschlagten Kostenaufwand von 360 Mio. DM auf eine Sohlbreite von 90 m, eine Wasserspiegelbreite von 162 m bei
gleichbleibender Wassertiefe von 11 m gebracht und kann damit von Schiffen bis 26 000 t Tragfähigkeit befahren werden.

In engem Zusammenhang mit der angedeuteten Entwicklung der Schiffahrt und der Seehäfen
steht aber auch der Ausbau des Binnenwasserstraßennetzes [19].

Der Ausbau der Binnenwasserstraßen

Die Entwicklung der Fahrzeuge der Binnenschiffahrt ist dadurch zu kennzeichnen, daß Schlepp-
zugeinheiten auf den westdeutschen Binnenwasserstraßen mit Ausnahme des Rheins praktisch an
Bedeutung verloren haben und durch Selbstfahrer ersetzt worden sind. Von der Schubschiffahrt
in der Formation — Schubschiff mit zwei davorliegenden, hintereinander gekoppelten Schub-
leichtern, also antriebslosen Lastkähnen — verspricht man sich eine große Entwicklung, während
der Containerverkehr in der Binnenschiffahrt überwiegend pessimistisch betrachtet wird. Den
Fahrzeuggrößen sind natürlich noch wesentlicher als in der Seeschiffahrt Grenzen gesetzt. Man
hat sich bekanntlich bei den international interessanten deutschen Binnenwasserstraßen, Flüssen
und Schiffahrtskanälen, auf den sogenannten Europakahn mit einer Tragfähigkeit von 1350 t als
Regelschiff für die Trassierung und für die Dimensionierung der Kanalquerschnitte festgelegt. Das
ist nach der internationalen Klassifizierung die Klasse IV, während auf dem Rhein Klasse V,
größere Kähne mit 2000 t Tragfähigkeit fahren können.

Mit einem zunächst geplanten Investitionsaufwand von 3 Mrd. DM sollen der Mittellandkanal und der Küstenkanal für den Europakahn ausgebaut und als neuer Kanal der Elbe-Seitenkanal, der frühere Nord-Süd-Kanal, ebenfalls für das 1350-t-Schiff gebaut werden [1]. Ferner ist ein entsprechender Ausbau des Elbe-Lübeck-Kanals, dessen Finanzierung jedoch nicht in dem obengenannten Investitionsprogramm enthalten ist, vorgesehen. Das westdeutsche Kanalnetz [13] mit dem Dortmund-Ems-Kanal, dem Rhein-Herne-Kanal und dem Lippe-Seitenkanal ist bereits im wesentlichen leistungsfähig auf den Europakahn ausgebaut. Für den Dortmund-Ems-Kanal ist sogar schon der Wunsch auf weiteren Ausbau für das 2000-t-Schiff laut geworden. Damit ist Emden als derzeitiger Haupteinfuhrhafen für Erze zunächst mit dem Ruhrgebiet leistungsgerecht verbunden. Entsprechendes gilt für Bremen über die Mittelweser-Kanalisierung. Die Kanalisierung der Oberweser ist allerdings noch im Gespräch. Mit einem leistungsfähigen Anschluß der Region Unterelbe mit Hamburg als Zentrum und von Lübeck als Mittler zur Ostsee mit dem Raum Braunschweig, Wolfsburg, Salzgitter, Peine und Hannover sowie mit dem Ruhrgebiet durch den Ausbau des Elbe-Seitenkanals [22] und des Mittelland-Kanals [28] wird vielleicht ab 1976 zu rechnen sein.

Der Einfluß der noch anstehenden Entscheidungen bezüglich der Lage der auszubauenden Tiefwasserhäfen auf das Netz der Binnenwasserstraßen ist schwer abzuschätzen. Grundsätzlich steht aber der Bau des Elbe-Seitenkanals in guter Übereinstimmung mit der Planung des Tiefwasserhafens Neuwerk-Scharhörn. Falls es zu dem Bau dieses Hafens kommen sollte, muß wahrscheinlich auch mit einem Anschluß dieses Tiefwasserhafens zur Weser hin für die Binnenschiffahrt über einen anzulegenden Kanal Neuwerk — Cuxhaven — Bremerhaven mit einer Länge von rd. 50,0 km und durch einen Kanal Neuwerk — Cuxhaven — Stade — Harburg zur Süderelbe mit einer Länge von rd. 100 km gerechnet werden. Weiterhin wird es nicht zu vermeiden sein, auch dann einen für den Erzumschlag vorgesehenen Tiefwasserhafen bei Wilhelmshaven durch einen Stichkanal an den Küstenkanal und damit an das Ruhrgebiet anzuschließen.

Im Zusammenhang mit diesen Planungen für Schiffahrtskanäle darf ich mir einen Hinweis auf Bemerkungen erlauben, die den Bau von Schiffahrtskanälen bereits als überholt bezeichnen. Ganz abgesehen von den einstweilen noch anstehenden Transportleistungen für neue Wirtschaftsentwicklungen in den norddeutschen Bundesländern, dürften Schiffahrtskanäle, wenn man sie als Mehrzweckkanäle und nicht als reine Wasserstraßen betreibt, in Zukunft als zentrale Wasserleitungen wasserwirtschaftlich tatsächlich noch wichtiger und wegen der allgemeinen Bedeutung des Wassers auch erforderlich bleiben. Man bedenke, daß Nordrhein-Westfalen mit dem Bund im November 1968 ein Abkommen über die Speisung der westdeutschen Schiffahrtskanäle mit Flußwasser und die Wasserversorgung des Landes aus den Kanälen im Ruhrgebiet abgeschlossen hat. Danach kann das westdeutsche Kanalsystem als Großraumspeicher für die Wasserversorgung des Landes Nordrhein-Westfalen in Anspruch genommen und die Neuschaffung von Talsperrenraum in entsprechendem Umfang eingeschränkt werden. An ähnliches könnte auch im Zusammenhang mit dem Elbe-Seitenkanal und dem Elbe-Lübeck-Kanal gedacht werden. Im übrigen können Schiffahrtskanäle, wie dies bei der Trassierung des Mittelland-Kanals bereits vorgesehen und mit dem Bau der sogenannten Aller- und Ohre-Entlaster auch realisiert wurde, zur Aufnahme von Hochwasser aus Flüssen dienen, womit deren Ausbau wesentlich und in vernünftiger Weise reduziert werden kann.

Die wirtschaftliche Nutzung der Wasserkraft

Bezüglich der wasserkraftwirtschaftlichen Nutzung ist zu erwähnen, daß an den Staustufen der kanalisierten Weser oberhalb Bremens Laufkraftwerke vorhanden sind. In Verbindung mit der Staustufe Geesthacht in der Elbe oberhalb Hamburgs kann ebenfalls noch ein Laufkraftwerk errichtet werden. Die Staustufe Geesthacht dient im übrigen bekanntlich auch zur Abriegelung des Einflusses der verschärften Regulierung der Unterelbe mit ihrer Sohlenvertiefung und ihrer ungünstigen Auswirkung auf den flußaufwärts anschließenden Teil der Elbe. Ähnlich ist dies in der Weser bei Hemelingen oberhalb Bremens schon vor Jahrzehnten geschehen und auch für die Ems an deren Tidegrenze denkbar. In Verbindung mit der Staustufe Geesthacht ist aber auch das größte norddeutsche Pumpspeicherwerk zur Abdeckung des täglichen Spitzenbedarfs für den Hamburger Raum errichtet worden, wobei der Stauraum des Wehres in der Elbe bei Geesthacht gleichzeitig das Unterbecken des Pumpspeicherwerks abgibt. Außerdem zweigt oberhalb der Staustufe Geesthacht der Elbe-Seitenkanal ab.

Die Möglichkeiten für eine wirtschaftliche Wasserkraftnutzung sind im übrigen im norddeutschen Raum mit Ausnahme des Harzes im wesentlichen bereits ausgenutzt. Gezeitenkraftwerke kommen an der deutschen Nordseeküste wegen des zu geringen Tidehubes nicht in Frage.

Die Abflußregelung

Die Abflußregelung im Gewässernetz, also auch der bereits angedeutete Abbau der Gefahren aus den extremen Abflußvorgängen in dem Hochwasser- und Niedrigwasserbereich, erfordert dagegen noch erhebliche flußbautechnische Ausbaumaßnahmen. Sie beziehen sich im wesentlichen zunächst auf den Hochwasserschutz. Durch Anordnung von sogenannten Hochwasserrückhaltebecken in mittleren und kleineren Wasserläufen, die einen wasserwirtschaftlich in vernünftigen Grenzen gehaltenen Ausbau des Gewässernetzes auf einen gedrosselten Abfluß ermöglichen, werden schädliche Überschwemmungen von Siedlungsgebieten und Kulturland eingeschränkt werden. In den vier Küstenländern der Bundesrepublik wurden 8,3% im Jahr 1969, das sind 90,2 Mio. DM von den zur Verfügung stehenden 1085,8 Mio. DM des öffentlichen Bauvolumens der Wasserwirtschaft, für diese Aufgaben ausgegeben. Es ist damit zu rechnen, daß vorwiegend örtlich wirksame Flußausbauten laufend weiter durchgeführt werden müssen. Übergeordnete und umfangreiche Flußbaumaßnahmen sind in Niedersachsen unter dem Begriff des Oker-Aller-Leine-Planes für den Raum Hannover — Braunschweig und im Hase-Gebiet, Raum Osnabrück, geplant [8]. Der Oker-Aller-Leine-Plan [3] sieht den Ausbau von Talsperren und Rückhaltebecken mit einem Rückhaltevolumen von insgesamt 123 Mio. m³ und einem Kostenaufwand von 226 Mio. DM vor, ferner Flußausbauten, Eindeichungen und Binnenentwässerungen mit einem Bauvolumen von 189 Mio. DM für einen wirksamen Hochwasserschutz von 30000 ha landwirtschaftlich genutzter Flächen, vor allem in den Flußniederungen. Ähnliche Maßnahmen sind in dem Generalplan der Hase [2] mit einem Kostenaufwand von 400 Mio. DM vorgesehen, die ebenfalls überwiegend von der öffentlichen Hand aufgebracht werden müssen.

Unmittelbarster Nutznießer solcher Hochwasserschutzmaßnahmen, die aber auch der Niedrigwasseraufhöhung und der Vergleichmäßigung der Abflüsse dienen, ist zwar die Landwirtschaft. Aber vor allem die Talsperren und große Rückhaltebecken haben durchaus im Hinblick auf die Nutzung als Erholungsgebiete für die Bevölkerung der naheliegenden Großstädte einen allgemeinen Wert, der sich zahlenmäßig schlecht fassen läßt. Hinzu kommt aber auch ihre günstige Auswirkung auf die Verschmutzungsgefahr, der unser Gewässernetz bekanntlich in gefährlichster Weise ausgesetzt ist, durch die Lieferung von Zuschuß- und Verdünnungswasser in Niedrigwasserzeiten. Wassermenge und Wassergüte stehen naturgemäß in einem komplexen Zusammenhang.

Weiterhin dient der Flußbau auch der Verbesserung unzureichender Vorflutverhältnisse und damit natürlich der Entwässerung landwirtschaftlich genutzter Böden, vor allem in den Niederungsgebieten und Kögen an der Nordseeküste, der besondere regionale Bedeutung zukommt. Die Entwässerung der norddeutschen Marsch- und Moorgebiete bildet ebenfalls einen Schwerpunkt des öffentlichen Bauvolumens der Wasserwirtschaft, oft auch im Zusammenhang mit dem Deichbau. Hier ist tendenzmäßig ein organisatorischer Zusammenschluß der bestehenden Entwässerungsverbände, im historischen Sprachgebrauch auch Sielachten genannt, zu großen Verbänden zu beobachten. Dieser Zusammenschluß von Entwässerungsverbänden ist notwendig, um den steigenden Anforderungen an die Entwässerung, also an die Regelung des Bodenwasserhaushaltes, wirtschaftlich begegnen zu können [7, 23] und um die Risiken eines etwaigen Deichbruchs im Katastrophenfall zu verringern. Die landwirtschaftlichen Meliorationsarbeiten belasten zusammen mit den flußbautechnischen Maßnahmen zur Verbesserung der Vorflut oder des Hochwasserschutzes die öffentlichen Mittel auf dem Sektor Kulturtechnik sehr wesentlich, wozu noch die sogenannten Eigenleistungen kommen. Die entsprechenden Zahlen betragen im Lande Niedersachsen zum Beispiel für das Jahr 1969 allein für Flächendränungen 2%, nämlich 12,5 Mio. DM des einschlägigen Gesamthaushaltes von 620,3 Mio. DM, und 3,3%, nämlich 20,7 von 620,3 Mio. DM, für sonstige kulturtechnische Arbeiten.

Das Pendant zu den Problemen der Entwässerung, die im Küstenbereich im Vordergrund steht, bildet die Wasserversorgung landwirtschaftlicher Kulturen in Trockenzeiten. Hierbei spielt wieder die erwähnte Aufhöhung des Niedrigwassers in unseren Wasserläufen und deren Einwirkung auf den Grundwasserstand eine Rolle, und zwar auch bezüglich der Möglichkeit, für Bewässerungszwecke Wasser aus dem Grundwasser und unmittelbar aus den Wasserläufen entnehmen zu können. Die früheren Methoden der sogenannten Schwerkraftbewässerung, also des einfachen Aufleitens von Wasser aus aufgestauten Wasserläufen auf die zu bewässernden Flächen, wie sie zum Beispiel im Bereich der aus dem vorigen Jahrhundert stammenden Staugenossenschaften an der Aller oder der unteren Oker üblich waren, sind nahezu ersetzt durch das modernere, elastischere und wassersparende, allerdings auch kostenaufwendigere Verfahren der Beregnung. Solche auf privater oder genossenschaftlicher Basis betriebene Beregnungsanlagen gibt es nördlich der Linie Hannover — Braunschweig und im Gebiet der Lüneburger Heide zu Hunderten. Auf insgesamt rd. 70000 ha beregneter Fläche sind Beregnungsanlagen, auch in Schleswig-Holstein, in Gebrauch. Die Beregnung ist ein Betriebsmittel, das der Landwirtschaft besonders auf leichten Böden in niederschlagsarmen Zeiten nicht nur zu einer Verbesserung, sondern vor allen Dingen auch zu einer Sicherung der Ernteerträge verhilft.

Von besonderer Art ist die Abwasserverregnung, wie sie im Raume Braunschweig auf leichten Sandböden mit geringem Wasserhaltevermögen als größte derartige europäische Anlage und bei Wolfsburg betrieben wird. Sie darf nicht allein vom Wasser- und Düngerwert der Inhaltsstoffe des Abwassers her beurteilt werden. Diese Methode dient nämlich auch als Ersatz für die biologische Behandlung von Abwasser oder als sogenannte dritte Reinigungsstufe und sollte daher im Hinblick auf die Abfallbeseitigung viel mehr Interesse finden, als das heute geschieht.

Die Wasserversorgung

Einen weiteren Schwerpunkt der wasserwirtschaftlichen Aufgaben bildet die zentrale Trinkwasserversorgung. Die überwiegende Mehrzahl der Bevölkerung wird durch eine zentrale Wasserversorgung bedient. In Niedersachsen sind dies rd. 85% der Bevölkerung, in Hamburg und Bremen praktisch 100%. Ähnlich dürfte die Situation in Schleswig-Holstein sein. Die Einwohner von Städten und die Gebiete mit geringen regionalen Trinkwasservorkommen, so die Marschgebiete Niedersachsens und Schleswig-Holsteins, sind praktisch vollständig zentralversorgt. Bei den nicht erschlossenen Gebieten handelt es sich vorwiegend um Siedlungen in Geestgebieten, die sich über leistungsfähige Kleinbrunnen versorgen. Ihre zentrale Versorgung wird aber künftig ebenfalls notwendig, weil mit zunehmender Belastung der Vorfluter mit Abwasser diese Grundwasserreservoire so in Mitleidenschaft gezogen werden können, daß eine einfache Verwendung des Wassers ohne anschließende Aufbereitung bedenklich wird. Der Wasserbedarf liegt zur Zeit in den Großstädten bei 150—250 l pro Einwohner und Tag, zum Beispiel in Hamburg im Mittel bei 193 l pro Einwohner und Tag und in Hannover im Mittel bei 215 l pro Einwohner und Tag, wobei das in der Industrie, im Gewerbe und in der Landwirtschaft verbrauchte und aus dem zentralen Versorgungsnetz entnommene Wasser in dem Prokopfverbrauch enthalten ist. Die Entwicklung auf diesem Sektor der Wasserversorgung wird dahin gehen, daß der Prokopfbedarf an Trinkwasser sich bis zum Jahre 2000 etwa verdreifachen könnte [14]. Dieser Bedarf muß sichergestellt werden. Die zur Zeit ausgenutzten Grundwasservorkommen sind abzusichern und auszudehnen. Analoges gilt für die Bereitstellung von Oberflächenwasser etwa aus Talsperren.

Mit der Frage Wasserbedarfsdeckung und Wasserversorgung wird ein weiterer Zusammenschluß bereits bestehender großer Trinkwasserversorgungsverbände und Leitungssysteme, wie zum Beispiel im oldenburgisch-ostfriesischen Raum zwischen Weser und Ems, verbunden sein. Ferner wird ein noch großräumigerer Wasserausgleich vorzunehmen sein, wie er bereits jetzt mit der Heranziehung von Niederschlagswasser aus den Harz-Talsperren und Wasser aus Grundwasserwerken für die Trinkwasserversorgung bis hin nach Bremen, Hannover, Hildesheim, Braunschweig und Wolfsburg gehandhabt wird [16, 20, 32].

Im nördlichen Harzvorland ist außer einer Reihe kleinerer Leitungssysteme das große Versorgungsnetz des Salzgitter-Konzerns vorhanden, das mit den anderen Netzen im Verbund betrieben werden kann. Die Großstädte, zum Beispiel Hannover [17] und Hamburg [6, 15], bauen ihre Wasserversorgung auf Grundwasservorkommen in Geestgebieten auf und aus. Sie nutzen außerdem die Fernversorgungen wie Bremen und Braunschweig.

Die zukünftige Bedarfsdeckung, deren Umfang mit statistischen Methoden hinreichend genau abschätzbar ist, wird zunächst noch auf einer weiteren Ausnutzung der im Raume selbst verfügbaren Wasserreserven basieren können, aber möglicherweise auch auf einen Wassertransport aus entfernter liegenden Überschußgebieten zurückgreifen müssen [15, 30, 31]. Die Wasserentsalzung aus Meerwasser, versalztem Grundwasser oder aus Brackwasser ist technisch und wirtschaftlich in näherer Zukunft durchführbar [5, 37]. Die erste Meerwasser-Entsalzungsanlage in Deutschland wird für die Trinkwasserversorgung auf Helgoland gebaut.

Der Anteil der Investitionen auf dem Sektor der Wasserwirtschaft allein aus Mitteln der öffentlichen Hand der bundesdeutschen Küstenländer für Aufgaben der Trinkwasserversorgung ist erheblich und mit rd. 20% (233,7 von 1085,8 Mio. DM im Jahre 1969) praktisch konstant geblieben.

Die Wasserversorgung der Industrie erfolgt zum Teil aus den öffentlichen Netzen, zum Teil aber aus eigenen Anlagen. Bei der angespannten Versorgungslage im norddeutschen Raum muß dem Ansatz neuer Industriewerke mit großem Wasserbedarf größte Aufmerksamkeit bereits bei der Planung geschenkt werden. Die Industrie muß jedenfalls ihren Frischwasserbedarf über die innerbetriebliche Methode des Rücknahmeverfahrens weitestgehend einschränken, womit sich gleichzeitig der Ausstoß an Abwasser verringert.

Die Abwasserbehandlung

Auf dem Gebiet der Abwasserbehandlung sieht man sich einem kaum zu bewältigenden Rückstand an Bauvolumen von Kanalisations- und Kläranlagen gegenüber. Die öffentlichen Mittel des Landes und des Bundes, die als Beihilfen nur einen Teil der Gesamtaufwendungen auf diesem Gebiet ausmachen, betragen seit Jahren schon rd. 30% (356,8 von 1085,8 Mio. DM im Jahre 1969) des Gesamthaushaltes der Wasserwirtschaft und sind somit größer als die Aufwendungen für die zentrale Trinkwasserversorgung.

Während in den Stadtstaaten Hamburg und Bremen praktisch alle Einwohner an die Sammelkanalisation angeschlossen sind, sind es in Niedersachsen und Schleswig-Holstein erst etwa zwei Drittel der Bevölkerung. Wenn man dazu berücksichtigt, daß hierbei die Industrieabwässer, die nicht die öffentliche Kanalisation benutzen, nicht mit erfaßt sind, und die letzte Statistik aus dem Jahre 1963 stammt [11], so läßt sich etwa sagen, daß ein Drittel der Abwässer ungeklärt, ein Drittel der Abwässer nur mechanisch und ein Drittel der Abwässer mechanisch und biologisch gereinigt in die Vorfluter eingespeist werden. Die sogenannte dritte Reinigungsstufe mit dem Ziel, die im gereinigten Abwasser noch enthaltenen Nährstoffe Stickstoff und Phosphor aus den Vorflutern fernzuhalten, ist in größerem Umfang überhaupt noch nicht in Angriff genommen, außer der bereits erwähnten Abwasserverregnung (vgl. S. 174). Bei den Küstenstädten ist die Situation noch ungünstiger. Hamburg zum Beispiel speist zur Zeit 35% seines Abwassers unbehandelt und nur 11% vollbiologisch gereinigt in die Elbe. Bei der Abwasserbehandlung bedarf es also noch großer Anstrengungen und vor allem auch einer Verlagerung des Schwerpunktes der Investitionen vom Bau der Abwasserkanalisationen zum Bau von Kläranlagen.

Schwierigkeiten ergeben sich jedoch immer und in Zukunft in verstärktem Maße für die Kläranlagen durch den anfallenden Klärschlamm, der in vielen Fällen von der Landwirtschaft zwar verwertet werden könnte, aber aus verschiedenen, auch agrarpolitischen Gründen nur sehr zögernd und vereinzelt aufgenommen wird, so daß nur eine Verbrennung oder der Einbau des Schlamms in die Mülldeponien unter erheblichen finanziellen Belastungen übrig bleibt.

Eine Prognose [29] der Möglichkeiten zur Reinhaltung der Gewässer kommt zu dem folgenden unerfreulichen Ergebnis: Selbst bei einem finanziellen Aufwand von mehreren hundert Millionen DM pro Jahr bis zum Jahre 1985 und einer damit ermöglichten besseren Reinigung aller Abwässer aus den öffentlichen Kanalisationen der Bundesrepublik wäre lediglich eine Erhaltung des jetzt vorhandenen Verschmutzungszustandes zu erreichen und eine weitere Verschlechterung infolge der Zunahme der Abwassermenge zu vermeiden [29]. Diese für die Bundesrepublik zutreffende Prognose gilt auch für die norddeutschen Küstenländer.

Auch für den Bereich des norddeutschen Küstenmeeres werden sich mit zunehmender wirtschaftlicher Entwicklung ähnliche Verschmutzungszustände, wie auch anderenorts beobachtet, einstellen, wenn nicht rechtzeitig landesplanerisch vorgebeugt wird.

Wasserwirtschaft, Umweltschutz und Landschaftspflege

Abschließend muß noch einmal auf den Umweltschutz und die Umweltforschung hingewiesen werden. Beide beziehen sich vornehmlich auf die Sicherung der Lebenselemente Boden, Wasser und Luft und auf die Gestaltung gesunder, dem Lebensgefühl des modernen Menschen adäquater Landschaftsräume, in denen immer mehr Menschen mit immer größer werdenden Ansprüchen und mit einer sich steigernden wirtschaftlichen Tätigkeit beheimatet sein werden. Daß hierbei dem Gesamtbereich der Wasserwirtschaft und des Wasserbaus, nicht zuletzt auch in den norddeutschen Küstenländern, eine besondere landesplanerische Bedeutung zukommt und auf diesem komplexen Gebiet auch ein großes Feld der Raumforschung zu beackern sein wird, sollte mit den vorstehenden Ausführungen nachdrücklichst betont werden.

Schrifttum

1. Ausbau des westdeutschen Wasserstraßennetzes. Zeitschrift für Binnenschiffahrt 1965, S. 39.
2. Generalplan für die Wasserregelung im Hasegebiet. Niedersächsisches Ministerium für Ernährung, Landwirtschaft und Forsten, Hannover 1964.
3. Hochwasserregelung in den Flußgebieten der Aller, Leine und Oker. Niedersächsisches Ministerium für Ernährung, Landwirtschaft und Forsten, Hannover 1961.
4. Jahresberichte der Wasserwirtschaft 1959—1969. Wasser und Boden 1960—1970.
5. Jahresbericht der Wasserwirtschaft — Niedersachsen 1962. Wasser und Boden 1963, S. 111.
6. Jahresbericht der Wasserwirtschaft — Hamburg. Wasser und Boden 1959, S. 235.
7. Jahresbericht der Wasserwirtschaft — Niedersachsen 1969. Wasser und Boden 1970, S. 175.
8. Richtlinien für die Aufstellung von wasserwirtschaftlichen Rahmenplänen, 6. 9. 1966. Gas- und Wasserfach 1967, S. 82.
9. Zwischenbericht der Tiefwasserhäfen-Kommission Hamburg, 23. 7. 1970.

10. Agatz, A.: Seehäfen — Seeschiffe — Verkehrswege. Hansa 105 (1968), S. 768.
11. van Biema, F.: Stand der Wasserversorgung und der Abwasserbehandlung in Niedersachsen. Gas- und Wasserfach 109 (1968), S. 521.
12. Boie, C.: Schiffbau. Hansa 105 (1968), S. 117.
13. Brixius, U.: Stand der Ausbauarbeiten an den westdeutschen Kanälen. Zeitschrift für Binnenschiffahrt 1969, S. 382.
14. Clodius, S.: Gutachten — Wasser für Bevölkerung und Wirtschaft in den nächsten dreißig Jahren. Bundesministerium für Gesundheitswesen, Bad Godesberg, Februar 1969.
15. Drobek, W.: Gedanken über eine Großstadt-Wasserversorgung um die Jahrtausendwende. Gas- und Wasserfach 108 (1967), S. 1121; S. 1474; 109 (1968), S. 200.
16. Fauner, W. E.: Wasserwirtschaft und Talsperren im Westharz. Wasserwirtschaft 1964, S. 117.
17. Hartwig, W., Heck, R.: Das Wasserwerk Berkhof der Landeshauptstadt Hannover. Gas- und Wasserfach 109 (1968), S. 525.
18. Hensen, W.: Gedanken über den Hochwasserschutz nach der Sturmflut vom 16./17. Februar 1962. Wasser und Boden 1962, S. 263.
19. Hoffmann, R.: Probleme der Verkehrsinfrastruktur in den norddeutschen Bundesländern. Manuskript eines Referates vom 12. 6. 1970 für die Akademie für Raumforschung und Landesplanung.
20. Hoffmann, A.: Zur Gründung der Harzwasserwerke vor vier Jahrzehnten. Wasser und Boden 1968, S. 327.
21. Janssen, Th.: Einige Betrachtungen über die Sicherheit an Deichen. Wasser und Boden 1962, S. 262.
22. Illiger, J.: Der Elbe-Seitenkanal — ein Bindeglied zwischen dem Seehafen Hamburg und den deutschen Binnenwasserstraßen. Zeitschrift für Binnenschiffahrt 1969, S. 366.
23. Kramer, J.: Neue Siele und Schöpfwerke in Ostfriesland. Die Küste 1969, Heft 18, S. 47.
24. Krüger, K., Richter H.: Großprojekt Helgoland: Plan und Möglichkeit. Raumforschung und Raumordnung 1968, S. 241.
25. Laucht, H.: Großprojekt Helgoland. Hansa 106 (1969), S. 1305.
26. Lutz, R.: Tiefwasserhäfen. Hansa 106 (1969), S. 1304.
27. Metzkes, E.: Welche Folgerungen zieht das Land Niedersachsen aus den Erfahrungen mit der Sturmflut vom Februar 1962 für seinen Hochwasserschutz? Wasser und Boden 1962, S. 282.
28. Meyer, H.: Der Ausbau des Mittellandkanals, ein bedeutender Wasserweg innerhalb des westeuropäischen Wasserstraßennetzes. Zeitschrift für Binnenschiffahrt 1969, S. 370.
29. Müller-Neuhaus, G.: Abwasserreinigung in Gegenwart und Zukunft. Müll, Abfall, Abwasser 1970, Heft 13, S. 13.
30. Pantenburg, V.: Sorge um gutes Wasser. Zeitschrift für Wirtschaftsgeographie 1970, Heft 4, S. 109.
31. Schmidt, F.: Großräumige Wasserversorgung — ein Weg zur künftigen Wasserbedarfsdeckung. Gas- und Wasserfach 108 (1967), S. 1147.
32. Schmidt, M.: Trinkwassererschließung im Westharz über die Granetalsperre. Wasserwirtschaft 1968, S. 198, S. 239.
33. Sindern, J., Rhode, H.: Zur Vorgeschichte der Abdämmung der Eider in der Linie Hundeknöll — Vollwiek. Wasserwirtschaft 1970, S. 85.
34. Sill, O.: Welche Maßnahmen wird Hamburg treffen, um seine Stadt- und Landgebiete künftig vor Hochwasserkatastrophen zu schützen? Wasser und Boden 1962, S. 268.
35. Suhr, H.: Welche Forderungen zieht das Land Schleswig-Holstein für einen Hochwasserschutz aus den Erfahrungen mit der Sturmflut vom 16./17. Februar 1962? Wasser und Boden 1962, S. 274.
36. Traeger, G.: Welche Maßnahmen wird Bremen zur Sicherung seines Stadt- und Landgebietes treffen, um es vor Hochwasserkatastrophen zu schützen? Wasser und Boden 1962, S. 282.
37. Voge, A.: Wasserversorgung der ostfriesischen Inseln. Wasser und Boden 1959, S. 151.
38. Wetzel, G.: Zugänglichkeit der deutschen Nordseehäfen für Seeschiffe großen Tiefgangs. Hansa 106 (1969), S. 1025.
39. Wollin, G.: Seehafen Bremerhaven. Manuskript eines Referates vom 11. 3. 1970 für die Akademie für Raumforschung und Landesplanung.

Die Ufereinfassung als Infrastrukturmaßnahme

Eine Betrachtung zur praktischen Hafenbaupolitik

Von Baudirektor a. D. Dr.-Ing. **Kurt Georg Förster**, Hamburg

1. Einführung

Dieser Beitrag hat seinen Ursprung in den immer wieder notwendigen Auseinandersetzungen zwischen den Trägern der baulichen Hafenentwicklung und andererseits den Hafenanliegern sowie den Betriebsführern der erstellten Einrichtungen für Umschlagzwecke, Lagerei oder industrielle Produktion. Die Ufereinfassungen waren dabei von jeher Gegenstand von Sonderabmachungen und häufig Streitobjekt in bezug auf Bau- und Unterhaltungskosten.

Auf Grund der vom Verfasser gesammelten Erfahrungen für den Hafen Hamburg bringt dieser Beitrag in allgemeiner Darstellung Gedanken, die dazu beitragen möchten, die Einordnung der Infra- und Suprastrukturmaßnahmen zu fördern. Er beschränkt sich bewußt auf die Seehäfen, wo im großen Durchschnitt relativ übersichtliche Verhältnisse bestehen, so daß sie für eine generalisierende Beurteilung leichter zugänglich sind als in den Binnenhäfen. In diesen spielen die Betriebs- und Eigentumsmodalitäten für Verwaltung und Hafenanlieger eine ungleich größere und schwierigere Rolle: Infra- und Suprastruktur sind oft allzu stark miteinander verquickt. Klare Entwicklungslinien lassen sich wegen der oft sehr unterschiedlichen örtlichen Vorbedingungen nur schwer herausstellen; allgemein gültige Vorschläge zur Vereinfachung und Vereinheitlichung der überall recht verschiedenen Verfahrensweisen werden hier länger auf sich warten lassen.

Diesen Themenkreis berührende Literaturbeiträge und sachbezogene Quellen sind nur spärlich vorhanden und meist weit verstreut in Darstellungen aus anderer Blickrichtung. Einige Ausarbeitungen — wie sie im Schrifttumsverzeichnis angegeben sind — runden die hier aufgeworfenen Fragen in sehr weit gezogenem Rahmen ab. Außerdem liefern sie in bemerkenswerter Reichhaltigkeit beispielhafte Beschreibungen wichtiger Häfen.

Im übrigen sei darauf hingewiesen, daß die im vierten Abschnitt behandelte degressive Kostenentwicklung bei Ufereinfassungen mit durchschnittlichen Ausbaugrößen, die mehr oder weniger für alle Häfen zutrifft, sich in Hamburg seit langem in der Ausgestaltung der Anliegerverträge niedergeschlagen hat. Hier sind auch vor kurzem Richtlinien zur Abgrenzung von Supra- und Infrastruktur bei Umschlaganlagen aufgestellt worden, die auszugsweise im Anhang wiedergegeben werden.

Der vorliegende Aufsatz ist ein Versuch, den angeschnittenen Fragenkomplex erstmalig zu durchleuchten und Wege zur Lösung aufzuzeigen. Er erhebt keinen Anspruch auf Vollständigkeit oder Verbindlichkeit der Schlußfolgerungen, um so weniger, als es sich bei dem zweifellos aktuellen Thema um Überlegungen handelt, deren langsame Ausreifung bzw. Konsolidierung zu endgültigen Vorschlägen in der Natur der Sache liegt.

2. Rückschau auf die bauliche Entwicklung von Seehäfen seit 1870

Der moderne Seehafenbau — genauer gesagt: die Ausführung von Bauten am Ufer und deren mechanische Ausrüstung für das Löschen und Laden von See- und Binnenschiffen seit Beginn des industriellen Zeitalters — ist erst gut 100 Jahre alt. Als Johs. Dalmann 1866 den „Sandthorquai" in Hamburg eröffnete und damit ein eigens für diesen Zweck ausgebaggertes Hafenbecken mit einer steilen, dem damaligen Seeschiffsprofil angepaßten Ufereinfassung zur Verfügung stellte, hatte ein grundlegend neues Zeitalter im Verkehrswesen begonnen.

Dazu gehörte — konstruktiv gesehen — zunächst ein hölzernes Bohlwerk, das später durch eine als Regelquerschnitt eingeführte Schwergewichtsmauer auf Holzpfahl- bzw. Brunnengründung ersetzt wurde. Dahinter ordnete man Eisenbahngleise, Rampe, Kaischuppen und Straße an als staatlicherseits gelieferte Installation zur Bewerkstelligung des Umschlags überhaupt; zwecks Beschleunigung und Erleichterung der Schiffsbehandlung hielt man zusätzlich auch noch Dampfkräne vor, welche zum Teil bald darauf zentralgesteuert hydraulischen, gegen 1900 aber bereits elektrischen Antrieb erhielten. Hier lieferte der Staat also noch die gesamte Umschlaganlage und versah den Betrieb an den Stückgutkais mit eigenem Personal. Von einer Unterteilung in Infra- und Suprastruktur war noch nicht die Rede. Sie ergab sich erst viel später mit dem zunehmenden Einfluß privater Unternehmertätigkeit in den Seehäfen allgemein[1].

Ein Blick auf zahlreiche andere bedeutende Seehäfen läßt erkennen, daß trotz mancher Unterschiede in den Bewirtschaftungsformen fast überall Parallelentwicklungen stattfanden. Selbst vereinzelt auftretende Gegenbeispiele würden an dieser Feststellung kaum etwas ändern.

Seit der Jahrhundertwende hatte sich der Kaiumschlag für den Stückgutverkehr „im herkömmlichen Sinne" als fester Begriff eingebürgert. Erst in neuerer Zeit sind neben diesen konventionellen Umschlag die daraus entwickelten anderen Umschlagformen getreten, wie sie durch die betreffenden neu geprägten Schlagworte Palette und „flat", „unit load", „truck to truck"-Verladung, Container, Trailer, Roll-on/Roll-off-Verkehr, „lash"-Ausrüstung moderner Spezialschiffe usw. — charakterisiert werden.

Vergleichbare Vorgänge zum Zweck technisch-wirtschaftlicher Rationalisierung waren schon über längere Zeit hinweg im Massengutumschlag der See- und Binnenhäfen zu beobachten und haben sich auch auf den reinen Stückgutverkehr ausgewirkt. Insbesondere die in den letzten fünf Jahrzehnten intensiv gesteigerte Stetigkeit und die vielfach erreichte äußerste Beschleunigung der Umschlagvorgänge bei Schüttgütern wie Getreide, Kohle und Erz, bei Baustoffen, Kali und sonstigen Rohstoffen, bei Bananen, Ölfrüchten, Fischen und anderer Tiefkühlware, schließlich bei Mineralöl jeglicher Gattung haben sicher weitgehend als Vorbild gedient, und zwar namentlich im Hinblick auf eine weniger lohnintensive Durchführung auch des Kaiumschlags, wie sie heute angestrebt wird.

Diese Wandlungen der Betriebsformen — bedingt durch den weltweit festzustellenden, sich zum Teil mehr und mehr verhärtenden Wettbewerb auf dem Seefrachtenmarkt und somit auch in den Häfen — führten zwangsläufig zu forcierten Entwicklungen im Hafenbau mit der Folge, daß die Häfen überfordert waren. Im engsten Zusammenhang damit erhob sich aber die Frage, wie weit die baulichen Investitionen und das Vorhalten der mechanisch-technischen Ausrüstung bei Umschlaganlagen dieser Art noch öffentliche Aufgaben sind und bleiben sollten bzw. wo allein noch privatwirtschaftlich organisierte „Betriebsgesellschaften" oder ähnliche Körperschaften diese Auf-

---

[1] Zur Definition des Begriffes „Infrastruktur":

a) Der Große Duden, 5. Bd. Fremdwörterbuch. Mannheim 1960:

Infrastruktur. 1. Der notwendige wirtschaftliche und organisatorische Unterbau einer hochentwickelten Wirtschaft (Verkehrsnetz, Arbeitskräfte u. a.); 2. Sammelbezeichnung für militärische Anlagen (Kasernen, Flugplätze usw.).

b) Dr. Gablers' Verkehrslexikon. Wiesbaden 1966:

Infrastruktur. Unterbau einer Organisation, 1. zunächst in der Militärorganisation, 2. in der Volkswirtschaft: Bezeichnung für die meist öffentlichen Einrichtungen, die eine Grundvoraussetzung für das wirtschaftliche Leben sind, so vor allem Straßen, Kanäle und sonstige Verkehrseinrichtungen, Energie- und Wasserbauten, Schulen, Universitäten, Krankenhäuser, Sozialversicherung usw.

c) Ökonomisches Lexikon. Berlin (Ost) 1970:

Infrastruktur. Terminus der bürgerlichen Wissenschaften für die Grundeinrichtungen und das Grundpotential (Verkehrswege, Fernsprechnetz usw.) eines organisatorischen Gebildes, z. B. eines organisierten Territoriums.

d) Brockhaus-Enzyklopädie. Wiesbaden 1966:

Infrastruktur, engl. *infra-structure* [„Unterbau"], ein in der Militärsprache der NATO verwendeter Begriff für Kasernen, Flughäfen, Tankstellen, Benzinleitungen von den Häfen zu den Einsatzgebieten, Radarstationen, im weiteren Sinne auch Straßen, Brücken, Eisenbahnen und Fernmeldeeinrichtungen.
Im zivilen Bereich ist I. in sehr weitem Sinne ein Sammelbegriff für Wirtschaftsordnung, rechtl. Ordnung, Entwicklung der sozialen Sicherung, von Bildung und Wissenschaft, Raumordnung, Verkehrserschließung u. ä. Danach wird unterschieden: *institutionelle I.* (gesellschaftl. Normen, Einrichtungen und Verfahrensweisen, die z. B. die Vertrags- und Eigentumsordnung, die Koalitionsfreiheit bestimmen); *materielle I.* (Einrichtung zur Verkehrsbedienung, Energieversorgung, Nachrichtenübermittlung, Be- und Entwässerung u. ä., Gebäude und Einrichtungen der staatl. Verwaltung, des Erziehungs- und Forschungs- sowie des Gesundheits- und Fürsorgewesens); *personale I.* (geistige, unternehmerische, handwerkl. u. ä. Fähigkeiten, die es dem einzelnen ermöglichen, Funktionen in einem arbeitsteiligen Wirtschaftsprozeß zu übernehmen). Diese umfassende Definition von I. grenzt an den Begriffsinhalt der Gesellschaftspolitik.
In engerem Sinn bildet die (techn. und soziale) I. die Gesamtheit der staatl. und privaten Einrichtungen, die für eine ausreichende Daseinsvorsorge und die wirtschaftl. Entwicklung eines Raumes erforderlich sind. Hierzu zählen u. a. Einrichtungen des Verkehrswesens, der Energieversorgung (techn. I.); Kindergärten, Schulen, Sportanlagen, Krankenhäuser, Alters- und Pflegeheime (soziale I.). Besonders die Begriffe *Bandinfrastruktur* (Verkehrs- und Versorgungsbänder, wie Straßen, Eisenbahnanlagen, Wasserstraßen, Energieleitungen, Wasserleitungen u. ä.), *Freirauminfrastruktur* (Agrarstrukturverbesserung, Erholungsgebiete, Wassergewinnung) und *kommunale I.* (technische und soziale I.) haben sich in der Fachsprache der Landesplanung (→Raumordnung) eingebürgert.
Mit zunehmender Orientierung der betriebl. Standortwahl an Qualität und Quantität der I. führen I.-Investitionen zu räumlichen Wohlstandsunterschieden. Die dadurch hervorgerufenen Probleme sind im Rahmen der Raumordnung zu lösen.

gaben zu übernehmen hätten, um sie dann auf ihre speziellen Bedürfnisse hin auszurichten[2]. Der Hafen-Anlieger als wirtschaftlicher Partner der Hafenverwaltungen trat auf den Plan; die Frage nach der sinnvollen und auch nach außen gerecht erscheinenden Beteiligung an den vielfältig auftretenden Bau-, Betriebs- und Unterhaltungskosten folgte auf dem Fuße. Ähnliches gilt für die Mehrzahl der bedeutenderen Handelshäfen und findet seinen Niederschlag in den jeweils den Zeitforderungen angepaßten Hafenverträgen.

Die Ufereinfassungen erscheinen in diesem Zusammenhang als relativ aufwendige Bauwerke auf der Grenzlinie zwischen Wasser und Land. Sie trennen deutlich die in der Regel dem Gemeingebrauch vorbehaltenen Wasserflächen von den Landflächen, die in den Häfen von Fall zu Fall mehr oder weniger öffentlichen Zwecken und nur zum Teil der rein privaten Nutzung dienen, außerhalb der Häfen jedoch vorwiegend privatwirtschaftlich und nur ausnahmsweise öffentlich genutzt werden.

Die heute ganz allgemein erhobene Frage „Gehören die Ufereinfassungen zur Infrastruktur oder zur Suprastruktur?" ist daher angesichts der zu beobachtenden wirtschaftlich-technischen Strukturveränderungen im Seehafenumschlag nach wie vor nicht nur aktuell; sie liegt vielmehr weitgehend im Schwerpunkt der überall latent verborgenen, inzwischen vielfach über reine Diskussion hinausgehenden wirtschaftlichen Auseinandersetzungen[3].

3. Einteilung der Ufereinfassungen nach ihrer Zweckbestimmung

3.1 Ufereinfassungen als reine Schutzbauten

In der überwiegenden Mehrzahl aller Fälle — jedenfalls was die ausgebauten Strecken in Kilometern betrifft — dienen die Ufereinfassungen ganz einfach dem Uferschutz. Sie sollen die Uferlinie festlegen, d. h. sie gegen die Angriffe von Strömung, Wind und Wellenschlag schützen und somit auf die Dauer klare Verhältnisse schaffen. Diese Aufgabe erfüllen sie in höherem Maße dort, wo starke Wasserstandsschwankungen auftreten wie in den Tidegebieten, bei Windstau im Küstenbereich, ferner durch Sturmfluten und entsprechende Absenkung des Wasserstandes oder infolge stark wechselnder Wasserführung in Flüssen und den durch sie gespeisten natürlichen oder künstlichen Seen.

Ein ausreichender Uferschutz erfordert bekanntlich keineswegs überall konstruktiv anspruchsvolle Kunstbauwerke, sondern ist im Gegenteil meistens sehr einfach mittels zweckmäßig angeordneter Deckwerke zu erreichen. Im übrigen schafft er nicht nur in praktischer Hinsicht, sondern vor allem auch rechtlich klare Grenzverhältnisse zwischen Wasser und Land. Er stabilisiert somit den Besitzstand des Grundeigentums an Land gegenüber dem jeweiligen Besitzer einer privaten bzw. dem Verwaltungsträger einer öffentlichen Wasserfläche.

Diese — allgemein gesagt — fundamentale Funktion einer Ufereinfassung charakterisiert sie zweifellos als Teilmaßnahme der Infrastruktur eines Landes; sie bildet sozusagen eine Vorstufe zum Geländeaufschluß, indem sie ähnlich den Stromregulierungsarbeiten wie Baggerungen, Durchstichen, Begradigungen, Leitdämmen usw. oder den Seebauten wie Strandbuhnen, Wellenbrechern u. dgl. die Voraussetzungen dafür schafft, daß anschließend in ihrem Schutz sich Infrastrukturmaßnahmen im engeren Sinne (z. B. auf dem Bau- oder dem Verkehrssektor) durchführen lassen.

So können beispielsweise Leitbuhnen und Uferdeckwerke beim Zusammenfluß oder der Stromgabelung zweier Flüsse als solche Vorstufe betrachtet werden. Sie dienen der Festlegung des Flußsystems, auch wenn nicht unmittelbar an dessen kommerzielle Auswertung im privat- oder gemeinwirtschaftlichen Interesse gedacht ist. Auch sonstige Küstenschutzmaßnahmen wie künstliche Landgewinnung im Watt, Strandmauern gegen Uferabbruch oder Bepflanzung des Dünengürtels bilden generell eine Vorstufe zur Infrastruktur eines Landes. Sie schaffen quasi die Grundlage dafür, daß leistungsfähige, der Wirtschaft unmittelbar dienende Einrichtungen geschaffen werden können.

---

[2] Ein Rückblick auf die Hamburger Verhältnisse zeigt den Übergang der zuvor von der staatlichen „Kaiverwaltung" betriebenen Stückgutkaianlagen nach rd. 70 Jahren unangefochtener Erfüllung des öffentlichen Kaiumschlags auf die HHLA — die privatwirtschaftlich organisierte Hamburger Hafen- und Lagerhaus-Aktiengesellschaft — im Jahre 1937. Aber bis 1967 wurden die baulichen Investitionen weiterhin vollständig von der Freien und Hansestadt Hamburg mit Hilfe des seit über 150 Jahren unter demselben Namen tätigen Amtes „Strom- und Hafenbau" aus dem öffentlichen Haushalt finanziert, geplant und durchgeführt.

[3] In Hamburg beispielsweise ergab sich seit 1968 die praktische Folgerung: Übernahme der baulichen und maschinellen Suprastruktur durch die privatwirtschaftlich organisierte HHLA, womit diese als größte Trägerin des öffentlichen Kaiumschlages zwar sachlich und finanziell stärker belastet, in ihrer Entscheidungsfreiheit und in der schnellen Realisierung wichtiger Entschlüsse aber weitgehend gefördert erscheint. Bei der öffentlichen Hand verblieben lediglich die Infrastrukturmaßnahmen, und zwar einschließlich der Erstellung und Finanzierung der Kaimauern.

3.2 Ufereinfassungen als Schutzbauwerke mit allgemeinen Verkehrsaufgaben

Dagegen wird man Ufereinfassungen an den oberen und unteren Haltungen stauregelter Flüsse und an Schiffahrtskanälen, ferner befestigte offene Gerinne als Werkkanäle zur Kraftwasserführung oder als Abwasserfortleitungen eindeutig zur volks- bzw. privatwirtschaftlich genutzten Infrastruktur zählen müssen. Auch die für neuzeitliche Kanalerweiterungen benötigten Spundwände anstelle der früher ausreichenden, aber bedeutend mehr Flächenbedarf zeitigenden Böschungen werden allgemein als im Interesse einer Verkehrserschließung liegend zur Infrastruktur zugehörig erachtet.

Wird ein derartiges Kanalufer hingegen zu einer „Schiffslände", einem Umschlagplatz für öffentlichen Verkehr oder im Interesse eines privaten Anliegerbetriebes erweitert, so wird die dann auch noch notwendige, aber nicht mehr ausschließlich dem Uferschutz des Kanals dienende Spundwand zu einer Infrastrukturmaßnahme im engeren Sinne. Und damit beginnen die Zweifel an einer sinnvollen Einordnung und Abgrenzung derartiger, örtlich in ihrer Zweckbestimmung genauer zu umreißender Baumaßnahmen im Verhältnis zur „Suprastruktur", d.h. also den besonderen technischen Vorkehrungen, Bauten und Installationen, welche ausschließlich den Interessen oder eigenwirtschaftlichen Bedürfnissen des Anliegers dienen.

Jedoch gehören Molen, Leitwerke, Schleuseneinfahrten, Hafenköpfe, ferner Buhnen und Uferdeckwerke, welche zum Zwecke der Tiefhaltung einer Wasserstraße das Ufer gegen Abbruch und Erosion sichern, wiederum eindeutig zur Infrastruktur. Das öffentliche Interesse rechtfertigt hierbei bisweilen relativ großen Kostenaufwand, während der Nutzen derartiger Maßnahmen für die Landseite nicht gerade im Vordergrund zu stehen braucht, selbst wenn man ihn bei einer Gesamtbeurteilung mitberücksichtigen würde.

Die Ufereinfassung erscheint hier als ein Teilglied der Regulierungsbauten für rein wasserwirtschaftliche Zwecke sowie für die Wasserkraftnutzung oder für den Wasserstraßenausbau und schließlich für den allgemeinen Küstenschutz. Zugleich ist sie aber auch Bestandteil der landseitigen Infrastruktur, soweit sie nämlich zur Absicherung dort vorhandener Verkehrsanlagen dient.

3.3 Ufereinfassungen mit speziellen öffentlichen Verkehrsaufgaben

Hier hätte man unter anderem Schiffsanlegestellen des örtlichen Personenverkehrs bis hinauf zu den Fahrgastanlagen der Großschiffahrt jeder Art und Ausgestaltung einzuordnen. Die Ufereinfassung hat hier in den meisten Fällen nicht nur die Erhaltung der Fahrwassertiefe zu gewährleisten, sondern ist für die technischen Sonderbedürfnisse zwecks guter und zügiger Versorgung der Schiffe baulich zu gestalten und auszurüsten. Auch reservierte Anlegestellen und feste Schiffsplätze in Vorhäfen oder in Schutz- und Liegehäfen gehören zu diesem Komplex, z. B. für Schlepper, Schuten oder sonstige Fahrzeuge der internen Hafenwirtschaft, für den Lotsendienst, die Wasserpolizei und die Zollbehörden, für Feuerlöschboote, Vermessungs- und Forschungsfahrzeuge sowie für den Fahrzeugpark staatlicher Regiebetriebe wie Baggerei, Stackmeisterei, Hafenunterhaltung, Tonnenhöfe und Staatswerften.

Neben einer zweckentsprechenden Ausstattung und Befestigung der Kaiflächen selbst treten hier Sonderinstallationen und vor allem Hochbauten in Erscheinung, die als Stützpunkte der genannten Dienste, für Personalunterkunft und Betreuung sowie für die Schiffsversorgung mit Betriebsstoffen und Ausrüstung wie Wasser, Proviant, Arbeitsgerät und Einbauteilen usw. zu dienen haben. Auch mehr oder weniger umfangreiche Werkstätten gehören oftmals dazu. Ähnlich wie Befeuerung und Betonnung der Wasserstraßen beanspruchen diese Baulichkeiten, deren qualifizierter Hochbaustandard vom Zweck her gerechtfertigt ist, im ganzen zur Infrastruktur des betreffenden Hafens gerechnet zu werden; um so mehr dürfte dieses für die von ihnen benötigte Ufereinfassung als Basis dieser Dienstleistungen öffentlichen Charakters gelten.

In jedem Hafen von einiger Bedeutung werden gewisse Uferlängen benötigt, um den genannten Bedürfnissen Rechnung zu tragen. Ein Teil derartiger Uferstrecken wird ausschließlich diesen Spezialzwecken vorbehalten bleiben, während je nach der Örtlichkeit die übrigen Kaiflächen dieser Art auch als allgemeine Anlegestellen zur Verfügung gestellt werden. Gewisse zeitliche Überschneidungen derartiger Nutzung würden gegebenenfalls in Kauf zu nehmen sein.

3.4 Ufereinfassungen als Baumaßnahmen für reine Umschlagaufgaben

a. Für öffentlichen Umschlag. Nachdem voraufgehend versucht worden war, die allgemeinen Zweckbestimmungen herauszuschälen, welche die Ufereinfassung als organisch zur Infrastruktur gehörig ausweisen, soll anschließend — unabhängig von der Bauweise als massive oder aufgelöste Kaimauer, als Spundwandkaje oder aufgeständertes Bohlwerk bzw. überbaute Böschung — ihre Nutzung für Umschlagzwecke besprochen werden. Die Ufereinfassung bildet mit ihren vielfältigen konstruktiven Möglichkeiten generell ein wichtiges Glied, wenn nicht sogar das Kernstück jedes Hafens, soweit er dem Löschen und Laden der Schiffe zu kommerziellen Zwecken dient.

Je nach den Besitzverhältnissen, der Wahrnehmung der Verwaltungsaufaben einschließlich der Unterhaltung und der praktischen Betriebsführung werden die Umschlaganlagen entweder als „öffentliche" oder als „private" Kaianlagen bezeichnet. Als öffentliche Umschlagplätze sind diejenigen anzusehen, die zur Benutzung durch jedermann bestimmt sind bzw. durch die am Umschlag praktisch beteiligten Berufssparten — z. B. Makler, Spediteure, Verfrachter und deren Ausführungs- und Prüfungsorgane sowie alle Hafendienstleistungsgewerke — ständig in Anspruch genommen werden dürfen.

Sofern sie sich technisch dafür eignen, müssen dort alle Schiffe abgefertigt werden, wie sie nach Zuweisung durch die Hafenverwaltung anfallen. Daß es dabei zu Schwerpunktbildungen für bestimmte Verkehrsrelationen zumindest im Stückgutumschlag — und neuerdings abgewandelt beim Containerverkehr — kommen kann, schließt den Charakter von öffentlichen Umschlaganlagen nicht aus: Reedereien mit festliegenden Fahrtzielen erhalten für ihre sogenannten Linienfrachter bevorzugt festgelegte Abfertigungsplätze, einerlei ob sie gleichzeitig auch den Kaischuppen dort selbst betreiben oder nicht.

Auch die an Linienreedereien verpachteten Kaianlagen dienen soweit öffentlichem Umschlag, wie es jedem Verfrachter, Makler, Spediteur oder Industriellen freigestellt bleibt, seine Güter zur Beförderung über See dort anzuliefern bzw. umgekehrt dort abzuholen. Es spielt keine Rolle, ob die Betriebsführung auf dem Kai mit der praktischen Verladeleistung in Händen eines privaten Unternehmers liegt. Maßgebend ist der Gemeingebrauch, durch den der Betrieb — sei er durch ortsansässige Firmen, staatliche Regiebetriebe oder Schiffahrtslinien nebst einschlägigem Dienstleistungsgewerbe durchgeführt — eo ipso den öffentlich-rechtlichen Bestimmungen unterliegt. Von örtlichen Nuancen in dieser Kategorie einmal abgesehen, wird man mit diesen Eingrenzungen dem Oberbegriff „öffentliche Umschlaganlage" wohl am besten gerecht.

b. Für privaten Umschlag. Die sogenannten „privaten Umschlaganlagen" — nicht zu verwechseln mit den erwähnten Privatkaibetrieben an öffentlichen Stückgutkais — stehen dazu in bemerkenswertem Gegensatz. Schon rein baulich unterscheiden sie sich von den jeweils weitgehend allgemeinen Bedürfnissen des Hafens angepaßten und mit diesen weiterentwickelten öffentlichen Kaistrecken. Sie sind meist ausgesprochen individuell konzipiert und auf die Spezialzwecke der dort festangesiedelten Privatunternehmen zugeschnitten.

Extrem deutlich wird dieser Unterschied bei der Betrachtung von Industrieanlagen — z. B. auch der Großschiffswerften — in den See- und Binnenhäfen, deren Wasserseite lediglich von der Notwendigkeit der betreffenden Produktionsstätten her — sei es für den Import wie für den Export — ausgebaut und betrieben werden. Da das Löschen bzw. das Laden von meist nur wenigen, spezifisch diesen Unternehmen gemäßen Güterarten vorzunehmen ist, wobei namentlich die technische Rationalisierung eine wesentliche Rolle spielt, braucht auf die weiteren Belange etwaiger sonstiger Benutzer dieser Kaistrecken keine Rücksicht genommen zu werden — ungeachtet des gelegentlich zu gestattenden Überliegens von Schiffen als Benutzern benachbarter Kaiplätze.

Damit verliert aber ein solcher Kaiplatz seinen öffentlichen Charakter, weil er ausschließlich einem privatwirtschaftlich orientierten Anlieger dient und der Gemeingebrauch entfällt. Die Ufereinfassung ist — von der Landseite aus betrachtet — völlig in die Gesamtheit der Baulichkeiten eines solchen Unternehmens hinein „integriert". Lediglich wasserseitig betrachtet, könnte in den besonderen Fällen eines öffentlichen Interesses an der Tiefhaltung gerade vor dieser Uferstrecke eine partielle, auch der Allgemeinheit dienende Nebenleistung anfallen.

4. Abgrenzung der Infrastruktur gegenüber speziellen, örtlich bedingten Suprastrukturmaßnahmen

4.1 Generelle Regelung für Seehäfen bei Dienstleistungen

Die Gesamtheit aller Baumaßnahmen in einem Hafen, soweit sie notwendig sind, um dem Schiff ungefährdete Zu- und Abfahrt zu ermöglichen, ihm einen sicheren Liegeplatz zu erhalten und seine Versorgung zu gewährleisten — und zwar mit Betriebsstoffen, Ausrüstung, Proviant und Nachrichten —, wird uneingeschränkt der Infrastruktur zuzuschreiben sein. Dem entspricht auf der Landseite der zweckmäßige Ausbau von Straßen und Eisenbahnanlagen (einschließlich der Hafenbahnhöfe usw.) sowie die Erstellung der Versorgungsleitungen (wie Wasser-, Gas-, Strom- und Fernmeldeleitungen sowie Abwasserbeseitigung). Nicht mehr dazu zählen Straßen- und Gleisanschlüsse eines privaten Anliegers, soweit sie ausschließlich für ihn vorgehalten werden; sie bilden mit den sonstigen auf Privatgrund verlegten Versorgungsanschlüssen bereits Bestandteile seiner Suprastruktur.

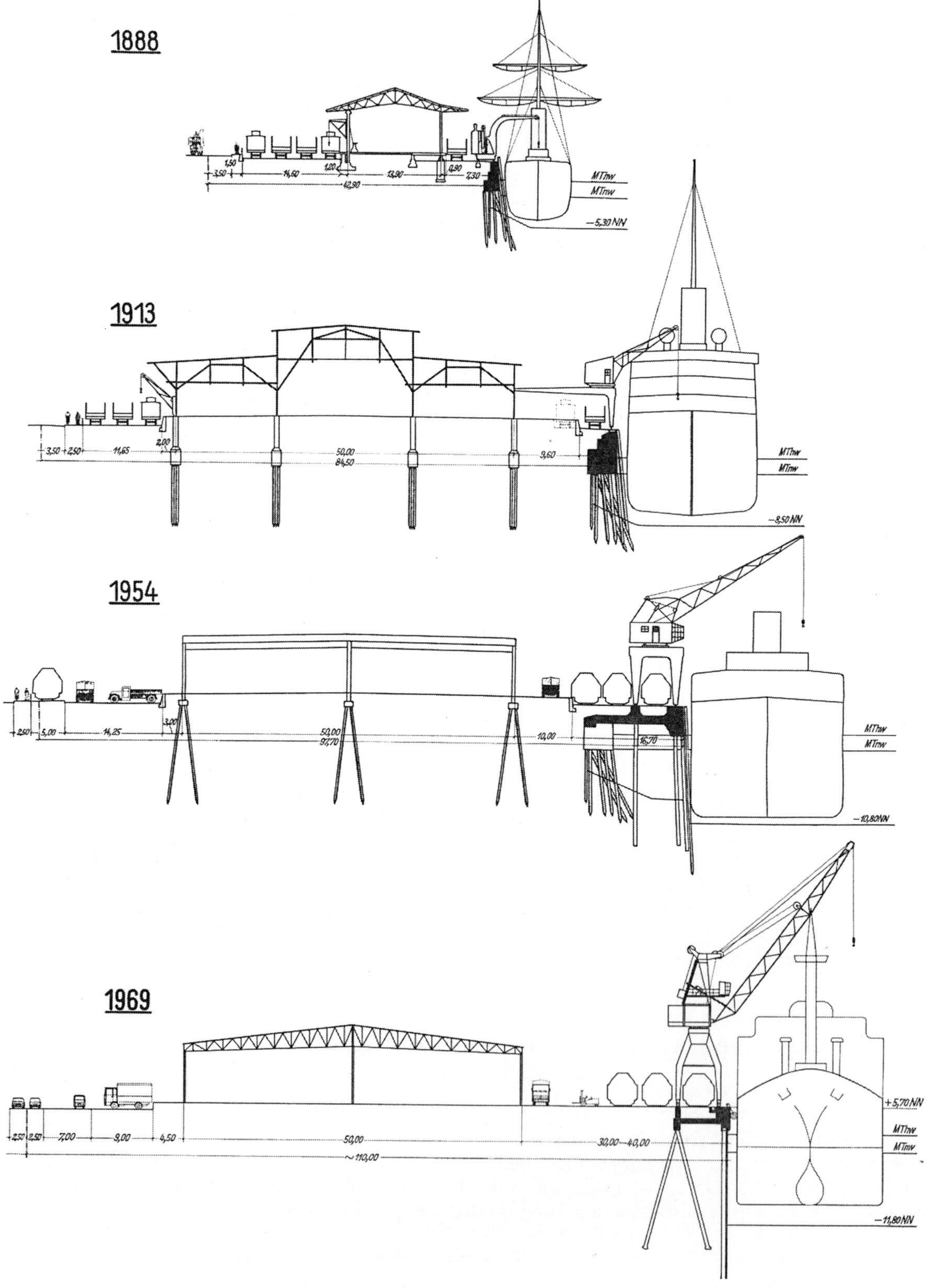

Abb. 1. Entwicklung der konventionellen Stückgutanlagen über 80 Jahre, gezeigt am Beispiel Hamburg. (Man beachte den von rd. 40 m auf über 100 m Breite gewachsenen Kaiausbau und die zunehmend leichtere Ufereinfassung.)

Alle weiteren, nach den Bedürfnissen dieses privaten Anliegers zu erstellenden Hochbauten und Installationsmaßnahmen, seine maschinelle Ausrüstung u. dgl. sind unzweifelhaft als zu seiner Suprastruktur gehörig einzuordnen. Dazu zählen selbstverständlich auch Umschlaggeräte und Kranbestückung am Ufer bzw. auf der Kaimauer, wenn eine solche vorhanden ist. Insofern läßt sich die vom Anlieger benötigte und neuerdings vielfach selbst beschaffte Suprastruktur noch sauber trennen von der hier primär als Bestandteil der Infrastruktur auftretenden Ufereinfassung.

Bisher ist es in der überwiegenden Mehrzahl aller Seehäfen mit städtischem oder staatseigenem Gelände üblich gewesen, die Ufereinfassungen aus öffentlichen Mitteln herzustellen, unabhängig davon, ob sogleich oder später ein privater Anlieger die Nutzung des Platzes übernahm. Auch wenn er mit der Verzinsung und Tilgung der Baukosten belastet wurde: Die ihm überlassene Kaimauer oder sonstige Ufereinfassung wurde — selbst wenn sie für den Betrieb des Anliegers unentbehrlich erschien — nach wie vor der Infrastruktur zugeordnet.

In diesbezüglichen „Richtlinien"[4] ist für das Stückgut im weitesten Sinne, wie es unter den international geprägten Begriff „general cargo" fällt, eine Regelung dahingehend getroffen, daß auch die Kaimauer der baureifen Erschließung eines Geländes am seeschifftiefen Wasser hinzugerechnet werden kann, falls es sich um Betriebe mit Dienstleistungen für fremde Rechnung handelt. Darunter fallen im allgemeinen die Kaiumschlagbetriebe, deren Hauptaufgabe die Stückgut-Behandlung ist.

Dieser Beschluß bedeutet einen bemerkenswerten Faktor in der jeweils zu verfolgenden Hafenpolitik. Denn ihm liegt ein Förderungswille zugrunde, der zugunsten der Stückgutanlagen im Hafen erhebliche finanzielle Belastungen für den öffentlichen Bauträger nach sich zieht. Erst eine möglicherweise eintretende Belebung des Umschlags, verbunden mit einer zu erwartenden Steigerung der Einträglichkeit für die den Hafen tragenden Körperschaften, kann hier den wirtschaftlichen Ausgleich bringen.

4.2 Spezielle Regelung für private Anlieger in Seehäfen

Nicht betroffen von dieser aus den „Richtlinien" zu ersehenden Vergünstigung sind unter anderem reine Lagereibetriebe, Umschlaganlagen für Massengut aller Art und Produktionsbetriebe mit werkseigenen Umschlaganlagen. Auch in einer Reihe anderer Häfen wird für Betriebe dieser Kategorien, die dort zum Teil nach Anzahl und Größe überwiegen, zwar die allgemeine Baureifmachung des Geländes als noch innerhalb der fast immer aus öffentlichen Mitteln geförderten Infrastruktur liegend anerkannt, nicht aber die Kaimauer. Die Ufereinfassung am seeschifftiefen Wasser wird also im Rahmen der ganz auf dieses Unternehmen zugeschnittenen Baumaßnahmen der Suprastruktur hinzugerechnet.

Zur Begründung dieser Zuordnung, welche die Anlieger mit der Erstellung, Amortisation und Unterhaltung ihrer Ufereinfassungen voll belastet, ist anzuführen, daß es sich hier ja nicht mehr um die staatliche Förderung eines Bauvorhabens zur Ermöglichung von Dienstleistungen im öffentlichen Interesse handelt, sondern ausschließlich um private Aufwendungen, deren Berechtigung im engen Zusammenhang mit der wirtschaftlichen Leistung des Anliegers und seinem finanziellen Erfolg beurteilt werden muß.

Trotz ihres oben angesprochenen gelegentlichen Nebeneffektes zur Uferbefestigung und hafenbautechnischen Sicherung wird nunmehr die Kaimauer hier als Teilinvestition einer auf industrielle Produktion hin ausgerichteten Gesamtanlage betrachtet, bei welcher der Lösch- und Ladevorgang nur ein relativ untergeordneter Teil der Werksleistungen ist. Die Ufereinfassung ist nicht mehr eine Voraussetzung „sine qua non" für die Übergabe baureifen Geländes an den Interessenten, wie sie bei den Betrachtungen im vorhergehenden Abschnitt als selbstverständlich erschien, sondern sie gehört hier zu den Produktionsmitteln des Anliegers, dessen Wasserseite nur bedarfsweise — und nicht wie im Stückgutumschlag öffentlichen Charakters generell erforderlich — von Fall zu Fall auch mit einer Kaimauer oder dergleichen ausgerüstet werden kann, ansonsten aber konstruktiv in enger Anlehnung an technologisch bedingte Eigenheiten des Produktionsvorganges zu entwickeln ist.

Für derartige Betriebe ist es wahrscheinlich von sekundärer Bedeutung, ob ihnen neben einem generell baureif übergebenen Gelände auch noch eine ihnen speziell zugeordnete Ufereinfassung vertragsgünstig mitgeliefert wird. Wenn auch moderne Kaimauern nicht umsonst zu haben sind — im anschließenden Abschnitt soll ein Ausblick in dieser Richtung gegeben werden —, so läßt sich doch unschwer nachweisen, daß relativ zu den sonstigen Investitionen nach Menge und Einzelpreis und im Vergleich zum allgemeinen Baukosten-Index gerade die Ufereinfassungen ausgesprochen preisgünstig hergestellt werden konnten.

---

[4] Die in Hamburg aufgestellten „Richtlinien zur Abgrenzung von Supra- und Infrastruktur bei Kaiumschlagbetrieben" vom April 1971 sind auszugsweise im Anhang wiedergegeben.

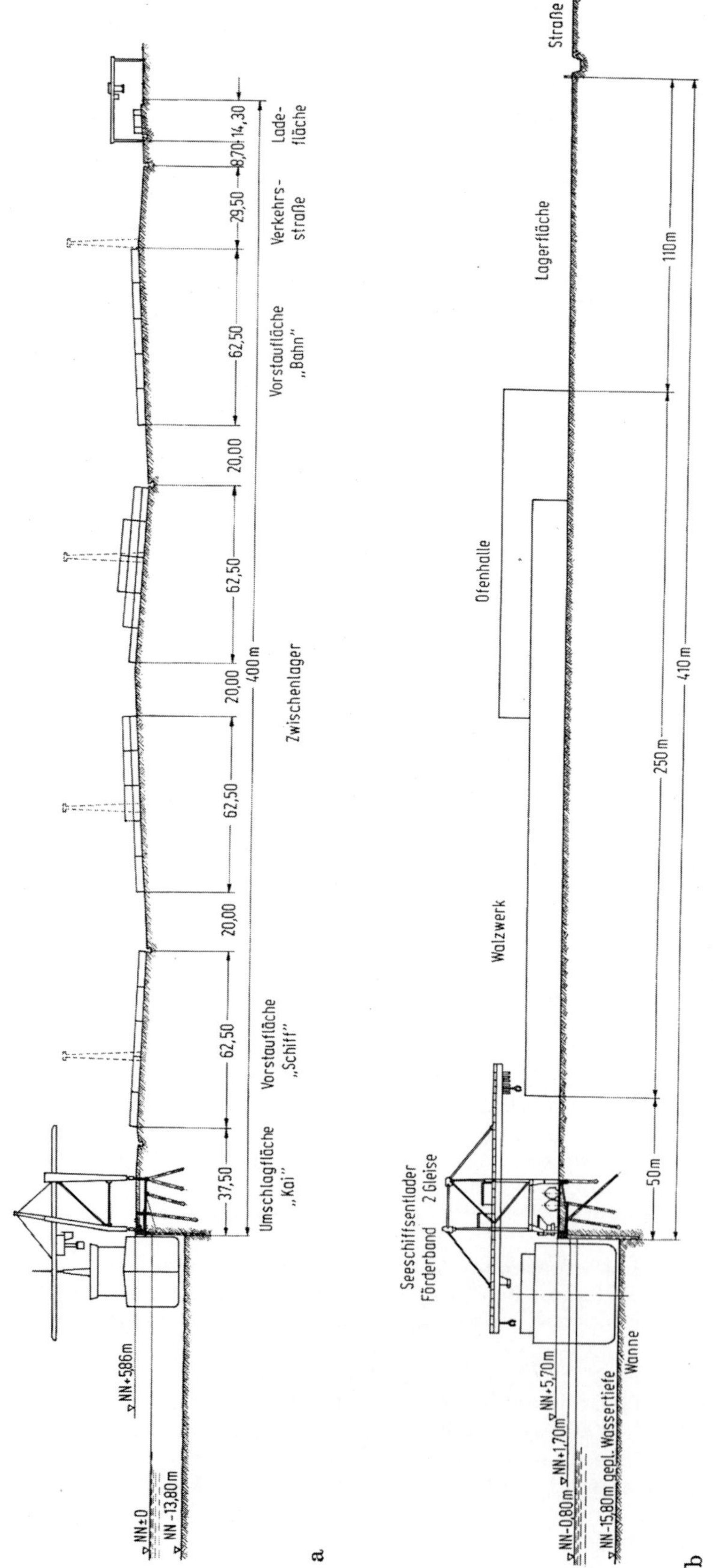

Abb. 2. Zwei Beispiele für neueren Hafenausbau.
a) Container-Umschlag Burchardkai; b) Schwerindustrie im Hafenerweiterungsgebiet (Hamburger Stahl-Werke).
(Die Ufereinfassung tritt gegenüber der umfangreichen Platzgestaltung zurück.)

Ausschlaggebend für die Industrie-Ansiedlung in Seehäfen pflegen die allgemeinen Standortbedingungen zu sein, ferner Grunderwerb (bzw. Mietpreise) und Aufschließungskosten — soweit letztere nicht von vornherein in die Infrastruktur einbezogen und damit hafenpolitisch „manipuliert" werden. Hinsichtlich der Ufereinfassung dürfte es aber von untergeordneter Bedeutung sein, ob sie in den genannten Fällen der Suprastruktur zugeordnet wird, denn im großen Durchschnitt kann davon ausgegangen werden, daß sie für den Anlieger keine Sonderbelastung mehr darstellt.

5. Die Ufereinfassung als Kostenfaktor im Hafenbau

5.1 Im Fall ihrer Eingliederung in die Infrastruktur

Begreift man die Erstellungskosten eines neu aufzuschließenden Hafengeländes als Summe aller Aufwendungen vor Beginn und als Voraussetzung der Spezialbauten und Installationen des Anliegers, so denkt man unwillkürlich an die Gesamtheit der Ansiedlungsflächen im „Rohbau" einschließlich aller vorgesehenen, also weitgehend auch außerhalb der nun baureif gewordenen Flächen liegenden Verkehrsanschlüsse und Versorgungsleitungen. Das ist aber unzweifelhaft die Infrastruktur schlechthin.

Für deren Kosten tritt nun zunächst —und in den meisten Fällen der Praxis auch grundsätzlich — der Eigentümer der Land- und Wasserflächen ein. Das ist aber meistens der Staat, die Gemeinde oder auch eine Bau- bzw. Betriebsgesellschaft mit Vollmachten zur Investition privater und/oder aus dem Staatshaushalt zur Verfügung gestellter Mittel; letztere sind dabei überwiegend vom Steuerzahler aufgebracht. Stets handelt es sich um Bereitstellung von baureifem Gelände an seeschifftiefem Wasser, das von Interessenten gemietet oder gepachtet wird bzw. für das ein Erbbaurecht erworben werden kann; Ankauf kommt nach langjährig begründeter Auffassung nur selten, wenn überhaupt in Betracht.

Für alle die Hafenteile, die wie vorstehend beschrieben im öffentlichen Interesse einer Förderung des Verkehrs mit Ufereinfassungen zu versehen sind, erhebt sich immer wieder die gezielte Frage: Wer baut, wer verzinst und amortisiert und wer unterhält die Kaimauer, Vorsetzen, überbaute Böschung, Löschbrücke und dergleichen mehr? — Denn es war und ist noch heute üblich, alle übrigen zur Infrastruktur gehörigen Maßnahmen und baulichen Vorkehrungen uneingeschränkt auf die Nutzflächen kostenmäßig umzulegen und somit in Form von Miete oder Erbpachtanteil von den Anliegern aufbringen zu lassen. Nur bei den Ufereinfassungen — angefangen von der bescheidensten Ufersicherung an den Böschungen, über Bohlwerke und Spundwandkajen hinweg bis zu den im Werksinteresse noch mit Sonderausrüstung versehenen schweren Kaimauern vor Großumschlag- oder Industrieanlagen einschließlich der Werften — wurde diese volkswirtschaftlich begründete Selbstverständlichkeit immer wieder in Frage gestellt.

Man bezweifelte im Laufe von Jahrzehnten ständig erneut die Berechtigung oder wenigstens die Höhe einer Belastung des Anliegers mit den offensichtlich einen Sonderanteil ausmachenden Kosten der Ufereinfassung, welche einfach in den Quadratmeterpreis der Anliegerfläche hineinzurechnen man sich offensichtlich scheute. Bei langfristig abgeschlossenen Verträgen wurde ein unmittelbares Umlegen der Gestehungskosten auf den Anlieger als dem Sinne öffentlicher Wirtschaftsförderung widersprechend meist abgelehnt. Selbst wenn der Anlieger aus Gründen zeitbedingter, eiliger Ausbauwünsche vorübergehend Baumittel vorstreckt, die erst im Rahmen regulär eingeworbener Haushaltsmittel vom Grundeigentümer zu einem späteren Zeitpunkt bereitgestellt werden können, ändert das an der Situation grundsätzlich nichts. Mit der Einführung des sogenannten Wiederbeschaffungswertes für die vom Anlieger benutzten Ufereinfassungen ließe sich dieser Interessenwiderstreit von Fall zu Fall auf ein für beide Partner erträgliches Maß reduzieren, trotz aller Fragwürdigkeiten, die einer solchen, auf Grund statistischer Unterlagen ermittelten, fingierten Wirtschaftsgröße anhaften.

Zur Durchleuchtung dieses Fragenkomplexes könnten zwei Faktoren dienlich sein, deren Einfluß seit etwa 1950, also über zwei Jahrzehnte hinweg zu beobachten war:

1. Die tatsächlich aufgewendeten Baukosten für eine große Zahl von Uferbauten sind über 20 Jahre hinweg zu dem jeweils geltenden allgemeinen Baukosten-Index in Vergleich zu setzen. Daneben können die Lohn- und die Materialkosten in ihrer Entwicklung über den gleichen Zeitraum hinweg zur Baupreis-Beurteilung herangezogen werden.

2. Die in diesem Vergleich gewonnenen Kostenanteile für die Ufereinfassung allein sind zu den Gesamtaufwendungen für dieses Gelände — also einschließlich der Suprastruktur — in anschauliche Relation zu setzen.

Zu 1. Nach Auswertung fast sämtlicher zur Verfügung stehenden Bauobjekte ergab sich, daß als Erfolg der technisch-organisatorischen Rationalisierung im Kaimauerbau in Konsequenz der kon-

struktiv und technologisch weiterentwickelten Baumethoden bisher die Faustformel gelten konnte:
Eine Seeschiffskaimauer kostet je lfm im Durchschnitt noch immer rd. DM 1000,— pro Meter ge-
forderter Wassertiefe unter MTnW (=Kartennull in Hamburg). Dabei ist natürlich eine für die
Baustelleneinrichtung lohnende Größe des Bauobjekts, d. h. genügende Länge der Neubaustrecke
vorausgesetzt. Aber erstaunlicherweise galt der genannte Richtpreis unverändert über 20 Jahre
hinweg und war auch für langsam, aber stetig größer werdende Wassertiefen gleichfalls noch maßgeblich. Überraschender noch stellt sich dieses Ergebnis zu der Tatsache, daß der allgemeine Baukosten-Index in den 20 Jahren seit 1950 von unter 100 auf über 200 im Jahre 1970 gestiegen ist.

Daraus läßt sich mit einiger Berechtigung folgern: Der Kostenanteil der Ufereinfassungen ist im
Rahmen allgemeiner Hafenausbaupläne ständig gesunken, sofern man die Gesamtaufwendungen
für Infra- und Suprastruktur anteilmäßig im richtigen Verhältnis zur nutzbaren Uferlänge
berücksichtigt. Dementsprechend zeigt ein Vergleich der heute gebräuchlichen Querschnitte von
Kaimauern mit denen früherer Jahrzehnte — insbesondere aus der Zeit vor Einführung der Stahl-
betonbauweise, der modernen Spundwände und Pfahlgründungen — unverkennbar bedeutende
Fortschritte in der Baugrundbeurteilung, der statischen Konzeption und der konstruktiven
Durchbildung sowie — daraus folgend — auch der Materialausnutzung und der Vermeidung lohn-
intensiver Handarbeit.

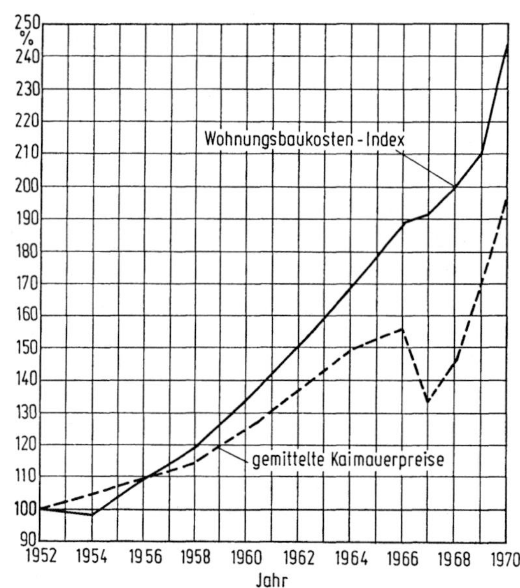

Abb. 3. Diagramm der gemittelten Preisentwicklung für Kaimauern im Vergleich zum Wohnungsbau-Index der Jahre
1952 bis 1970.

Diese Entwicklung ist in der überwiegenden Zahl großer Seehäfen ziemlich parallel verlaufen.
Sie ist daher der angestrebten Übernahme der Ufereinfassungen in die Finanzierung der Infrastruktur — soweit es sich um öffentlich zu fördernde Verkehrsbelange handelte — im allgemeinen
recht günstig gewesen.

Zu 2. Es ist für viele Großunternehmen, bei denen die Ufereinfassung als Bestandteil der Suprastruktur zu gelten hat, festzustellen: Der Kostenanteil der Kaimauer fällt im Rahmen der gesamten,
für Bebauung und Unterhaltung erforderlichen Aufwendungen zukünftig immer weniger ins Gewicht. Diese Tendenz ergibt sich nicht nur aus der technischen Rationalisierung, sondern ebenso
aus der zunehmenden Weiträumigkeit industrieller Anlagen und neuzeitlicher Umschlagbetriebe
in den größeren Seehäfen.

5.2 Im Vergleich mit den Aufwendungen der Suprastruktur

Sobald es darum geht, die künftige Größenordnung für den Uferausbau im Verhältnis zu den
Gesamtinvestitionen richtig zu bewerten, sollten angesichts der stark angewachsenen Kosten für
die Suprastruktur nunmehr die relativ niedrig gebliebenen Aufwendungen je lfm Uferausbau rea-
listisch — also weniger alarmierend, als es bisher üblich war — eingeschätzt werden. Es gibt keinerlei Gründe mehr, gerade deren Kosten im Vergleich zur vollen Ausbaugröße des Unternehmens als
übermäßig belastend und damit für den Anlieger „untragbar" hinzustellen.

Bei modernen Massengut-Umschlaganlagen mit entsprechend großen und zur automatischen Beschickung eingerichteten Lagerplätzen wird — ähnlich wie für Schwerindustrie mit unmittelbar am Kai errichteten Produktionszentren — angesichts der hier völlig dominierenden Suprastruktur ohnehin nur ein relativ niedriger Kostenanteil für die Kaimauer selbst beansprucht, selbst wenn ihr Querschnitt nach den hier obwaltenden Sonderbedürfnissen abgewandelt werden muß. Die in letzter Zeit vielfach benötigte Geländetiefe von 200 bis 300 m und mehr bindet Investitionsmittel hinter jedem lfm Kailänge in einer Größenordnung, bei welcher die Kaimauer selbst heute im allgemeinen nur Bruchteile von schätzungsweise einem Viertel bis einem Achtel der Kosten für die übrigen privaten Baumaßnahmen in Anspruch nimmt.

Ein Vergleich zur Suprastruktur der neuen Container-Verladebahnhöfe (Terminals) — in Seehäfen allerdings für öffentlichen Umschlag bestimmt und demgemäß subventioniert — mit ihrer Großinstallation maschinen- und bautechnischer Art zuzüglich Flurfördergeräten kann bei jetzt geforderten Geländetiefen zwischen 300 und 500 m nur noch weiter zugunsten der Ufereinfassung ausfallen. Man betrachte auch hier die Hafenanlage baulich, dazu die Hafenausrüstung mit Hebezeugen, Flurförderern, Fahrzeugen, Nachrichtenmitteln u. dgl. sowie einschließlich der dort bedienten Schiffe fortan konsequent als ein „unteilbares Ganzes" (Agatz [3]). Sie verliert also mehr und mehr ihre früher überragende Rolle als Kostenfaktor und beansprucht künftig nur einen Teilbetrag der nach dem Gesichtspunkt der wirtschaftlichen Einheit disponierten Gesamtaufwendungen.

Ihre Kosten sind immerhin im Einzelfall gesehen noch von Belang, weniger aber künftig die Frage, ob die Kaimauer — hier im Rahmen der Suprastruktur — unmittelbar vom Anlieger finanziert und getilgt wird oder ob sie getrennt davon auf der Infrastruktur-Seite im Umlageverfahren dennoch den Betrieb belastet, wenn sie nicht — in den Fällen öffentlich geförderter Hafenentwicklung — zu einem angemessenen Teilbetrag von der Gesamtheit der Steuerzahler dem Betriebe vorgehalten wird. Letzteres geschieht dann stets mit der Begründung und in der sicheren Erwartung, daß die Wirtschaftsergebnisse die Investitionen der öffentlichen Hand an dieser Stelle und damit auch die Kaimauer rechtfertigen und den volkswirtschaftlichen Erfolg bestätigen.

6. Folgerung aus dieser Betrachtung

Mit Überlegungen dieser Art dürfte die Frage „Gehört die Ufereinfassung zur Infra- oder zur Suprastruktur in einem Seehafen?" erheblich an Gewicht verlieren. Die Diskussion darüber würde sich entschärfen, und die heute vertretenen Standpunkte könnten sich möglicherweise als Übergangsstadium erweisen. Auch in den Binnenhäfen —mit ihrer diesbezüglich noch wesentlich ausgeprägteren Vielfalt in den örtlichen Gegebenheiten und den sehr voneinander abweichenden Ansichten maßgeblicher Kreise zu diesen Fakten — sollte im Laufe der Zeit eine Beruhigung mit dem Ziele vereinheitlichter Auffassungen erwartet werden. Die Zukunft wird sich von den heute noch etwas beklemmend sich aufdrängenden „Strukturfragen" lösen und läßt dann die Alternative, ob Ufereinfassungen eo ipso zur Infrastruktur oder fallweise in überlagernder ökonomischer Konsequenz zur Suprastruktur gerechnet werden müssen, als das erscheinen, was sie im Grunde war und auch bleiben wird: Eine praktische Handhabe in der Hafenbaupolitik.

Schrifttum

1. Lohmeyer, E.: Über Hafenverwaltungen im In- und Auslande. Jahrbuch HTG 12 (1930/31), S. 181.
2. Bolle, A.: Über die Verwaltung der Seehäfen in der Bundesrepublik Deutschland. Schriftenreihe der Gesellschaft zur Förderung des Verkehrs e. V., Hamburg 1960.
3. Agatz, A.: Schiff- und Hafenbau — Handel und Schiffahrt, ein unteilbares Ganzes! Hansa 107 (1970), S. 2035.
4. Posthuma, F.: Strukturelle Entwicklungen des Rotterdamer Hafens. Zeitschrift für Binnenschiffahrt 88 (1961), S. 450.
5. Risselada, Tj. J.: Die Nachkriegsentwicklung des Rotterdamer Hafens. Hansa 98 (1961), S. 928.
6. Meijer, H. P.: Neue Entwicklungen in Rotterdam-Europort's Hafenorganisation. Hansa 105 (1968), S. 198.
7. Nagel, J.: ...zur Hafenpolitik nach betriebswirtschaftlichen Grundsätzen... In: Verkehrswirtschaftliche Grundfragen der Binnenhäfen. Jahrbuch HTG 19 (1941/49), S. 13/14.
8. Feuchter, P.: Auswirkungen der Organisationsformen auf Hafenbau und -betrieb. Der Städtetag 14 (1961), S. 157.
9. Nagorski, B.: The Operation and Administration of Ports—Comparison of Various Systems of Management. The Dock and Harbour Authority No. 474, Vol. XL (1959/60), S. 371.
10. Boltz, G.: Auszüge aus dem Hafen-Seminar in Kopenhagen. Auswirkung der Organisationsformen auf Hafenbau und -betrieb. Hansa 97 (1960), S. 1666.
11. Jochimsen, R.: Theorie der Infrastruktur. Tübingen 1966.
12. Strom- und Hafenbau Hamburg: Richtlinien zur Abgrenzung von Supra- und Infrastruktur bei Kaiumschlagbetrieben, 1971.
13. Strom- und Hafenbau Hamburg: Akten über Baukostenentwicklung für Kaimauern, 1950/70.

Anhang

Richtlinien zur Abgrenzung von Supra- und Infrastruktur bei Kaiumschlagbetrieben

Hamburg, April 1971

(Auszugsweise wiedergegeben)

Beim Bau neuer oder bei der Veränderung bestehender Kaiumschlaganlagen soll in Zukunft nach dem Grundsatz verfahren werden, daß die FHH die sogenannte Infrastruktur und die beteiligten Unternehmen die sogenannte Suprastruktur finanzieren. Der Senat hat durch die hier inhaltlich wiedergegebenen Richtlinien festgelegt, was hierbei unter Suprastruktur und Infrastruktur zu verstehen ist.

Kaiumschlagbetriebe im Sinne dieser Richtlinien sind ausschließlich solche Betriebe, die Stückgut (einschließlich Sackgut) auf herkömmliche Weise oder als „unit loads" oder in Containern mit und ohne Zwischenladung als Dienstleistung für fremde Rechnung umschlagen. Betriebe, die hauptsächlich der Zwischenlagerung dienen oder nur bzw. überwiegend Massengut (Schüttgut oder Flüssigkeiten) umschlagen, ebenso Produktionsbetriebe mit eigenen Umschlaganlagen sind nicht dazuzuzählen.

1. Grundsätze der Zuordnung

1.1 **Infrastruktur.** Ziel der Infrastrukturmaßnahmen soll sein, den Kaiumschlagbetrieben für die Einrichtung von Stückgutanlagen ein bebauungsreifes Grundstück anzubieten. Alle Anlagen, die integrierender Bestandteil des Grundstückes sind oder werden, sind dazuzurechnen, insbesondere Uferbefestigungen mit allen Bauteilen, die konstruktiv damit zusammenhängen, und die Geländeherrichtung. Zur Infrastruktur gehören ferner die notwendigen Verkehrserschließungen für das Grundstück.

1.2 **Suprastruktur.** Markantes Merkmal aller Suprastrukturmaßnahmen ist deren Ausrichtung auf den Zweck, den das Kaiumschlagunternehmen betrieblich verfolgt. Zur Suprastruktur gehören daher insbesondere: Hochbauten, Platzbefestigungen, Eisenbahn- und Krangleise, Umschlaggeräte und Versorgungsleitungen auf dem Grundstück.

2. Maßnahmen der Infrastruktur im einzelnen

Zu den von Hamburg zu tragenden Maßnahmen der Infrastruktur gehören:

2.1 **Erschließungsmaßnahmen.** Zur baureifen Erschließung des Geländes zählen das Herstellen eines ausreichenden Straßenanschlusses, mit der Möglichkeit, dort an Versorgungsleitungen anzuschließen, das Vorhalten einer Gleisgruppe, die den örtlichen Betriebsaufgaben entspricht (Rangieren, Abstellen usw.), und das Herstellen der wasserseitigen Zufahrt einschließlich der nötigen und möglichen Wassertiefe vor der Kaianlage.

2.2 **Baugelände.** Aufhöhung auf eine für den Kaiumschlagbetrieb notwendige Höhe (einmalige Grobplanierung in Horizontal- oder Dachprofil nach Wunsch des Nutzers), Bodenverbesserungen soweit, daß Freiflächen und Gleise angelegt werden können; auch für Hochbauten wird keine darüber hinausgehende Verbesserung des Baugrundes in der Infrastruktur übernommen. Grobplanierungen. Abbruch vorhandener Bebauung, im Boden soweit für die Neubebauung erforderlich.

2.3 **Kaimauern** mit allen Bestandteilen, die für ihre Standsicherheit erforderlich sind und die zwar anderen Zwecken als der Sicherung des Geländes an seiner Wasserseite dienen, aber konstruktiv oder bautechnisch mit dem Kaimauerwerk zusammenhängen. Kaimauern gleichzusetzen sind ähnliche Konstruktionen für den gleichen Verwendungszweck wie z. B. Spundwände und Ufervorsetzen.

Als Bestandteile der Kaimauern gelten insbesondere:

2.31 **Kranbahnbalken** für Kai-Kräne und Verladebrücken unabhängig von der Spurweite einschließlich des landseitigen Balkens, soweit letzterer nicht mit Hochbauten verbunden ist.

2.32 **Ausrüstung der Kaimauer** mit Steigeleitern, Pollern, Fendern, Leerrohren für Leitungen, Kästen für Kaisteckdosen und für Schiffstelefonanschlüsse, Erdungsanlagen. (Die Ersatzbeschaffung der verbrauchten oder beschädigten Ausrüstungsteile obliegt dem Mieter.)

2.33 **Schleifleitungskanal,** soweit er Bestandteil der Kaimauer ist, einschließlich der Anschlußpunkte für die Stromschienenhalterungen, jedoch ohne Liefern, Befestigen und Ausrichten der Abschlußprofile des Schleifleitungskanals für den Stromabnehmerwagen und ohne elektrische und mechanische Ausrüstung (Ziff. 3.6). Nachträgliches Einbetonieren der Anschlußprofile.

2.34 **Vorflut für Entwässerungsleitungen.** Dazu gehören die nötigen Kaimauerdurchbrüche mit je einem Anschlußschacht sowie der jeweiligen Verbindungsleitung zwischen Schacht und Kaimauerdurchbruch.

2.35 **Widerlager von Rollanlagen und anderen beweglichen Brücken,** auch wenn sie nur dem mietenden Kaiumschlagbetrieb allein dienen, jedoch nur, soweit sie unmittelbarer Bestandteil der Kaimauer sind. (Die Brücken selbst, ihre maschinellen Einrichtungen und wasserseitigen Auflager einschließlich Schutzdalben gehören zur Suprastruktur.)

2.4 **Uferdeckwerke** an Stelle einer Kaimauer oder zur Absicherung der Böschung zwischen Oberkante Ufervorsetze und Oberkante des Baugeländes. Eingeschlossen sind Böschungstreppen.

3. Maßnahmen der Suprastruktur im einzelnen

Zu den von Kaiumschlagbetrieben selbst zu finanzierenden Suprastrukturmaßnahmen gehören alle anderen Investitionen, insbesondere

3.1 Hochbauten auf dem Mietgelände, ganz gleich, welchem Zweck sie dienen, mit allen Nebeneinrichtungen und Außenanlagen (z. B. Kläranlagen).

3.2 Versorgungs- und Entwässerungsleitungen auf dem Mietgelände einschließlich der Anschlüsse an die Versorgungsleitungen in der öffentlichen Straße.

3.3 Platzbefestigung, Wege und Straßen auf dem Mietgelände.

3.4 Kaigleise einschließlich Signalanlagen.

3.5 Kranbahnen einschließlich ihrer technischen Sicherungen, jedoch nicht die unter Ziffer 2.3 genannten Kranbahnbalken.

3.6 Umschlaganlagen, Kräne, Verladebrücken, Rollanlagen, Kleingeräte, Flurfördermittel. Installation für schienengebundene Umschlaggeräte, insbesondere Installation der Schleifleitungskanäle.

3.7 Rampenmauern, Abstützung zwischen unterschiedlichen Geländehöhen, auch solchen an den landseitigen Grundstücksgrenzen.

3.8 Umbauvorhaben an gemieteten Schuppen, auch wenn für eine Modernisierung wesentliche Teile verändert werden sollen.

3.9 Böschungsüberbauungen als Ladebrücken, als Plattformen, als Kranbahnen usw. einschließlich deren Gründung, soweit nicht für die Gründung eine Ufervorsetze herangezogen wird.

3.10 Parkplätze und Kantinen für die Belegschaft, für Gäste und Kunden.

Die vorstehenden Richtlinien können verständlicherweise nicht alle Einzelheiten regeln, weil nicht alle Investitionsfälle vorhersehbar sind, und manche Zuordnungsfragen noch durch die Fortentwicklung der Hafenumschlagtechnik neu entstehen können. Dennoch werden sich viele Fragen analog zu vergleichbaren Fällen klären lassen.

Zu beachten ist, daß diese Richtlinien lediglich Arbeitsanweisungen sind und daher keine rechtlichen Auswirkung haben, d. h. Kaiumschlagbetriebe können daraus keinerlei Rechtsansprüche herleiten.

II. Orts- und Gewässerverzeichnis

III. Sachverzeichnis